山口昭三
日本の酒蔵

九州大学出版会

目　次

はしがき	i
第1章　日本酒のあゆみ	1
1. 日本酒のおこり	3
2. 中世の酒造技術	4
3. 近世酒造技術の流れ	5
4. 酒造場の発展と現況	8
5. 在方型と町家型酒造場について	21
6. 江州店酒造場について	30
7. 醸造試験所酒類醸造工場	43
第2章　酒造場の配置と平面図	51
1. 清酒醸造工程と建物	53
2. 建物内での仕事	53
3. 配置型の分類	55
4. 桶干し場と酒造倉	68
第3章　各建物について	69
1. 仕込み倉	71
2. 洗い場・釜場	90
3. 精米所	93
4. 蔵人の会所と宿舎	97
5. 麹　室	97
第4章　各地の酒蔵	111
1. 近畿地方	113
2. 中部地方	149
3. 関東地方	171
4. 東北地方	183
5. 北海道	199
6. 中国地方	211
7. 四国地方	241
8. 九州地方	255
資　料	273
1. 屋根の形	274
2. 小屋組	275
3. 建築関係用語の説明	276
4. 醸造関係用語の説明	278
参考文献	279
あとがき	281

凡例

一．本書は著者が大学紀要や日本建築学会紀要に発表した論文を軸に構成したもので，注や参考文献はそれぞれの論文ごとに掲載しています。

一．醸造用語や建築用語については本文中では統一を図るようにしていますが，図版中においては図版作成当時のままにしているところもあります。また原則として，「酒蔵」は酒造場全体を指す用語として，「酒倉」は酒造場の中の個々の建物を指す用語として使い分けを図っています。

一．年号表記は主として和暦を用い，適宜西暦を付しています。

一．引用文中は原則として，通行の字体や算用数字に改めています。引用者による注記は［　］で，中略は…で示し，振り仮名や読点については適宜引用者が改めた場合もあります。

一．本書に掲載している各蔵元のデータは著者の調査時点のもので，刊行時点（2009年3月）では変更している可能性もあります。

はしがき

　私が酒蔵の研究にかかわることになったのは全く偶然のことからである。昭和38 (1963)年に兵庫県加古川市にある木戸酒造の酒蔵の設計にたずさわったことからはじまる。当時，酒造業界は戦後の復興が一段落し，隆盛を極めていた。

　酒造りについて，全くの素人であった私は，当時，京都大学工学部建築学科の助手で環境計画を専攻していた。四季醸造の蔵の設計とあって，早速，建築学科の北隣にあった農学部図書室で，酒造りの資料を集める。山田正一先生の著書を見付け，ノートをつくり，実際の設計には山本本家の酒造研究所の指導を仰ぎ，なんとか設計が終わった。当時は酒造業界でも，四季蔵はまだ始まったばかりの新しい設備であった。

　昭和42 (1967)年に九州に開校したばかりの近畿大学第二工学部に赴任し，数年たったある日，新聞で古い酒蔵が減少していることを知り，手許にあった昭和33年の酒造場名簿とその当時の名簿を比べ，その減少の速さと特に中小の地方の酒造業者の減少に驚いた。日本酒であれば売れる時代が終わり，競争の時代になっていたのである。

　酒造業者が廃業すると古い倉はやがて解体される。また，古い倉に継ぎ足す場合を別として，増築や新築する場合は殆ど鉄筋コンクリート造か鉄骨造で建築し，土蔵造りの倉を造ることはない。更に，明治時代に造られた土蔵造りの倉は傷みが激しく，減少の一途である。このままでは記録すら残らないうちに土蔵造りの酒倉は消滅するかも知れない。恩師の野村孝文九州芸術工科大学教授にお話しして，私の専攻分野とは違うが，とにかく資料収集を始めることになった。そのうち，建築歴史の分野で研究する人が出ることを期待して十数年経過したが，散発的なもののみで，一人で資料を集める結果となった。とにかく調査記録を残しておけばなんとかなると思っていたのである。私にとって，専攻分野と異なるこの研究は趣味のようなもので，反面，誰に気兼ねすることなく気の向くままに各地の酒造場を訪れて，のんびりと資料を集めていった。酒造場の建物配置や構造の違いは広範囲な地域で比較しないとわからないので，北は北海道から南は沖縄まで足を伸ばした。

　その一方で，日本酒造史学会に出席して酒造りの専門の人々や，古い酒の作り方の研究をしている人々の話を聞いて酒造りに対する愛着を深めていった。いつとはなく，この研究は環境計画の研究を押し退けて，私のライフワークとなった。

　酒造家の多くはその地方の資産家で，酒倉は寺院などに匹敵する大規模の木造建築である。しかし，酒造場の建物に関する文献は家相図等を除くと殆どなく，現存する酒造場の調査に頼る他なく，主に足による研究となった。生産設備としての酒倉は，酒の製法が変化した現在では，各建物は昔とかなり変わっているが，幸い，仕込み倉を新築した場合は，古い仕込み倉は貯蔵倉や物置となって残されるので，昔の状況を推定することは可能であった。

　昭和33年の，戦後復興の最盛期の場数は4,073場であった。平成15 (2003)年度の全国の酒造場数は1,976場で，そのうち，醸造を中止している酒造場が389場である。実際に醸造している蔵は1,587場で，最盛期の4割以下である。また，調査した後，なくなった酒倉も多く，こうした状況を考慮して資料にはできるだけ多くの調査図や家相図・写真等を入れた。

兵庫県の灘地区では戦災後，残った倉は各企業が大切に保存していたので，調査は地方の酒造場のあとで行なう積もりであったが，平成7年に阪神・淡路大震災で木造の酒倉の殆んどが倒壊したので以後の調査ができなくなったのは誤算であった。

　調査は平成11年まで続け以後は著書のための資料整理に没頭した。整理の基本は，木桶を使っていた昔の製法に従った建物の配置と使用目的を考慮して纏めた。

　今日，この本が完成できたのは，ひとえに故野村教授の御指導のお蔭である。感謝の意を表し先生のご冥福をお祈り致します。

　　2008年10月　　　　　　　　　　　　　　　　　　　　　　　　　　　著者しるす

第 1 章

日本酒のあゆみ

酒蔵と疏水

日本酒のおこり

昔から酒についての話や言い伝えは多いが，資料として残されているものは少ない。飛鳥から奈良朝後期に至る130年間が万葉の時代と言われ，この頃の酒は歌によく詠まれているが，この頃の酒は濁酒である。いわゆる庶民による手造りの「濁れる酒」であったと言われている。

[宮廷の酒]

宮中の酒の製法を記述した最も古い記録は「延喜式」の中に見いだせる。

「延喜式」は醍醐天皇が延喜5（905）年左大臣藤原時平に編集させ，時平の没後，藤原忠平が後継し，延長5（927）年に完成した法令全書である。当時の宮廷におけるあらゆる行事行事，作法及び諸官司の事務規定，諸国の恒例など，国務，国政に関係する事項の殆ど全部を記載した施行細則である。この中に，宮中造酒司の酒造りについて詳しい記述がある。この醸造法は庶民の酒とは同じでないと思われるが，8〜10世紀におけるわが国の酒造りに関する貴重な，唯一の資料である。

当時，造酒司で造られた酒は15種にのぼるが，そのうち，最も多く造られたものは，御酒で，当時の酒造りの基本形の「酒八斗法」で造られた。「酒八斗法」とは，蒸し米，米麹，水で仕込む。10日もすれば熟成するのでこれを濾過し，つぎにこの濾過した酒を汲み水代わりとして，その中へ蒸し米，麹を仕込む。これを4回繰り返し，熟成を待って濾過する。御酒は40日ほどでできあがった。できた酒はその醸造方法からあまり酸は多くなく甘口系の澄み酒であったと考えられている。現代の貴醸酒*1がこれに近いものである。

[酒屋の酒・寺院の酒]
── （中世の酒造り）── 酒税の始まり

中世は平安王朝の貴族体制が崩れ，武家政治が始まった時期である。酒造りもまた，大きな変革の時代でもある。即ち，昔より醸されてきた，自家製の酒が次第に廃れて，酒屋の酒がこれに代わった時代である。酒屋は利潤を目的とする商工業の中に組み入れられ，貨幣経済社会の一員として発展する。この時代の酒屋が展開する過程で注目すべき現象は，酒屋土倉の収益を幕府財源として，課税徴収したことである。この発想の起こりは，鎌倉時代以後荘園を武家に蚕食され，収入の途を断たれた公家側にあった。14世紀の初め，朝廷は新日吉社造営のため洛中，洛東の酒屋から臨時徴収をした。その後この酒屋役は武家側にも取り入れられ，室町幕府の重要な財源となった。即ち酒税のはじまりである。土倉とは質屋のことで，室町時代には酒屋土倉と併称され，兼業している者が多かった。

[京都の酒屋]

中世的酒屋が商人として安定するのは，12世紀末（平安後期）で，その後13世紀を通じて全国的に急速に発展するが，その中心は京都である。京都の酒屋が「洛中，洛外の酒屋」として脚光を浴びたのは，足利義満時代で，応安4（1371）年には，その数は342軒を数えられたとある。その中でも，特に「柳酒」の名声は高く，この当時の酒税の20％以上を納めていた大酒造家であった。

[僧坊酒]

寺院酒造の起源は，10〜11世紀の神仏混交時代に，寺院の境内にあった鎮守へ進献するお神酒造りによると言われている。寺院は元来禁酒が建て前であるが禁酒の戒律は殆ど守られなかった。

中世寺院は諸国荘園からの貢納余剰米や酒甕を置くのに都合のよい広大な僧坊があり，清純な仕込み水に恵まれ，酒造りには非常に便利な場所であったといえる。良い酒ができると，自家用酒から利益を目的とした，造酒屋として市場へ進出し，程度の差はあれ，寺院経済が潤されたのである。この時代の寺院の酒造技術は驚

くほど高く，近世酒造りの出発点となった。各地に現れた僧坊酒の中でも「天野酒」，「奈良酒」は有名であった。

天野酒は河内，和泉の国境に近い現在の河内長野市の山中の天台宗天野山金剛寺で醸された酒である。酒造技術的に高い水準を保ち，しかも，木灰を加えない酒である。この天野酒を豊臣秀吉はとくに愛飲し，良酒造りに専念するように命じた朱印状を当寺に下付した。この朱印状は，当山宝物館に今も展示されている。

奈良酒は，「南酒」「南樽」「山樽」などの名称で呼ばれていたが，その中心は，菩提山正歴寺（現在の奈良市菩提山町）である。この寺院の酒が造られたのは嘉吉年間（1441～1444年）で，都では，「名酒山樽」などと称し，高く評価された。

このように奈良の寺院酒造はこの他にも，一乗院の末寺，中川寺，山辺郡釜口の長岡寺などの僧坊酒も有名であった。

琵琶湖東岸の近江国愛知郡南井村の百済寺酒，大和の多武峰酒，越前の豊原酒等が，記録に残る銘酒である。

これらの寺院の酒は，その恵まれた環境であったことにもまして，注目すべきことは，酒造技術が高く，やがて「南都諸白」を生み出し，更に，「火入れ」*2を行なうようになったことである。

② 中世の酒造技術

僧坊酒に代表されるこの時代の酒造技術は今日からみてもかなり高く，米を基幹原料とした我国独特の酒造りが固定した時代である。

この時代の酒造りを詳しく伝えた文書である，「御酒の日記」（原本の年号は 1355 年または 1489年）には御酒といわれた一般酒及び，天野酒，菩提泉等の醸造法が述べられている。

もう一つの資料として「多聞院日記」がある。これは奈良興福寺の塔頭の一つ，多聞院で，文明10年から元和4（1478～1628）年の150年にわたって書かれた日記である。

[「御酒の日記」の酒造法] ――「御酒」の造り

第1段は酒母の育成工程である。原料は蒸し米，麹，水である。

第2段がもろみ造り工程である。もろみは熟成もと（酒母）の中へ，蒸し米，麹，水を掛ける酘方式であるが，1段掛法である。

天野酒は御酒と同じく寒造り酒で，仕込み作業の手順は殆ど変わらないが，添えを2回に分ける2段掛法であった。

[「多聞院日記」（巻14～16）に記された酒造り]（1568年）

陰暦2～5月に造る夏酒と陰暦9～10月に造る正月酒の2種類で，その醸造方法は今日の清酒造りと全く同じで，酒母を育成し，それに初添え，仲添え，留め添えを行なう3段掛け法で仕込まれていて，御酒や天野酒より進歩している。このことは，現在の酒造りの原型が，この時代にできたことを示している。

[戦国時代の酒屋] ―― 地方の酒の台頭

1467年に始まった応仁の乱（1467～1474年）は，やがて諸国をも巻き込んで，世に言う，戦国時代となっていく。都が荒廃する一方で，戦国武将が支配する各地の城下町を中心に物流が盛んになり，畿内各地の港町や門前町もまた急速に都市化し発展する。こうした世相を背景に，寺院酒造とは別に，各地に新興酒造地が発生し，各地に多様な酒ができた時代である。「西宮の旨酒」，「加賀の菊酒」，「博多の練貫酒」，「伊豆の江川酒」等，各地にわたっているが，特筆すべきことは，「諸白酒」の出現である（「多聞院日記」巻21（1576年）の南都諸白の記事が最初である）。

諸白酒の第1の特色は，麹米，掛け米ともに精白米が使われたことである。この醸造方法の改革は，大和菩提山正歴寺で始められ，16世紀後半，京都市場で天野酒と比肩するようになるが，まもなく天野酒を圧倒し「奈良諸白」が天下第一等の名声を得るようになる。戦国前期隆盛を誇った僧坊酒は新興地の台頭と，戦国武

将の圧迫の下に大きく後退し,「多聞院日記」の天正 11 (1583) 年潤正月 16 日を最後に記録上からも姿を消すことになる。

南都諸白は, 室町末期から, 近世初頭にかけての銘酒であったが, 江戸時代になると, 摂津の「伊丹, 池田諸白」が江戸下り酒の銘醸地として台頭する。この頃になると,「諸白」と言えば, 南都か伊丹, 池田の酒を意味し,「清酒」と「濁酒」が判然と区別される。諸白造りが定着し, ここに, 今日の清酒の基本型ができ上がることになった。

ついで「伊丹諸白」から「灘の生一本」に移り,「諸白酒」は 18 世紀半ばから 19 世紀にかけて展開した。

◇3◇ 近世酒造技術の流れ

南都諸白から伊丹諸白への技術的な進歩を整理すると, 仕込み技術の変化と仕込み量の増大である。

(1) 麹の使用率(蒸し米に対する麹の割合)の減少と,「掛け仕込み」が改良されて, 現在の仕込みに近付いた。

(2) 仕込みの増大(もろみ量が 11 倍と増大した)。仕込み容器として, 20 石桶 (3.6kℓ) の開発が必要である。中世の仕込みは, 壺や甕で, せいぜい 1～2 石が限度であるが, 室町期に輸入された鉋の普及によって, 木桶の制作が可能になった。近世酒造業における量産化の発端は, この意味で仕込み桶の大型化がもたらしたとも言える。

伊丹諸白から「灘の寒酒」への技術発展は, 水車精米と寒造りへの集中である。灘郷が足踏み精米から, 水車精米へ切り替えたのは, 天明期 (1781～1789) で, 六甲山系の急流を利用した水車を酒米の精米に用いた。

酒造りのうえで, 水車精米の利点は,

(1) 一定時間内に大量の精米ができて, 諸白造りの量産化が容易になった。

(2) 足踏み精米ではできなかった高精白米が得られた。灘酒の品質向上の最大の原因は, この高精白米と宮水[*3]の使用にあったと言われている。

(3) 足踏み精米に比べて, 水車精米は碓屋の人数が少なくすむので, 碓屋不足が解消され, 労務費が大幅に節減され, 労働生産性が高まり, 他の産地より有利になった。

[寒造りへの集中を可能にした技術]

(1) 江戸後期, 28～32 石 (5.0～5.8kℓ) の大桶の出現は, 量産化の課題を解決するとともに, 酒倉の規模拡大に連なっていった。仕込みの大きさ(もろみ一仕込み分の白米総量)は 8～9 石 (1.2～1.4 トン)程度であった。

(2) 総米に対する麹の割合が, 同じ灘酒でも 18 世紀末に比べると, 19 世紀初めには, 更に低くなり, 今日の清酒造りとほとんど変わらなくなった。

(3) 19 世紀初め頃 (1800 年) までは, 灘酒の汲水歩合は伊丹酒とほぼ同じ「五水(ごみず)」であったが, 嘉永期 (1848～1854 年) 頃は, その倍量の「十水(とみず)」(総米 10 石に対し汲み水 10 石) に増加し, 今日の酒造りの基礎となる。宮水の発見 (1840 年) が, この達成に大きく貢献しているのである。

(4) 酒造期間の短縮。初酒母立て(はつもとたて)から総搾り揚げまでの日数を, 100 日以下に短縮した。

宮水発見にともなう逸話[*4]は, 酒造技術の革新を推進し, 試行錯誤の究極において, 発酵原理の合理性に接近していった灘の酒造家の努力の跡を物語るものと言える。こうして造った寒酒の優秀性は, 江戸における市場の拡大化を可能にしたのである。

即ち, 寒酒を中心に酒造期間の短縮化, それに伴う量産化, 更に酒造技術の研究などが結実して, 工場制手工業的方式による灘の酒造りが完成され, その生産設備として, 千石倉が出現するのである。

[千石蔵 —— 工場制手工業的方式の定式化]

1 日に原料米 10 石 (1.5 トン) を仕込む作業

を100日繰り返すと，ちょうど1,000石の酒米が処理できる。「千石蔵」とは，このような製造規模の酒蔵をいうのである。千石蔵については，灘の「本嘉納家文書」の中に，1835（天保6）年に幕府に提出した設計図がある。全体の敷地面積は，東西16間，南北19.5間で，312坪である。建物の配置は，北側に桁行き16間，梁間6間，2階建ての酒造倉があり，その左端から南へ幅4間の釜屋，洗い場，室，臼納屋があり，右端から，船場（幅5間），白米倉（幅3間），薪置場がある。南側にある臼納屋と薪置場の間には玄米小屋と勘定場があって，この間が酒造場への出入り口で，建物に囲まれた中庭は81.5坪の広い道具干し場である。蔵への出入りができるのは勘定場（管理部門）の前を通るこの出入口のみで，この時代の酒蔵管理の常道である。

この蔵の特色の一つは，作業ごとに場所が分化されていることである。今日の酒造蔵ではこの程度のレイアウトは当たり前であるが，当時としては画期的であった。

いま一つの特色は，各作業に適した酒造用器具の開発と，その容積の拡大化であった。なかでも蒸し米用の甑と大釜，もろみ仕込用の28～32石（5.0～5.8kℓ）の木桶等はいずれも千石蔵の出現によって普遍化したものである。このような千石蔵の運営は，大量の精米作業ができる水車精米の稼働，仕込み容器の拡大化によって初めて円滑に行なわれた。

一方，酒造期間の短縮化と生産性を高め，品質の向上を目指しての技術的改良は，千石蔵の工場制手工業的方式を確立させた。

「工場制手工業的方式」とは10石一つ仕舞の場合を例にとると，毎日10石の白米を蒸し，その一部は麹やもとにし，大部分の蒸し米はもろみ仕込み（添，仲，留）にあてる。更に，麹造り，もと造り，もろみの管理，熟成もろみの上槽作業など，毎日これらの作業を繰り返してゆく，いわば蔵人は，作業標準に従って全員が協業作業をとりながら，各作業がどれも分業化している単純協業である。しかも重要なことは，もと造り一つをとっても，誰でもが直ちにできるものではなく，技能的熟練と，不断の研究と努力が要求されたことである。千石蔵は，こうした工場制手工業的方式を推し進めて初めて円滑に運営されたと言える。

[明治時代の酒造業]

徳川幕府が終わり，明治新政府の発足で政治は大きく変わるが，藩体制は残り未だ改革は途上であった。明治4年に廃藩置県が実施されるに及んで，新たに「清酒，濁酒，醤油鑑札収与並びに収税方法規則」が公布され，はじめて維新政府の酒造政策の基本路線が提示された。

(1) 従来の旧鑑札を没収して新鑑札を公布する。
(2) 新規免許料として金10両，免許料として造石高に関係なく稼人1人に付き毎年金5両を徴収する。
(3) 醸造税として売価の5％を課税する。

これによって旧来の酒造株が廃止されて，納税すれば営業自由の原則が貫かれ，酒造政策の全国一元化と新規営業者の続出をもたらす結果となった。

自由に酒造ができることになった明治5年以後，多くの酒造家が増加し，全国の造石高も増加して300万石に迫った。この後も年々増加して明治12年には500万石のピークに達した。この頃の政府の最大の税源は地租であるが，その停滞を補うために酒税の増徴政策が実施されて，明治10年12月，酒造営業税金10円・売価の20％となる。この税率は明治13年に再び改訂され，明治13年9月，酒造場1ヵ所につき毎期金30円・醸造税1石につき金2円となる。この税率は大規模業者も小規模酒造家も同一基盤にたって競争することで，地方の群小酒造家の経営を強く圧迫するものであった。

税制は明治15年12月に再び増税され，酒造場1ヵ所につき毎期金30円・醸造税1石につき金4円となった。

醸造税の倍増は地方の酒造家の経営を強く圧迫し，明治16年以降これに耐えられなくな

て多くの地方の酒造家が脱落し，明治12年から3年間維持していた500万石に近い全国造石高も明治16年には300万石に激減したのである。しかしこの時，灘の生産量は減少が僅かであり，全国に対する比率では，明治15年の5.8％から増加し，明治19年には9.5％に増加している。このことは，明治15年を境に，灘をはじめとする大企業と地方の群小酒造場との間で，生産性に大きな差を生じたことを示している。

ここで，全国的な酒造業の状況を見ると，

1府県当たりの酒造場数は山陽・近畿・北陸・東海の順で，山陰が最下位である。

1府県当たりの醸造高では1位が近畿・次いで，東海・山陽の順である。

1酒造場当たりの造石高は，近畿・東海は250石台で，第3位以下に大きく差をつけている。酒造場の規模の差は，先進地域と後進地域との差を示しているのである。

明治9年から15年にかけて，造石高が急増した地域を調べると，山陰・山陽・四国・九州・東北で，近畿，東海の先進地域は全国平均以下であった。

[地方の酒屋の状況]

明治10年代になると，近畿・東海の酒造先進地から遠く離れた地方では，灘・伊丹の上方酒の進出によって，徐々に市場を奪われていく状況にあった。当時の地方の酒は，灘・伊丹の上酒には，とうてい，及びようもない劣悪な酒であったと言われている。流通の自由化により，世間一般の嗜好も次第に上方酒に偏り，危機は目前に迫っているとも言える状況であった。特に明治20年代以降は鉄道の発達に伴って，上方酒の流入が促進されることは明らかであり，危機感を抱いた地方の酒造家の中には，酒質の改良を志す者も多かった。しかし，当時の酒造業界のしきたりは，酒造りの責任は，すべて杜氏に任されており，酒屋の主人といえども，こと酒造りについては，自由にならない状況で，仕込み方法の改良は到底できなかった。このことについて，福岡県糟屋郡の小林酒造の主人，小林作五郎翁は自伝の中で次のように述べている。

「彼ら（杜氏）の無教育無能力の手一つに私ども祖先伝来の財産を託して顧みないと言うのは，如何にも無鉄砲極まった話で，どんな贔屓目に見ても十二分の危険が含まれていると言わざるを得ませぬ。念頭一たびここに至りますと，私は実に関心に堪えなかった。そこで是れはどうしても，自身で醸造法を研究し，杜氏と同心一体となって指揮するようにせねば酒造業の安全を保つ事は出来ない。同時に自分の財産を保護し維持して行くことが出来ないと堅く信じました」と述懐しているように，杜氏不信任のそれが翁として酒造改良を思い立つ動機であった。

このことは，主人自ら杜氏をその指揮下において改良する以外に改良が不可能であることをよくよく身に染みたためと思われる。翁は，自分の指揮に従って働く杜氏を得た明治23年から6年間腐造酒を出しながら研究をかさね，明治30年にようやく軟水仕込みを完成し，広くその改良方法を公開し，福岡県の酒造業界を盛り立てた。同じ頃，広島県の安芸津町三津の三浦仙三郎も，軟水仕込みに成功し，杜氏養成にのりだし，広くその技術を公開し，広島県を酒造地として発展させた。これら地方の改革者は改革の成果を開放して地域の人々に伝え，地域全体の発展に寄与したのである。このような改革が全国各地で起こり，明治中期以降に酒どころとして多くの銘醸地を生んだ。

[醸造試験所の設立]

明治政府の近代化政策は高度の近代産業移植を第一としていたが，次第に在来の伝統産業の保護育成にも配慮されることになった。その一つとして，農商務省の政策に清酒醸造の技術改良のための試験機関の設置が計画された。しかし，清酒醸造業は税源としても重要な地位を占めていたので，明治36年に設置する時には大蔵省所管の試験研究機関となったのである。また，この時期には各地で試験研究機関が，組合

や同業有志によって設立された。即ち，国立醸造試験所を頂点として各地の試験研究機関が活動し，技術向上を目指すことになる。明治37年醸造試験所が完成して，科学的な分析をはじめ，醸造方法の改良が，各国税局に配属された技師によって広く伝わった。当時の国家財政にとって大きな財源であった酒造業界の安定は，酒税徴収のためには重要なことであったのである。醸造試験所が開発した「山廃もと」をはじめ「速醸もと」の技術は以後の酒造場の建築に大きい影響を及ぼした(後掲1章7(44ページ)参照)。

参考文献
日本の酒の歴史，協和発酵株式会社
酒造りの歴史，柚木　学，雄山閣
日本の酒5000年，加藤百一，技報堂
小林作五郎伝
酒づくり談義，柳生健吉，酒づくり談義刊行会
灘の酒用語集，灘酒研究会

注
*1　貴醸酒は仕込水の全部あるいは一部に清酒を使用して発酵させることを特徴とした酒で，味もきわめて濃く甘口である。(国税局の特許) 灘の酒用語集217頁より。
*2　「火入れ」とは酒を63～65℃に加熱し，殺菌することである。西欧では1860年代，フランスのルイ・パスツールが葡萄酒を50～60℃で殺菌すれば酒の品質を変えることなく保存できることを発見したことを言う。わが国では，これより少なくとも300年前，16世紀後期に行なわれていた。「多聞院日記」の元亀元(1570)年5月22日の条には，夏酒の項に「酒煮之」とある。また，同記(巻15)の永禄12(1569)年5月20日の条に「酒ニサセ了，初度」とある。これは酒が火落ちしそうになる度に，加熱殺菌していたことを示唆している。
*3　宮水
　　宮水は西宮市南部に位置する，東西約500m，南北約1kmの地域で，深さ約4～5mの浅井戸の水で，硬度は8.83の硬水である。
*4　宮水の発見
　　宮水の酒造用水として優秀であることは経験的に知られていたが，これを実証したのが山邑太左衛門である。天保5(1834)年頃，西宮郷と魚崎郷に酒蔵を持っていた太左衛門は，西宮郷で造った酒が魚崎郷で造ったものより優秀なことに気づき，使用米を全く同じものとし，杜氏を交替して試してみたが結果はやはり西宮郷がよかった。そこで，西宮の水を魚崎郷に運んで試醸したところ，西宮郷の酒と同じ品質の酒を醸造することができた。更に数年間試醸した後に良い酒を造るには宮水使用が欠かせないと確信し，天保11年からこの水を両方の蔵で使用して醸造する。当時，灘の酒造家はそれぞれの敷地内の井戸水を使用していたので，水はただ同然であった。金をかけて大量の汲み水を西宮から魚崎に運んで醸造する太左衛門を冷ややかに見つめていた。しかし，山邑の酒の名声が上がるのをみて太左衛門に対する認識を改め，宮水を使用することになる。今では，灘五郷のみならず他の地方でも使用されている。

酒造場の発展と現況

　酒造場は生産量の増大と共に建物を増改築するが，醸造高が，1,000石を大きく超すと増築でなく，別の敷地に酒造場を建設して，別の杜氏が入って酒造をすることが多い。即ち，一つの酒造場を大きくするのではなく，1,000石倉を増設して増産をするのである。

[大倉酒造(現在の月桂冠酒造)の場合]
　現在，日本一の生産量の月桂冠酒造について，生い立ちから広域型酒造になるまでの過程を残された資料を参照して調べてみよう。
　造米高の記録をみると[1]
天明8 (1788)年　172石　7代治右衛門
文化元(1804)年　240石　同
明治2 (1869)年　580石　10代治右衛門
明治18年　　　　536石　同
明治20年　　　　410石　大倉恒吉
明治26年　　　1,115石　同
　　　　前年，仕込み倉増築
明治29年　　　1,775石　同
　　　　前年，東蔵(建坪259坪31)新築
明治35年　　　5,289石　同
　　　　明治32年から灘で酒造をはじめる。
明治37年　　　5,479石　同
明治40年　　 13,105石　同
　　　　伏見酒造(5蔵)を引き継ぎ北蔵とする。

大正 10 年　　26,685 石　　同
　　　　大正 12 年伏見，灘併せて 20 蔵となる。
昭和 2 年　　34,497 石　　同
　　　　ＲＣ造の四季蔵，昭和蔵完成

　大倉酒造の先祖は山城国相楽郡笠置荘に住む郷士で酒造業を営んでいた。41 代喜右衛門行隆の子，六郎右衛門が分家して伏見で「笠置屋」の屋号で酒造を始めたのが伏見大倉家の始まりで，寛永 14（1637）年である。安政 2 年 22 歳で家督を継いだ「10 代治右衛門」は幕末維新の激動期に家業を維持，発展させた功績は大きく，明治 2 年には造石高 580 石（伏見 28 軒中 3 位）となり，同業仲間うちで肝煎りとなる。その後明治 18 年までは殆ど増石することがなく，地売型[2]の酒造業として，限界に達していたとみられる。これを打破するために明治 16 年東京進出を試み，数社の東京の問屋を得意先にする。

　しかし，当時の東京では「下り酒」と称される「池田，灘，西宮」の酒が最上の銘酒として別格扱いで，それ以外の酒は「場違い酒」として蔑視され，品質に関係なく大きく格下げされて安く売られていた。伏見酒も例外でなく，治右衛門の東京積みは欠損続きの失敗であった。

　明治 19 年 10 月，10 代治右衛門死去に伴い，若冠 13 歳の恒吉が家督を相続する。先代の遺志を受け継いだ恒吉は東京進出の夢をはたすために，販路の確保と生産の増強をはかった。明治 23 年舛本喜八郎と共に東京一流の問屋を得意先とし，明治 25 年には仕込み倉を増築して生産の増強をする。翌年には 1,000 石を突破し 1,115 石となる。更に，明治 28 年には，住居東側の道を隔てた所に，所謂，1,000 石倉規模の東蔵（建坪 259 坪）を増設，翌 29 年の増石高は 1,775 石と飛躍した。また，同年，北海道の梅津商店と取引を始め，明治 32 年には横浜の八木庄兵衛商店と取引を開始，名実共に広域型酒造業への道を歩んでいった。更なる発展を目指す恒吉にとって，東京での評価を上げることが必要で，灘酒との品質の違いをなくす必要があった。そのためには灘酒の研究と灘での生産を計画する。しかし，当時地方の小酒造家が大酒造家揃いの銘酒生産地へ乗り込みそこで生産を始めることは至難の業であった。明治 32 年，灘の若井家の一蔵を借りることに成功し，灘流の仕込みを始めたが借り倉では成果はあがらなかった。明治 42 年に新在家浜の大邑蔵の買収に成功して独自の醸造が可能となり，灘での基礎が固まった。

　明治 37 年，大蔵省が税源涵養の目的もあって，東京滝野川に醸造試験所を開設する。酒造りの科学的な解明と発展をめざしたもので，ドイツのビール工場を模した赤煉瓦造りの建物で，四季醸造が可能な設備を有したモダンな建物である[3]。これ以後，清酒醸造の科学と新しい醸造方法が急速に発展する。明治 40（1907）年醸造試験所から派遣された技師による最新の調査研究をまの当りに見た恒吉は，酒造技術には科学的管理が欠かせないと判断して，明治 42 年に大倉酒造研究所を設置し，東京帝国大学卒の浜崎秀・大阪高工卒の梅林英一を技師として入社させ科学的な研究体制を導入する。従来からの伝統の業に科学技術を加えて品質の向上をはかった。その成果は品評会における入賞である。明治 44 年第 1 回全国新酒鑑評会で月桂冠が第 1 位となったのを始めとし，年々多くの賞を受けて，品質の優良では全国に認められた。

　明治 22 年東海道線が開通し，以後，年々鉄道網が全国に広がると共に船による輸送から鉄道へと移っていき，明治 35 年には船舶による輸送はなくなり鉄道のみとなる。また，清酒の容器も樽から壜に変わっていく。樽詰めは輸送の途中で変質腐敗することが多く，明治 36 年からサリチル酸の使用が許可され，以来，樽詰め酒は防腐剤を用いることが普通となる。

　明治末頃までの清酒の取引は樽詰めで，小売りは店先での計り売りであった。品質のばらつきは当然のことである。品質保証と防腐剤不使用を達成するには瓶詰めによる取引でなければ達成できないと考えた恒吉は明治 42 年，他社に先駆けて瓶詰め工場を造り，大阪市立衛生試験所の技師の派遣を請い，瓶詰工場に派出所を

設け，一瓶ごとに「衛生無害防腐剤無し」の封緘をする。

東京の商社「明治屋」は時を同じくして醸造元での瓶詰めと防腐剤の入っていない酒を求めていたが，そのような要求に応えたのは大倉酒造のみであった。大正4 (1915) 年明治屋と一手販売の特約を結び，防腐剤なしの品質保証を実行した。明治屋の宣伝と信用が加わり急速に売り上げを伸ばし，月桂冠躍進の基礎となった。その後も順調に醸造高を伸ばし昭和2年34,497石に達する。

このように順調に発展した酒造家は少なく，これを達成できたのは，大倉恒吉の真摯な努力と先見の明に加えて，伏見の「地の利」と鉄道輸送の発展という「時の運」によるところが大きい。

建物の変化をみると，創業時の建物の記録はないが，「月桂冠350年の歩み」によると
「文政11 (1828) 年8代治右衛門が本材木町に本宅を建築，倉普請を行なう。」
「天保11 (1840) 年居宅普請を行なう。」
「明治19年に醸造場は本材木町内蔵一蔵，付属倉庫三棟，敷地1,298坪，建坪332坪22であった。」とあり，酒造倉は一蔵で，図1-1のとおりである（建坪332坪には住居等を含む）。

図1-1では住居（居宅）（65坪）の南と東に倉庫と書かれているが，南が仕込み倉（40坪），東が貯蔵倉（20坪）である。この倉について大倉家11代当主大倉常吉が残した記録がある（大倉家11代大倉恒吉直筆原稿。大倉家岡崎蔵所蔵）。

「明治20年度より初めて醸造を始め，自分は若年ながら何でも一生懸命努力して少しでも前進せねばならんと堅く決心して，年々造石高を

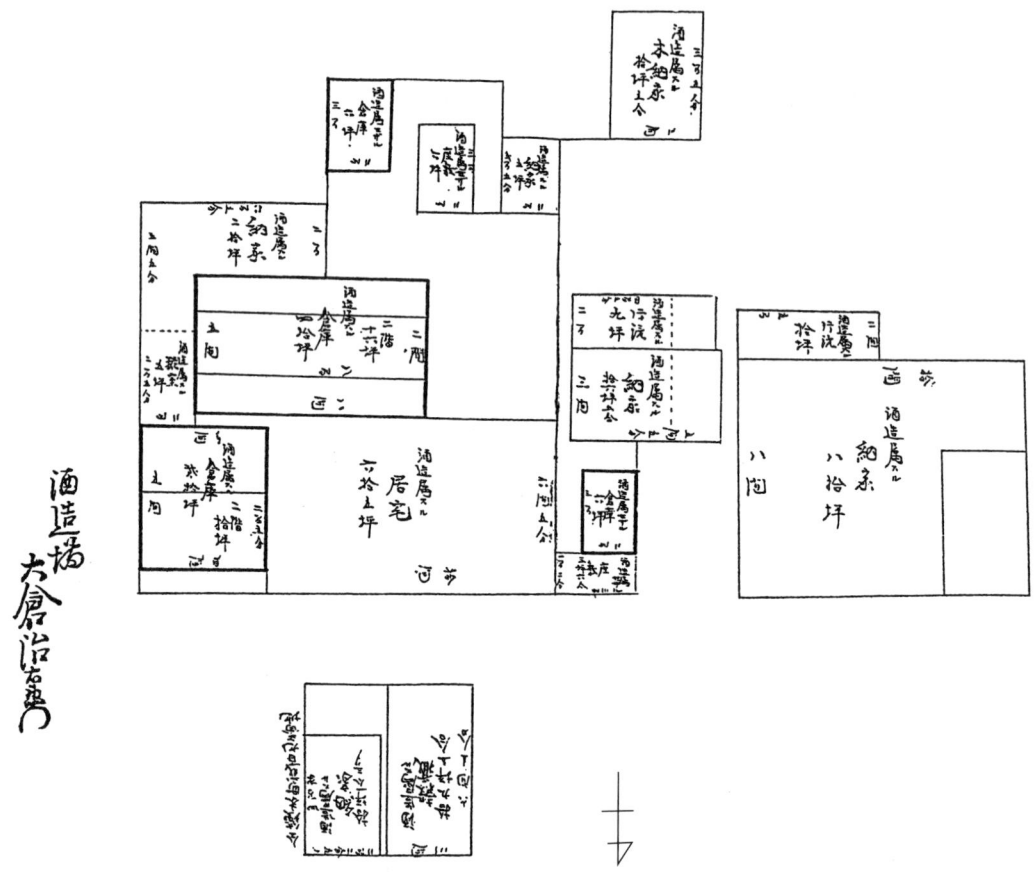

図1-1　大倉酒造配置図（明治初期）

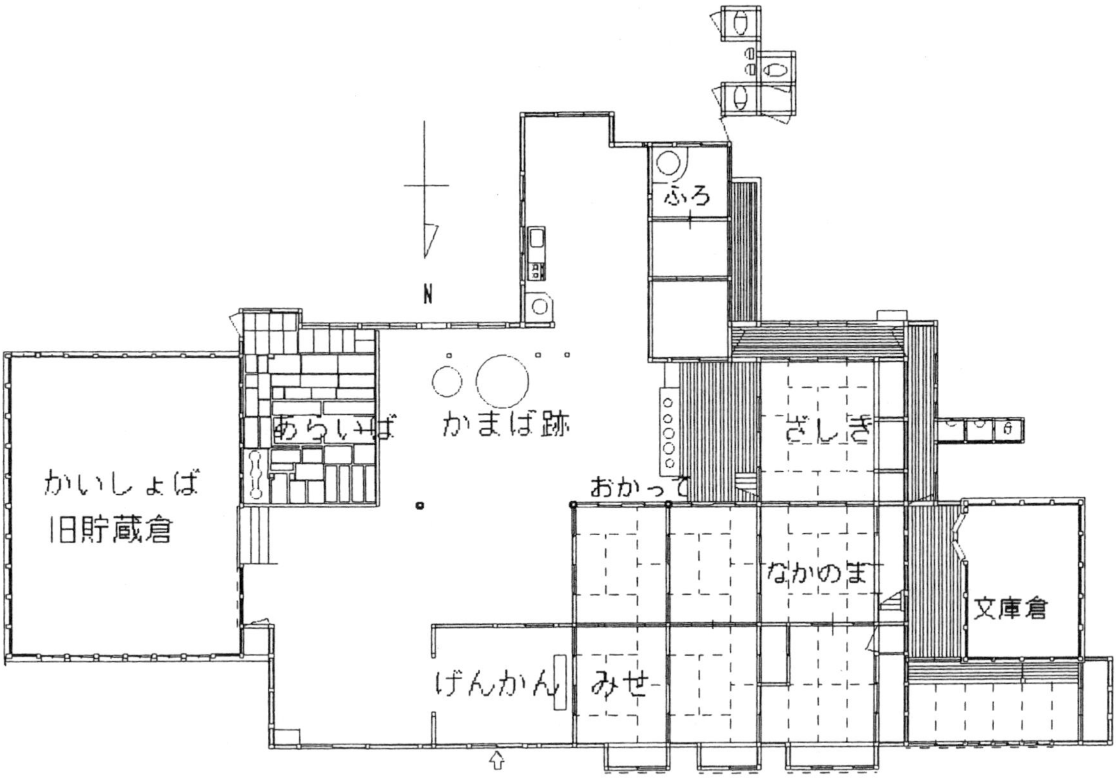

第1章　日本酒のあゆみ

図1-2　大倉酒造本宅

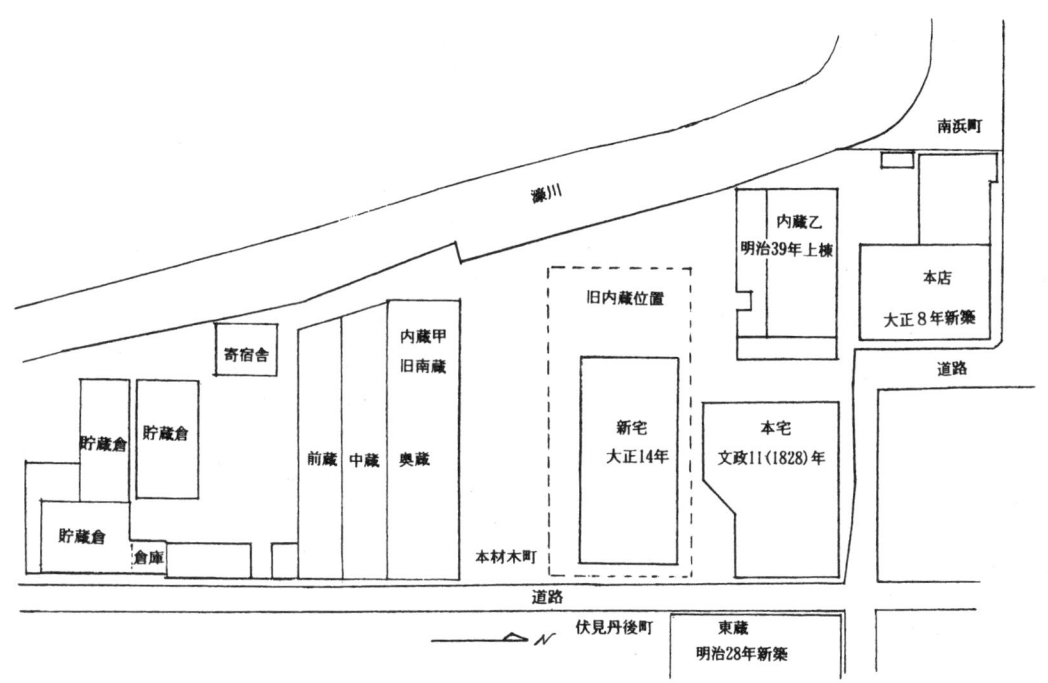

図1-3　大倉酒造配置図（大正末期）

増加せねばならんと，其れは，現在の設備では不能に付種々考えて○○年に酒蔵一部を改造した。是迄の仕込み倉は幅4間半，長さ8間で36坪に過ぎず，なかに幅1間半の2階が酛取り場で，実に手狭なもの仕込み桶が総計10本か11本で，東倉と称する蔵（今，店の人の宿舎）これが巾4間，長さ5間で20坪，この二庫が主で，外，槽場と麹室があって他は隣で高納屋と称し本宅西に文庫蔵の所に有て空桶と一部漬物小屋に使用されていた。

川辺に馬家と称し元，雲助の馬小屋を維新の際払い受けられて，之れは巾八間，長さ十間，八十坪の大きな納屋で，一部浜側で仕切って，外に入口があって他に使用されていた。その他木納屋があった。
……（3行省略）……　本宅前道路の向こう側に米蔵と小さな納屋があって，細桶（十石入）十本位は貯酒できた。米搗き場，洗場，釜屋，会所場，炊事場等は凡て居宅内で，毎年五，六百石［引用者注：約100kℓ］造るには不十分であった。

其れを○○年に仕込み倉の東道路側に麹室の掛け庇を除き二間丈継ぎ足した。之れで長さ十間となり，仕込み桶二本を多く据える事が出来，麹室は，槽場の隣にある借家を改造して作った。之れが自分の普請の第一歩で有った。……（以下省略）……」

この文書が書かれた時期は明確ではないが，「月桂冠350年の歩み」によると，明治25年に仕込み蔵増設の記事があることから，明治25年頃と思われる。

醸造場の規模は，仕込み倉36坪と住居東側の貯蔵倉20坪で，合計56坪住居北側の納屋と高納屋等を加えて140～150坪程度となる。

図1-2は現在も残っている大倉酒造時代の本宅で，住居西側の広い土間には洗い場が残っている。醸造をしていた当時は洗い場の西側に釜場があり，北側に米搗き場があった。

図1-3は大正末期の酒倉の配置である。明治28年に本宅東に東蔵（建坪259坪）を新築。明治39年内蔵乙を新築。明治41年南蔵を新築し，大正12年から内蔵甲と名称を変えた。旧内蔵は大正11年に解体し，その跡地に大正14年に新宅を建設した。

明治25年に仕込み倉増設，その他の改造で生産増強をはかったが，旧内蔵では引き続き住居の土間が作業場として用いられていた。しかし，本宅西に内蔵乙を新築したので明治38年に旧内蔵での醸造を終結する[4]。従って，創業以来続いた住居内での洗米，蒸し米等の作業はなくなった。現在は「かまば」はなくなっているが「あらいば」は昔のまま残っている。このように住居の土間を作業場として使用することは，他の多くの酒造場でも行なわれていたのである（実例を例1に示す）。大倉酒造の例に見られるように，一般に醸造高が1,000石を超える頃からそれ以後の生産増加は，米搗き場，洗い場，釜屋，会所場，炊事場等を有する酒造場を新たに建設して達成される。大倉酒造も明治28年に，内蔵の東側（伏見丹後町）に東蔵（敷地315坪82，建坪259坪31）を増設し，翌29年には醸造高が1,775石となる。以後，伏見と灘で酒蔵の増設と買収をして，昭和2年には伏見で16蔵，灘では6蔵となる。造石高は共同酒造分を含み，合計34,497石となった[5]。この年，鉄筋コンクリート造・冷房装置付の昭和蔵を完成して四季醸造への途を開く。

例1　住居内に釜場・洗い場がある酒造場（A0型（58頁））の例
東西酒造（家相図・文政7年と明治14年）
　　佐賀県唐津市浜玉町
藤永酒造（現存・休止）佐賀県藤津郡塩田町
原田酒造（現存・休止）長崎県壱岐市勝本町
此の花酒造（嘉永7（1854）年の図面・焼失）
　　福島県会津若松市
鶴の港酒造（明治25（1892）年の図面・一部
　　現存・廃業）長崎県西彼杵郡長与町
殿川酒造（現存・休止）長崎県壱岐市勝本町
石橋酒造（現存・休止）長崎県壱岐市勝本町
斉藤酒造（現存）弘前市
カネタ玉田酒造（現存）弘前市

杉見昌一（現存）弘前市
若駒酒造（現存）小山市

[一般の酒造場の場合]
　大倉酒造の場合は多くの資料が残されていたので発展過程がたどれたが，これは数少ない例である。多くの酒造場では現存する倉の状態が唯一のもので，家相図があれば，ある時期の状態が判明するがその例は少ない。日本酒業界には2,000余（平成7年頃）の業者があるが，これらの多くは小企業で，創業時からある程度の発展をした段階にとどまっている。

　創業時の酒造場の多くは小規模で，住居の一隅で原料処理（精米・米の貯蔵・洗米・蒸し米等）をし，別棟の小さい倉で酒造りをしていたが，業容拡大に伴い倉を拡張し，また，原料処理も住居から分離する。残された家相図及びこれまでに調査した実例の中から，各段階の酒造場を紹介する。
　(a) 住居の土間に精米・洗い場・釜場を有するもの
　東西酒造は肥前国（現，佐賀県）にあった，創業宝暦年間（1751～1763）と伝えられる古い酒造蔵で，文政7年と明治14年の2つの家相

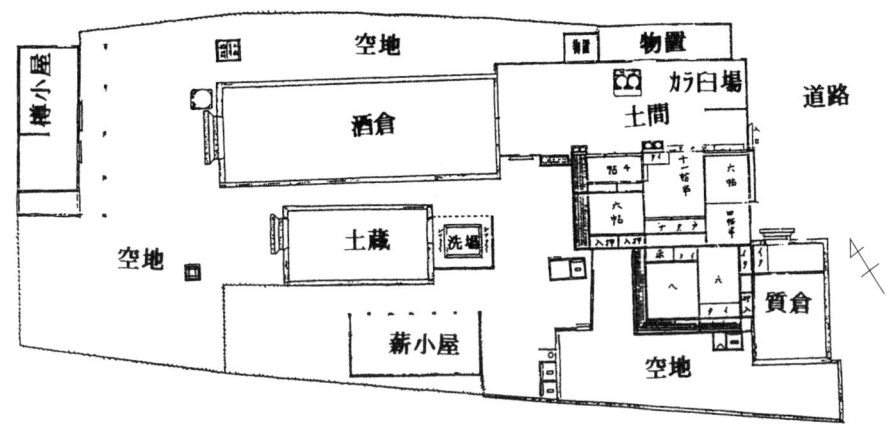

図1-4　東西酒造家相図　文政7(1824)年

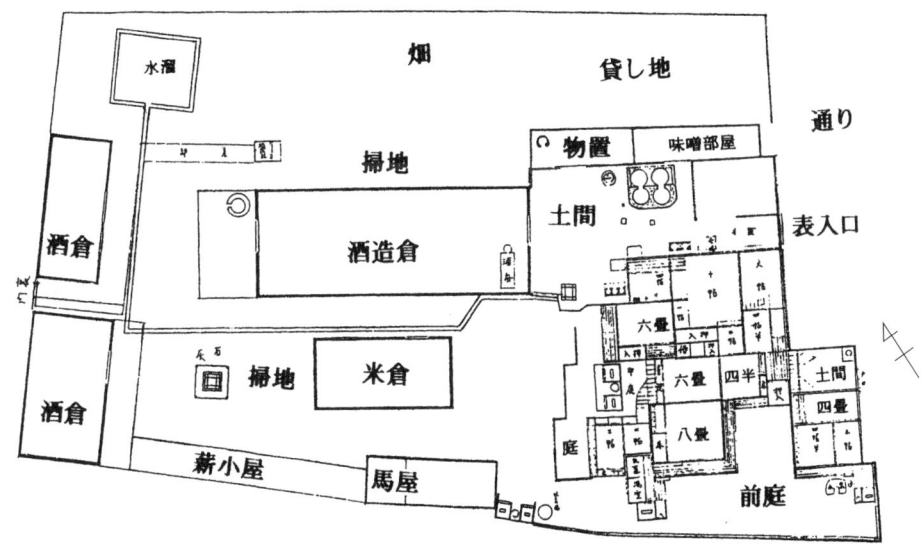

図1-5　東西酒造家相図　明治14(1881)年

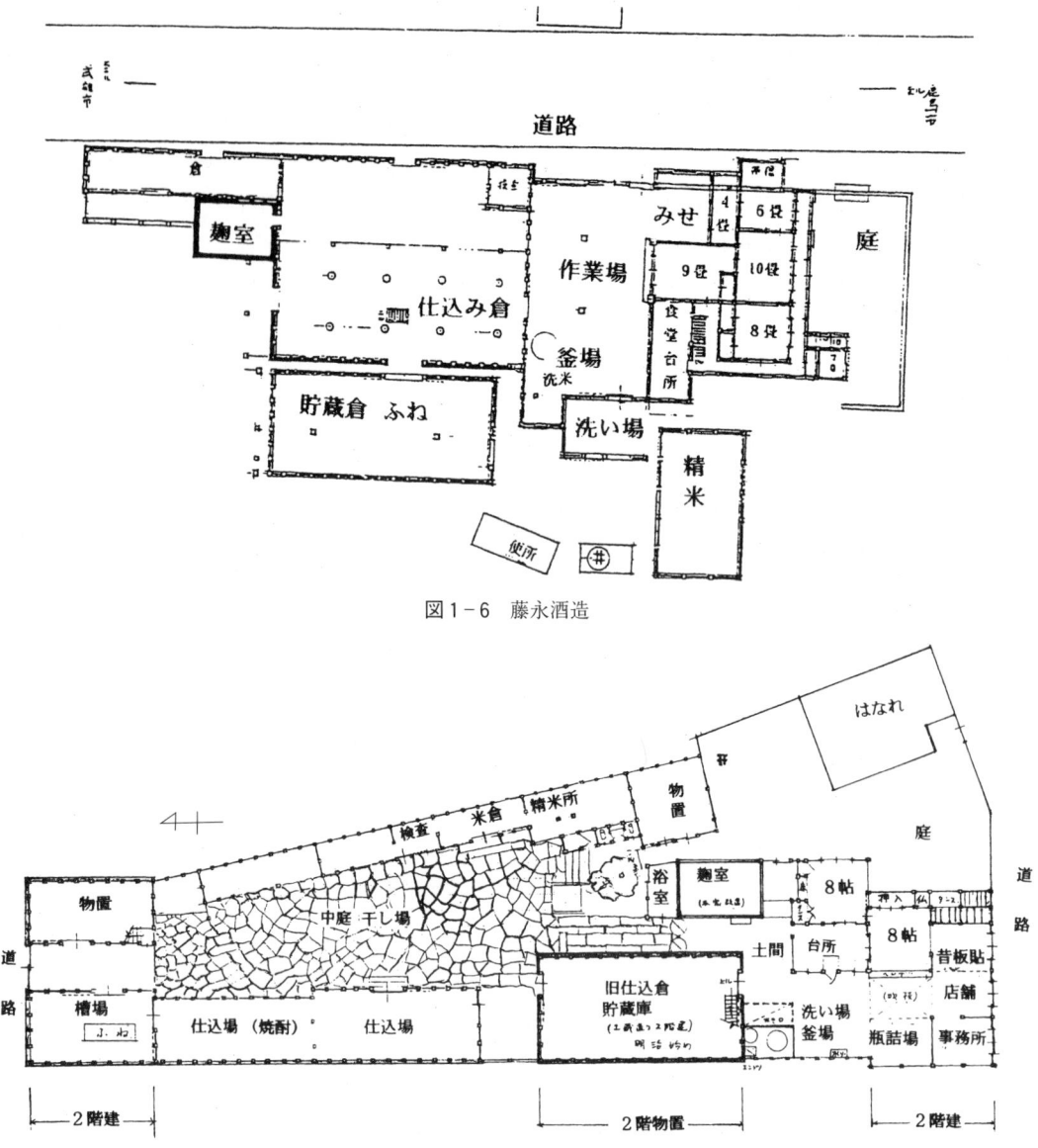

図1-6 藤永酒造

図1-7 殿川酒造

図がある。文政7年の酒倉の広さは31.5坪の規模の小さい倉である。幅3間の通り土間には，唐臼場，大小2つの竈がある。一つは住宅用の竈，大きい方が酒造用の竈である。土間を抜けると酒倉で，酒倉に平行に土蔵がある。文政7年の図面では，この土蔵の出口に洗い場があり，釜場と洗い場が離れていた。明治14年の家相図では倉の入口が酒倉側に変わっていて，洗い場がなくなっている。大きい竈より奥の土間の幅が1間半広くなり，西隅に井戸が設けられている。このことから，図面に記入はないが，大きい竈の西側の土間に洗い場が設けられたと考えられる。更に，既存の酒倉の西側に2棟の酒倉が増築され，空地を囲んで薪小屋・馬屋を設けて中庭を作業庭に整備している。また，北側の隣接地を買収するなど，文政7年から50年の間に業容拡大し，質屋をやめて酒造業の専業となった。しかし，精米は引き続き住居の土間

で行なっていた。

　(b)　住居から精米のみを分離したもの

　藤永酒造(佐賀県（図1-6))は明治初期の建築で，道路に沿って6帖，4帖，店，に続いて広い土間のある住居があり，更に酒造倉・倉と続いている。酒造倉は63坪，貯蔵倉（比較的新しい建物である）28坪，土間は幅4.5間，奥行7.5間で，この中に洗い場と釜場がある。店は土間コンクリートで，酒の小売りをしているが，昭和の初めまでは畳敷きであった。精米が別棟となるのは昭和初期以降のことであり，それ以前は，入口左側に足踏み式の米搗き場があったと思われる。

　殿川酒造(長崎県（図1-7))は創業明治9年，漁村の中の酒造場である。道路沿いに事務室，幅3.5間の店がある。店の東側2間は昔は板張りで，続いて8畳，台所である。通り土間を挟んで，瓶詰場，洗い場，釜場があり，続いて貯蔵倉である。通り土間を抜けると石畳の中庭で，裏側の海岸道路に通じる。昭和の初め頃までは，裏口は直接海へ通じていて，舟で出入りができて，米の搬入や酒の搬出をしていたのである。貯蔵庫は昔の仕込み倉で，北側の仕込み倉の北半分が焼酎用である。仕込み倉から庭を挟んで東に精米室と物置等があって中庭を囲んでいる。精米については藤永酒造同様に，事務所の位置に唐臼場があった。

　(c)　住居から作業場（洗い場・釜場）を分離したもの

　玉の井酒造(福岡県)は「明治28年全国酒造家造石隻見立鑑」によると，醸造高1,839石で，全国で130番，福岡県で3番目の大醸造家である。道路に沿って住居があり，現在は土間の西側に事務室（昔の店）と畳敷きの部屋がある。明治28年の玉の井酒造の図面（図1-9）では事務室の記入はなく，土間に沿った2室のうち，奥にある12畳が事務室を兼ねた帳場であろう。土間は幅が4間，長さ6間の米搗き場で，米置場に続く。裏に出ると，井戸があり，幅4間，長さ18間余りの作業庭（干し場）である。作

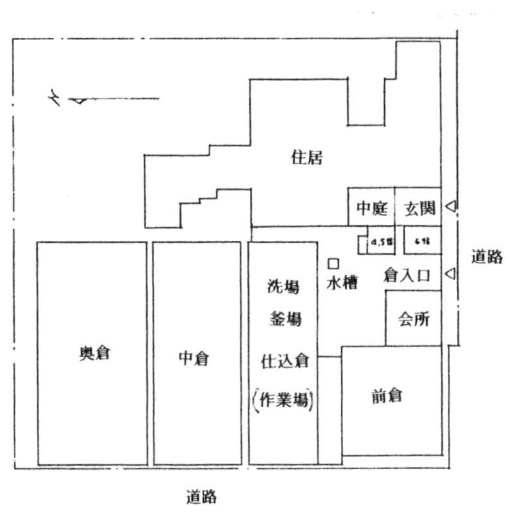

図1-8　北川本家　濱蔵　配置図

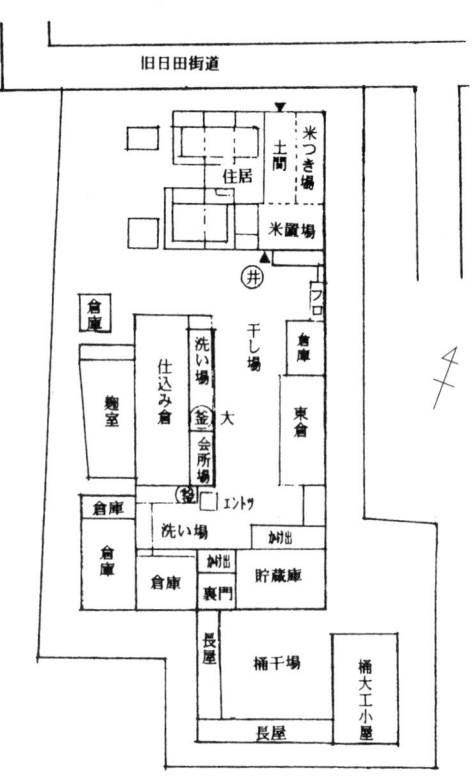

図1-9　玉の井酒造配置図（明治28年）

業庭西側に，住居から4間隔てて，仕込み倉（38.5坪）と麹室があり，干し場を挟んで東倉（21坪）がある。仕込み倉の東側の下屋に休憩室（会所），これに続く掛出しに釜場・洗い場があり，裏の掛出しの釜と洗い場は，道具類の洗浄や桶の洗浄消毒等の雑用に使われた。突き当たりに貯蔵倉（24坪），裏門，倉庫があって，中庭型の倉配置になっている。裏門を出ると長屋と桶大工小屋に囲まれた広い桶干し場があって，建物に囲まれた2つめの作業庭がある。酒造倉の規模は3つの倉の合計で83.5坪の規模である。

蘭菊村上酒造は広島県三原市にある酒造場で，創業は江戸末期の老舗である。敷地は東町の本通りから裏通りまで約90mあるが幅は18m余りで，間口が狭く，奥行の深い町屋型の酒造場である。平入りの住居は軒が低く，梁間が大きくて，大屋根の高い2階建て，本瓦葺きである。店の左の車庫は数年前（1980年頃）に車庫に改装したもので，昔はこれに続く酒倉と共に精米

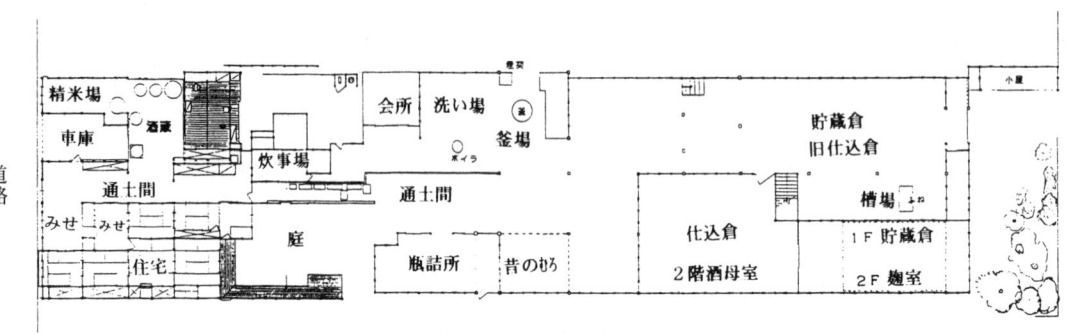

図1-10　蘭菊村上酒造

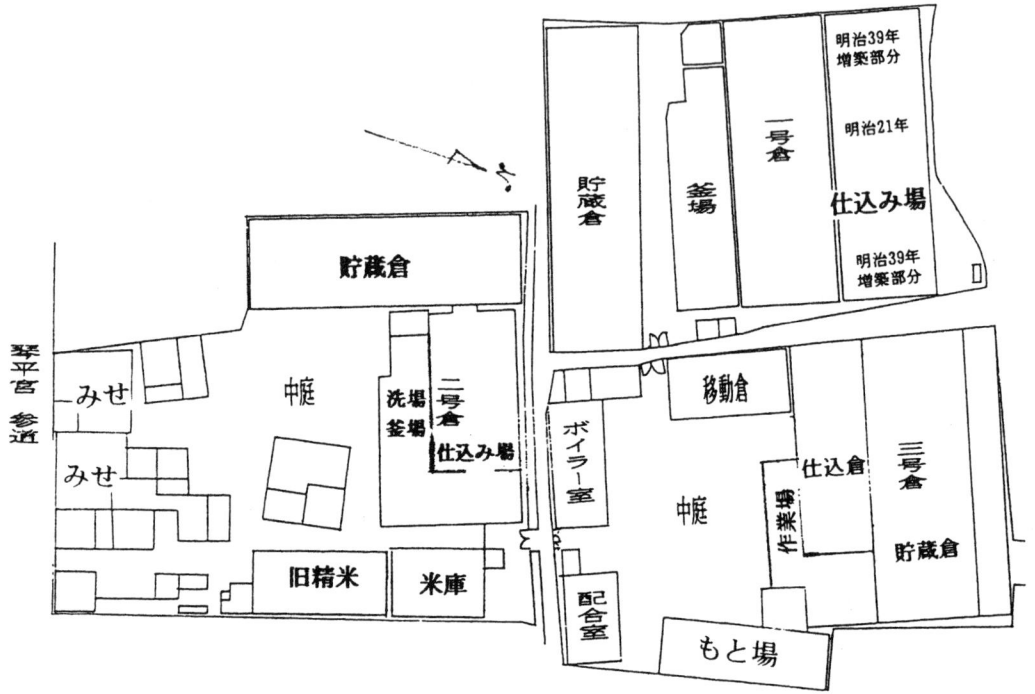

図1-11　西野金陵琴平工場配置図

所であった。通り土間を抜けると左に別棟の釜場・洗い場（作業場）があって，その奥に安政の頃の建築と言う，旧仕込み倉がある。住居には精米場が残されている。住居と作業場が分離した例である。

(d) 1,000石倉を単位として発展したもの

規模が大きくなると，1,000石倉を単位とした醸造倉の数が増えると共に，住居の敷地が分離し，管理部門の建物は事務所のみとなる場合が多い。香川県琴平町の西野金陵琴平工場は，3つの醸造蔵があって，それぞれの醸造蔵が，中庭を囲んで，倉と附属屋で構成された「中庭型」の蔵が集まっている。その中で，琴平宮の参道に面している2号倉は，事務所（昔の住居）・洗い場・釜場・仕込み倉・貯蔵倉等で中庭を囲んでいる大きな酒蔵である。この住居の建物は残っているが，現在は事務所として使用されていて，住居としては使用されていない。1号倉と3号倉は，2号倉の裏通りを隔てて並んで建っているが事務所はない。

福岡県宇美町の小林酒造は，道路東側に水車場と精米所，西側が住居と酒造場である。道路に沿って北から住居，事務所社宅があり，その裏側（西側）に作業広場がある。この広場は3つの酒倉と物置，社宅，事務室に囲まれていて，住居から倉への接点は土間のみで，東蔵との間は完全に遮断されている。このように住居と生産部門のかかわりは少なくなっているが，同じ

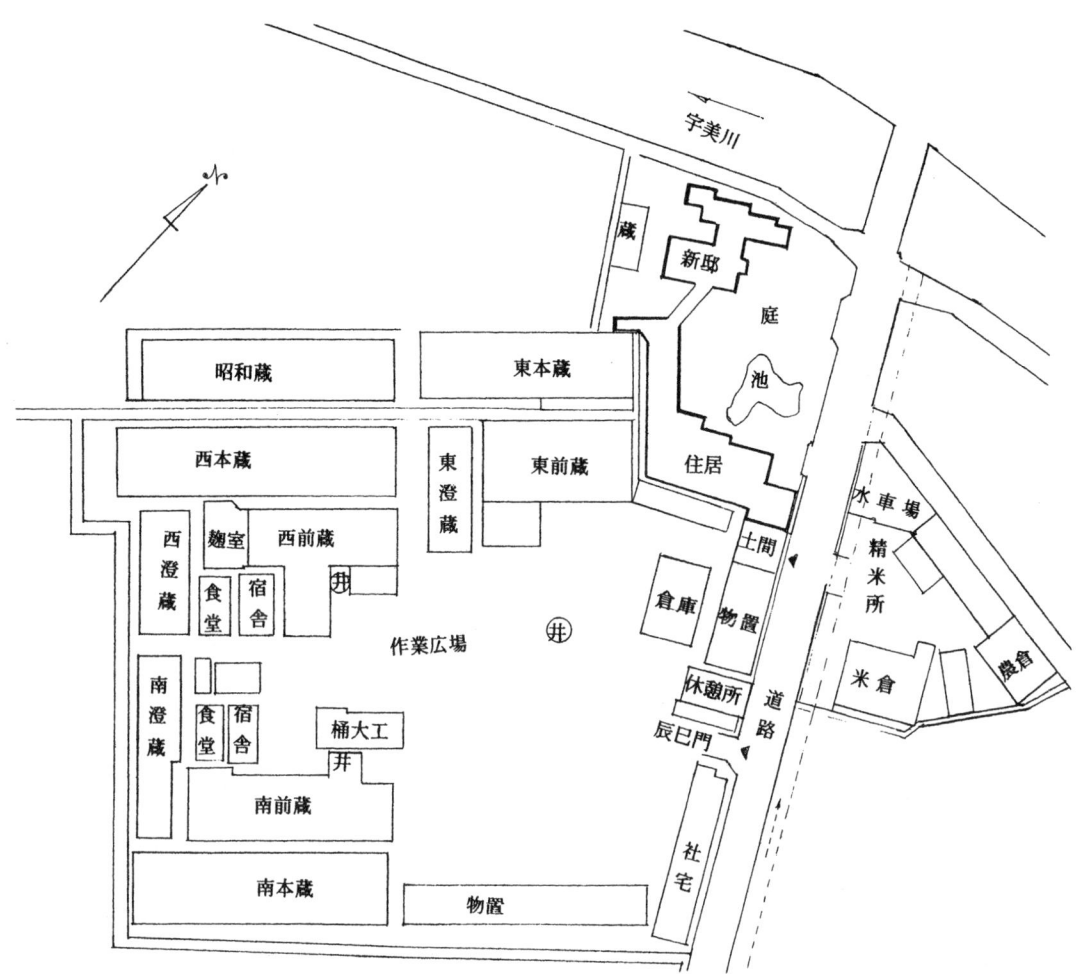

図1-12 小林酒造（万代）配置図 昭和初期復元図

敷地内に両者が存在している。3つの蔵は灘の「重ね蔵」を模して建てたもので，その大きさは，いわゆる千石蔵である。中央の広場は作業場兼桶干し場である。小林酒造・西野金陵琴平工場，共に，3つの蔵が集まっているとはいえ，全く違ったタイプである。

(e) 住居が分離したもの

辰馬本家酒造の新田蔵（図1-14）では，管理事務所が入口に1棟あって，13の酒造蔵がその周囲に配置されて，酒造蔵の大集団を形成し

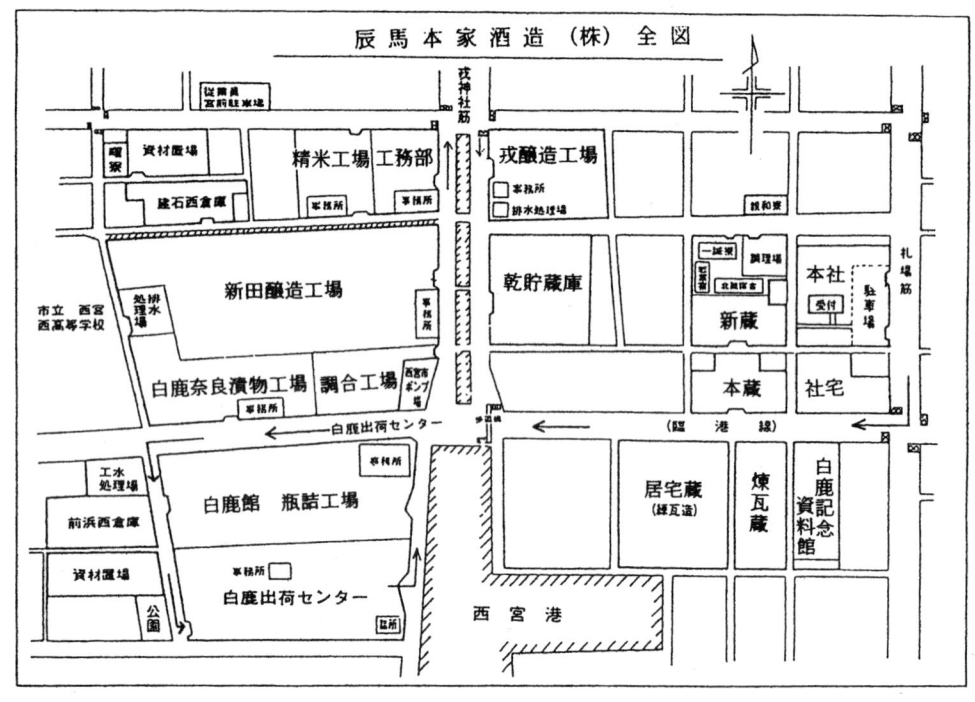

図1-13 辰馬本家酒造の配置図 全図

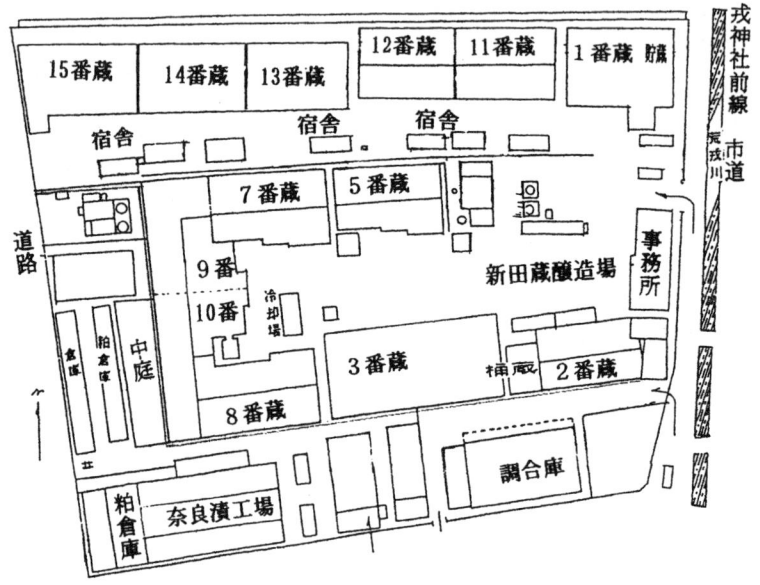

図1-14 辰馬本家酒造・新田蔵醸造場の配置図

第1章　日本酒のあゆみ

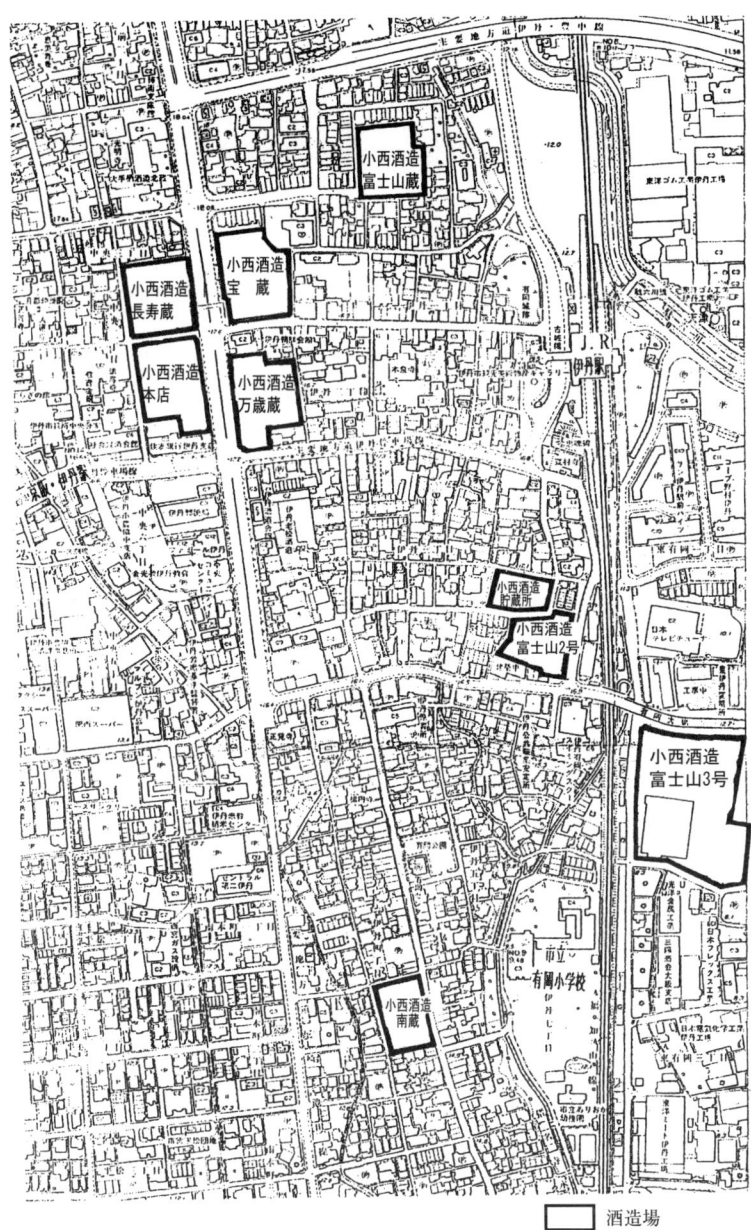

図1-15　小西酒造・酒造場配置

ている。小林酒造では，職・住分離がかなり明白となっているが，隣接敷地内に住居があって事務所と棟続きであり，完全分離とは言えない。

小西酒造は創業天文19（1550）年の老舗で，伊丹市のみならず西宮市にも醸造蔵を有する大メーカーである。本店に隣接して3蔵，市内に分散して4蔵，本店を含み計8蔵でいずれも1,000石以上の蔵である。本店蔵の周囲から敷地を求めて市内各地に蔵を増加したものである。管理部門として事務所のみを有する酒蔵場は，月桂冠酒造をはじめとする，灘・伏見の大メーカーに多い。黄桜酒造・北川本家・小西酒造等。地方では，広島県の賀茂鶴酒造・白牡丹酒造等である。

[まとめ]

東西酒造の文政7（1842）年の家相図では，住居入口右側の土間に唐臼場があり，続いて酒造用の大きな竃と広い土間がある。洗い場が米倉の外にあったが，明治14年の家相図では土間に移っている。大倉酒造の場合も明治25年当時は同様であり，一般に江戸時代から明治初期に創業した規模の小さい酒造場では，住居土間の入口近くに米搗場があり，洗い場，釜場も土間の一隅にあった。住居は土間に沿って2～3部屋があり，中央の大きい部屋に主人の座があって，蔵人の仕事振りを見ていたのである。このように規模の小さい酒造場では，精米・洗米・蒸し米を主人の監督のもとで土間で行なっていたのである。この時代の精米は，足踏み式の杵と臼を用いたもので，多くの労力が必要で，生産増強の大きな制約であった。精米の改革は，水車精米の利用に始まり，機械精米となり，精米所を別棟とするものが多くなった。水車精米は灘では江戸時代末頃から盛んであったが[6]，地方では明治中期（20年代）から以後である。機械精米が普及したのは昭和5年頃からで，酒質の向上と合理化のために必要設備であった。藤永酒造・殿川酒造のような小規模の地方の酒造場でも精白度の向上と労力費の減少をはかるために，機械精米を導入したのである。しかし，蒸し米・洗米は昔ながらの方法から大きく変わることなく，その後も住居の土間で行なわれた。

明治28年当時の玉の井酒造（図1-9）では，洗米・蒸し米の作業場が住居と別棟であるが，米搗き場は住居土間にある。その当時の醸造高は1,839石で，一日の仕込み米の量は20石前後と推察され，これだけの精米をする場所として，4間×6間の土間では手狭で，洗米・蒸し米を収容できなかったのである。このように生産量が増加すると，住居土間のみでは，精米から洗米・蒸し米までのすべての工程をすることができなくなり，部分的に分離せざるを得なくなったのである。

木桶を使っていた時代の生産規模の単位は千石蔵を基準とし，1,000石を大きく超える場合の増産はいわゆる千石蔵を増やすことで行なわれた。この場合，小林酒造のように中央に共同の広場をとり，その周囲に事務所と千石蔵を配置したものと，西野金陵琴平工場のような作業庭型の蔵を複数建てたものとがある。両者共に酒倉に隣接またはその一部に住居がある。前者が発展したのが辰馬本家酒造の新田蔵で，後者が発展したのが小西酒造である。両者共に住居が分離していて管理は事務所で行なって職住分離が達成されている。月桂冠酒造の場合で見ると（図1-3参照），明治38年に旧内蔵での醸造終結後は住居から釜場・洗い場をなくし，大正7年本店を新築して完全に職住分離が達成されたのである。

酒造業界には平成5年度，2,000余の酒造場があって，月桂冠酒造をトップとする少数の近代工業化したグループと多数の家内工業的な酒造業者および，その中間業態のものが混在している情況である。即ち，機械化した工場で生産するものと住居の一部で原料処理をするもの，一部を機械化したもの等，各段階の酒造業者が操業している珍しい業界である。精米から蒸し米まで住居の一部で行なう創業型のものは全くなくなっているように，今後益々進んでいくであろう合理化の結果，初期段階の者から少なくなることが予想される。しかし，手作りの酒が愛好されて，旧い手法に従って土蔵造りの蔵で醸される酒が珍重されることも事実である。

参考文献

1）月桂冠350年の歩み，月桂冠 K.K社史編集委員会，昭和62年
2）日本建築学会九州支部研究報告第37号（1998年3月），424頁，山口昭三
3）醸造建築調査 —— 醸造試験所・酒類醸造工場，近畿大学九州工学部研究報告（理工学編）18（1989）55頁，山口昭三
4）月桂冠360年史資料編49頁編集，社史編纂委員会著，平成11年
5）月桂冠350年の歩み，123頁，月桂冠 K.K社史編集委員会，昭和62年
6）同上，160～162頁

在方型と町家型酒造場について

　この節は酒造場の生い立ちの条件による違いと発展について考察する。酒造場の生い立ちを町家型と在方型に分け，更にそれぞれについて販売量の大小によって地売り型と広域型に分けて考察をすすめる。

　地売り型とは，造った酒の大部分をその地域で販売する小規模の酒造場を言い，広域型とは，広い地域を販路とした大規模の酒造場を言う。例えば，江戸時代における，江戸積み酒造である。

[酒造業のおこり]

(1) 室町時代

　酒造りが自家製から酒屋の酒に代わり酒造業として安定し，利潤を目的とする商工業の中に組み入れられて課税が始まるのもこの時代である。

(2) 江戸時代

　幕府は財政の円滑化をはかるために米価の調節を目論むが，その手段として酒造業の統制をする。最初に酒造制限令が行なわれたのは，寛永11(1634)年で，寛永20(1643)年にも減醸令が布告されるが，この時の基本方針の一つに，酒屋を城下町，宿場町，市場町に限定し，農民による「在方」での酒造りを禁止している[1]。しかし，元禄15(1702)年の「家業外酒造禁止令」の一部に「国々在々ニテハ，全テ酒バカリ造り候者ハ稀ニテ，田畑ヲ所持シ，或ハ，外ノ商売仕リ候間ニ酒モ造リ候者ハ，多数之有ル由」とあり，在方にも多くの酒造業者が存在していたことを示唆している[2]。この記事から在方酒屋は農業を初めとする種々の副業を持ち，一面では地主的要素を持っていたのである。酒造の抑制的な政策のもとで推移した幕府の政策も，宝暦4(1754)年の勝手造り令によって大きく転換し，新規営業者まで許して自由営業時代となる。その後は米の出来，不出来によって制限令と解除令が繰り返される[3]。

(3) 明治時代

　明治4年に廃藩置県の断行と同時に「清酒，濁酒，醤油鑑札収与並びに収税方法規則」が公布された。ここに，酒造政策が全国一元化され，新規営業自由のもとに，全国的に地主酒造家が多数現れるのである[4]。

　酒造業の大きさについて見ると，元禄10(1698)年の調べでは，1戸当たりの造り高の全国平均は34.6石と小さく，実際，造酒屋は初めから純然たる産業資本を持って成立したものでもなければ，江戸後期に見られるような製造高の膨大さを誇っていたわけでもなかった[2]。ちなみに，現在，日本一の生産量を誇っている月桂冠酒造(旧大倉酒造)は，天明8(1788)年7代，治右衛門の時の造り高は，172石であり，明治18(1885)年に536石である。造石高が1,000石を超えたのが明治26年である[5]。即ち，月桂冠が地売り型から広域型に発展したのは明治中期である。また，江戸時代にこのような発展を遂げたのが灘の酒造業であった。

[町家型酒造場]

　町家とは商家のことで，商いの場と住居を有する家である。町家型酒造業とは，町家のうちで酒造業を営むものである。ここでの町家の定義を「通りに面し，軒をつらねた都市の一戸建て住宅」[6]として，こうした住宅とともにある酒造場を調査の対象とした。

　町の形態は城下町，門前町，宿場町等様々であるが，一般に敷地の間口幅が狭く，奥行の長い矩形が多い。しかし，大規模の酒造場ではこの範疇に入らない。こうした町の中では当初の規模から業容拡大によって大きな敷地が必要になった時には，隣接する土地を買収して拡大していたのである。酒造場の場合は一般の民家より大きい間口が必要で買収した建物をそのまま使用するものもあるが，多くの場合，新たに目的に合った建物を建てている。

(1) 地売り型酒造場

① 宿場町の酒造場

　図1-16は天保14(1843)年の木曽奈良井

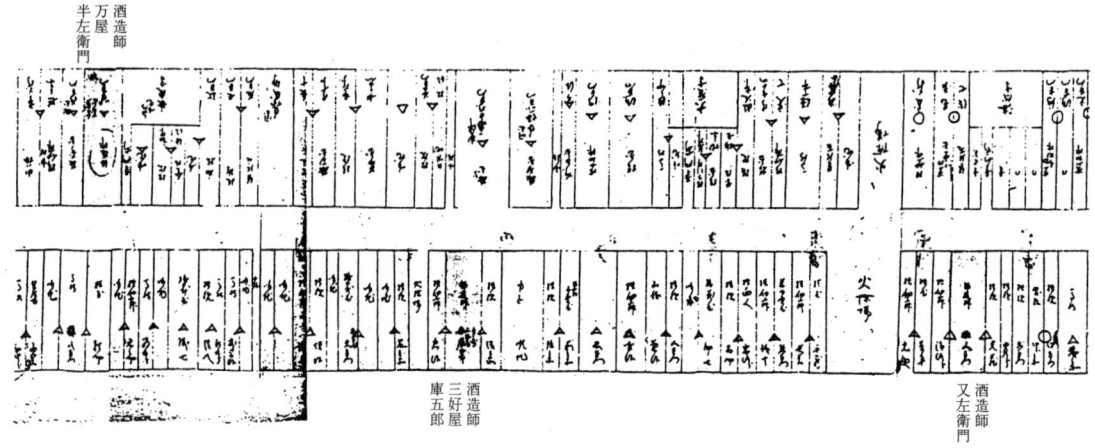

図1-16 天保14（1843）年の奈良井宿の絵図[7]

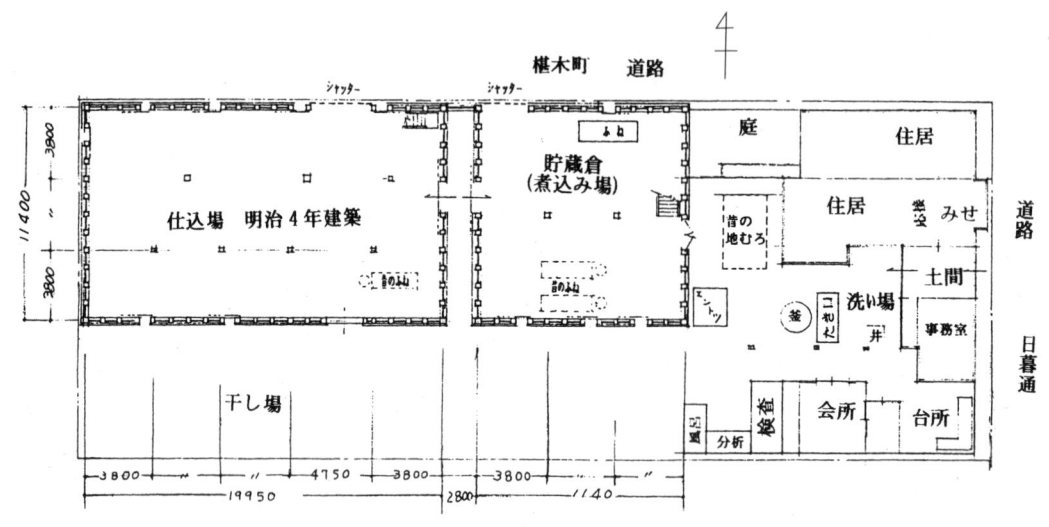

図1-17 佐々木酒造1階平面図

宿の町割り図[7]で，この中に3軒の酒造場があるが，いずれも間口幅は一般民家の2倍ほどの広さである．3軒のうち，いちばん右が現在も酒造業を営んでいる平野酒造[8]の前身である「酒造師又左衛門の家」で，文化元（1804）年の絵図[9]には間口6間，奥行は9.5間（住居部分）とある．一般の民家の間口は2.5〜3.5間で，間口に比べて奥行の大きい細長い敷地であった．

② 京都の酒造場

佐々木酒造は京都市上京区日暮通と椹木町の角地にある酒造場である．日暮通りに面して建つ住宅の北側2間は古い建物で裏が庭である．続く南側の7間は昭和の建物で入口土間の北側が店で南が事務室である．土間を通り抜けると住居と事務所・会所場に囲まれた釜場・洗い場で，中央の釜の焚き口は地下にあって板で蓋をしてある．ボイラーを使う場合は焚き口を埋めてしまう場合が多く焚き口を残しているのは珍しい．釜場に続いて貯蔵倉（煮込み場という），仕込み倉と細長い敷地の奥まで一杯に建つ．貯蔵倉・仕込み倉は椹木町の通りに接して建て，反対側の空地は干し場として使用していたのである．

貯蔵倉は6間角の倉で，椹木町に向かって棟

を建て，住居側4間が2階建てで，裏側の2間は下屋である。仕込み倉は榁木町に沿って棟を立て，2階部分は4間で，南側2間が下屋である。この倉には棟木に明治4年上棟の棟書きがあり，建物の位置から考えて貯蔵倉はこれより古く江戸時代のものと思われる。一般に，造り高が増加し手狭になると新たに仕込み倉を建てるが旧い仕込み倉はそのまま残して貯蔵倉として使用する。このことからこの酒造場も明治4年以前は貯蔵倉が仕込み倉であったと考えられる。この大きさの仕込み倉の生産可能量を試算すると，2階床の高さが3.3mと低いので，仕込み桶は10石桶とし，枝打桶を1個使用するものとする。倉の両外側に大桶を置くと，4間幅（梁間方向）に10石桶は8本，下家に2本，合計10本置けるので，250〜300石程度は醸造できる[*1]。これは，江戸末期における伏見の酒屋では平均に近いものである。この倉と同じように釜場の裏に小さな倉とこれに続いて大きい仕込み倉がある酒造場は，東北地方で3軒見つかっている[*2]。地方では更に生産規模は小さいので，佐々木酒造と同様に現在の貯蔵倉は仕込み倉を増築する前の仕込み倉と考えられる。

③ 漁村の酒造場

長崎県壱岐市勝本町は，壱岐市の北端にある漁師町で，集落の中心地は朝市の立つ町並である。ここには4軒の酒屋があって，いずれの酒屋も裏は海岸通りになっている。海岸通りは戦後新しく造られたもので，昭和の初めまで裏側は海岸で直接舟を付けることができた。原田酒造はこの朝市の立つ町の小さな地売り型の酒屋である。住居の土間が広く，ここに酒造用の洗い場・釜場と台所があって，この部分は創業時からの状態を保ったままである。建物中央にある柱は，背中あわせに2本立っていて，間取りから見ても，明らかに隣家を買収したことがわかる平面である。買収後，仕込み場，精米所，米倉等を建築し，現在の平面になった。

④ 飛騨高山の酒造場

高山市は飛騨盆地の中心の城下町で現在8軒の酒造場があるが，仕込み倉が30〜50坪程度の地売り型の小規模の倉である。二木酒造と平

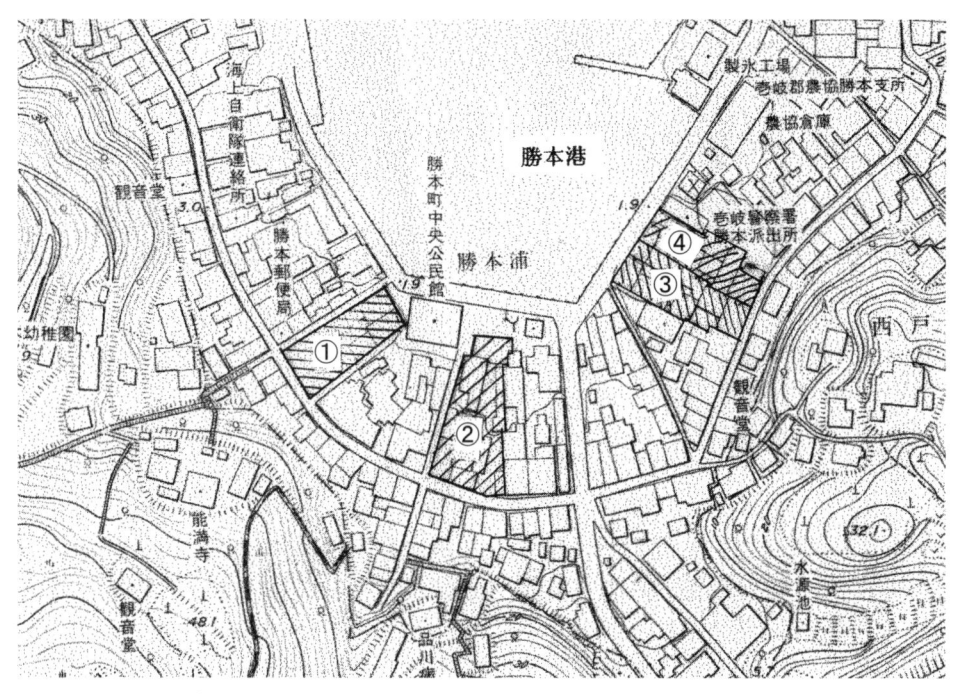

①原田酒造　②殿川酒造　③石橋酒造　④吉田酒造（廃業）

図1-18　勝本町平面図

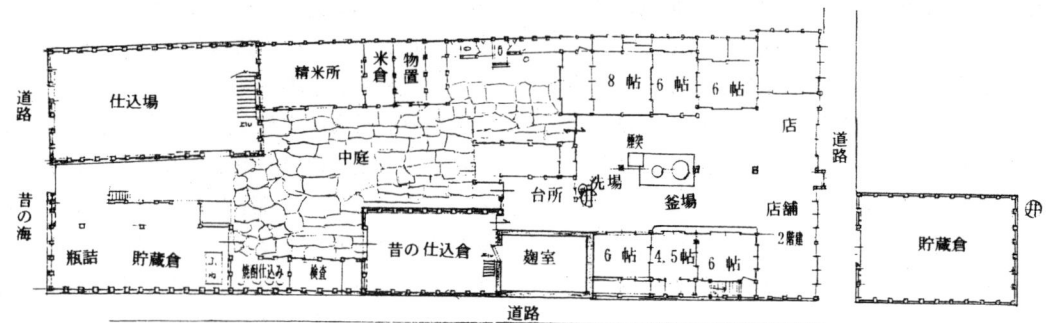

図1-19 原田酒造平面図

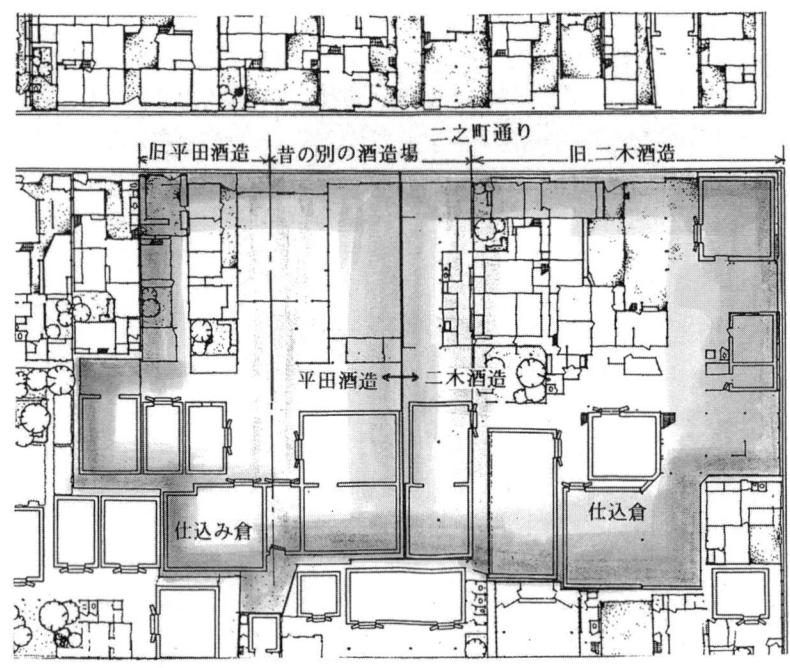

図1-20 二木酒造・平田酒造

田酒造は隣り合った酒屋である。この2軒の間にあった酒造場を二分して両者が購入し，ここにあった倉をそのまま貯蔵倉として使用している[10]。

以上4つの例に見られるように地売り型のこれらの倉では隣接する民家より幅が広く，隣接民家を買収したときの境界が痕跡として残っている場合や，平面図を見るとそれと判断できるものが多い。また，このように周囲に隣家が立ち並んでいる町中では限られた敷地の中での増築であり，敷地の形に従って建てるので乱雑な建物配置になる場合が多い。

(2) 広域型の酒造場

町家型酒造場の広域型の場合は，建物の増改築が多く，これらの酒造場では創業時の規模は現在ではわからない場合が多い。現存する酒造場は業容拡大に伴って大きくなった姿であって，ここに至るまでの経過は推定によるか残された図面による以外には判らない（家相図や売買に伴う図面である）。

① 西野金陵（図1-11（16頁）参照）は香川県琴平町の琴平宮参道に面している酒造場で，

作業庭型の3つの酒造蔵が1ヵ所に集まっている。参道に面した2号倉は，事務所と住居の裏に，大きい作業庭を囲んで敷地境界に沿って作業場と酒造蔵がある（作業庭の中の建物は新しいもので昔はなかった）。

この蔵の裏側に幅の狭い里道を挟んで1号倉と3号倉とが並んで建てられている。1号倉は敷地いっぱいに建物が建っているが，貯蔵倉はここにあった小さな建物を壊して建てなおしたもので，釜場の前は広い作業場があった。このように町家型の酒造場では建物を敷地境界に建て，内部に広場を設けて桶干し場等に使う場合が多い。

② 伊丹市の小西酒造[11]（図1-15（19頁）参照）は創業天文19（1550）年摂津の国伊丹の里で薬屋新右衛門が「濁酒」を造り始めたのが起源である。文禄元（1592）年に醸造を本業とし，規模を大きくして1800年代初めには10倉，1万石を記録している。

富士山蔵は敷地の周囲に倉を建て，これらの建物に3方を囲まれた代表的な町家型の酒造場である（図1-21）。敷地が制約されているので，建物の面積に比べて干し場の面積が小さい。釜場・洗い場の建物の外観は，細格子の入った窓があって，大きな町家としか見えない。伊丹市誌によると，この富士山蔵は，1800年半ば頃の建築であると記されている。本社横の万歳蔵も中柱に弘化4（1847）年の祈祷札があってその年代と思われる。また清酒醸造高は明治42（1909）年では5,896石で5つの倉で生産している。各蔵の造り高は1,100～1,200余石で，地売り型の蔵に比べると遥かに大きい広域型の酒造場で江戸積み酒造業者であった。酒造蔵は，小西酒造本店を中心に4蔵と，伊丹市内に分散して4つの蔵がある。これは増設に際し，隣接した場所に敷地を確保できなかったのである。他の酒造場や町屋を買収して増設をしたり，町並の切れた所に敷地を求めた結果と考えられる（図1-15参照）。

このように町家型は，敷地を確保する上での困難があるので，郊外に立地場所を求めることとなる。例えば戦後における，京都市伏見区の

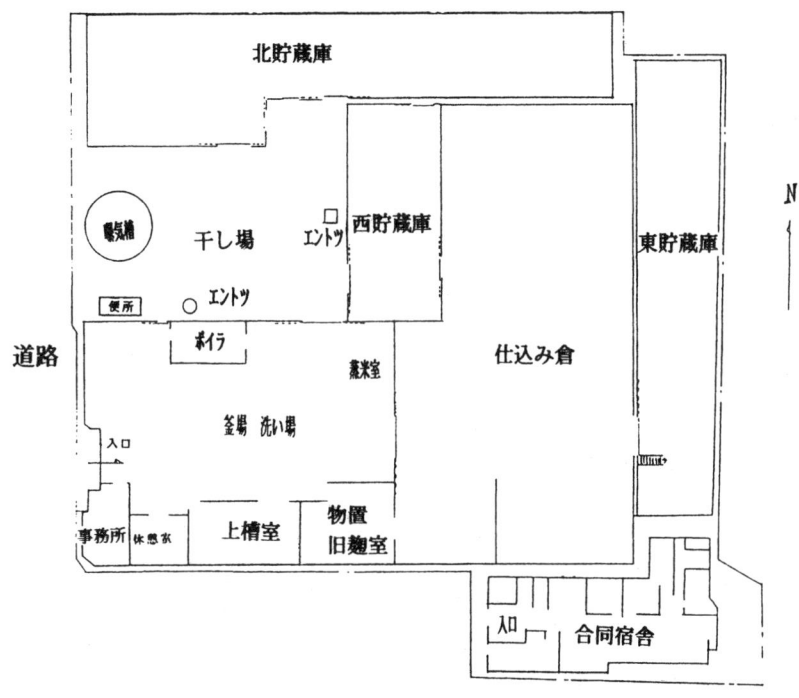

図1-21 小西酒造 富士山蔵配置図 昭和63（1988）年

酒造場が郊外に移転をしていることがあげられる。生産の増大とトラック輸送のために、道路が狭くなったので、隣接する田園地区に移転を計画している。現在（1980年頃）では、敷地は確保したものの古い酒造場を残している倉が多い。道路事情が解決しない場合は、都市化の進展を考慮すると、いずれはこれらの酒造場は移転するものと思われる。京都市では、大正時代末期に市の中心地の酒造場を伏見区に移転した。大きな敷地を必要とする酒造業の場合は、都市の発展過程の中で計画的に移転を強いられた例である。

[在方型酒造場]

在方型酒屋について、加藤百一氏は著書のなかで、「近世的郷村に成立、展開した企業的酒屋、つまり村方の酒屋の事である」として、その特徴は、

(1) 一般農家からたやすく米の買い付けができるばかりか、小作米も容易に入手できる地主的存在であった。
(2) 農業ばかりか、みそ・醤油・酢などの醸造、また、質屋、高利貸しなど金融関係の仕事を兼ねた資産家が多い。
(3) 郷頭、肝煎り名主など郷村の指導者が多い。つまり在方の酒屋は、地主的存在であり、村方での副業的仕事をもっていたことなどが指摘できる[12]、と述べている。

しかし、建築の立場から、町方、在方にとらわれず市街地から離れた酒造場で敷地の制約がなく、余裕のある平面計画が可能な酒造場を在方型とした。

(1) 地売り型酒造場

図1-4, 図1-5(13頁) 東西酒造は佐賀県唐津市浜玉町の集落の中にある地売り型の酒屋で、創業宝暦年間と伝えられる古い酒造場で文政7年当時には質屋を兼業していた。広い土間があって、ここに唐臼場と洗い場・釜場および台所がある。土間の奥が仕込み倉で、建物周囲に広い空地があって桶干し場や増築用の敷地として十分な広さである。2つの平面図を比べてみると、明治14年では酒倉が増築され、釜場や洗い場のある土間が広くなり、酒造施設が整備された反面、兼業していた質屋はやめて酒造専業になったのである。

地売り型の酒造業で兼業から専業へ移行するのは業容拡大によるものであることをこの例が示している。地売り型は規模が小さく現在残っている例は少ない。現存しているものでは創業当初は地売り型であったが現在の状態は広域型となっているものが多いのである。

図2-4(58頁)の松熊宗四郎(家相図)及び図2-5の鍋山酒造(廃業)も酒造倉が一棟の地売り型である。松熊宗四郎は住居の中に作業場があるが、鍋山酒造では作業場が住居から分離している。いずれにしても現在は存在していない酒造場である。

(2) 広域型酒造場

図1-22の若駒酒造(栃木県小山市)と図1-23の三宅酒造(兵庫県)は農村地域にあって、前庭が大きく、増築をして大きくなった酒造場であるが創業時の状態は判らない。

若駒酒造は江戸末期に近江商人が始めた酒造場で広大な農地を有していた。ちなみに、住居地から2km離れた鉄道駅まで他人の土地を踏むことなく行けたと言う。創業後増築を繰り返したので不揃い型になった。

三宅酒造は兵庫県加西市の農村にある酒造場で、住居の前庭は農業用の広場で、農業と兼業である。住居の裏は、空地とこれを囲む酒造倉・作業用の建物があり、酒倉の裏が広場で、昔は桶干し場であった。桶干し場は桶大工場と物置やその他の建物に囲まれた広場となって、2つの広場をもつようになる。例えば、有脇村(現, 半田市)の神谷惣助の明治7年の図面（図4-2-1）、玉の井酒造の明治28年の図面（図1-9）等である。

図1-24の伊東合資は愛知県半田市亀崎町の酒造場で、創業天明7(1787)年である。知多半島で江戸積み酒造が始まったのは1700年代で天明8(1788)年の記録によると、亀崎村の1戸当たりの醸造高は724石[13]である。江戸積

第1章　日本酒のあゆみ

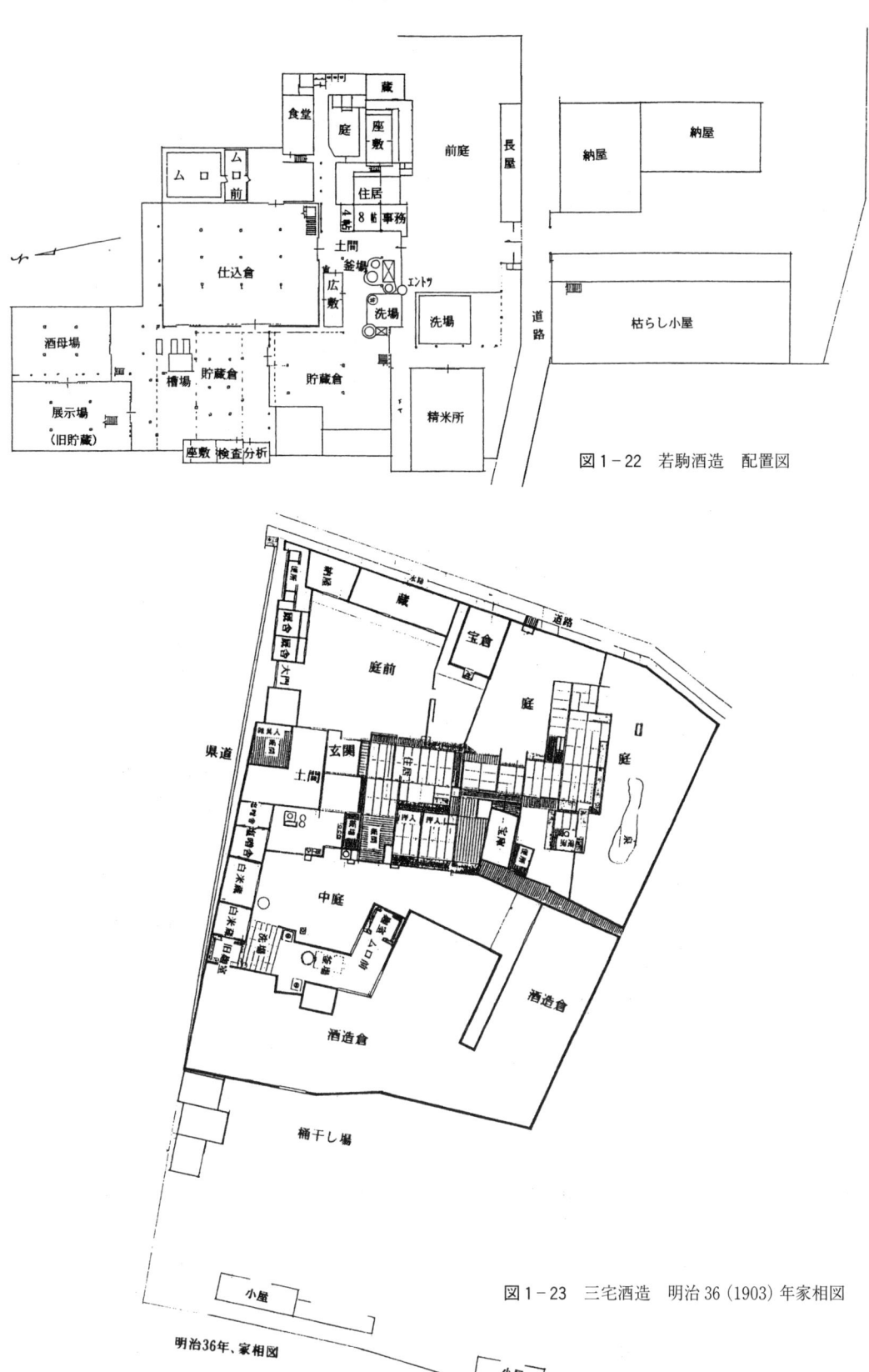

図1-22　若駒酒造　配置図

図1-23　三宅酒造　明治36（1903）年家相図

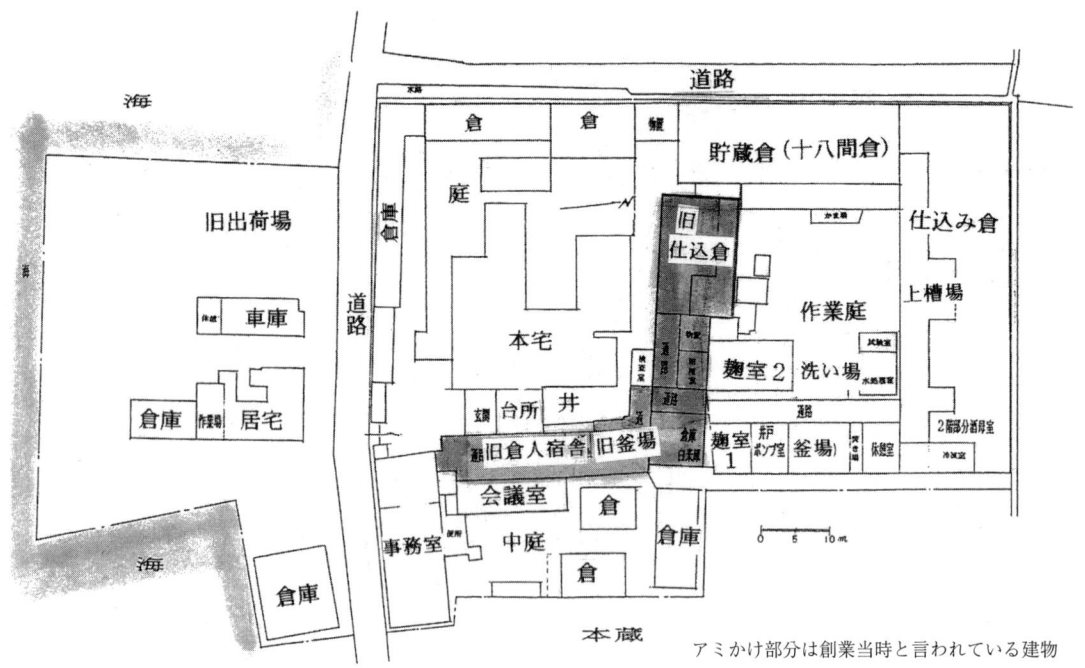

図1-24 亀崎の倉 伊東合資 本蔵

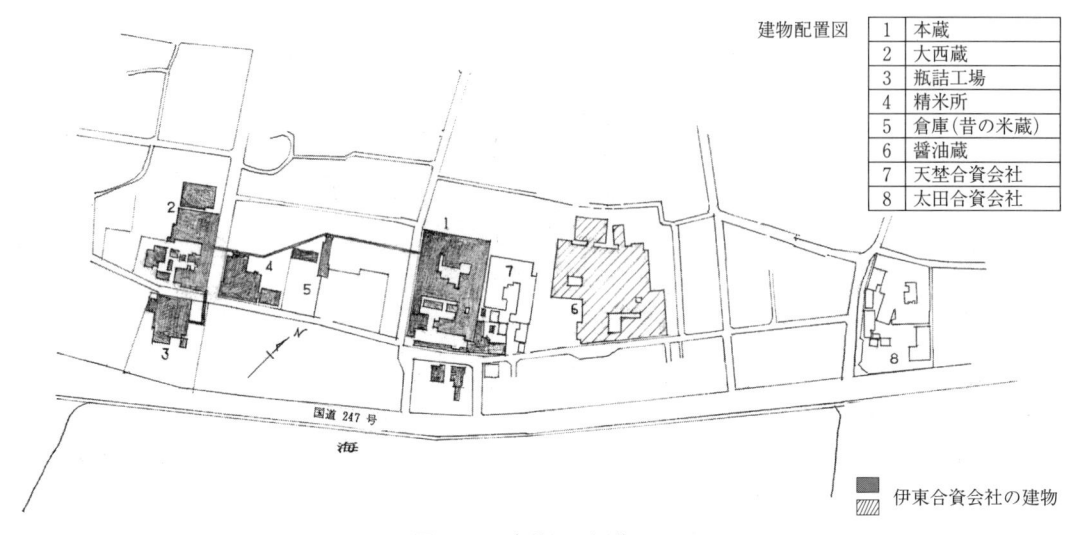

図1-25 亀崎町の酒蔵

み需要が起きる前のこの地域の需要を示す記録として元禄10（1697）年の調べでは，酒造場1軒当たりの醸造高は，26石[14]である。この両者を比べると，この間に地売り型から江戸積み型に変化したことがわかる。

この蔵の創業は，こうした業界変革がこの地域に波及しはじめた頃である。創業当初のことは不明であるが，天保の頃の建築と伝えられる旧仕込み倉から旧釜場横の米倉につらなる2棟の倉（アミかけ部分）は合計103.88坪もあって，当時の千石倉に近い規模を有することから，この蔵は江戸積み酒造であったと思われる。その後，明治初期にかけて発展する酒造業の波にのって，明治初年前後に仕込み蔵と十八間倉を

増築したものと考える。合計 344 坪の巨大な蔵は灘の蔵を凌駕する規模で，酒造後進地域の広島・福岡の酒質改善を目指していた酒造家たちが見学に来訪したと言われている。この後も，更に，醸造場の増設をし，醤油倉を含め，5つの蔵を経営し，大正7年には 6,179 石[15]を生産している。

図 1-25 は平成 1 年当時の亀崎町の酒造場の分布図で，海沿いに 3 軒の酒造場がある。いずれも江戸時代からの旧い酒造家で，前の浜から江戸に向けて酒を積み出していた。仕込み倉と貯蔵倉を加えると 100 坪を超す大きい倉で，倉の裏は広い桶干し場であった。

図 1-13・14(18 頁)の辰馬本家酒造は，西宮市にある大メーカーである。酒造場の位置は西宮市の海岸地域で，酒造に必要な敷地は自由に得ることができ，実質上，在方とみなせるものである。図 1-13 の本社横の新蔵，本蔵，居宅蔵のように大きな酒造場を隣接して 3 つと，やや離れた所に新田蔵がある。この新田蔵の敷地は，1街区を占有していて，ここに明治 7 年から大正 14 年にわたり，千石倉を 15 蔵設けて酒造場の大団地を造った（18 頁）。

福岡県の小林酒造では，規模は辰馬本家酒造には及ばないが，千石倉 3 つと住居・事務所・社宅・桶大工小屋で中央の広場を囲んだ団地を造っている[16]（図 1-12 参照）。

[おわりに]

酒造業では，創業時の規模は一般に地売り型の小さなもので，腐造を出して消滅する蔵が多く，永く続かないと言われている。しかし，残った施設や酒株・酒造道具類は別の資本家に買い取られる場合が多く，酒造場そのものは永く続いて使われている。小西酒造や辰馬本家酒造のように，創業時の経営者がそのまま続いて，大きくなった例は少ないのである。

町家型は，規模拡大をするには，敷地を求めて展開していくが，都市化が進むと敷地の取得が困難になり，遠隔地へ移転する。しかし，規模拡大をしない場合は，地売り型に撤することで栄えることになる。古風な町並みを生かして観光都市となった高山市では，小規模酒造業が衰退する中で，売り上げを伸ばしている数少ない例である。

在方酒屋として栄えていた場合でも，周囲の都市化によって自由な拡張ができなくなる場合が多くなった。しかし，醸造設備の改良によって，平面的な敷地利用を立体的に変えて，生産量を飛躍的に伸ばし，従来の敷地の中での施設増強でまかなえることが多い。例えば灘の酒造場の場合は伏見と違って道路情況は良く，周囲には工場が多く，従来の酒造場の中での建て替えが可能であった。そして旧い酒造場の横に鉄筋コンクリートの高い工場を建てて，できるかぎり旧いものを保存していたが，平成 7 年の阪神・淡路大震災でこれらの旧い建物が殆ど消滅したことは残念である。大手メーカーが古い倉を残すのは，古い倉を残して貯蔵に備える酒造業の体質ともとれるが，量産に適しない吟醸酒等を手造りで造るためであったと思われる。また，イメージが人々の品定めに大きく作用する酒造りの業界であることが，こうした古い倉を残す理由の一つでもある。

参考文献

1) 日本の酒 5000 年，加藤百一著，技法堂出版，(1978), 193 頁
2) 日本の酒の歴史，協和醗酵工業 KK, (1976), 208 頁
3) 日本酒の歴史，柚木学著，雄山閣，(1975), 68 頁
4) 酒造りの歴史，柚木学著，雄山閣，(1987), 323 頁
5) 月桂冠 350 年の歩み，月桂冠 K.K, 社史編集委員会，(1987), 72 頁
6) 町家，共同研究，上田篤，土屋敦夫編，44 頁，鹿島出版会，昭和 50 年 7 月
7) 木曽奈良井町並調査報告，奈良文化財研究所，127 頁，昭和 51 年
8) 近畿大学九州工学部研究報告（理工学編）17, (1988), 醸造建築調査資料，山口昭三，55 頁
9) 木曽奈良井町並調査報告，奈良文化財研究所，119 頁，昭和 51 年
10) 近畿大学九州工学部研究報告（理工学編）24, (1995), 醸造建築調査資料，山口昭三，134 頁
11) 同上，20, (1991), 同上，77 頁

12) 日本の酒 5000 年，加藤百一著，技報堂出版，1987 年，198 頁
13) 半田市誌・本文編上，平成元年，628 頁
14) 同上，561 頁
15) 信州の酒の歴史，長野県酒造組合，昭和 45 年，214 頁
16) 日本建築学会九州支部研究報告第 35 号・3，1995 年 3，醸造建築の調査研究(16)，職住分離について，山口昭三，561～564 頁

注
＊1　酒造蔵の生産性を資料をもとに試算する。明治 25 年に大倉家 11 代，大蔵恒吉が残した文書に，明治 20 年頃の大倉酒造（現在の月桂冠(株)）の酒造蔵と造り高の記録がある。これによると，仕込み倉 36 坪，住居東側の貯蔵倉が 20 坪，この他に，細桶（10 石桶）10 本分の貯蔵倉を使って，500～600 石の醸造をしていると書かれている。細桶 10 本分の 100 石を差し引いて，56 坪の倉で造る量は，400～500 石程度とすると，1 坪の生産量は 7.1～8.9 石となる。また，旭川酒造史の資料を使って求めたものもほぼ同様の結果であり，明治時代における酒造場の生産性として信用できる数値であろう。

酒造師又左衛門の家の場合，土蔵をすべて酒造に使用したとし，造り高を試算すると，1 坪当たりの造り高を 7 石として，1804 年の土蔵の面積は 29.25 坪で，204 石，幕末では 15.75 坪で，110 石となる。

佐々木酒造の貯蔵倉，36 坪では，1 坪当たりの造り高を 7～9 石とすると，250～320 石の生産量となる。

＊2　山形県鶴岡市　鯉川酒造・鶴岡工場
　　　青森県黒石市　鳴海酒造
　　　同上　　　　　中村酒造

⑥ 江州店酒造場について

［はじめに］
(1) 目的
　江州店（近江系）酒造場とは琵琶湖東岸一帯出身の商人（近江商人）が経営する酒造場のことで，北関東を中心として北は奥羽地方，南は中部地方にかけて多く存在する。本節は調査した酒造場の中から近江商人系のものを抽出して紹介すると共にその特徴について述べる。

(2) 生い立ち
　近江商人あるいは江州商人とは近江出身の商人の総称であるが，中でも蒲生・神崎・愛知の湖東三郡がその中心である。これら三郡の中でも特に多くの近江商人を排出したのは蒲生郡八幡町（現在の近江八幡市）と日野町付近，神崎郡五箇荘村（現在の東近江市）一帯，愛知郡周辺である。同じ江州人でもそれぞれの出身地によって活動の地域や業種にも差異があった。例えば，八幡商人は江戸，大坂，京都に大店を構え，布や畳等を売り捌いていたが，この他にも北は仙台，山形，福島，出羽天童等東北および中部地方，中国地方，九州の長崎等全国に及んでいる。この中で，関東から東北が主要地盤で，いずれも資本豊かな大店を構えていた。これに対して日野商人は出店数においては八幡商人をはるかに凌駕している。八幡地方の諺に「日野の千両店」という諺がある。これは日野商人は資本が蓄まるとすぐにも出店を開くという意味で，日野商人は出店の数において八幡商人を凌駕していたが，規模は小さかった[1]。

　天正 18（1590）年，蒲生氏の会津転封を契機に進出が加速した日野商人は江戸時代に大いに栄え，各地に多数の出店を構えた。その地域は関東を主とし東海道沿線から京・大坂にかけてが主な活動の舞台であった。慶長 3（1598）年蒲生秀行が会津から宇都宮城主になった頃から以後，北関東，特に下野国に多くの日野商人が居住した。彼らは本店を日野に構え，出店を下野，上野に置いて地盤を伸ばしていった[2]。

　日野町誌によると，昭和 5（1930）年における出店の地方分布は，樺太 1・北海道 2・東北地方 5・関東地方 115・中部地方 29・近畿地方 32・その他 6 店となっている。業種は酒，醤油の醸造が首位をしめ，呉服太物商・荒物雑貨・穀物等である[3]。このように近江商人の活躍舞台は日本全国にわたっているが，主たる活躍の地域は北関東から奥羽地方及び中部地方にかけて多く発展していたのである。

　幕藩体制のもとでは経済の基本である米を大量消費する酒造業は規制がきびしく，新規に酒屋をはじめることは容易な業ではなかった。日野商人たちが酒造業をはじめた経緯について見

ると，酒造株の規定によって醸造者の人数および造石高が制限されていたので，明株の引受けまたは酒造株の借請という手続きをふまねばならなかった。

また商人である彼らが畑違いである醸造業へ踏み切った理由は，大体二つあると言われている。一つは貸借関係の不履行によるもので，他は「質物」としてとった米穀の処理のためであったという。すなわち出店を開いた商人たちはかたわら金貸しを営んでいた関係から，地元の酒造家たちに対しても資金を貸与していたのであるが，営業不振のため，その貸し金が支払期日になっても返済されないという事態も生じてくる。そうした場合には，その担保にとった酒蔵や酒造用具一式を引き受けねばならぬはめとなり，余儀なく酒造業に踏み切ったといわれる。

次に彼らは出店において質屋をも経営していたが，その経営の確実さは暫時土地の人々から多大の信用を博し，その結果付近の農民はその産米を日野商人の倉庫に保管を依頼することもあれば，またそれをもって資金を融通してもらったりした。それがために日野商人の出店の倉庫には，常に多量の米が保管されていることとなり，この米を処分するために酒造業が始まったのだともいう[4]。

(3) 近江商人の組織

近江商人は出店を開いてもその地に定住することなく，生活本拠は従前通り近江の郷里に置き，出店へは毎年，半年あるいは3ヵ月毎に行き来し，その他の時は故郷で休養していたのである。出店が増加すると，出店には支配人を置き，主人は本家にあって総指揮をする。支配人は出店の最高責任者で経営の実際を担当する者であって，子息や縁者を当てることもあるが，一般には一定の年数務め上げた才覚のある奉公人が多い。奉公人を育てるのは，いわゆる，丁稚制度といわれるもので，十代の子飼いから雇い入れ，丁稚，手代，番頭の段階をへて昇進し，才覚のある永年勤続者は独立を認められた。奉公人は江州人を採用するのが原則で，江州で採用して呼び寄せるのである。酒造業の場合でも同様で，経営に当たる人は全員（10～20人）近江から出張して出店に住んでいた[5]。したがって出店では使用人の端々までも女を置かずに炊事掃除の役も男がこれにあたるのが普通であった。これは行商時代の慣習を温存したのと，出店は商戦の陣家にあたるので，戦場に婦女子を携えるのは戦いの妨げになるという考え方に基づくと言うのである[6]。こうした営業形態が酒造場の店舗と住居に特徴のある平面計画をもたらした。

(4) 近江商人と杜氏集団

近江商人と杜氏を中核とする酒造労働者の結合は，全国的な杜氏集団が形成される以前に存在していた。宝暦年間（1751～1763年）現在の岩手県紫波郡紫波町に酒造業を営んだ近江商人が，京都より技能の優れた酒造技術者を連れていったことが現在の南部杜氏の起源となったという。

北関東地区では，中仙道沿いに江州店酒造業者が多数存在しているが，これらの業者は天明年間（1781～1788）に現在の埼玉県熊谷市で口入れ屋を開業していた「越後屋惣七」を通して越後から酒造出稼ぎ人を雇用していた。このように江州店酒造業の発展と越後杜氏は極めて密接な関係があった。出稼ぎ集団である杜氏集団と支配人組織とで成り立っている江州店酒造業の経営は極めて不安定な要素を含んでいたが，江州店の経営が安定して行なわれたのは，支配人以下全員が同郷人であり，郷里に妻子を残していて背任行為は妻子をはじめ親類縁者にまでその累が及んだことと，江州商人独自の掟により万一不正をはたらくと再び江州商人系列店では雇用されなかったこと等によるものである[7]。

[概況]

江州店酒造場の数は正確なものは判らないが，廃業したものを含めて知り得た範囲内では次の通りである[8]。

東北9，関東61，中部8，近畿11，

最も多い関東地方について，平成元年には近江系の酒造場は47場で全体の16％である。

平成元年の関東地方の 県別の酒造業数(A)[9]	近江系 酒造場(B)	(B/A)
東　京	16	1	
神奈川	18	0	
千　葉	45	1	
埼　玉	61	14	23%
茨　城	68	7	10.3%
栃　木	49	16	32.7%
群　馬	44	8	18.2%
合　計	301	47	15.6%

特に多いのは北関東4県で, 最も多い栃木県では平成元 (1988) 年度近江系酒造業者は32.7%でこれに新潟系を加えると40%が県外系の酒造業者であった[10]。

調査した江州店酒造場は17場で次の通りである[11]。

東北地方では4場,
　青森県　七戸町－盛庄酒造, 平川市尾上－寿酒造
　山形県　鶴岡市大山町－羽根田酒造
　福島県　会津若松市－此の花酒造
関東地方では12場,
　埼玉県　深谷市－田中籐左衛門, 行田市－横田酒造, 久喜市－寒梅酒造
　茨城県　真壁町－西岡本店
　栃木県　益子町－外池酒造, 真岡市－辻善兵衛商店, 茂木町－島崎泉治商店 栃木市－星野酒造, 小山市－西堀酒造, 若駒酒造
　群馬県　藤岡市－高井商店, 岡与酒造
中部地方1場
　愛知県　新城市－日野屋商店

[建物]
(1) 建物配置

東北では, 近江商人の酒造場と地元の酒造場に相違は認められなかった。市街地の酒造場は道沿いに, 軒の深い切妻の大屋根を構えた住居があって, その裏が酒造倉である。関東地方の近江系の酒造場には2つのタイプがある。一つは市街地にあるタイプ, もう一つは農村地域にあるタイプで, 前者の例は横田酒造, 寒梅酒造, 島崎泉治商店等であり, 後者の例は若駒酒造, 西堀酒造である。

一般に市街地の酒造場は道に沿って店や住居があり, 店・住居の裏が酒造倉であるが, 近江商人系の酒造場の場合, 質屋や雑貨商を兼業しているので, 質倉や商品倉庫が住居に並んで建てられている場合が多い。また, 店・住居と酒造場は離れて建てている。

農村地域の酒造場では, 地元系酒造場の多くは広大な農地を所有する場合が多く, 住居の前に大きな作業用の庭があって農業用に使用されていた。近江商人の場合も同様であるが, 同時に質屋や商業を兼業することが多いので, 前庭を長屋門, 物置, 倉庫等の建物で囲んで, 倉庫は質倉や商品庫として使用する。また, 店・住居と酒造場は接続して建てられている。

(2) 店と住居

東北地方で調べた4例のうち, 此の花酒造以外の3例は通り土間に沿って2列3〜4室の住居を構え, 地元資本の酒造場と同じものであった。通り土間は奥に行くと拡大膨張して酒倉と一つ屋根に覆われた巨大空間を造っている。寿酒造 (36頁) でも店に続く通り土間は幅2間, 住居部分の終わりには仕切りがなく, 突然広い作業場になっている。このことは隣町の黒石市の中村亀吉酒造場と全く同じである。

また, 鶴岡市大山町の羽根田酒造 (図2-13) の場合は, 入口の左に「ちょうもん」と呼ぶ店 (現在は事務所) があって, 右が住居である。土間の南側は広い庭で, 土間床上1尺から高さ5尺のガラス窓が土間の終わりまで続き, 開放的な明るい空間をつくっている。この流れは釜場・洗い場まで続き, 他の地域の閉鎖的な通り土間や作業場と違ったものにしている。しかし, この場合も少し離れた所にある富士酒造とほぼ同じであり, 近江系の酒造場の特徴とは言えない。

此の花酒造は会津若松市にある酒造場で, 大正8 (1919) 年に失火で焼失したが, 同年再建された。図1-26は同家に残された安政元 (1854) 年の家相図である。店は12帖の畳敷き

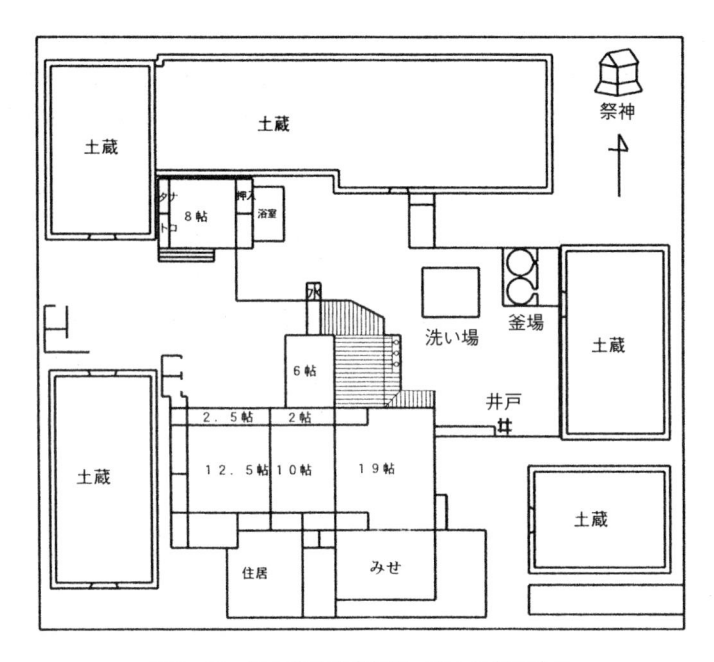

図1-26 此の花酒造家相図 嘉永7(1854)年

と土間が7.5坪あって上記3例とは違った間取りである。此の花酒造は会津藩の城下町にあって，商家として広い店が必要であった。店に続く19帖と他に4室および台所があり住居機能は十分である。19畳の北に続く板張りが台所で，ここにある小さな竈が家庭用，続く広い土間の北東隅にある大きい竈が酒造用でその左が洗い場である。板張りの北側は作業場で，その左側の8畳と浴室は蔵人用，北側の2つの土蔵は酒造倉である。住居西の土蔵は道具蔵，東側は商品用あるいは質倉と思われる。この倉の北側の土蔵は米蔵であろう。このように，作業場と住居の台所が間仕切りを設けず一体になっているのは東北地方では近江系以外の酒造場でもよくあるもので，このことからも東北地方では一般の酒造場と同じであったといえる。

関東地方では12場を調べた。

市街地の中にある場合（横田酒造（38頁））は店で扱うのは酒だけでなく他の多くの産物も扱い，質屋をも兼業するので店は大きく間口幅は8間が多い。量り売りをしていた当時は土間面積は店全体の半分以上で流し等の設備があり，土間の一隅には2階にある従業員の部屋に通ずる階段があった。昔は事務室の板張部分は畳敷きで奥には畳の部屋を1～2室設けるのが普通で，島崎泉治商店のように道沿いに2間続きの座敷を設けたものもある。また，台所は小さく質素なもので，住居としての機能を押さえ，出店としての機能を強化している。量り売りをしなくなった現在は「土間みせ」を縮小して事務室を大きくし，土間との境にカウンターを設け，畳敷を板張りとしている。

農村地域にあるものは（西堀酒造（40頁）），長屋門や土蔵の内側に広い中庭を設けている。店は，幅2間の土間に8～10帖の畳敷きがあって，若駒酒造では店の2階が住居であったのに対し，西堀酒造では店から3間ほど離れて2間続きの座敷を設けている。店の広さを比べると町中にある場合の1/3程度の大きさである。

店は総2階で近江から赴任している従業員（10～20人程）の宿舎と，主人が出てきた時の宿泊室である。従業員の部屋は建具で仕切られた8～10帖の部屋が2～4室と押入れで，主人や支配人の部屋は6～10帖が2～3室に床の間と押入れがついていて，従業員の部屋とは壁や押入れで仕切られている。

階段は店の土間に通じているものと，店の奥に通じるものがあって，前者は主として従業員が使っていた。

地元資本系に比べると，店は一般の商家に勝るとも劣らない立派なものであるが，住居は必要最小限の機能を満たす程度の質素なものである。

中部地方の調査例は日野屋商店1例であるが，関東地方の近江系の調査例酒造場の店と殆ど同じであった。

(3) 酒造倉

酒造倉についてみると，関東の6つの酒造場では共に梁間が3スパンで共通しており，中央スパンが4～4.6mで，外側スパンは2.4～3.1mで，中柱桁行間隔は4.92～5.45mである。横田酒造では外柱間隔が1.23m，西岡酒造では1.28mと4尺を基準にしていて，一般の酒倉の3尺より1尺ほど大きい。また，中柱桁行に注目してみると，その大きさは外側スパンのほぼ2倍である。即ち，20石の仕込桶の大きさが直径197cm（6尺5寸）ほどであるから，この桶を2本配置するのに適する寸法に決めたのである。

2階床高さについてみると，岡与酒造の旧仕込倉が3.3m，寒梅酒造の貯蔵倉1が3.49mと低いが，他の倉では3.85～4.227mである。

屋根，小屋組についてみると，東北の羽根田酒造では関東地方の倉に比べると梁間がやや小さく7.53mで，小屋組は登り梁組やたるき造り（工法については巻末「建築関係用語の説明」を参照）が多く屋根が置屋根となっている。寒梅酒造では普通の屋根で小屋組も和小屋組である。東北地方では置き屋根が多く，関東地方では普通の屋根が多い。この違いは雪が多く寒気の強い山形県の日本海岸地方と関東地方との気候上の違いがもたらしたものと考えられる。

即ち，冬期気温が氷点下になるともろみの発酵が悪くなるので，建物全体としての保温性が要求された結果として置き屋根構造ができたのである。

一方，関東地方ではそれほど寒気が強くないので，普通の屋根で倉を建てたのである。しかし，この違いは近江商人の酒造倉のみの特徴でなく，酒造倉全般についての地域差によるものである。

[おわりに]

近江系の酒造場は東北地方では，住居と酒倉共に地元系の酒造場と全く同じであった。その大きな理由の一つは進出時期が早かったこと，今一つは近江からの距離が遠く，街道の事情なども違っていたために定期的な往復をする負担が大きかったことが地元に同化した理由と思われる。

関東地方では，現在も滋賀県に本家を構えて関東を出店としているものが多い。滋賀県の本家と深く関係が残っていて，出店に本格的な住居を構えたのは昭和後期以後である。したがって，戦前の店と住居について見るとあきらかに地元系の酒造場とは異なっている。店は従業員の宿舎をともなった出店であり，住居は必要でなかったのである。

市街地の場合は，商業機能を強化したので酒造用の建物と別棟としたが，農村地域では酒造りが農閑期に行われるので店・住居を別棟とする必要がないのである。

しかし，酒倉については全く地元系と同じである。これは酒造業の経営形態が，酒造りは杜氏集団が全面的に行ない，経営者といえどもかかわることがなかったためである。杜氏集団は地元系，近江系の区別なく結びついて酒造りをしていたので，その影響下にある酒倉は酒造資本に関係なく同じように造られたのである。また，近江商人が酒造業に進出した経緯から見ても酒倉が同じであるのは当然の結果と考えられる。

参考文献
1) 江頭恒治：江州商人－日本歴史新書，昭和40年，至文堂，27頁
2) 徳田浩淳：栃木酒の歩み，昭和36年，栃木県酒造組合，28～29頁
3) 江頭恒治：江州商人－日本歴史新書，昭和40年，

至文堂，32頁
4）同上，106頁
5）同上，173〜4頁
6）同上，75頁
7）桜井宏年：清酒業の歴史と産業組織の研究，1982年，中央公論事業出版，480〜486頁
8）桜井広年：清酒業の歴史と産業組織の研究，1982年，中央公論事業出版，481〜483頁
9）酒類製造名鑑，醸界タイムス社
10）栃木酒のあゆみ，栃木県酒造組合，昭和36年
11）山口昭三：近畿大学九州工学部研究報告（理工学編），26，醸造建築調査研究(資料)東北・近畿，同上，28，同上，東北・関東

〈事例1〉 寿酒造　[寿正宗]　　　　　　　　　　　創業：明治6(1873)年／青森県平川市

[沿革]

　寿酒造は青森県尾上町にある近江商人系の酒造場で，創業が明治6年である。近江出身の先祖がこの地で呉服商を営んで大地主となり，明治6年，以前からここにあった酒造場を引き継いで酒造をする。

[建物]

　道沿いに建つ住居は，間口8間の2階建てとこれに続く桁行き6間の平屋建ての大きいものである。2階建ての部分は通り土間に沿って2列4室と，奥に2室の板張りおよび文庫倉が庭の方に突き出して庭を囲んでいる。通り土間は幅2間で，家事をする場所でもあり，酒造りの作業空間につながっている。作業場の屋根は貯蔵庫の上に掛けられた置き屋根と一体で，貯蔵庫横の釜場，会所および通路をも含んで掛けられている。このような住居の間取りと屋根の作り方は雪国の酒造場では一般的なものである。作業場に続く製品庫は創業時にあった倉で，棟続きの仕込み倉はその後の建築で，大正終りか昭和初期頃である。酒造倉は平屋で，秋田，青森に多いタイプの倉で，構造は平屋建て土蔵造り，小屋組はたるき造り，屋根は置き屋根である。

（昭和58年調査）

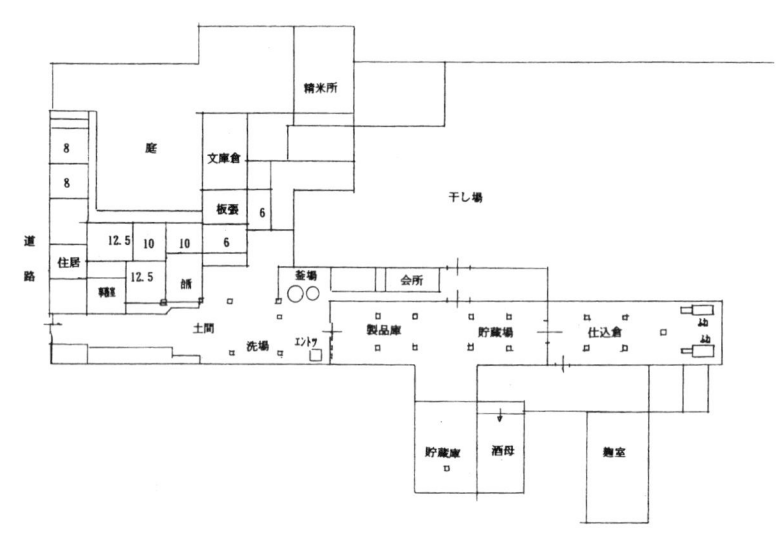

図1-27　配置図

写真1-1　正面入口　　　　　　　　　写真1-2　仕込み倉

〈事例2〉**羽根田酒造　[志ら梅]**　　　　　創業：寛政9（1897）年／山形県鶴岡市大山町

[沿革]

　羽根田家は天正年間(1573～92年)に近江の羽根田の庄から出て、庄内に住み着いた。慶長年間(1596～1615年)屋号を近江屋として酒造業を始めた江州蔵の古株である。また、庄内では代表的な大地主であり、資産家でもあった。宝暦3(1753)年に酒造りを中断するが、寛政9(1797)年大山町の鍛冶屋町で酒造を再開する。万延元(1860)年火災で全焼したが、同年仕込み倉と住居を再建する。入口の左がこの地方で「ちょうもん」と呼ばれている部屋で、今は事務室として使っている。入口右は、2列型の住居で、土間側の3室目は板張で、囲炉裏があって、こ こに主人が座っていて酒造りを監督していたのである。この奥に3室あったが、今は床を取り払い土間となっている（図の点線部分）。通り土間の終わりは広い作業場で、ここを囲んで2棟の酒倉があるが、いずれも平入りとなっている。通り土間と作業場の間には仕切りがなく住居と一体で、中庭に面していて明るい。貯蔵倉は大正時代の建築で小屋組はキングポストトラスで平屋建てである。仕込み倉の裏の麹室と上槽場は新しく建てたものである。住居正面の造りは東北地方によく見られる軒の出が深い切妻である（配置図は図2-13参照）。　（平成6年調査）

写真1-3　貯蔵倉　　　　　　写真1-4　正面入口

〈事例3〉横田酒造　[日本橋]　　　　　　　　　創業：文化元(1805)年／埼玉県行田市

[沿革]

　江戸時代，北関東は多くの近江商人が行商に来ていたが，横田家の先祖もその一人である。文化2(1805)年この地で質屋と酒造を始めて以来，現在まで滋賀県の日野町にある本家との関係は続いている。

[建物]

　町道に沿って質倉と店・事務所があってその間が酒造場への入口である。店の建物は昭和初期に山近くの農家の養蚕小屋を移築したもので，総2階建て，1階が店舗・事務所と台所，2階が住居で近江から来ている従業員の宿舎である。店の下家の屋根に大きい看板があがっていてその佇まいは一般の商店と変わらない。

　昭和63年の改装で土間が半減し事務室が広くなった。以前は復元図(図1-30)のように土間が広く，商品を並べて酒の量り売りをしていたので，土間南側壁面に沿って量り売り用の台と流しがあって壁ぎわに2階への階段があった。また，事務室の南側は11帖の畳敷きで事務所の一部として使用されている。

　酒売場の裏側が台所，食堂で通路側の中央に赤煉瓦の煙突があって，竃や流しは昔のままである。

　2階は6室で，西側の8帖の2部屋は主人が来た時に泊まる部屋で，床の間，違い棚があり，隣室との間に押入れがあってプライバシーを保っている。東側の3室が近江から来た番頭をはじめとする使用人の部屋で，店に直通の階段に近い。店の改装後はこの階段はなくなったが2階南側の縁側にある階段があって事務室へ通じている。

　質倉は昔質屋をしていた時のもので，今は中を3つに区切って昔の質倉に相当するものは西側の1/3のみで，中央と東側は展示コーナーとなっている。この倉は桟瓦葺で，高く積み上げた棟瓦は北関東の民家に多い形で立派である。

　質倉の南が精米所と米倉で，その西側が前倉で作業場と室である。作業場は平屋であるが，室の上は蔵人の宿舎である。宿舎には広さ20坪ほどの大きい畳敷きの部屋と賄い人用の個室や物置がある。

　前倉の奥(西隣)が本倉(仕込場)である。3スパンの倉で今は中央スパンのみ2階床を張ってあるが，昔は両サイドも床を張ってあった(痕跡あり)。昭和36(1961)年2階床を張り替えた記録があり，この時に両サイドの床板を剝いだものと思われる。

　2階床は高さ4.075mと高く，梁は手斧掛けで薄黒く光っているのは何らかの塗装を施したものと思われる。

　柱間隔は桁行1.23m，梁行きでは中央スパンが0.757m，両側スパンが0.820mで桁行きが大きく梁行きが小さい。建築時期は明治中期のものと考えられるが確かなことは判らない。

　この倉の南，2間ほどあけて東西に棟をとった西蔵と瓶詰場はキングポスト小屋組で昭和初期の建物である。

　瓶詰場東側の巽蔵は第2酒造場で，昔は新潟杜氏が入って本倉と競って酒造をしていたのである。この倉は移築倉で建築時期は明確でないが建物は古い。

　本蔵と巽蔵の東側は木桶を使っていた頃は桶干し場であった。

　　　　　　　　　　(昭和63年10月及び平成9年調査)

第1章　日本酒のあゆみ

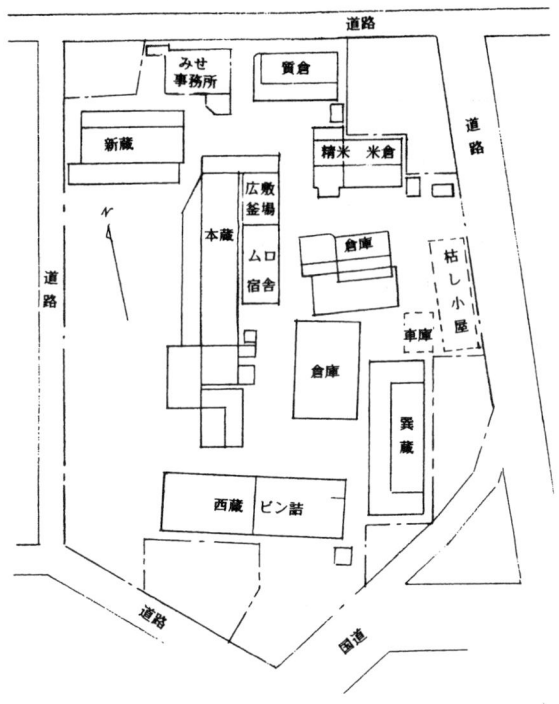

図1-28　配置図

写真1-5　正面入口

写真1-6　質倉

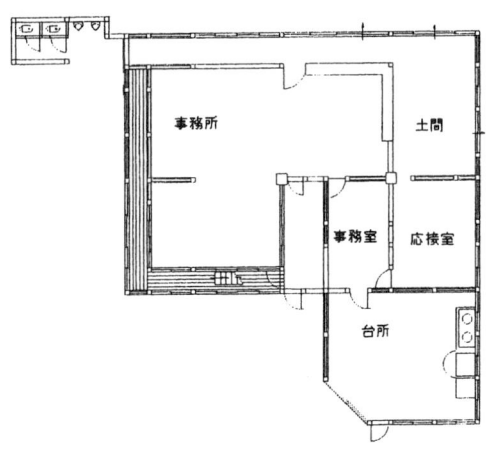

店・住居1階平面図

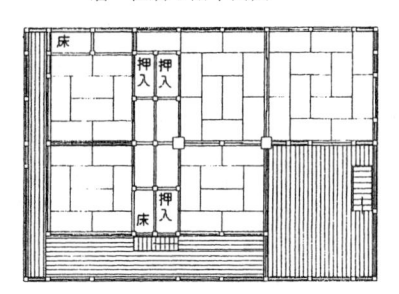

2階平面図

図1-29

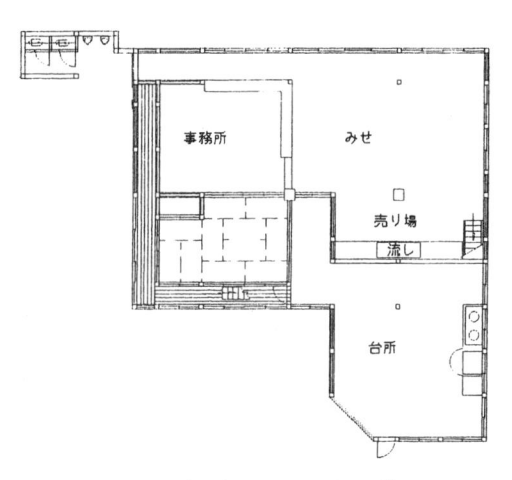

図1-30　店・住居1階平面図　復元図

〈事例４〉西堀酒造　［若盛］　　　　　　　　　　　　　創業：明治５(1873)年／栃木県小山市

[沿革]

　明治５年に都賀郡小薬村柏瀬善十郎商店(現,若駒酒造)が出店して創業した江州酒造店(日野町出身)で,屋号を「堺屋」と呼び,典型的な近江商人的商法の支配人制度によって営業した酒造場である。この地での創業に当たり,以前からここにあった酒造場を買収した。

[建物]

　国道から30ｍほど入ったところに長屋門と土蔵倉がある。東側が瓶詰場と倉庫,西側が精米所と納屋,正面が事務室と住居および酒造場で,これらの建物に囲まれた広い中庭は干場兼作業場である。事務室は,昔は10帖と８帖の畳敷きであったが,今は片方が板張りで,土間との間にカウンターがある。玄関から続く廊下の突き当りを右に行くと座敷でここが支配人の部屋で,事務室２階の10帖２室が使用人の部屋である。台所はなく,町中にある江州店と比べると店の面積,特に土間の広さは小さいが長屋門との間に広い中庭がある。洗い場,釜場に続く仕込み倉は創業当時からここにあった倉で平入りの置き屋根造りである。今は２階床を取り払い,中柱をつないでいた大きい２階梁も切り落とされているが,柱,梁が大きな古い酒造倉である。(昭和60年10月・平成10年11月調査)

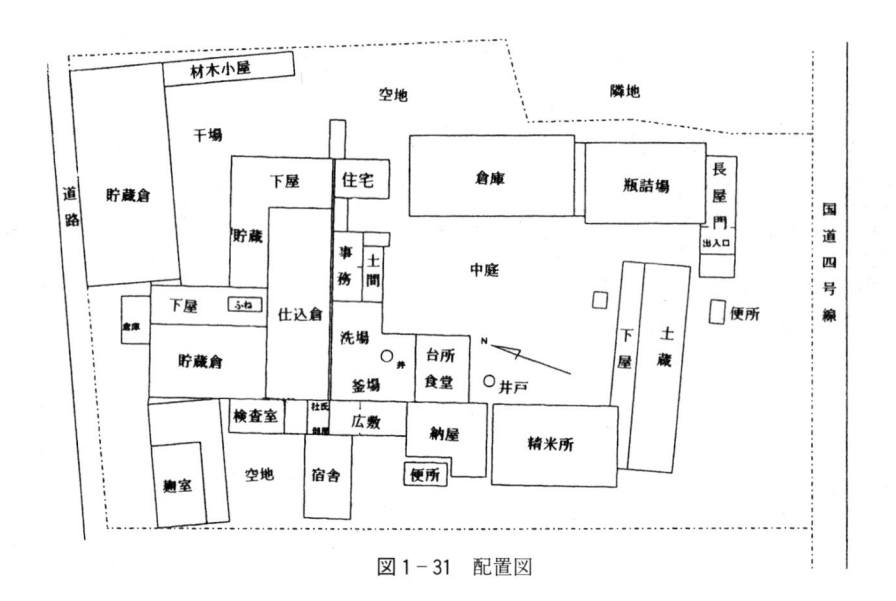

図１-31　配置図

図１-32　店・住居

２階平面図

１階平面図

〈事例5〉日野屋商店　［朝日嶽］　　　　創業：元治元(1864)年／愛知県新城市

[沿革]

　日野屋は滋賀県蒲生郡日野町出身の近江商人が出資して創業した酒造場である。今も日野町に関谷本家と並んでこの関谷家（分家）の本宅があり，盆，正月には故郷の日野町に帰るという往年の近江商人の伝統は続いていたが，昭和40年以後ここに定住し，日野町に行くことがなくなった。

　元治元年，近江で広大な地主であった先祖が，江戸を中心に関東で酒造の適地を探してみたが，これはと思う土地には既に他人が進出していて，目的を果たすことができなかった。帰途，この地に1泊したとき，醬油蔵の売物があることを聞き，検討の結果これを買収し，酒造業をはじめたのである。

[建物]

　旧国道に面して，昭和4(1929)年に建てた間口8間，総2階建て，平入りの大きな店があって，道路沿いに幅5間の御影石の石段が3段ある。これを上ると中央の柱の左右に，各々3枚立ちの大きな硝子戸，その両外側に幅1間の格子戸がある。硝子戸の外に雨戸レールがあって，ここに雨戸が納まるのである。入り口を入ると，右端に小さい事務室（1.5間角）があって，ここから左の端まで，幅1.5間の土間である。中央の大きい柱の左側に，幅2間の土間が裏まで通る。土間の右側が事務室と住居，左側は物置であるが，物置は新しく造ったもので昔は土間であった。

　右側の事務室の板張りに続いて1間の畳敷きがあるが，昔は事務室全部畳敷きで土間側の建具はなかった。昭和38頃までは，事務室の奥は畳敷きの住居であるが，ここもなかば事務室の如く使われていて主人の家族は住んでいない。主人と使用人も含めて皆単身赴任で店の2階を

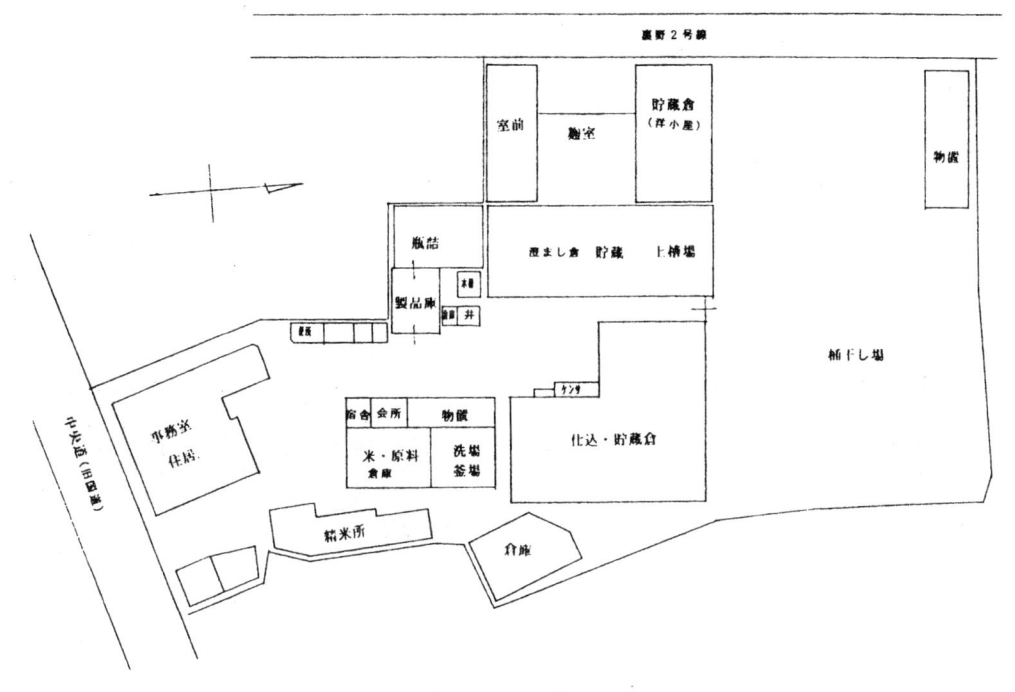

図1-33　配置図

宿舎としていた。

2階は道路側3室と廊下をはさんで2部屋と商品倉庫で，道路側の床の間がある2室は主人の部屋で，他は近江から来ている使用人の部屋である。

従って店は広く，商店としての機能を十分整えているが住居は質素なもので，一般の店舗付き住宅とは違ったものとなっている。

昭和25，26年頃から地元の人も採用し，昭和40年頃には従業員は家庭をもって，それぞれの家から通勤となった。かわって主人家族がこの家に住むこととなる。

住居の裏に蔵人の宿舎と会所，倉庫，釜場，洗い場が一棟になっていて，その裏が仕込み倉，貯蔵倉等である。
（平成6年調査）

図1-34　店1階平面図

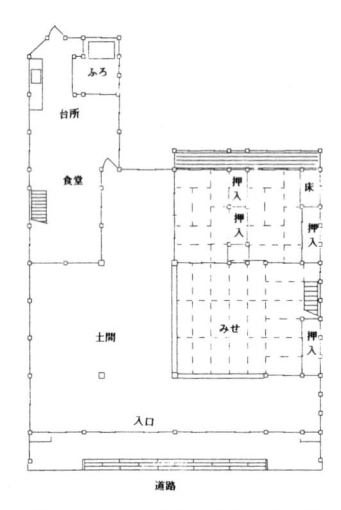

図1-35　店1階平面図　復元図

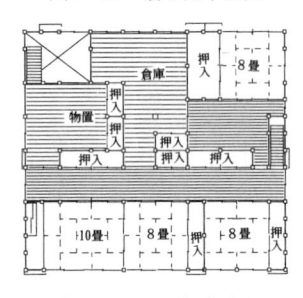

図1-36　2階平面図

写真1-7　事務室・住居

写真1-8　土間より事務室を見る

⟨7⟩ 醸造試験所酒類醸造工場

[はじめに]

醸造試験所は酒類醸造の試験研究所として，明治35 (1902) 年に設立され，明治36年度までに事務所，教室，研究所，醸造工場，その他を，東京府北区滝野川2-6-30に新築したもので，機械据え付けが完成したのは，明治37年度になった[1]。

酒類醸造工場は煉瓦造2階建で，1階は半地下室である。この工場の醸造単位は，10石造1仕舞[*1]とし，年間四季を通して1,000石醸造として設計された。即ち，いわゆる四季醸造を目指したもので，冷却機を用いて仕込み室の温度管理をする設計である。清酒醸造は，我が国の在来手法によるが，建築はドイツのビール工場を参考にして設計したもので，当時としては，酒造業界の夢を託した最新鋭工場であった。江戸時代から伝えられた寒造り[*2]を主流としていた当時の酒造業界にとっては，この赤煉瓦造りの斬新な建物内で四季醸造が行なわれることは注目の的であったと思われる。

昭和5 (1930) 年の醸造試験所沿革史の記述によると，「計画は本邦創始の事業に属し，第一　地下室の構造。第二　絶縁壁の築造。第三　空気流通に関する結構。第四　冷却管及び配水管の装置は勿論　蒸気管・シャフト・水管・等は，各室床側壁を縦横に通過するの仕組みなると，又，階床の重量に耐ゆるの構造および，屋上に水槽を装置する等，その設計多岐に亘り，一切の構造複雑に属し，普通工場に比し特異の技工を要するもの多く，したがって其の設計に附いては多大の手数と日子を要したり。而して，冷却機のごときも，各室の大きさ，温度等により計算し，幾分の余裕を見積もりリンデ式を採用せり。」とある。

現在の四季醸造の工場に比べるとそれほど複雑とは考えられないが，建築設備が未発達の当時としては，非常に複雑な設備であった。醸造用諸機械もドイツ「サクセン，ケムニッツ，ゲルマニヤ」会社製である。明治35年の醸造工場新築費請負高は63,980円7厘である。堀抜き井水は醸造用及び冷却水に適しており，敷地内に新たに5ヵ所設けられた。

[建物]

(1) 配置

創立当時，昭和4年，昭和48年，の3つの配置図 (47頁) が残されているが，昭和4年の図面では，創立当時の建物配置に加えて，裏側 (東側) に敷地を増加し醤油工場と付属建物4棟が増築された。昭和48年の配置図では，昔の建物は清酒醸造工場のみで，他は全部建て替えられ，醤油工場と付属建物は敷地ともどもなくなっている。これらの建物は太平洋戦争の空襲による火災で消失したので，戦後になって建て替えたのである。酒類醸造工場も屋根を消失したが，煉瓦造の2階床と外壁が残ったので戦後にこれを復元して現在に至っている。創立当時の屋根は錫板葺きであったが，復興に際し亜鉛鉄板瓦棒葺きに替えられた。

(2) 平面

醸造工場の使用煉瓦はドイツから輸入し，設計もドイツ人との話であったが，醸造試験所沿革史には，「妻木大蔵技師，その他，醸造技術者」と記されているので[2]，ドイツ人の設計でなくて，妻木頼黄技師を中心とする人たちによるものである。妻木技師[3]は渡辺譲，河合浩三及び17人の職工たちと共に，政府からドイツ留学を命ぜられ，明治27年ドイツの建築技術を学んで帰朝した建築家で，司法省，東京裁判所等，多数の煉瓦建築を建てている[4]。

主資材の赤煉瓦は明治5年には浅草橋場で，鳥居陶器製造所が建築煉瓦を造って銀座の煉瓦建築に用いている。また，明治19年には日本煉瓦製造株式会社が官民の協力によって設立され，ドイツより技術導入した「ホフマン式輪窯」を設備し，本格的な建築煉瓦を製造している。このことから明治35年の醸造工場建築用煉瓦は国産品であったと考えてよい。当時の建築技術はドイツから学んだものが多く，この建築も

計画，施工ともにドイツの影響が多いのは当然である。

平面計画は我が国の酒造蔵とは大きく異なるものである。現在，地下室は貯蔵庫として使用しているが，以前は上階と共に発酵室として用いていた。一般に我が国の酒造蔵では上階は物置，下階は仕込み，貯蔵に用いており，上下階共に発酵室とするのは珍しい。温度調整装置を設置し，断熱工事を行なったことで可能になったのである。また，各発酵室では換気口（50cm角程度）を壁面に2ヵ所以上設けて換気をしている。地下室では床上86cmに流入口を，床上165cmに流出口を設けてある。上階では流出口は天井近くに設けてある。この換気口には鉄板の蓋があり，これを上下して流出入量を調節している。建築当初は，この換気口を自然換気装置として，設計したものであるが，現在では換気扇を取り付けている。換気孔は煉瓦壁内を上に抜けて，屋根上の換気筒に続く。

地下室の壁面は，地中部分の壁表面温度が低く水分が結露しやすいので，黒黴が繁殖して黒く汚れている。天井もアーチ構造で煉瓦が厚く結露しやすいためであろうか，やはり黒くなっている。これに対し上階の発酵室は殆ど黒黴が見られない。壁表面温度が比較的高く，結露が少ないためと，壁，天井ともに塗装しているためであろう。地下に通じる階段は幅90cmの廻り階段で，資材の運搬ができない。しかし，荷物用エレベータが上階発酵室前室と地上階の廊下に通じている。人手によって倉内での資材運搬を行なっていた当時の酒蔵の常識から考えると，画期的な改革である。絶縁壁を用いたと記されているが，現在のようなプラスチック系やグラスウール系の断熱材がなかった当時の材料は不明である。考えられるのは，木材や籾殻，コルク等であるが，耐久性に問題がある。特に地下室，麹室等の湿度が高い場合について，この問題が起きやすい。

麹室は創立当初の場所からボイラ室横に移り，現在は電気室の横になっている。一般の酒倉においても，麹室の位置はしばしば変わるものであるが，ここの場合も例外ではなかったと言える。

(3) 構造

主要構造部の壁，床，柱はすべて赤煉瓦造であるが，屋根のみが，鉄骨造瓦棒葺き，木造瓦棒葺，赤煉瓦造防水仕上げと，3つの仕様がある。発酵室棟は木造瓦棒葺，ボイラ室棟は鉄骨造瓦棒葺である。ボイラ室に続く電気室と麹室は軒高が等しく外壁がつながっていることから，ボイラ室と同じであろう。低温実験室棟は電気室まで1棟で，スパン3mほどのアーチが5つからなるもので，赤煉瓦のスラブの上に防水層を設けてある。しかし，これは戦後の復興に際し，上記の構造になったもので，洗い場側の壁の上に赤煉瓦の妻壁が残っており，創立時は他の棟と同じ構造の屋根があったと思われる。

地下室は梁間5.35mのアーチ天井の発酵室が3室と前室（梁間3.7m）である。赤煉瓦アーチの上に赤煉瓦のスラブが造られている。前室，中央廊下，分析室，階段室の天井はいずれもスパン3.5mほどである。これにI型鋼（I.180×98）を間隔1mに架け渡し，このI型鋼に赤煉瓦の小アーチを掛け渡して赤煉瓦でスラブを構成している。

上階の発酵室及び前室天井はI型鋼を架け渡し，波型鉄板を貼っている。この上に断熱材を施工しているが詳しいことは判らない。小屋組材は分析室上階の物置では木造であることから，これに続く発酵室の屋根も同じと考えられる。

地下室の階高は5.97mで，そのうち，2.7mが地下部分，地上部は3.22mで，上階発酵室の床は，一般の建物の2階の高さである。上階発酵室軒高は5.97mである。壁厚さは，地下部分は約70cm，地上部分の1階が58cm，2階が48cmである。基礎，柱等の内部の詳細は判らないが，明治31(1898)年に妻木頼黄設計の東京商業会議所[5]では鉄補強が多く用いられいることから，ここでも躯体に鉄材が用いられている可能性がある。当時の著名な建築家の設計監理による，累積架構，煉瓦が戦後まで健在であったことが，鉄筋コンクリート造にも負けないも

のである証しであり，この建物もその一つである。現在のところでは，この件について文献もなく，現地での破壊検査が不可能であるから実証はできない。しかし1階の廊下天井のI型鋼は鉄の使用の証しでもある。東京駅が鉄骨煉瓦造で柱，梁に多くの鉄骨を使用したのに対し，この醸造工場は開口部が少なくて，壁が多い建物であることを考えると，殆ど鉄骨を用いずに造ることも可能であろう。東京駅が鉄骨煉瓦造の代表とすれば，この建物は鉄骨の少ない煉瓦造の代表になり得るかも知れない。

[おわりに]

酒類醸造工場は，明治10年代から始まった，赤煉瓦建築の最も技術的に円熟した時期の，優れた建築の一つである。大正時代になると徐々に，鉄筋コンクリート造，鉄骨造の高層建築が多くなり，大正12年の関東大震災によって累積架構，煉瓦の時代は終わり，以後このような本格的な煉瓦造の建築は日本では造られなくなった。赤煉瓦で築造した，明治の遺構として，後世に残すべき建築の一つである。

参考文献
1) 醸造試験所沿革史，昭和5年
2) 醸造試験所70年史，昭和48年
3) 東京駅と煉瓦，昭和63年，27頁* 東日本旅客鉄道
4) 東京駅と煉瓦，昭和63年，19頁 東日本旅客鉄道

5) 醸造試験所沿革史，昭和5年，19頁
(この項は，1989年，近畿大学九州工学部研究報告（理工学編）18に掲載したものである。)

注

＊1 酒の仕込み作業で1日10石の原料米を使用する時，これを一つ仕舞という。即ち1,000石の仕込みをするには100日を要する。醸造試験所では四季を通じて100日間の醸造をするが，寒造りの蔵では冬の100日間続けて造ることをいう。若し二つ仕舞ならば50日で1,000石の醸造が出来る。
(文献 日本酒の歴史 柚木学，171頁)

＊2 酒造りは古く，「待酒」のように時を定めず造られていたが，江戸初期においても，秋の彼岸から始まり春に至る長期にわたって行なわれていた。そして造る季節の順に製成される酒に区別がつけられていた。即ち秋彼岸すぎから仕込む「新酒」，「間酒」，初冬に仕込む「寒前酒」，厳冬に仕込む「寒酒」，春先に仕込む「春酒」の5酒類である。寒造りと称するのは「冬至もと」に始まり，年間の最も寒い季節を選んで行なわれる酒造りで，酒造条件として理想的な条件（気温も低く，また寒の水は腐らないとされるなど）にあたるため，醸出される酒の品質は最高である。江戸時代はこの酒を寒酒とよび，酒価は最高であり，寒前酒がこれに次いだ。「寒造り」は江戸中期に完成された。
(文献「灘の酒 用語集」灘酒研究会，297頁)

＊妻木頼黄について

安政6(1859)年江戸旗本屋敷に生まれる。大正5(1916)年没。工部大学校造家学科中退。米国留学。明治17年コーネル大学造家学科を卒業，翌年帰朝。以後官庁営繕の世界で最大の存在となる。特に国会議事堂実現に向けて自らの力を傾ける。作品には，日本橋のデザイン，横浜正金銀行本店，東京商業会議所，横浜新埠頭倉庫などがある。

46　　　　　　　　　　　　　　第1章　日本酒のあゆみ

玄関外観

分析室，天井小アーチ

中央通路，天井小アーチ

地階貯蔵庫前室
正面はエレベーター，天井小アーチ

入口，中央通路

地階貯蔵庫

写真1-9　酒類醸造工場

第1章　日本酒のあゆみ

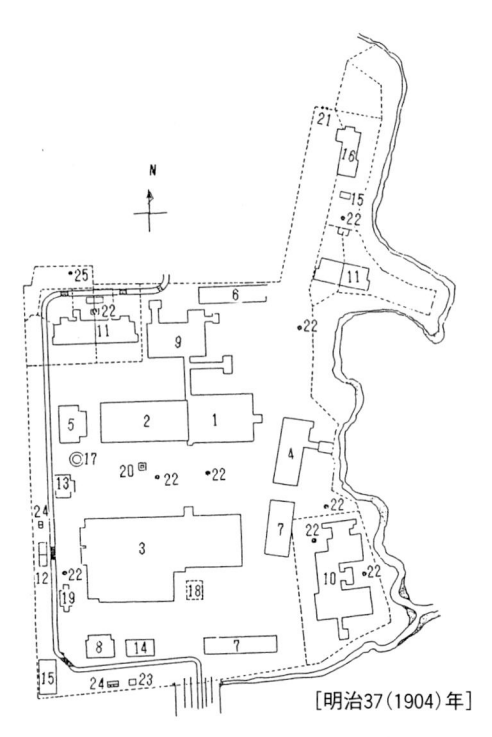

[明治37(1904)年]

1. 事務所及教室　2. 研究所　3. 第一工場　4. 第二工場
5. 倉庫　6. 米庫　7. 納屋及粕置場　8. 酒精蒸留場
9. 実験室及食堂　10. 寄宿舎　11. 官舎　12. 石炭置場
13. 修繕工場　14. 職工休憩所　15. 物置　16. 門監所
17. 煙突　18. 桶洗い場　19. ろ水池　20. 測候舎
21. 表門　22. 井　23. 職工湯殿　24. 職工便所
25. 立番所

[昭和4(1929)年]

1. 事務所及教室　2. 研究科本館
3. 研究科別館　4. 酒類醸造工場
5. 暗室　6. 醤油醸造工場
7. 倉庫　8. 米庫
9. 物置　10. 酒精蒸留場
11. 修繕工場　12. 燃料置場
13. 煙突　14. 桶洗い場
15. 食堂　16. 醸造科事務室
17. 大豆油浸出室　18. 寄宿舎
19. 官舎　20. 門監所
21. 表門　22. 裏門
23. 井戸　24. 沈殿池
25. ろ水池　26. 貯水池
27. 湯殿　28. 便所
29. 水路　30. 日本醸造協会建物

[昭和48(1973)年]

5. 酒類醸造工場　29. 倉庫　33. 洗い場　34. 実験室
36. 工具控え室　37. 精米所　38. 仮眠所　39. 発酵生産室
40. ポンプ小屋　41. 総合庁舎　42. ポンプ室ボイラ給水用
43. 自動車車庫　44. アルコール倉庫　45. 消防ポンプ室　46. 原料米倉庫
47. 宿舎(寮)　○井戸　A. 日本醸造協会事務室
B. 日本醸造協会酵母培養室　C～E. 国税庁滝野川宿舎
F. 東京国税局鑑定官分室　G. 矢部規矩治博士像
H. 滝野川消防団器具置場

図1-37　酒類醸造工場　配置図

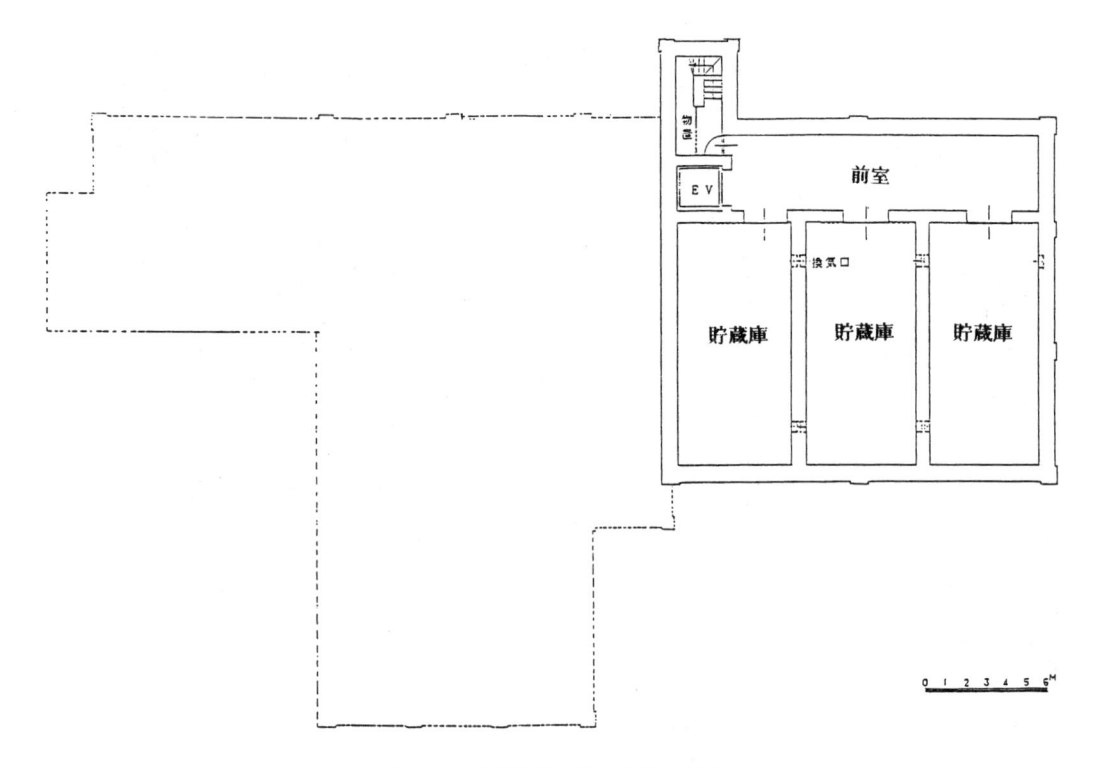

図1-38　種類醸造工場　地階平面図

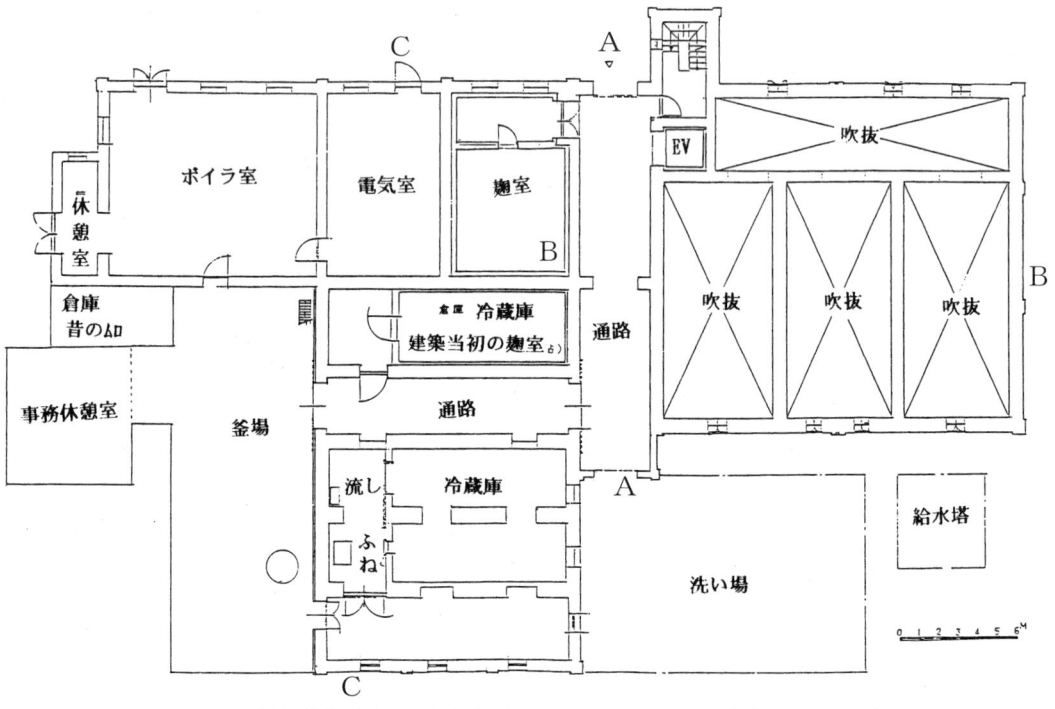

図1-39　種類醸造工場　1階平面図(A-A, B-B, C-Cの断面図は図1-42)

第1章　日本酒のあゆみ

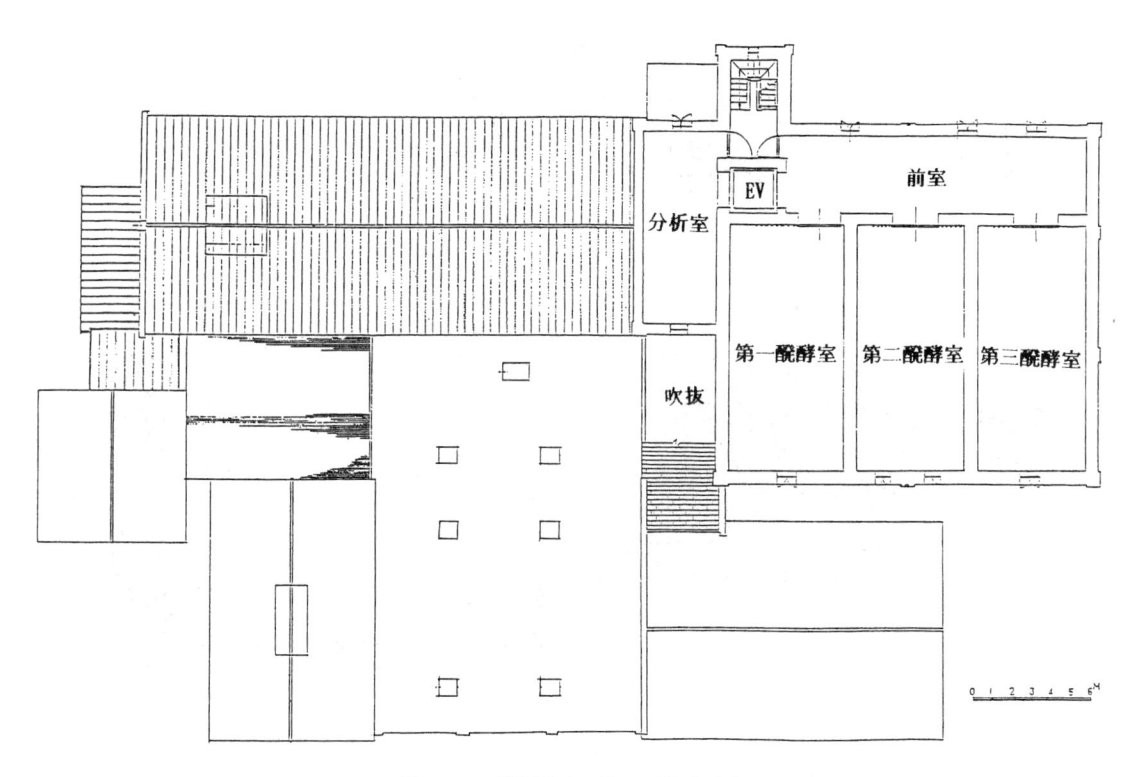

図1-40　種類醸造工場　2階平面図

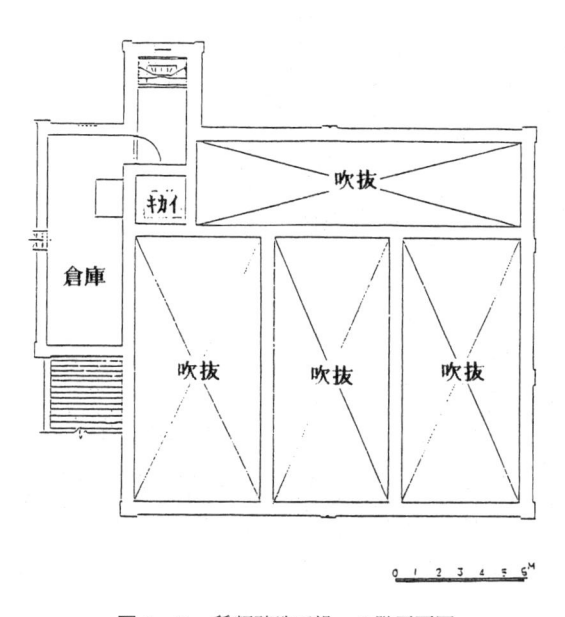

図1-41　種類醸造工場　3階平面図

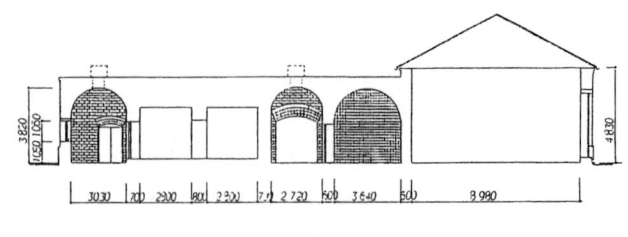

C断面図

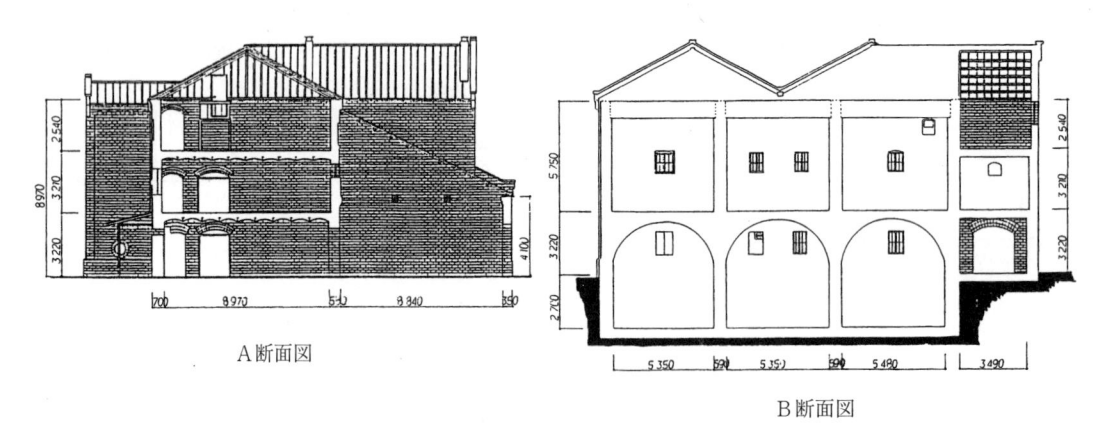

A断面図

B断面図

図1-42　図1-39の断面図

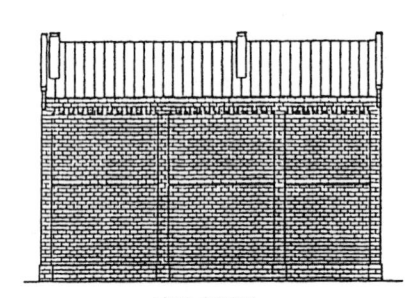

東側立面図

北側立面図

図1-43　図1-40の立面図

第 2 章

酒造場の配置と平面図

もと（酒母）造り場

① 清酒醸造工程と建物

図2-1に，明治〜大正時代の清酒醸造工程を示したが，これは原料の「米」中心の流れを示したもので，建物の配置及び，建物の構成を考えるには，人々がどこで，どのような関わりをしているかを考慮して，整理をしなければならない。そこで，直接生産には携わっていない「管理部門」と，直接生産に関わる「生産部門」に分けると次の通りである。

　管理部門の建物……経営者の住居，事務所と店（販売），蔵人の宿舎
　生産部門の建物……酒倉と作業用建物

次に，ここで行なう仕事を酒倉内の仕事とそれ以外の仕事に分ける。

(a) 酒倉内の仕事＝もと造り，もろみ造り，圧搾，滓引き，濾過，火入れ，貯蔵，麹造り，休憩（会所室）
(b) 作業用建物内の仕事＝精米，米の貯蔵，洗米，浸漬，蒸し米，瓶詰め，麹造り，庫出（＝製品貯蔵と出荷），木桶の修理と管理

（麹造りは(a)・(b)両方に記入されているが，どちらかに属している。）

② 建物内での仕事

[酒倉]

酒倉には仕込み倉と貯蔵倉がある。仕込み倉はもろみの仕込みを行なう倉で，酒造場の中心建物である。貯蔵倉は貯蔵を目的として建てる場合もあるが，醸造量の増大に伴って新たに仕込み倉を建てた時に，古い仕込み倉を貯蔵倉に転用する場合が多い。したがって，この２つの建物内での仕事は仕込みを除いて，他の仕事はどちらの倉で行なってもよいのである。またもろみ醸造が終わると仕込み倉は貯蔵倉として使用されている。酒倉１階での仕事は，もろみ造り・絞り・滓引き及び貯蔵である。２階ではもと造りと麹造りである。

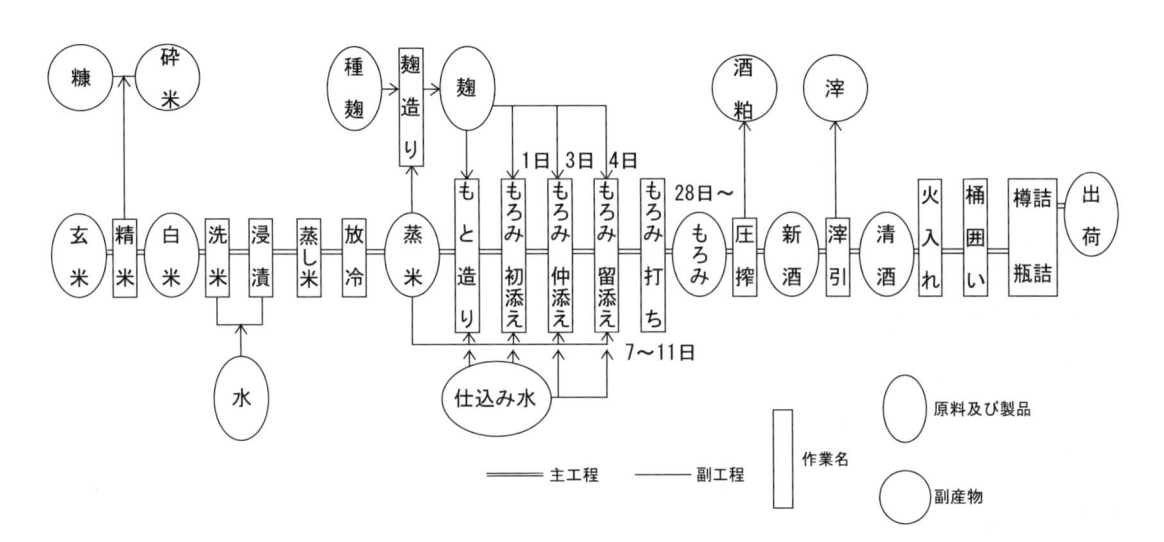

(1) 「もと造り」はもろみを安全確実に発酵させるために，清酒酵母を培養育成する工程である。江戸時代からの普通もと（きもと）は一定量の蒸し米，麹，水を混ぜて仕込み，しばらく（10時間程度）たってから摺り潰す。もと摺り（＝山卸）は９石一つ仕舞[*1]を例にすると，半切り桶を10枚前後並べて倉人が数人一組で行なうのでかなりの広さが必要である。明治37年に設立した醸造試験所で開発された「山廃もと」では，山卸[*2]を省いて直接もと桶に仕

図 2-1　明治〜大正時代の清酒醸造工程[1]

込むので所要面積が少なく，1階あるいは2階の一隅に簡単な囲いを作ってもと場とする場合もある。

(2)「もろみ仕込み」は土蔵造りの倉の1階で行ない，もろみ造りが終わると仕込み桶はその位置で貯蔵桶に使用する。即ち仕込み場は貯蔵場に転用されるのである。昭和の初め頃までは，枝桶[*3]を用いてもろみの仕込みをしていた。まず，もと，麹，蒸し米と水を3尺桶に仕込み，続いて仲添え，留め添えと続き，もろみ量が増えるにしたがって2～3本の3尺桶と大桶が使われ，留め添え後3～7日で大桶1本に集約され，発酵の終了を待つ。もろみの上槽は留め仕込み終了後15～22日位である。

(3)「もろみの絞り」は仕込み倉や貯蔵倉の一隅で行なう。絞りに使用する器具は，明治，大正時代までは梃子を利用した「はね木」を用いる「ふね」(もろみの絞り機)を使用していた。はね木の操作のためにこの部分は2階床を吹き抜けとし，小屋組に「あみだ」(木製の巻揚機)を取り付けて，はね木の操作に使用されていた。その後，圧搾に水圧を用いたもの，次いで油圧を使ったものとなった。

(4) 滓引き・貯蔵

絞った酒は滓引きのために澄まし倉(または貯蔵倉)に移し，滓引き後貯蔵倉で貯蔵する。建物は土蔵造りの倉で，貯蔵倉にも用いられる。

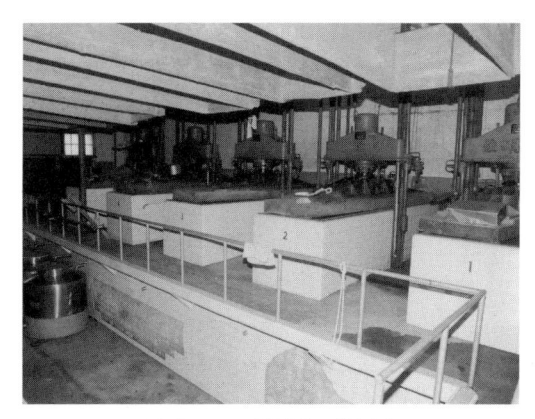

写真2-1 油圧式の絞り機

[作業用建物]
(1) 精米所

酒造りの最初の仕事は精米である。搬入された米は玄米倉に入れ，精白した米を白米倉に入れる。いずれも土蔵造りの倉が使用される。精米は唐臼を使った足踏み精米の場合は，住居の土間や別棟の建物の中で行なわれるが，水車精米の時は酒造場から離れた水車場で行なわれる場合が多い。当時の水車はその地方の産物の加工用で，精米のみを目的としたものは少なかった。灘では油絞りの水車と混在して米搗き水車が存在していた。しかし，昭和初期に普及した縦型の機械精米になってからは，すべての酒造場に精米所が設置され，水車精米は廃れていった。

(2) 洗い場，釜場

洗米・蒸し米は同じ建物の中で行なわれ，設置場所は醸造倉の入口に近い所にある。米を洗って吸水調整をし，大釜で米を蒸す。多量の蒸気を発生するので，蒸気抜きの設備が必要である。蒸し上がった米の冷却は酒倉の空いた場所で行なっていたが，現在は放冷機を用いて洗い場・釜場で行なっている。

(3) 麹室(むろ)

麹造りは酒造りにおける最も重要な作業で，麹の善し悪しが酒質を決める。引き込んだ蒸し米に種麹をまぶして麹菌の培養をする。良質の麹を造るために温度・湿度の調整は欠かせない条件である。このために外気温度が0℃前後の時でも，室温を26℃以上に保つ必要があり，性能の良い保温が必要で，湿度調整機能をもった内装材を用いることが要求される。設置場所は，作業場の1階か酒倉の2階が多い。

室(むろ)の入口に接して室前を設ける。室前は蒸し米の冷却やでき上がった麹の枯らし場に使用する。

(4) 出荷・製品置場

古い貯蔵倉を使う場合と，一般の建物が使用される場合があるが仕事の性質を考慮して作業場に入れた。ここでは樽詰め・瓶詰め・包装をする。

(5) 会所

「ひろしき」とも言われ，蔵人の休憩所である。多くは作業場の一郭に設けられる。

(6) 桶干し場

木桶を使用していた時代の必要施設である。使用後の空き桶の消毒・修繕は次の仕込みまでの準備として重要な作業である。消毒の方法は，直射日光による殺菌と熱湯による洗浄で，大きな面積を必要とする。桶の修繕のために桶大工の仕事場と資財庫・物置等が干し場を囲むかたちで設けられた。

生産部門の建物配置を工程別に整理して作業場と酒倉にまとめたのが図2-2である。

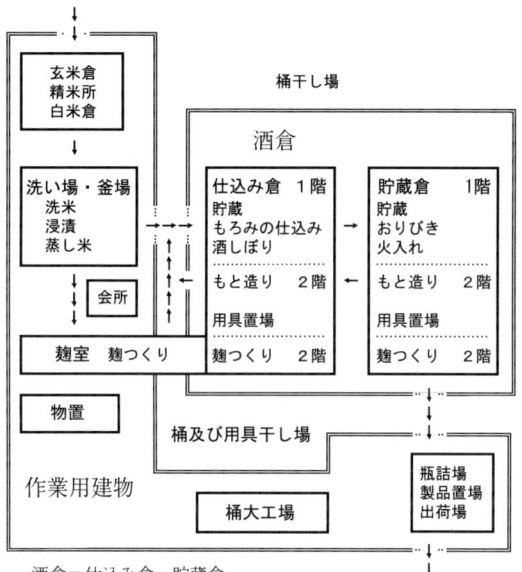

```
            ┌──────────┐       桶干し場
            │玄米倉    │     ┌─────────────────────────┐
            │精米所    │     │         酒倉            │
            │白米倉    │     │ ┌──────────┐ ┌────────┐ │
            └──────────┘     │ │仕込み倉 1階│ │貯蔵倉 1階│ │
            ┌──────────┐     │ │貯蔵      │ │貯蔵    │ │
            │洗い場・釜場│←→│ │もろみの仕込み│→│おりびき │ │
            │洗米      │     │ │酒しぼり  │ │火入れ  │ │
            │浸漬      │     │ │もと造り 2階│←│もと造り 2階│ │
            │蒸し米    │     │ │用具置場  │ │用具置場│ │
            └──────────┘     │ │麹つくり 2階│ │麹つくり 2階│ │
            ┌──────────┐     │ └──────────┘ └────────┘ │
            │会所      │     └─────────────────────────┘
            └──────────┘           桶及び用具干し場
            ┌──────────┐                    ┌────────┐
            │麹室 麹つくり│                  │瓶詰場  │
            └──────────┘                    │製品置場│
            ┌──────────┐                    │出荷場  │
            │物置      │      ┌──────────┐  └────────┘
            └──────────┘      │桶大工場  │
            作業用建物        └──────────┘
```

酒倉＝仕込み倉・貯蔵倉
作業用建物＝米倉・精米所・釜場・洗い場・麹室・出荷場等

図2-2 建物と清酒醸造工程

図の中で，酒倉および作業用建物両方に記入されている仕事があるが，これは調査した酒造場によって異なるのでこのように記入したが，どちらかで行なうものである。

③ 配置型の分類

(1) 用語の定義

「蔵」と「倉」の使い分けについて述べておく。この2つの漢字の意味は辞典によると，「蔵」は物品をしまっておく建物，「倉」は穀物，商品等をしまっておく建物となっていて，いずれも物を生産するという意味はない。しかし，「酒蔵」，「酒倉」共に酒を醸造する場所として使い慣れた言葉であるので，慣行に従って酒造場として用いることにするが，次のように使い分ける。

「酒蔵」……酒造場全体を指す。酒倉，作業場を含むもので，例えば「千石蔵」等である。

「酒倉」……酒造場の中の仕込み倉，貯蔵倉等の個々の建物をいう。

(2) 建物配置型の分類

酒造場の平面配置は，創業時の資本形態によって違いがある。地主酒造（農業を主とする土着資本家）では，農業や金融業を兼業する者が多く，創業時の酒造用の建物として住宅（土間の一部が作業場である）と酒倉一棟の構成で，兼業の場合は兼業用の建物を敷地内に有している。

商業資本の場合は，商業活動の中で担保として取っていた酒造場を自ら経営する場合が多く，もとの商売と兼業である。したがって，この場合は創業時からある程度の規模を有している。醸造規模が大きくなると，酒倉を増築し兼業から専業となり，兼業用の建物は貯蔵倉や製品倉庫等に用途を変更することが多い。また，規模拡大による酒造場の建物配置の変化は地域によってその形態に違いが見られる。その主たる原因は地理的条件によるもので，冬の気温と降雪量の違いに帰することができる。冬の早朝気温が氷点下になる地域では，屋外で水を使用する作業は大きく制約される。暖かい地方では屋外で行なえる作業であっても，凍結によって屋内でしかできないのである。従って，作業場は暖かい地方（近畿以西の平野部）と比べると広いスペースとなっている。例えば，北海道旭川の日本清酒旭川では，作業場の面積は108 m^{2}で酒造倉に対する面積比が32％であるが，近畿以西の多くの酒造場では20％以下で，多くの仕事が中庭でされていることを示している。

建築構造も積雪の大きい地方では，屋根に積

第2章　酒造場の配置と平面図

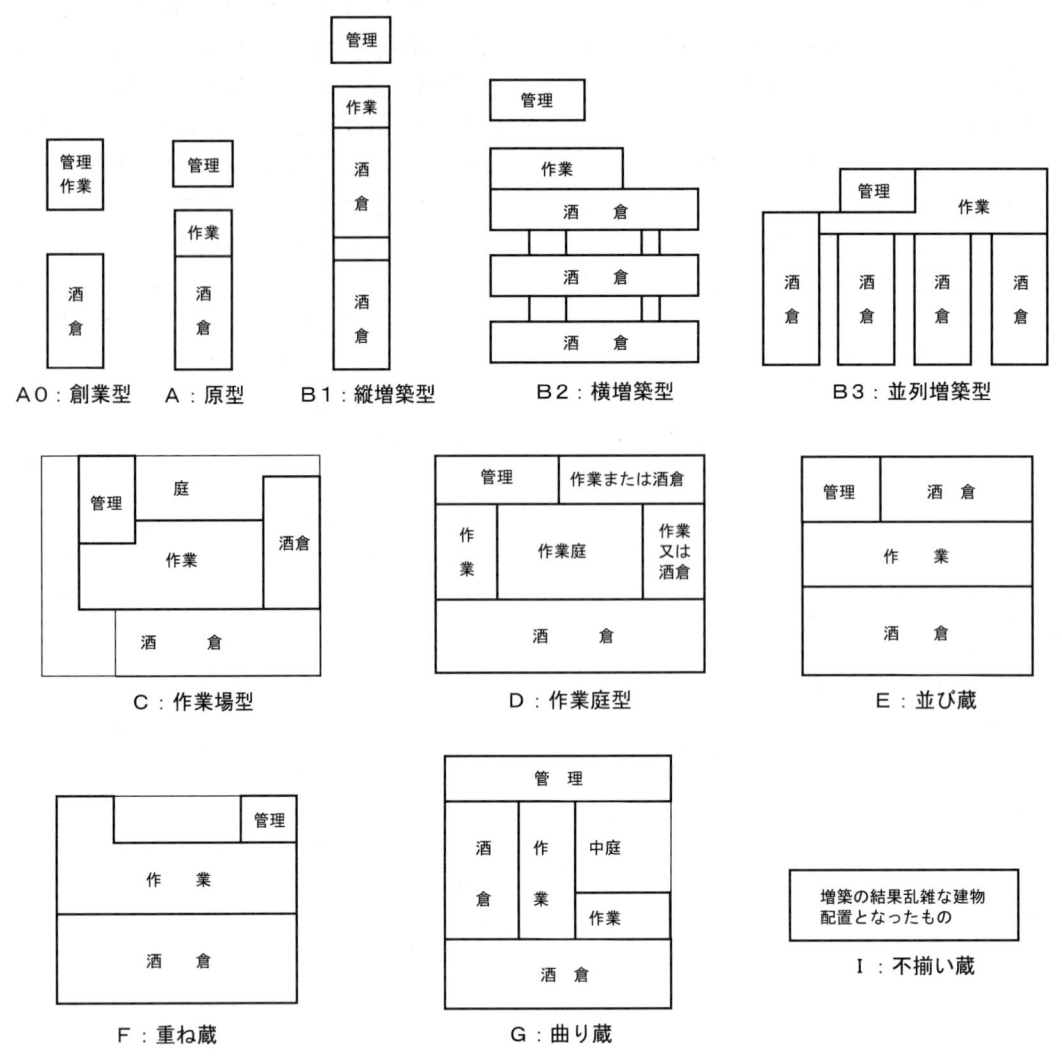

A0：創業型　A：原型　B1：縦増築型　B2：横増築型　B3：並列増築型

C：作業場型　D：作業庭型　E：並び蔵

F：重ね蔵　G：曲り蔵　I：不揃い蔵（増築の結果乱雑な建物配置となったもの）

注：管理＝住居・事務所・宿舎
　　作業＝釜場・洗い場・麹室・精米・物置・会所・休憩室
　　酒倉＝仕込み倉・貯蔵倉・澄し倉

図2-3　建物配置分類図

もった雪の荷重に耐えるために大きい用材が必要で，梁間の大きさにも制約を受けるのである。更に，積雪を下ろし，貯めておく空地が必要で，こうしたことが酒倉の建築形態に大きい変化を与えたのである。

ここでは，平面配置の分類を行なうが，A0〜Cは小規模の酒造場が生産量を増加するために増築する過程を示したもので，酒造場の発展途中の一つの状態を示しているものと言える。こうした発展途上の形態をした酒造場が全国各地に存在していることが酒造業界の特徴である。Dは創業時からある程度の規模の酒造場で小規模のものから千石蔵程度のものまである。E，F，Gは建設当初から千石蔵以上の規模をした酒造場で，生産量を増加する場合は，千石蔵を単位にして新しい酒造場を建設する。このタイプは特定地域にのみ多く存在する。

表2-1は調査した酒造場の分類型を地方別

第2章　酒造場の配置と平面図

表2-1　調査地点の酒造場建物配置分類型の全国分布

	調査数	原型A	縦増築型B1	横増築型B2	並列増築型B3	作業場型C	作業庭型D	並び蔵E	重ね蔵F	曲がり蔵G	不揃い型I	備考
北海道	7	1		1	5							
東北	39	5	14	1	6	8	1				4	
関東	25	3	4	4	4		2			1	8	
中部	53	9	17	2	3	6	12				4	
近畿	69	6	8	12	2	7	8	16		1	4	
中国	62	5	4	17	1	8				11	16	
四国	30	5	3	4	1	9				5	3	
九州	83	4	8	21	10	21			3	1	15	

の分布グラフにしたものである。表にはA0創業型がないが，それは，古図面や廃業した酒造場では存在するが現存している酒造場の中にないからである。原型Aに属するものは各地域に存在する。縦増築型B1は東北と中部地方に多い。並列増築型B3は北海道，東北，九州に多いが，近畿では少ない。横増築型B2は中部地方より北では少なく，近畿以西に多い。この理由は，縦増築型や並列増築型では，屋根に積もった雪を各倉の横の空地に落として春を待つことができるが，横増築型は建物間隔が小さく，大量の雪を落すことができないために雪国の場合，増築は縦あるいは並列となったと思われる。

並び蔵Eは近畿地方でも伏見特有のタイプで，重ね蔵Fは「灘」特有のタイプである。また，曲がり倉Gは広島県東広島（西条）に多く，この影響を多く受けた四国，九州でも見られる。不揃い型Iでは増築の時，縦（B1）や横（B2）を混合して増築を繰り返したものが多い。

① Ａ０：創業型（図2-4）

　小規模の酒造場で現在操業しているものはないが建物は残っている場合と，家相図が残っている場合がある。住居と作業場が同じ建物の中にあって別棟に酒造倉が1棟と物置等がある。図2-4の松熊宗四郎は佐賀県の酒造場であるが家相図のみで建物等は残っていない。

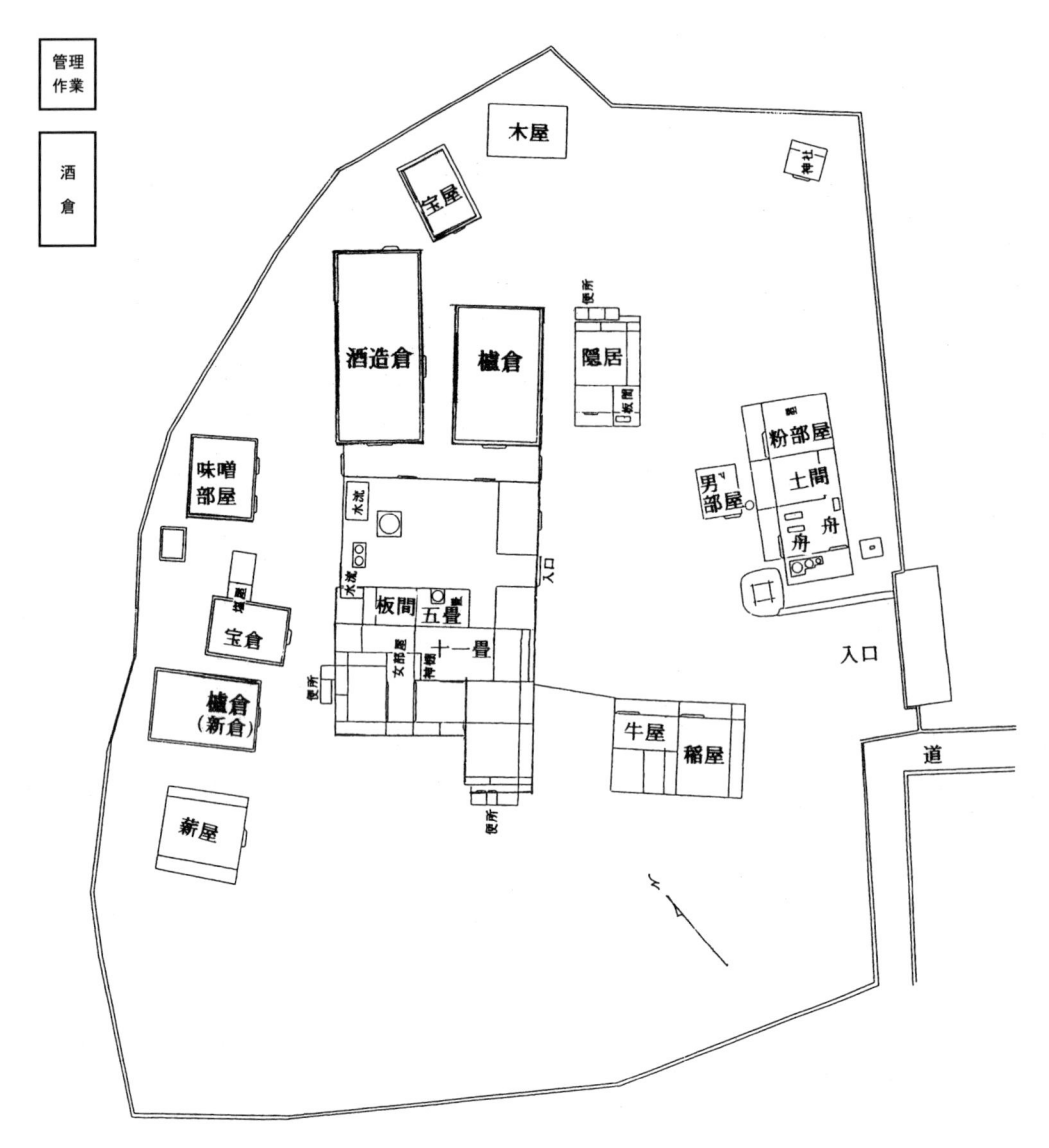

図2-4　松熊宗四郎（他に東西酒造家相図　文政7年原田酒造，殿川酒造等がある）

第2章　酒造場の配置と平面図　　　　　　　　　　　　　　　　　　　　　59

② Ａ：原型（図2-5）

創業型から発展したもので，精米，釜場，洗い場が住居と別棟になっていて，酒造倉が1棟である。倉への入口は平入りと妻入りがあり，小規模の酒造場である（この型を母体として次の増築型ができる）。図2-5鍋山酒造は福岡市の酒造場で今は建物も残っていない。

③ Ｂ１：縦増築型（図2-7,図2-8,図2-9,図2-10）

図2-6で左側の図が基本型で，右側の1，2，3はこの型の発展型である。作業場に妻入りの酒倉が2～3棟，棟続きに連なっている例が最も多い。全国各地に存在するが，中部地方，東北地方に多く，東北地方では調査した酒造場の36％がこのタイプで，九州を除く他の地域に比べると非常に多い。

図2-5　鍋山酒造

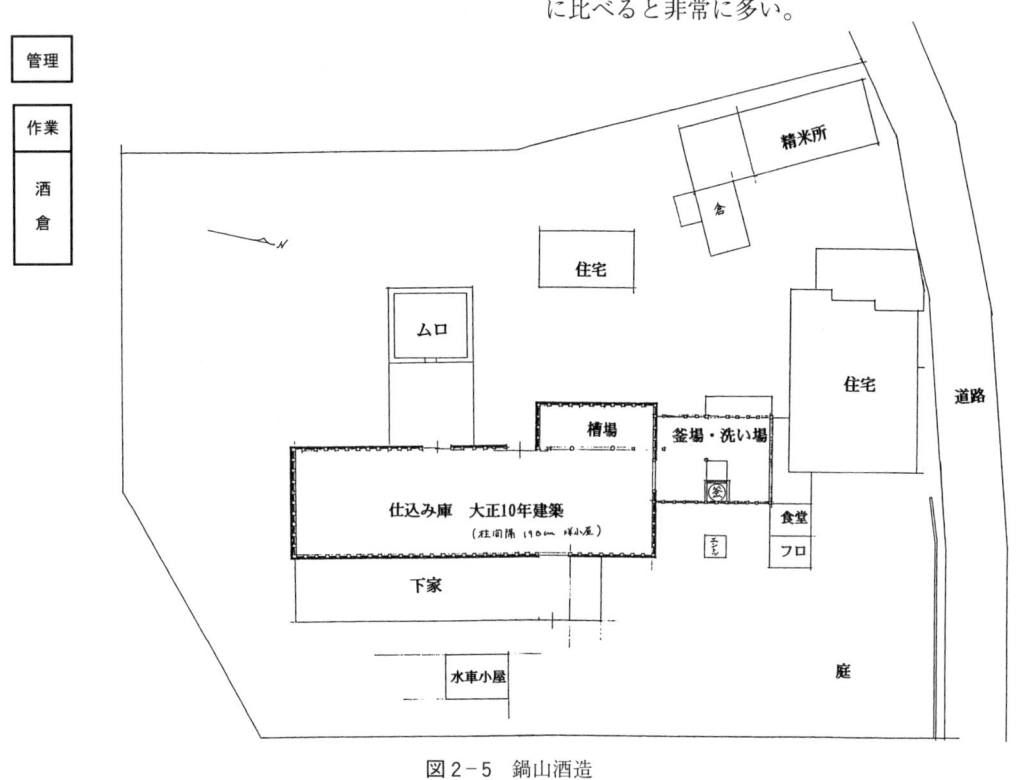

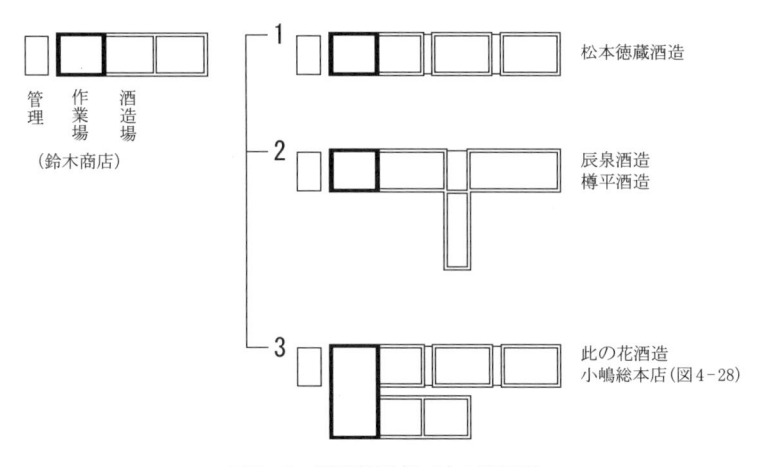

図2-6　縦増築型（Ｂ１）の発展型

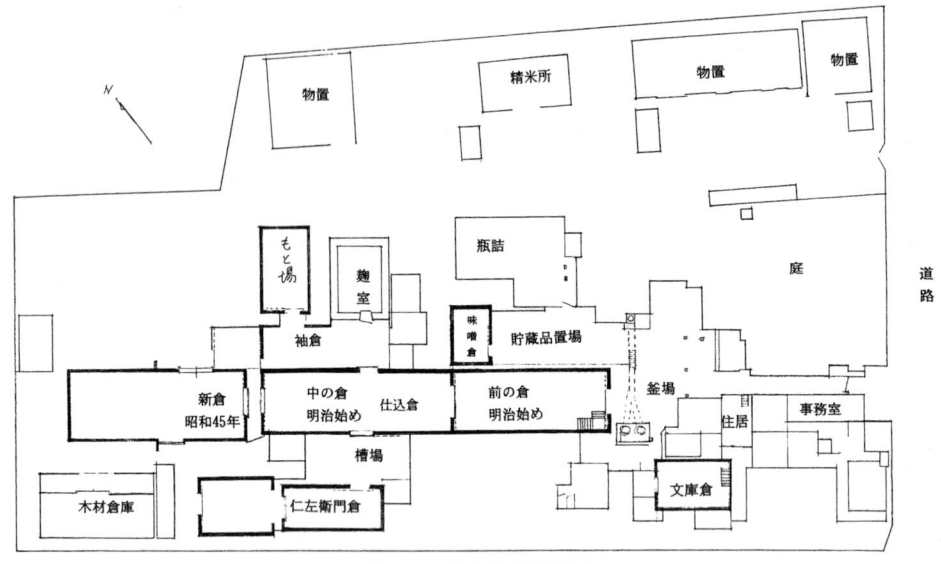

図2-7 鈴木商店配置図

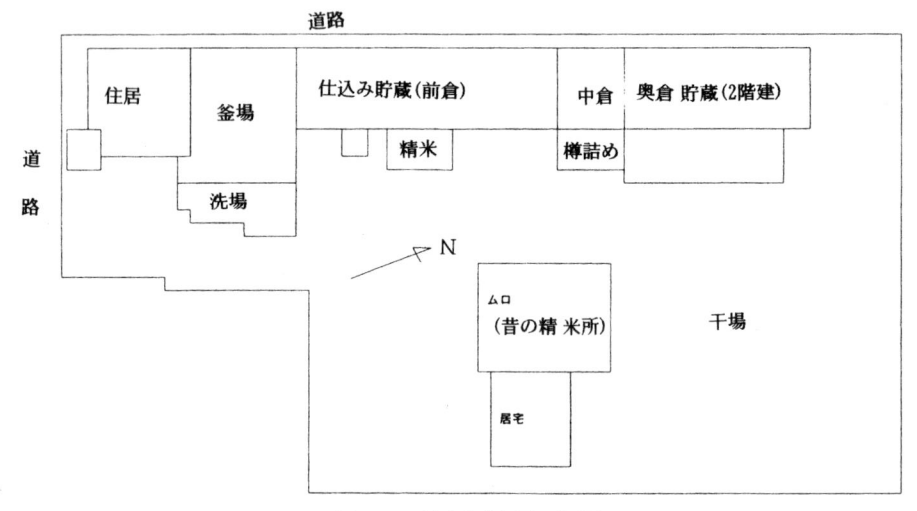

図2-8 松本徳蔵酒造平面図

　倉の接続部分についてみると，作業場（釜場，洗い場）に続く倉の端に直接接続する場合と，1～2間のつなぎ（取次ぎ）部分をとって増築する場合とがある。つなぎ部分のない直接続いたものは，既存酒造倉の外壁に接して増築建物の柱を立て，ここには壁をつけない。つなぎ部分をつくった場合は，両方の酒造倉の土蔵壁の外側に柱を建て，外壁は土蔵造りの場合が多い。連続棟数は2～3棟の増築が多く，それ以上増築する時は，これに平行に建てる場合や，2棟目，あるいは3棟目に直角に棟を建ててつなぐもの等，敷地に合わせて増築されてゆく。いずれの場合でも，倉への出入口は妻面からとなっているのが，この型の特徴である。

　図2-7～10は縦増築型（B1）及びその変形の例である。図2-7はつなぎ部分がなく，図2-8はつなぎ部分がある。図2-9(1)はつなぎ部分から枝分かれがついた例で，図2-9(2)はこれが更に増築を繰り返した例である。図2-10は平行に建てたものであり，これらの例は，いずれも東北地方の酒造場である。

第2章　酒造場の配置と平面図

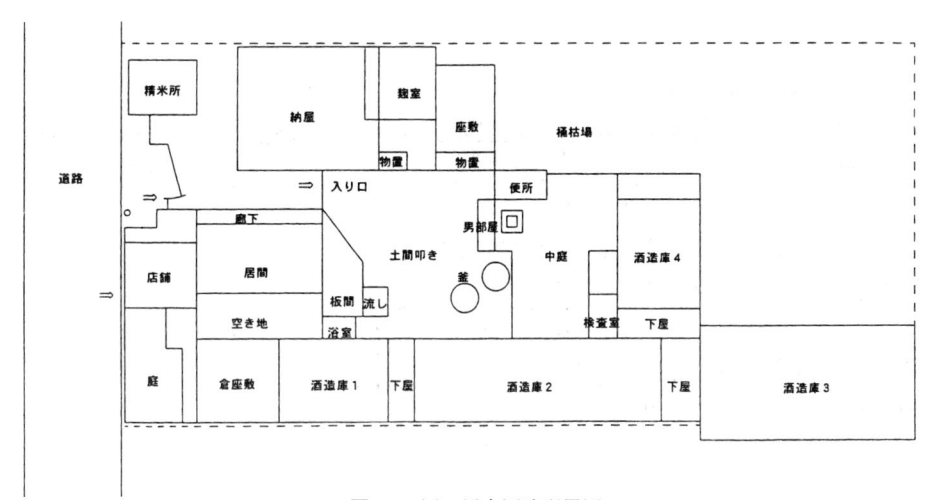

図2-9(1)　辰泉酒造配置図

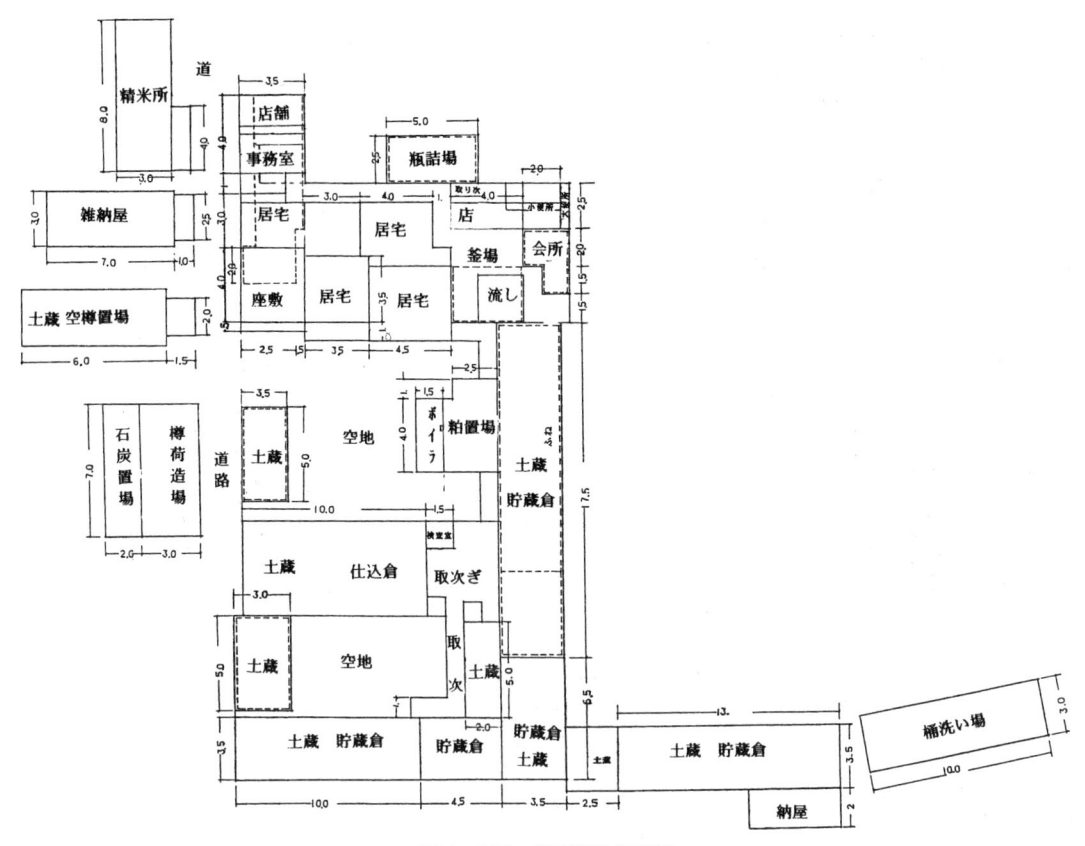

図2-9(2)　樽平酒造配置図

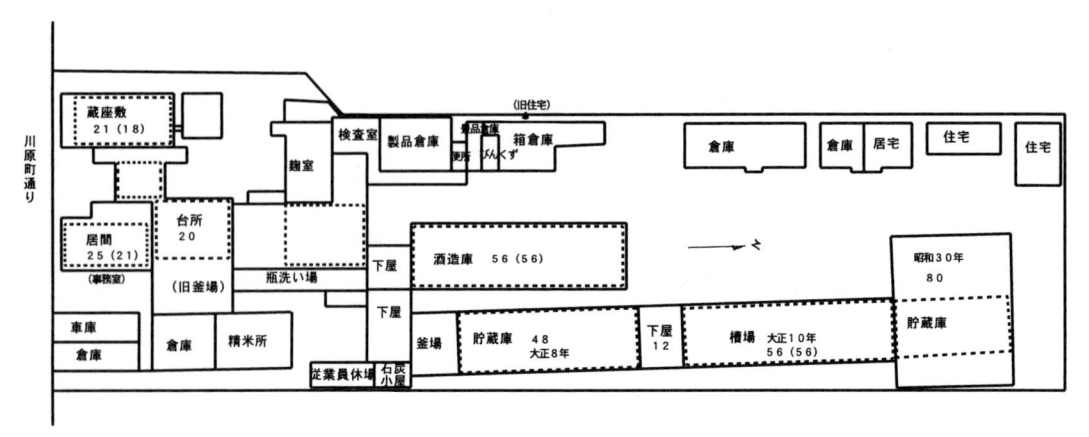

図2-10 此の花酒造配置図

④ B2：横増築型（図2-11）

近畿地方から西に多く，作業場に平入りの酒倉が，棟を平行にして増築したもので，各棟を貫通した通路で結ばれる。図2-11に見られるように増築する以前の形は作業庭型Dであるが，増築した後の型は横増築型になっているが，このような例は多いものである。

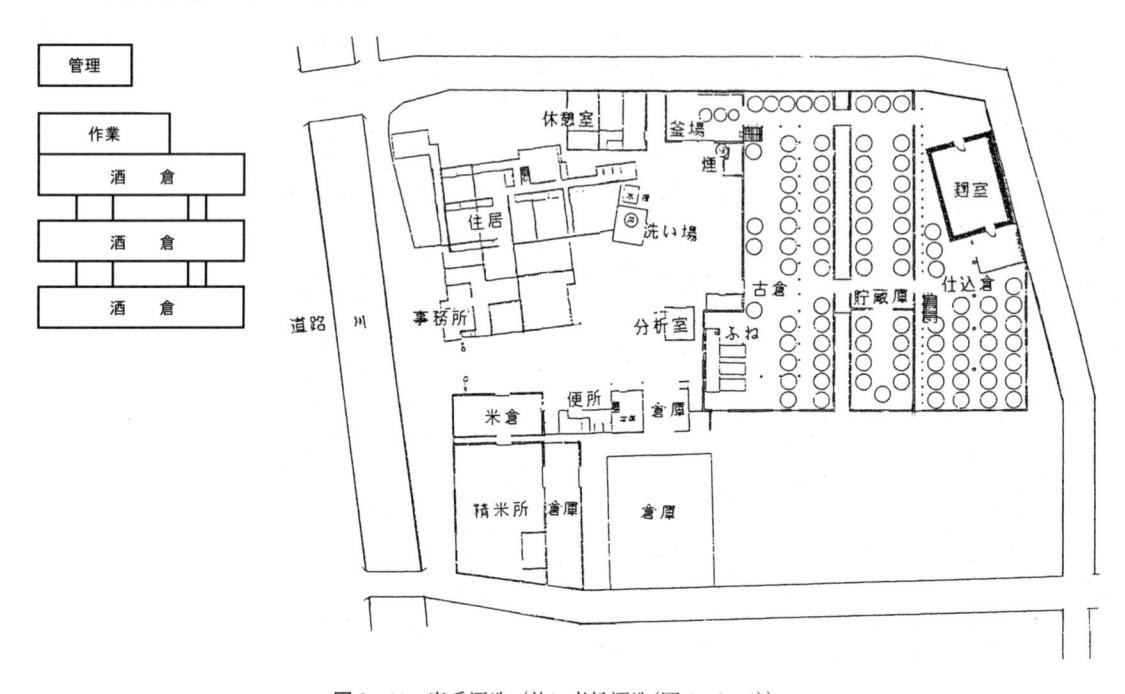

図2-11 鹿毛酒造（他に老松酒造（図4-8-4））

⑤ B3：並列増築型（図2-12）

　北海道，東北，九州に多く見られるもので，北海道，東北では大きい作業場に接して妻入りの倉が平行に並んで建つものである。規模が大きくなると作業場から渡り廊下を倉に貫通させて増築する。

⑥ C：作業場型（図2-13）

　気温が低く，冬期屋外作業ができない地方（＝東北地方）に多い型の酒造場である。大きい作業場の周囲に酒造倉を建築していく型で，平入り，妻入りを問わない。Dの作業庭の機能の一部を取り込んだものと言える。

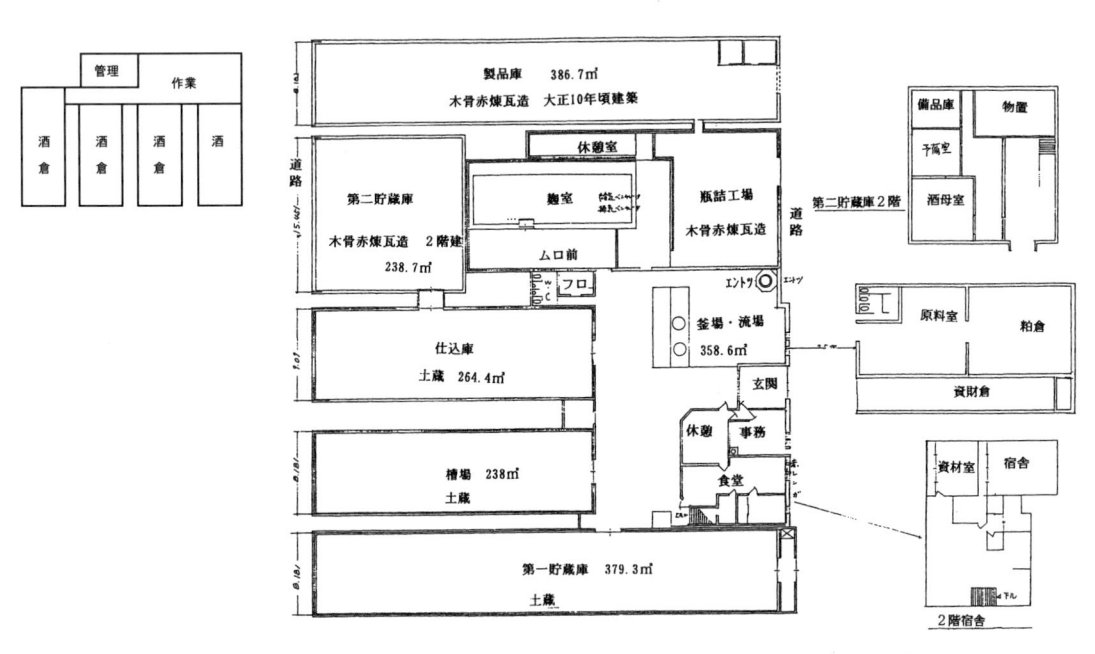

図2-12　日本清酒旭川工場（他に小林酒造（北の錦），北の誉酒造，大矢孝酒造）

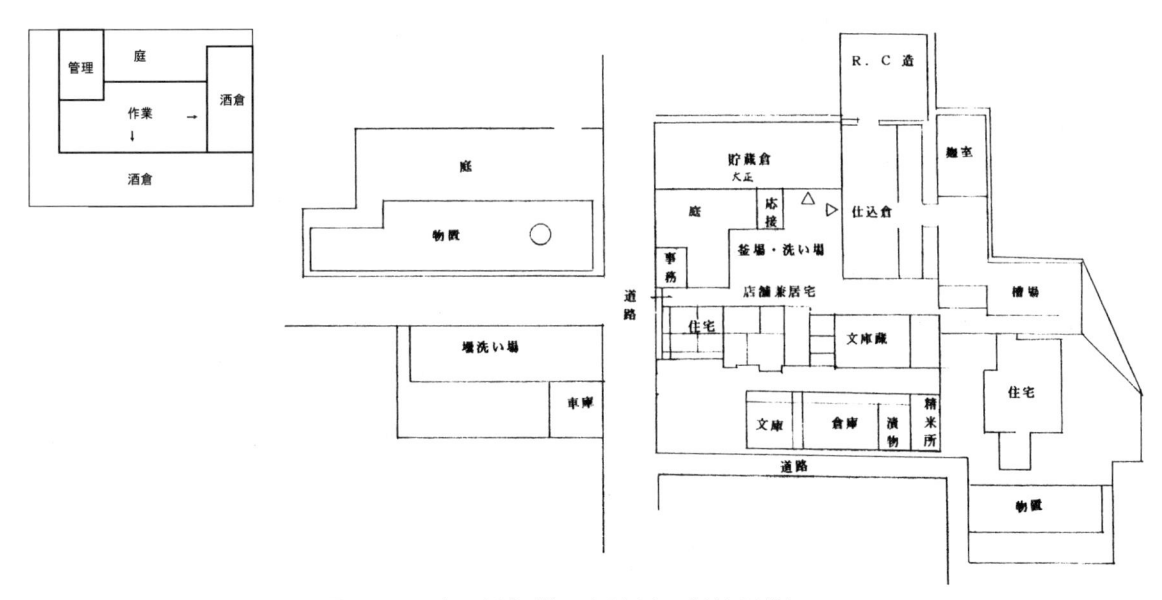

図2-13　羽根田酒造（他に富士酒造，佐浦酒造等）

⑦ D：作業庭型（図2-14, 図2-15）

住宅，作業用建物，酒倉で囲んだ作業庭（中庭）を有するものである。この型では桶干し場を兼ねるものと，そうでないものがある。酒造場の外部に桶干し場を有するものではその面積は小さいが，桶干し場を兼ねるタイプでは大きいスペースを有している。この例として，天保6（1835）年御影村の嘉納治郎右衛門が谷町奉行所へ提出した「千石蔵設計案」[2]がある。道具干場（作業庭）は酒造作業を行なうためと，各建物への通路を兼ねていて，B3：並列増築型の作業場と同じ機能を有している。したがって床面は石あるいは煉瓦を敷いて雨降りにも汚れないように配慮されたものが多い（現在はコンクリート土間である）。

図2-14は明治5年に建てた酒造場で広い作業庭を囲んで建物がある。昔は住居の間の幅1間ほどの土間が倉への唯一の通路であった。事務所前の通路は戦後にできたもので，その後に建て替えた倉庫が現在では主要な通路になっている。貯蔵倉1が明治の建物で，仕込み倉と貯蔵倉2は昭和のはじめ頃の建築である。

図2-15は茨城県の酒造場復元図で，昭和34年のものである。作業庭は酒造用と桶干し場に分かれている。仕込み桶が木桶からホーロータンクになった現在では桶干し場は全く見られない。

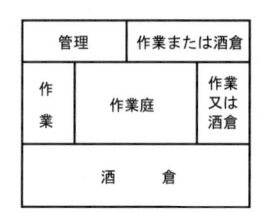

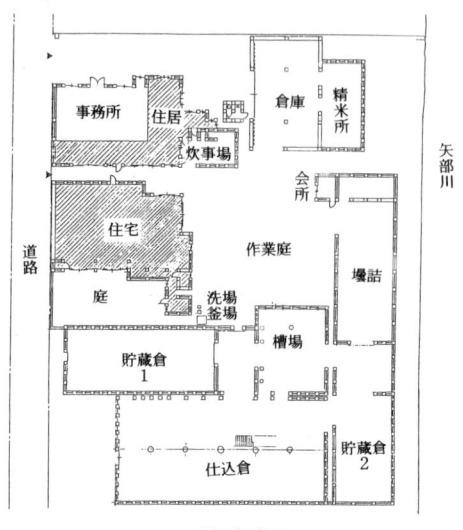

図2-14 ㈱池田屋 配置図

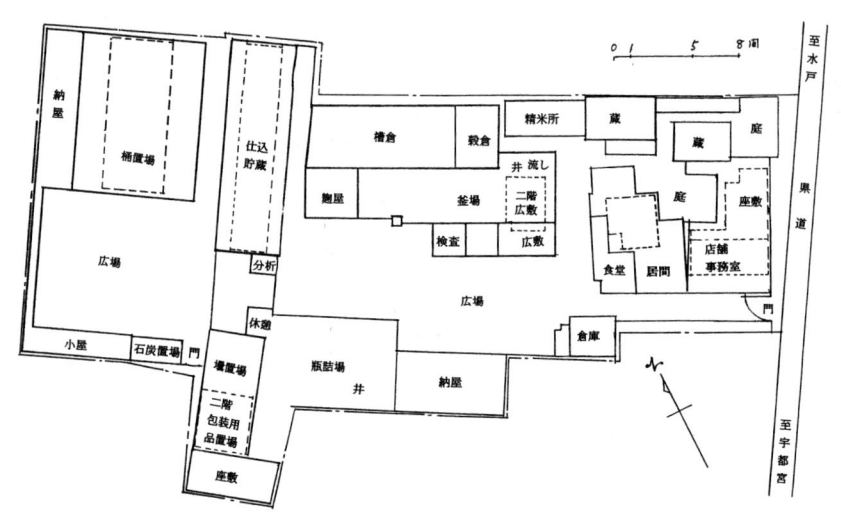

図2-15 島崎泉治商店復元図（昭和34（1959）年）（他に玉の井酒造(明治28年の図(15頁)) 等がある）

⑧ E：並び蔵（図2-16）

作業場をはさんで倉が両側に平行に建つもので，入口側の倉は貯蔵と出荷場を兼ねたものが多い。図2-16は京都市伏見区の酒造場で，このタイプは明治中期以降に建てた伏見の酒造場に多く見られる。

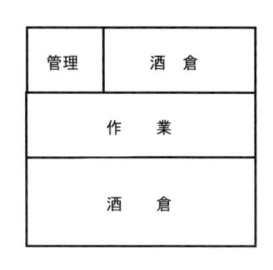

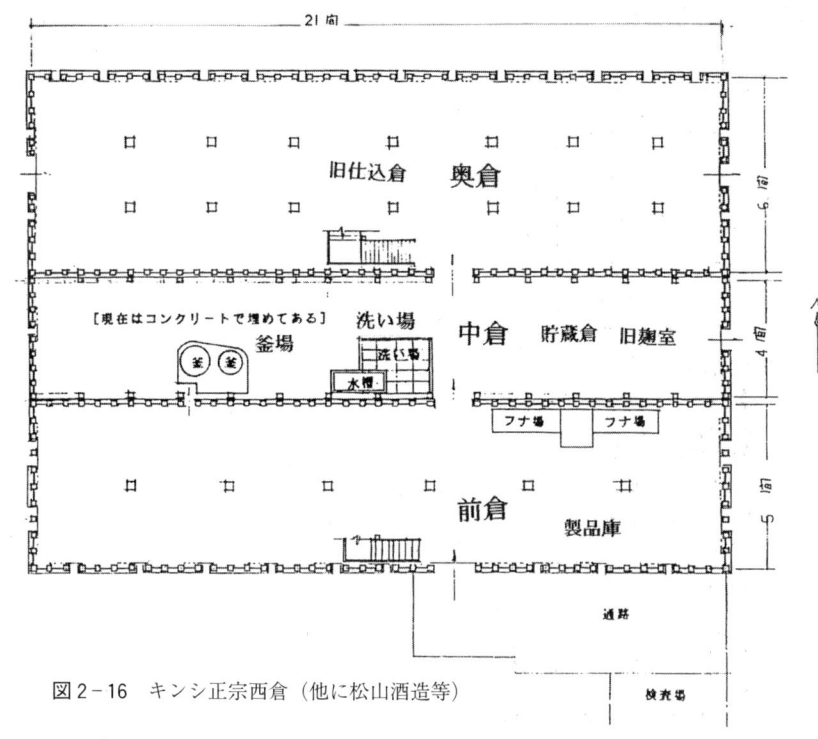

図2-16 キンシ正宗西倉（他に松山酒造等）

⑨ F：重ね蔵（図2-17）

図は西宮市の酒造場で2棟の倉が平行に建つもので奥に建つのが仕込み場で入口側が作業場である。灘の酒造場の代表的な型で，北側に仕込み場を建てたのは，北側から六甲おろしの冷風を受け，南側の作業倉が日光を遮っているのである。

この型の蔵は灘の酒造技術を導入した酒造場でよく見られるもので，各地に存在する。

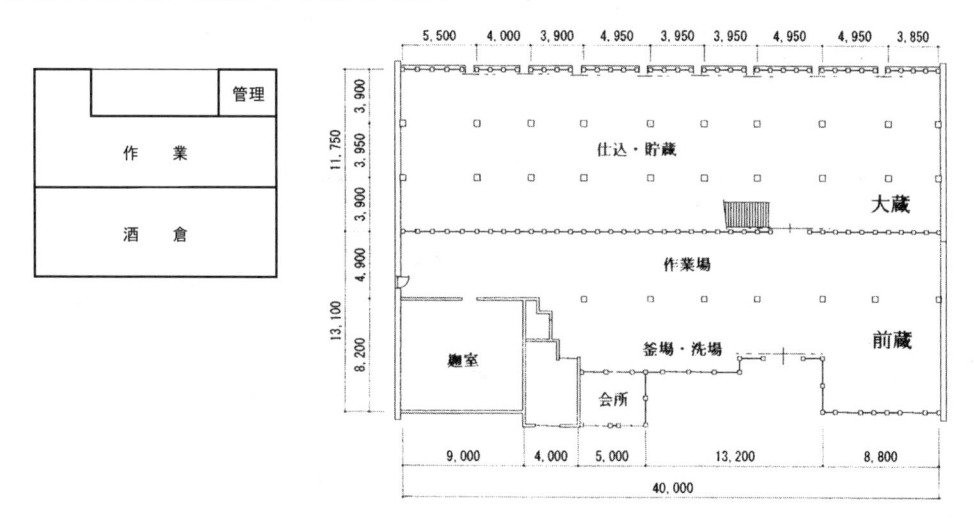

図2-17 辰馬本家酒造，新田蔵14番倉

⑩　G：曲り倉（図2-18）

　酒倉をL字型に配置したもので，広島県の西条町及び三津町に多い。図2-18は三津町にあったが今は建物もない。

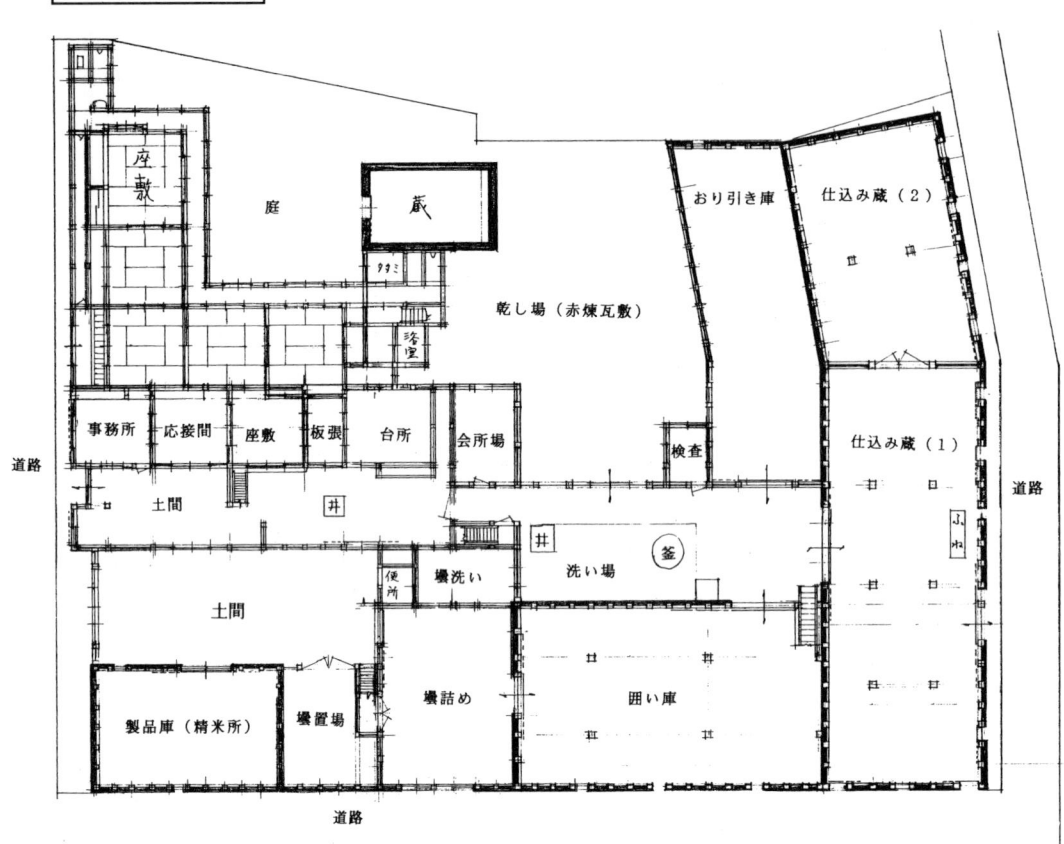

図2-18　荒谷酒造

第2章 酒造場の配置と平面図　　　67

⑪　Ⅰ：不揃い型（図2-19）

最初は上記のいずれかのタイプであったが増築を繰り返し乱雑な配置になったものである。

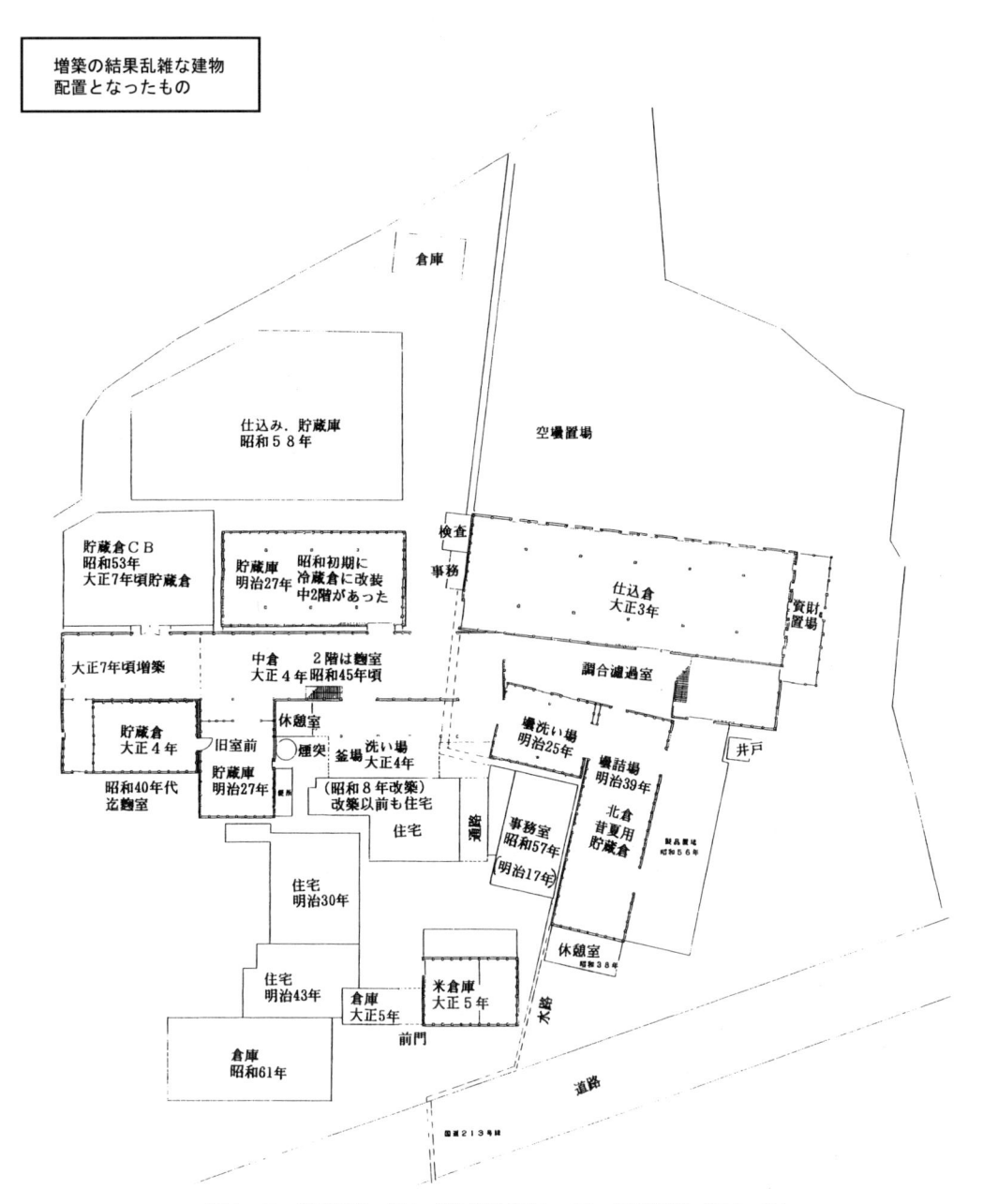

増築の結果乱雑な建物配置となったもの

図2-19　萱島酒造（他に若駒酒造（図1-22），両関酒造（図3-8））

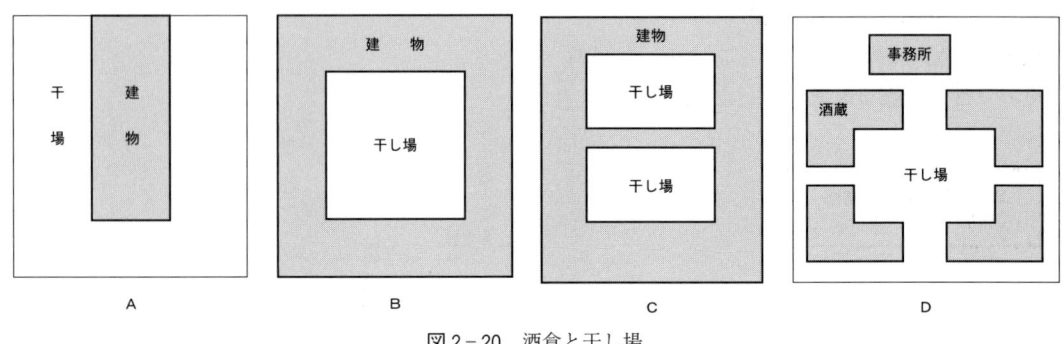

図 2-20　酒倉と干し場

④ 桶干し場と酒造倉

　酒倉の干し場は酒造用の道具類及び仕込み桶，貯蔵桶の干し場として設けられる。桶干し場は広い面積を必要とするだけでなく，桶の修理や再生のための大工小屋等が必要である。木桶からホーロータンクになった現在では桶干し場は必要がなくなったが，ここでは桶修理の大工小屋と共に酒造場での位置について調べて整理をした（図2-20）。

　Aは建物の周囲に設けられたもので田舎にある酒造場に多い（松熊宗四郎・鍋山酒造）。

　Bは作業庭型で作業庭が桶干し場を兼ねている（千石蔵設計図・司牡丹酒造焼酎工場）。

　Cは作業庭型の作業庭が二分されて，一方を桶干し場として用いていたもので，現在では桶干し場はなくなっているが家相図等の古い図面では存在する（神谷惣助（図4-2-1）・玉の井酒造（図1-9）・島崎泉治商店復元図（図2-15））。

　Dは大規模の酒造場で，千石蔵を敷地周囲に沿って配置し，中央に広場を設けて干し場としたものである（辰馬本家酒造新田蔵・小林酒造（万代））。

参考文献
1）日本の酒・岩波新書 525，112 頁，坂口謹一郎著，1964 年
2）日本酒の歴史，180 頁，柚木学著，雄山閣，昭和 50 年
3）醸造建築の調査研究－愛知・岐阜県　近畿大学九州工学部研究報告（理工学編）24(1995) 54 頁，山口昭三

注
* 1　「仕舞」とは単位工場の清酒生産の様式と能力を表す用語で，「もと」1個に対応して1日に仕込む総米を基本総米とし，この「基本総米」とその時用いる「もとの個数」（もとの大きさには関係しない）との組合せで表現する。例えば「もと1個」を用いて基本総米9石（1,350kg）を仕込む時「9石1つ仕舞」と称し，基本総米が10石で「もと1個半」を用いるときは総米15石（2,250kg）となり，10石1個半仕舞というように表す。また，この時の「仕舞」という言葉は「仕込み」とも言い換えられる。仕込総米＝基本総米×もと個数の関係にある。

　基本総米は木桶を用いていた時代は9石を基本としていたが，ホーロータンクを使用するようになってからは10石が基本となる。（灘の酒用語集より，p.324）

* 2　「やまおろし」とはきもと育成工程で仕込み後 10～12 時間経過した頃，半切桶に仕込んだ物料を櫂で「らいさい」するか，あるいは足で踏んで「潰砕」する操作を言う。（灘の酒用語集より）

* 3　「枝桶」とはもろみ発酵を順調に管理するため，もろみを最初から直接一本の容器に全量を仕込まずに，数本の容器に分割して仕込む時，大きい容器を「親桶」と称し，これに付属する小容器を枝桶という。（灘の酒用語集より）

第3章

各建物について

伏見の酒蔵

① 仕込み倉

　仕込み倉の中で行なわれる作業は清酒醸造工程の中心となる部分で，蒸し米の放冷からもろみの圧搾及び桶囲い（貯蔵）まで，醸造工程の大半を占める。仕込みは，もと（酒母）造りと，もろみ造りの2工程に分けられる。

　仕込み倉は2階建てが普通である。しかし，数は少ないが平屋建ても全国各地に見られ，その多くは気温の低い地方にある。その広さと構造は，気候の違いや町中か郊外かといった立地条件の違いと，年間の製造量によって異なっている。倉の2階はもと造りに使うことが多く，1階はもろみ造りに使用され，同時に，もろみ熟成後の圧搾と滓引き・貯蔵に引き続き使用される。したがって，醸造が終わる4月～5月には貯蔵される清酒の量が最大になり，仕込み用の桶と貯蔵用の桶は清酒でいっぱいになる。醸造量が多くなれば，一冬に生成する量を仕込み倉内のみでは収納できないので，附属の下屋や別棟の土蔵倉を貯蔵倉として収容する。即ち，その年の醸造量は，でき上がった清酒を貯蔵する施設があれば，醸造日数の増加で仕込み場の広さを変えることなく増加できるのである。

　調査資料をもとに，醸造量に対する倉の広さを計算すると，

　　大倉酒造（現月桂冠，京都市）
　　　　　　　　明治2年　　8.2石/坪
　　　　　　　　明治26年　10.4石/坪[1)]
　　北の誉れ酒造（旭川市）大正4年　9.3石/坪
　　　　　　　　大正13年　11.9石/坪[2,3)]

倉の広さが同じでも，醸造する日数の長短で生産量が異なるので，醸造量に対する倉の広さは一概に決まらないが，およそ，8～12石/坪と推定できる（生産石数を仕込み倉と貯蔵倉の合計面積で割ったものである）。

　仕込み倉での桶の配置は，倉の桁行き方向の壁に沿って大桶を配置し，中央部は，通路や「枝桶」[4)]の置き場所として空けている。したがって梁間は4～8間で，まれにはこれを超える大きいものもある。小規模のものは，梁間4間，桁行き8間，建坪32坪程度で，大きなものは100坪を超すものもある。

　2階建ての場合は総2階としたものと，梁間の中央部分のみに2階を設け，両外側を吹き抜けとして屋根を葺き下ろしにしたものと2つのタイプがある。仕込み倉全面に2階床を張る場合は，桶の大きさによって2階床高さを決めなければならない。しかし，両外側を吹き抜けとしたものは，仕込み桶を吹き抜け部分に置くので，桶の大きさに関係なく2階床高さを決めることができる。

　また，櫂入れ作業等のために外壁に沿って，高さ1.2～1.5mほどのところに，幅40～60cmほどの足場を取り付けるが，内部には，固定した足場等は桶移動のさまたげになるので設けることはない。

　その他仕込み場によく設けていたものとして，上槽場（酒ふね），麹室（むろ）がある。

　上槽場を仕込み倉内部に設ける場合は，桁行きの端部を2～4間を吹き抜けとし，ここに酒ふねを設置し，はね木の操作に用いる木製巻上げ機（「あみだ」）を設けている。ふねは2基以上設けるのが普通である。

　麹室は，明治初期以前は仕込み倉や貯蔵倉の一隅に，地下または半地下式の麹室を設けていたが現在では全く見られない。その後，1階床に設けるのが普通となったが，大正時代の終わり頃からは麹室を2階に移転するものが増加した。現在では更に，別棟とするもの，作業場の一部に設けるもの等さまざまである。

　図3-1は建築年代が明らかで，生産増加と共に増築をして大きくなった例である。

　潜竜酒造（長崎県）は元禄年間に平戸藩主の命をうけて建てられた酒造場で，平戸藩の参勤路の一つ，平戸ー彼杵ー長崎ルートに設けた本陣であった。創業時は「もと倉」が仕込み倉であったが，天保時代に現在の貯蔵倉が建てられ，明治18年まで仕込み倉として使用され，「酒ふね」は建築当初から貯蔵倉にあった。古い仕込み倉が次々に貯蔵倉になった例で，倉の広さが

第3章　各建物について

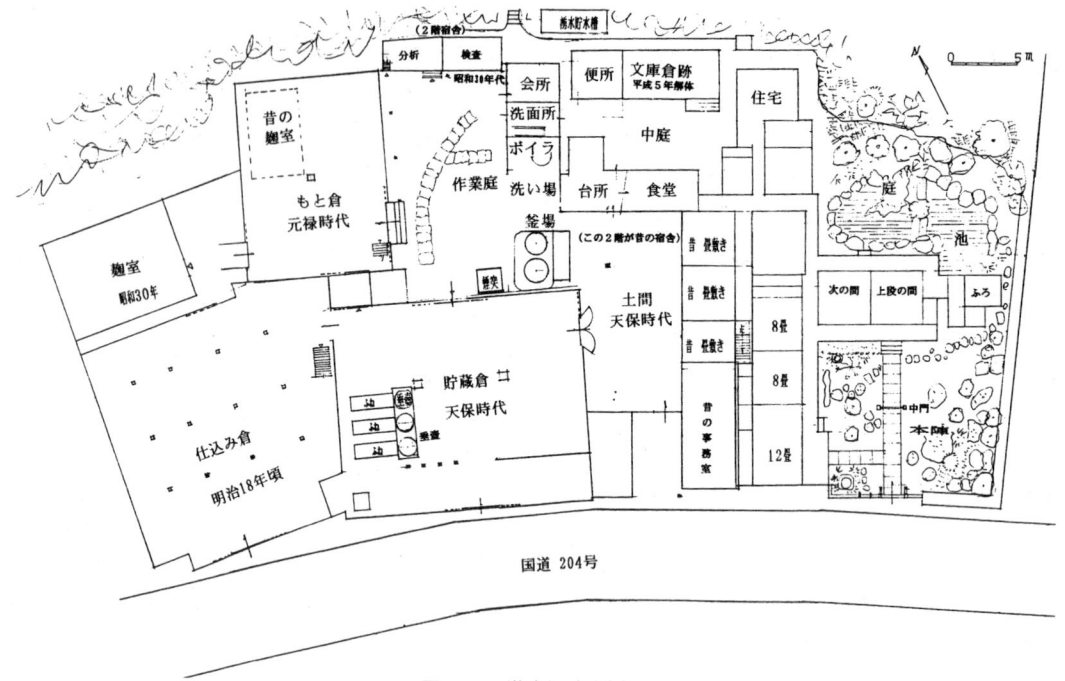

図3-1　潜竜酒造配置図

次々に大きくなり，2階床の高さも建築年代と共に高くなっている。

しかし，3つの倉を建築物として評価すると，もと倉が最も堅牢で美しく，次いで貯蔵倉，仕込み倉の順となる。酒倉の場合はこうした例が多く，古い倉は規模は小さいが使用された柱や梁の大きさが大きいのである。

[1階仕込み場の工程概要]

明治，大正期のもろみの仕込みは，3尺桶に少量のもと（酒母）を入れ，これに麹，掛け米，水を加える。これを「初添え」と言う。中1日おいて初添えの2倍の，麹，掛け米，水を加えるのを「仲添え」と言う。量が増えるので3尺桶2～3本に分けて仕込む。次の日再び，麹，掛け米，水を加える。これを「留め添え」と言う。留め添えは仲添えの2倍となるので，6尺桶（親桶）と3尺桶（枝桶）3本の4つに分けて仕込む。

この後，熟成するまでにもろみが泡立って仕込み量の2倍近くに膨れ上がるが，14日前後で泡はなくなる。泡が立っているうちに3回に分けて3尺桶のもろみをすべて大桶に移しかえる（もろみ打ち）。

3尺桶のもろみは留め添え後，9日で全量大桶に移し替えるので，13日目で大桶のみとなり，枝桶は撤去される。仕込みはほぼ毎日行なわれるので3尺桶の位置は順次入れ替わっていくことになる。もろみは留め添え以後15～22日で成熟するので成熟の度合いを見計らって圧搾作業に入る。圧搾が終わった桶では再び仕込みが行なわれ醸造が連続する。圧搾が終わる頃にはもろみの大桶は22～30本ほどになる。絞った酒は貯蔵倉に移され，時期をみて滓引き，火入れが行なわれる。もろみの仕込み終了後は仕込み倉は貯蔵倉として使用される。

[仕込み倉の広さ]

広さは収納する仕込み桶の大きさと数によって決められる。桶の配置から仕込み倉の幅を30石桶と20石桶について試算をすると図3-2の通りである。

仕込み倉の広さは，上記の所要面積に上槽場の面積を加える。

第3章 各建物について

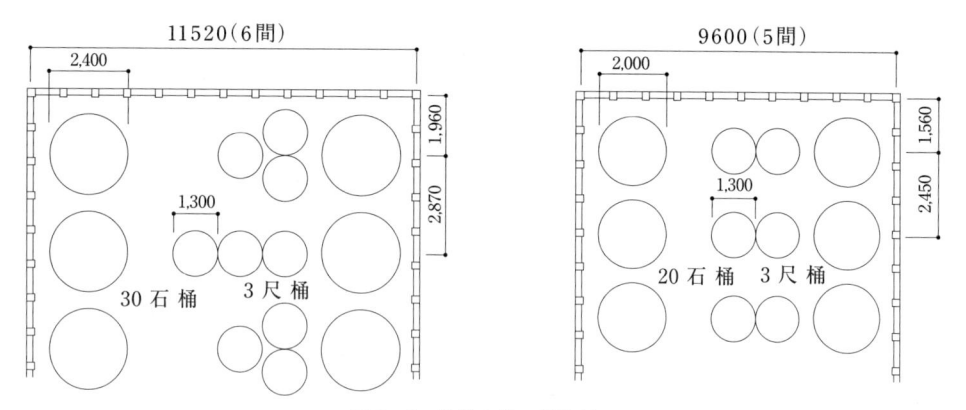

図3-2 仕込み場の幅と長さ

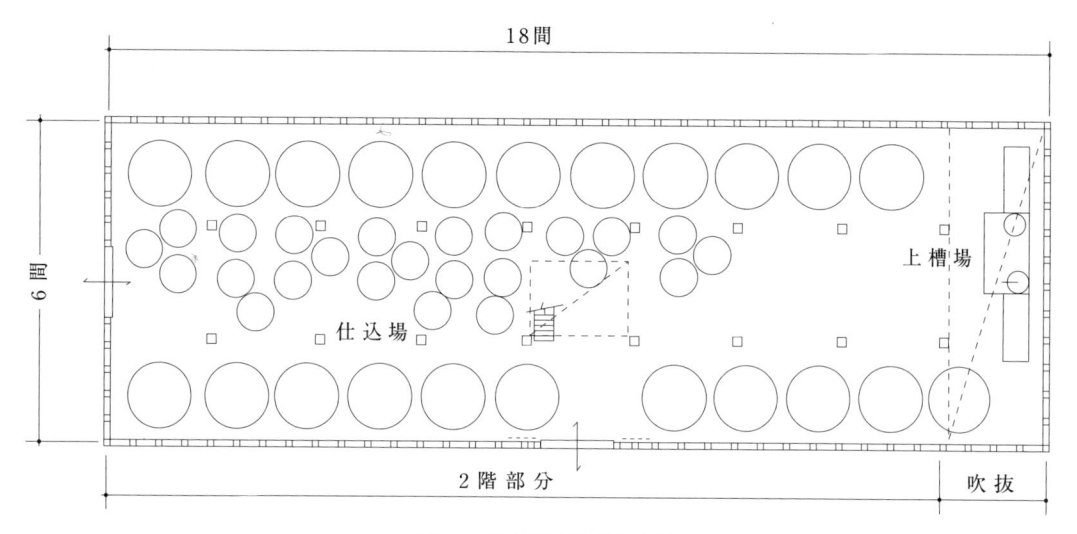

図3-3 30石桶を配置した例

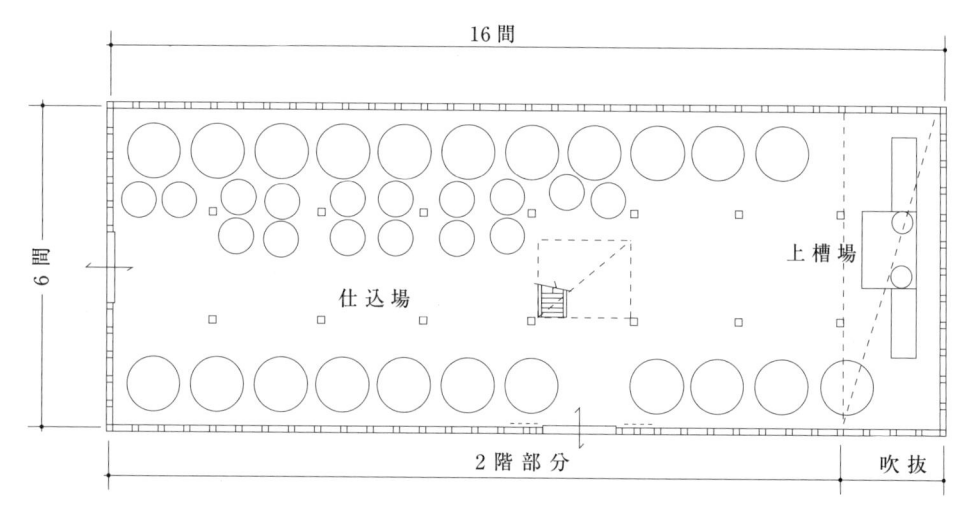

図3-4 20石桶を配置した例（枝桶を3本使用する場合も考慮して梁間を6間で図面を作成した。調査例では6間が多い。）

酒ふねは普通，水槽（みずふね）2～3槽に対し責槽（せめふね）1槽の組合せとなるが，小規模の蔵では各1槽とすることもある。上槽場は貯蔵倉あるいは仕込み場に隣接した別棟に設置することもある。

30石桶の場合，梁間は11.52m必要で，1間の長さを1.92mとすると6間幅でよく調査例も多い。また，30石桶の上直径は大きいもので2.4mで，桁行きの長さは桶と桶の空きを0.45mとすると，大桶1本につき，2.85mで，これに大桶の数をかけて求める。

大桶の間隔は一定でなく情況に応じて決められる。桶と桶の間を小さくすることで多くの桶を入れることが可能となる。

20石桶の場合，梁間は9.6m必要で，1間の長さを1.92mとすると5間幅である。また，20石桶の上直径を2.0mとすると，桁行き長さは大桶1本につき，2.45mとして求められる。

[枝打ちの廃止]

もろみの温度管理が合理化された現在では初添えから全量を大桶で行ない，3尺桶（枝桶）を使用しなくなったので移し替えの手間が省け，余分な場所ができたので倉を広くすることなく，仕込み桶を大きくしたり貯蔵桶を増加したりして生産の増加ができた。更に，木桶をホーロータンクに替えることにより，桶の管理[*1]手間が省け，1本当たりの仕込み量が増加し，飛躍的な増産が可能となった。

枝打ちがなくなった時期は正確にはわからないが，雑誌「醸造界」の大正14年・第19号に，今野繁蔵氏が示した鉄筋コンクリート造4階建て酒造庫の第5図の発酵庫には枝桶が書かれており，昭和初期までは使われていたものと思われる。

[もと場の工程概要]

「もと造り」とは酒酵母の培養をする工程で，その量は全仕込み米量の7～8％である。「日本山海名産図会」の「もと仕込み工程図解」では，総仕込み米量が8石9斗4升1合の一つ仕舞の場合について，次のように述べている[4]。

「一日目……蒸米5斗・麹1斗7升・水4斗8升を半切桶8枚に分けて仕込む。夜に入ってから櫂を使って，米粒をくだく。これを「山卸（やまおろし）」と言う。

3日目……2石入りの仕込み桶へ集める。泡が盛り上がってくると，2個の半切り桶に分け，合計3個の桶で，掻き混ぜながら冷ましてもとが出来上がる。これを3尺桶に集めてもと仕込みが終わる。」

もとができ上がるまでの期間はおよそ21日ほどで，これを熟成させて使用する。以上が「きもと」造り工程の概要である。仕込みから3日間の工程を時刻を追って記入したものが図3-5で，3日目夕方には再び仕込みに入る。したがって「もと仕込み」は1日置きに続けることとなる。

「もと立て」は，仕込み個数と同数を造り，約1ヵ月位で終わる。この後，このもとを毎日使用して，約2.5ヵ月で寒造りが終わるのである[5]。（伏見の場合は，「付けもと」と称して，もろみ仕込みが始まっても並行してもと立てをする[6]。）

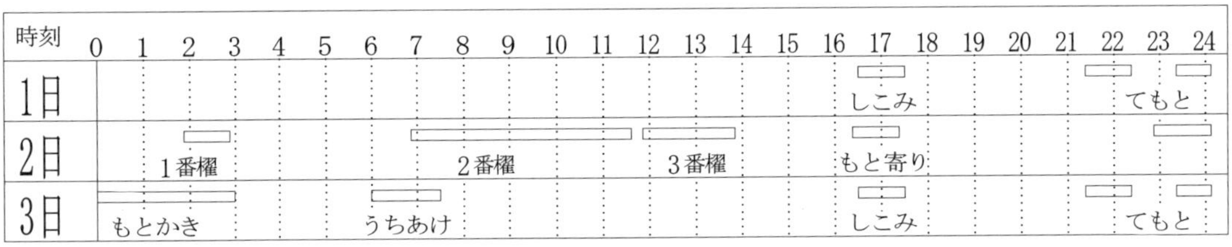

時刻	0	1	2	3	4	5	6	7	8	9	10	11	12	13	14	15	16	17	18	19	20	21	22	23	24
1日																		しこみ					てもと		
2日			1番櫂						2番櫂				3番櫂				もと寄り								
3日	もとかき					うちあけ											しこみ						てもと		

「うちあけ」後19日で戻し，熟成，枯らしを経て使用する。

図3-5　酒母仕込み工程表[7]

第3章　各建物について

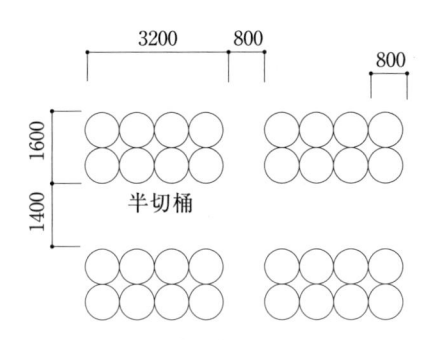

```
        3200    800
                        800
   ┌──────────┐  ┌────┐
1600│ ○○○○ │  │○○│
   │ ○○○○ │  │○○│
1400│半切桶    │  │○○│
   │          │  │○○│
```

もと摺りに必要な床面積を求める。
図のように半切桶を並べてもと摺りをする場合に，もと1個当たりに要する広さを計算する。
3 m×4 m＝12㎡≒3.6坪

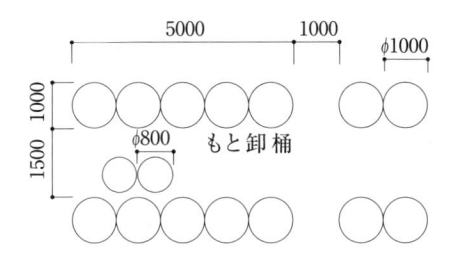

```
         5000     1000  φ1000
   ┌──────────┐  ┌────┐
1000│ ○○○○○│  │○○│
   │φ800 もと卸桶│  │○○│
1500│ ○○○○○│  │○○│
```

もと卸桶1本に要する床面積
図のようにもと卸桶を並べるとして計算する。
2.5m×6 m÷5＝3㎡≒0.9坪

図3-6　もと場の広さ

[もと場の広さ]

この工程にしたがって必要なもと場の広さを求めることにする。もと摺りに使われる半切り桶は，直径78 cm，高さ38 cmの平たい桶である。もと1個当たり8枚の半切り桶を並べてもと櫂を持った蔵人3～4人が1組となって蒸し米を摺り潰す。これに必要な広さはもと1個当たり約3.6坪である（図3-6参照）。もと摺りに必要な面積は，これに1日に仕込むもと個数を掛けて求める。これに加えて，もと個数に見合う数のもと桶を置く広さがあればよい。もと桶1本に，2個のもとを貯蔵するので，もと桶（直径90 cm程度）の数は，ほぼ，仕込み個数の半数でよい。これに要する広さはもと桶1本当たり約0.9坪である。一般に，もと造りは仕込場2階で行なわれる場合が多く，全面2階床を張った倉では，この程度の広さは十分に確保できる場合が多い。

[もと造りの改良ともと場の広さ]

明治37年に開設された醸造試験所で開発された「山卸廃止もと（＝山廃もと）」[8]ではもと摺り作業をやめて，半切り桶を使わずにもと桶に直接仕込むので，労力・器具・作業面積が少なくてすむ。現在では更に改良されて，もと立て期間は短縮されて昔の半分となった[9]。また，山廃もと以外の場合は，もとの保存期間が短いので，もろみ仕込みと並行してもと造りも行なわれるので，同時に保存するもと桶の数も少なく，もと場の所要面積は少なくなった。

[千石倉]

「灘の寒造り」という言葉に象徴されるように，江戸時代中期から灘ではこの寒造りを主体とし，それに徹するために千石倉はできたのである。江戸末期から明治時代の酒造先進地における酒造倉の生産基準は，一冬に1,000石の仕込みをする倉で，これを基本倉[10]と言う。一冬とは，11月から翌年の2月までの寒を挟んだ100日前後をさし，その年の生産予定量によって醸造期間（もと仕込みから，もろみ仕込み終了まで）が決まる。

醸造終了後，1,000石の清酒を貯蔵するには，30石桶（30～33石入る）で33本必要である。仕込み桶は，仕込み終了後はその位置で貯蔵桶となるので，仕込み倉に全量貯蔵する場合には，33～35本程度の桶の収容スペースと，これに圧搾設備の設置場所，階段，通路等が必要である。

仕込み量が1,000石を大きく超す場合は，新たに一つの醸造場を設けて，既存の蔵とは別の杜氏が入って醸造をする。即ち，木桶の時代は，1,000石前後の酒造倉を生産設備の基準としていたのである。しかし，生産量は醸造期間の長短と，仕舞個数[11]によって変わるものであり，千石倉とは，新たに酒造場を建設する時の，施設としての目安と言える。

千石倉の広さを試算する。

写真3-1 もとすり(「灘の酒つくり」より)*2

灘の標準的な製法では，仕込み総米量1,000石に対して1,000〜1,200石の清酒量となるので，これを貯蔵するためには，30石桶で33〜36本となる。1日に仕込む米の量は仕込み期間を75日とすると，1,000石の米を仕込むには1日に仕込む総米は13石3斗で，ほぼ「9石1個半仕舞」[12] ＝総米13石5斗(2,025kg)である。現在では「10石1個半仕舞」＝総米15石(2,250kg)であるが，これはホーロータンクを用いるようになってからのことである（昔のもろみは櫂入れを強行し泡が高かったので，30石桶を用いても総米量は13石5斗が限度であった[13]）。もろみの仕舞個数は75日の1.5倍の112個となる。

仕込み桶を桁行き方向に13本配置した場合の桁行き長さを求める（1間長さを1.92mとする）。

30石桶の外径は2.4m，桶と桶の間隔を0.45mとすると，

桁行き長さは 13本×2.85m＝37.05m

これに0.45m加えると，37.5m≒20間となる。

梁間6間とすると，仕込み倉の広さは，120坪となる。

もと場の広さを求める。……「きもと」（普通もと）造りの場合

もとに使用する米は，総米の8％として，1,000石×0.08＝80石である。

もと仕込みの日数を10日間とすると，1日の仕込み量は8石となる。

1日に仕込むもと個数は112/10＝11〜12個/日である。

もと1個当たりの使用半切り桶は8枚，所要面積は3.6坪/8枚，

1日に使用する半切り桶は96枚で，所要面積は3.6×12＝43.2坪

もと桶1本に2個のもとを入れるので使用するもと桶は56本，

所要面積は56×0.9坪＝50.4坪

もと場の所要面積は，43.2＋50.4＝93.6坪で，物置等を考慮すると約100坪となる。階段を加えても仕込み倉の2階で十分である。

図3-7は伏見の並び蔵で奥倉が仕込み場，中倉が作業場で釜場，洗い場，ふね等がある。前倉は製品置場である。奥倉は総2階，梁間6間，桁行き22間，建坪132坪である。総2階建てであるから2階をもと場とするには十分な広さである。

[仕込み量の増加と酒倉の増築]（同一敷地内の場合）

仕込み量の増大は，枝打ち廃止以外に，仕込み倉の拡張や，仕込み桶の大型化によって達成されることが多い。仕込み倉が古くなり，醸造規模に合わなくなった場合は，新たに仕込み倉を新築し，古い建物は貯蔵倉や，倉庫として使用する。建築される仕込み倉は，桶の増加と大型化のために，面積を大きくし，2階の床高さを高くする。桶の大型化を伴わない場合は，使用していた仕込み倉に継ぎ足して増築する場合や，貯蔵倉の増築をすることもあり，それぞれの蔵の事情で異なるものである。木桶からホーロータンクにかわった昭和10〜20年代以降は，桶干し場，桶修理建物等が不要になり，これらの敷地が，新しい仕込み倉の敷地となる場合が多い。古い酒造場にはこうした余分な敷地が多

第3章 各建物について

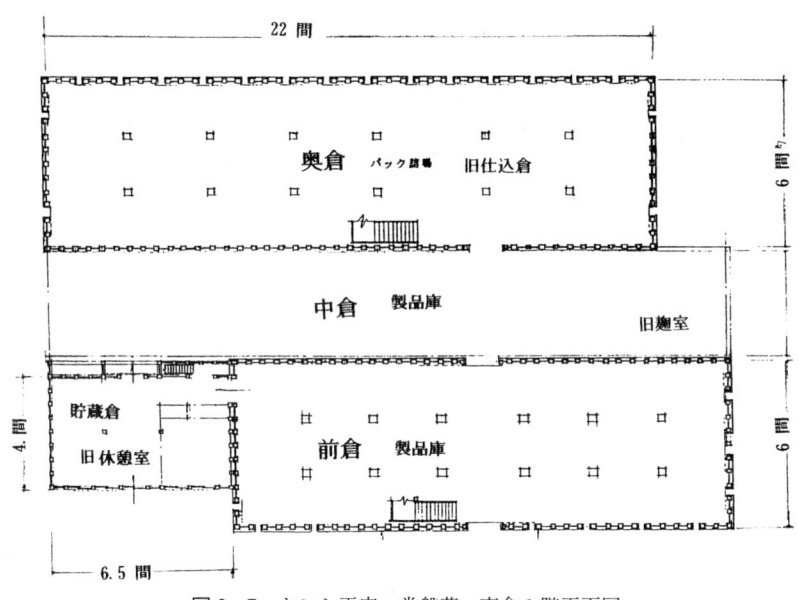

図3-7 キンシ正宗 常磐蔵 東倉1階平面図

表3-1 木桶の寸法　　　　　　　　　　　　　　　　（換算率 6.5立方尺＝1.0石＝180.4ℓ）

	直径mm 上	直径mm 下	高さmm	容量（石）	備　考
30石桶	2,400	1,960	1,945	31.132	灘の酒造り 111頁[14]
30石桶	2,306	1,935	1,968	(30)	同上
(調査例5点)	2,200～2,390		1,960	29.7～34.1(5,400～6,200ℓ)	伏見の酒造用具 78頁
20石桶	1,970		1,970	21.86(=3,975ℓ)	福岡県・千代福
10石桶	1,570	1,350	1,350	10.5	同上
3尺桶	1,373	1,223	1,189	(8.38)	灘の酒造り 110頁
3尺桶	1,404	1,170	1,191	8.25(=1,500ℓ)	伏見の酒造用具 75頁
半切り桶	780		380	1(181.5ℓ)	

　木桶の大きさは一定の基準があるわけではなく，表3-1の数値は現在あるものの測定値で，これらの中間の大きさの桶もある。上直径3.2尺(97cm)，下2.8尺(85cm)，高3.0尺の桶の容量を計算すると3.3石で上記の3尺桶とは容量の差が大きい。灘の場合，枝桶は7石入りで，この程度のものを3尺桶と称していたと思われる。現在の仕込み用の桶はすべてホーロータンクであるが，以前は杉材を使った木桶であった。木桶の場合，仕込み桶の大きさは，最も大きいもので30石桶，小さいものは3尺桶（8石程度）で，灘・伏見等の大メーカーでは30石桶が多く使用されていたが，それ以外の地方では，20石桶の使用が多かった。江戸時代の記録を見ると，地方の酒造場は小さいものは，一冬の醸造高が10石前後で，100石を超す酒造家は大きい方である。この時代，地方では仕込み桶も小さく，10石桶または，3尺桶（8石），更に小さいものも用いていたと考えられ，酒造倉も小さいものであった。仕込み作業も，1日置き，または2日置きというように，一冬の生産量に応じて調整されていたのである。

　いので，古くなった仕込み場は解体されることなく貯蔵倉等に転用されたのである。増築の場合，敷地内の空いた所を求めて行なうので，増築後の建物配置は複雑で，使用効率の良くないものが多い。図3-8の両関酒造（秋田県）は明治7年創業の老舗である。当社の創業100年史の明治40年の図では住居の裏の54坪の醸造蔵と30坪弱の貯蔵倉が3棟の単純なものであった。大正11年では，飛躍的に規模が大きくなったが，この間，7棟の蔵が空地に次々建てられて複雑な建物配置となった。昭和50年では一部の蔵を壊して瓶詰工場を建て，桶枯らし場に新工場等を建てて敷地一杯に建物ができた。

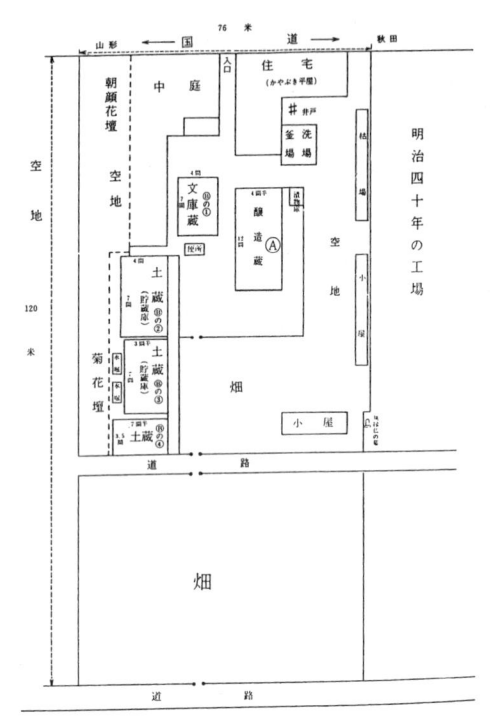

第3章　各建物について

工場配置図・明治40（1907）年

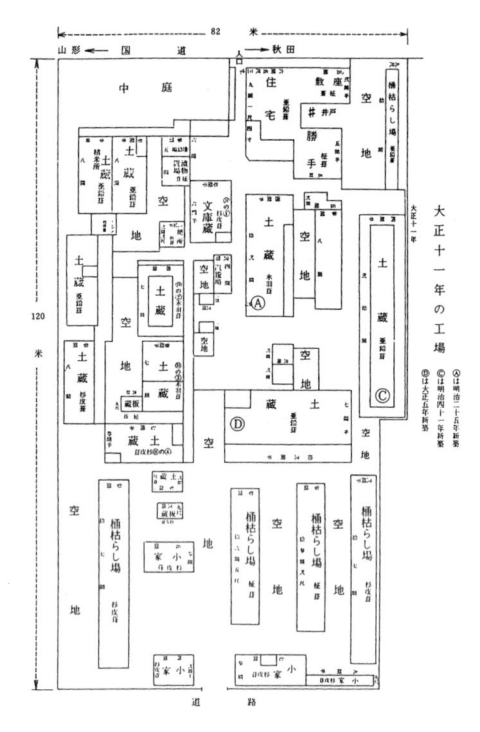

工場配置図・大正11（1920）年

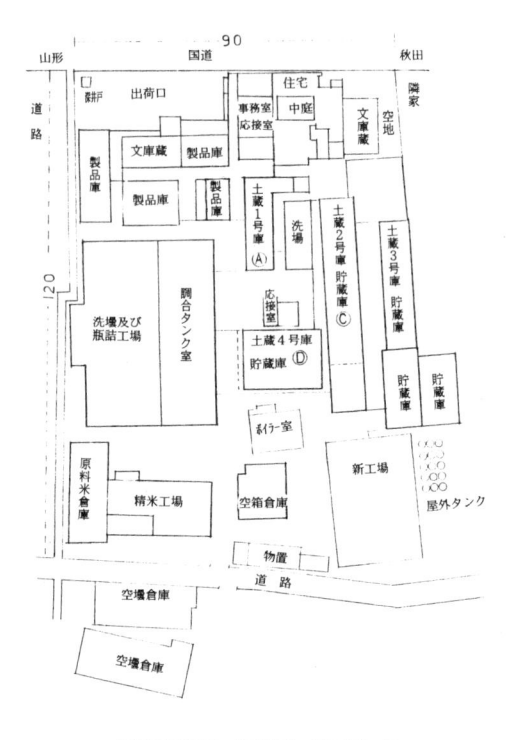

写真3-2　両関酒造3号庫

写真3-3　両関酒造

工場配置図・昭和50（1975）年

図3-8　両関酒造配置図（「両関百年史」より）

第3章　各建物について

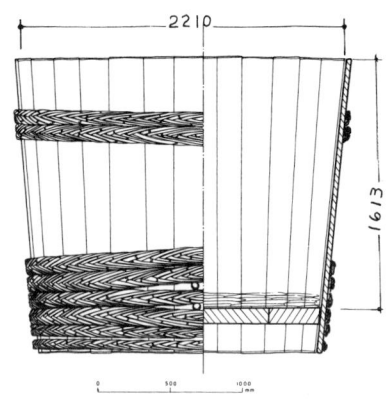

図3-9　大桶（親桶）醪仕込み，夏囲い（φ2,200〜2,390mm，深さ1,960mm）（「伏見の酒造用具」より）
醪を醗酵させる仕込み桶や貯蔵する桶として用い，容量は約5.4〜6.2kℓ（≒30石）。貯蔵する時，桶と蓋の隙間は和紙の目張り紙を「ふのり」を用いて密封する。

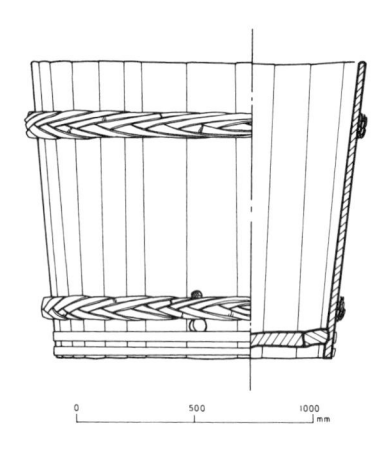

図3-10　三尺桶　醪仕込み，もと仕込み（φ1,340〜1,460mm，深さ1,070〜1,200mm）（「伏見の酒造用具」より）
もろみ仕込みで品温調節のために用いられる。添え仕込は3尺桶1本を使い，仲仕込で2本に増やし留め仕込で大桶に移す方法と，三尺桶を使わず直接大桶に仕込む方法がある。もと造りで，もとが熟成した後，三尺桶に合併する時に用いる。容量は約1.5kℓ。

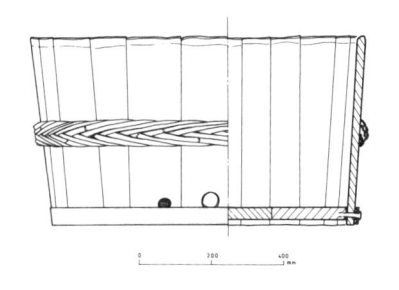

図3-11　半切桶　もと仕込み，水汲み，澱引き（「伏見の酒造用具」より）
半切桶には「もと半切」と「大半切」の2種類あって，図は，大半切である。
①もと半切（φ730〜795mm，深さ340〜390mm）もと仕込み専用として用いる。
②大半切（φ925〜1090mm，深さ470〜920mm）用途ⅰ：もと仕込みの時に，もとの移し替えに用いる。用途ⅱ：仕込水の入れものとして。用途ⅲ：澱引きで，細桶から上澄み酒を移しだすときに用いる。

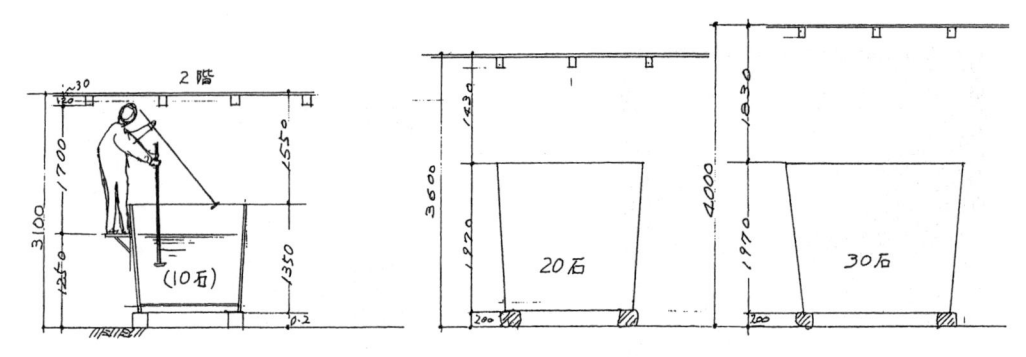

図3-12 仕込み桶と2階床高さ

[2階床高さ]

　図3-13は長崎県壱岐市の原田酒造の旧仕込み倉で明治時代の建築である。建坪15坪，2階床高さが2.7mでこの倉での仕込みを考える。3尺桶（8石）の高さ1.17mに桶の下の台の高さ20cmを加えると1.37mとなる。2階床との間の空きは1.33mで，これより大きい桶は使えない。この例は最も規模の小さいものである。図3-14は大分県の赤嶺酒造[15]の江戸時代の倉で，これより規模が大きく2階床高が3.87mと高いので20石桶を使用した場合について検討する。20石桶の高さは1.97mで，これに台の高さ30cmを加えると，2.27mとなり，2階床下までが1.6mで，床の構造材の厚さ等を考慮すると，柄の長さが2.2m余りの櫂を使うにはやや不便である。図3-15は明治39年建築の伏見の並び倉で，仕込み倉の建坪が126坪の倉である。2階床の高さは4.22mで，当時の伏見で一般に用いられていた30石桶にあわせてつくられたものである。30石桶の高さは1.95mで，20石桶とほぼ同じ高さであり，2階床の高さはほぼ4mあればよい。灘の酒倉の例を見ると，寛政5（1793）年の山邑酒造内蔵甲蔵の2階床高さは4.3m，天保14（1843）年の同，乙蔵，丙蔵では3.98mで，ほぼ4mである[16]。灘の場合は，2階床は全面に張ってある倉が多いが，この程度の高さがあれば諸作業をするのに十分であろう。このように2階床高さと桶の大きさの間には密接な関係が見られるが，建築年代との関係は見られない。それぞれ

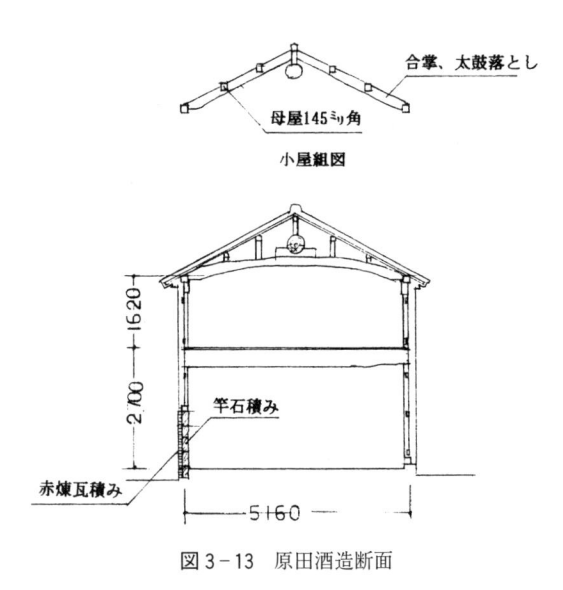

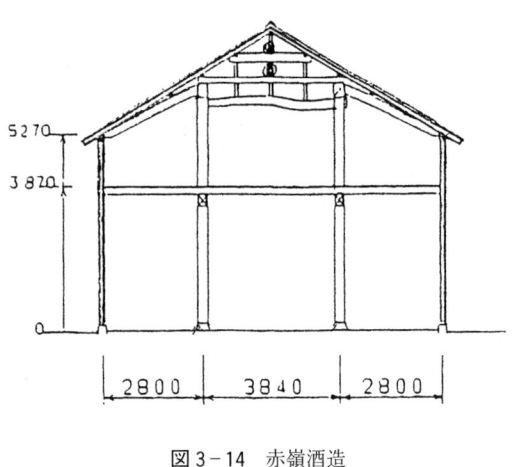

図3-13　原田酒造断面

図3-14　赤嶺酒造

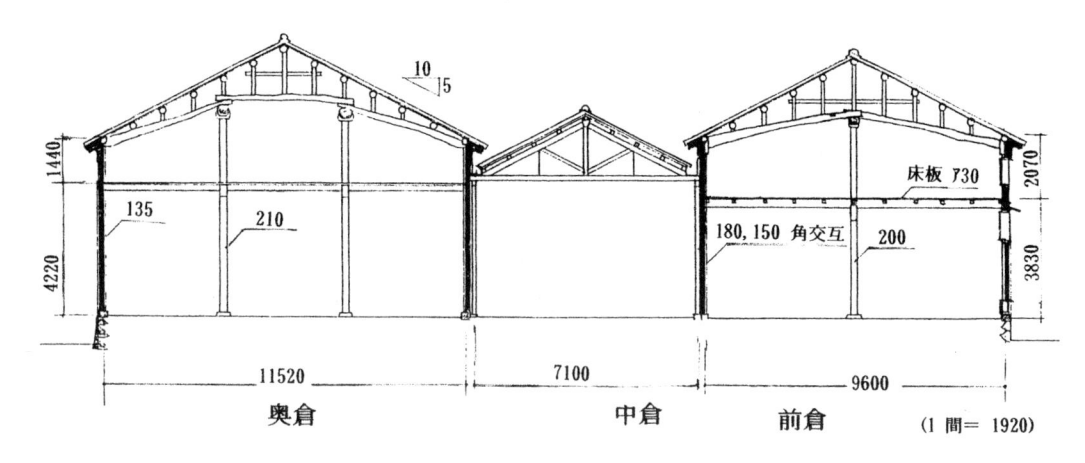

図3-15 キンシ正宗西倉断面図

の酒造場のおかれた事情によって仕込み倉の規模は決まるのである。しかし，同じ酒造場で見ると，新しい倉が，床高さは高くなっているのが普通である。図3-16は秋田県湯沢市の木村酒造場の配置図と断面図である。「うちくら」は江戸時代に仕込み倉として建てた倉であるが，2階床高さは2.56mと低く10石桶を使用していたと思われる。明治時代に建てた「とおくら」は2階床高さ3.3mで，後で建てた倉の方が2階床が高くなっている。また，この倉は中央部のみに2階床を設けてあり，外側は吹き抜けである。仕込み桶を吹き抜け部分に置けば2階床高さに関係なく仕込み桶を選ぶことができる。このような倉は各地に多くの例がある。

[酒倉の使用材料]

倉の構造は，木造土蔵造りが殆どを占めているが，地域によっては，石造，煉瓦造等がある。しかし，それらの数は少ない。本来，建築物はその土地に産出する材料で造られるものであり，酒造倉も例外ではない。木造土蔵造りの倉の用材は杉，檜，松が最も多い。山形県の日本海に近い酒造場では欅材を用いた倉があるが，この地方の山では欅の巨木があったので用いられたのである。木造以外では石造の倉が各地で見られるが，いずれも近くで建築用の石材が産出する場合である。北海道小樽市の北の誉酒造，宮城県塩釜市福釜正宗等である。明治初年から鉄道建設に伴って各地で赤煉瓦を焼成したので，鉄道での使用と共に民間の建築にも多く用いられた。西宮市の辰馬本家酒造では明治18年赤煉瓦の仕込み倉が造られ，続いて本倉，明治29年に新蔵と3つの煉瓦造りの倉が建てられた。辰馬本家では明治21年「辰馬組煉瓦製造部」を開設し[17]，上記の倉をはじめ，以後の酒造倉の建築に多く用いている。煉瓦造の倉は北海道や福島県喜多方市等全国各地でも建てられた。

[仕込み倉の気温と外気温度の関係]

「寒造り」の場合，仕込み倉の気温は7℃程度が望ましく，北陸地方を除いて，関東地方より西の平野部にある土蔵倉の場合は，この要望を満たすことができる。熱容量の大きい土蔵壁は，気温の変動をならして，1日を通じ，ほぼ一定の室温が確保できる。しかし，冬季外気温が低い北海道・東北・北陸，および標高の高い山間地の酒造倉は，保温が必要で，このために土蔵壁の厚さを大きくし，開口部を少なくし，土壁を屋根上まで塗り上げた置き屋根構造とする。更にその外側に葺き下ろしの下屋を造り，これを土蔵造にして断熱と防火性能を高めた倉もある。置き屋根構造は火災にも強く，この点からも，大火の多い地方では重要視されたのである。分布情況をみると，北海道，東北，北陸，標高の高い東山道地域に多い。関東地方では古

第3章 各建物について

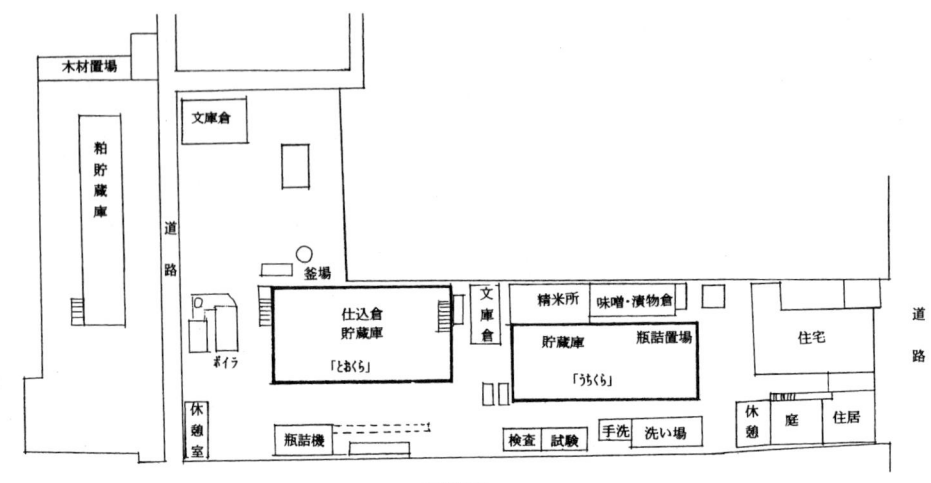

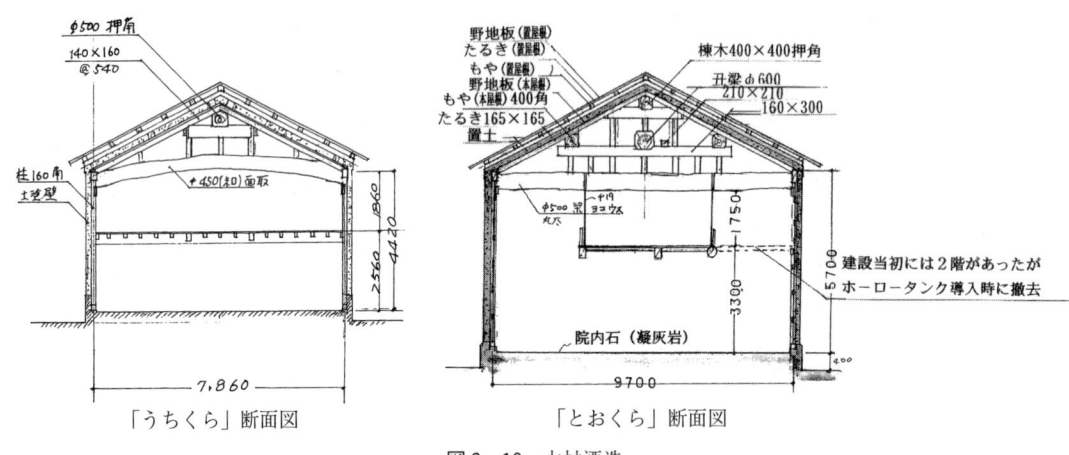

図3-16 木村酒造

い倉は置き屋根であるが，明治後期頃から少なくなった。その他の地域でも山間の古い倉では置き屋根がある。ちなみに九州では熊本県小国町に文政11（1828）年上棟の置き屋根の酒倉がある。これらの地域以外の気温が穏やかな地域では，外壁は土蔵造であるが屋根は葺き土を置いた瓦葺きである。このような倉の2階は真夏になると室温が30℃以上となるが，1階は25℃以下であるので貯蔵倉として使用しているのである。

夏期の酒倉の2階は空室であるが，1階は貯蔵に使用するので低温が要求される。測定データは福岡県大川市の清力酒造の仕込み倉で，昭和51年7月14日〜20日の1週間に測定したものの一部である。外気温度が最も高い17日の数値を読み取って次に記した。

	午前6時	午後2時	午後5時
外気温	26℃	34℃	33℃
2階気温	27℃	29℃	31℃
1階気温	23.5℃	23.5℃	24℃

酒倉2階の気温はほぼ外気温に追随している。これに対して酒倉1階の気温は23.5℃〜24℃と一定である。外気の最高が午後2時で，酒倉2階が午後5時となったのは，屋根瓦の下に葺き土があって熱容量が大きいからである。また，外気温の高低差8℃に対し，2階の高低差が4℃と小さくなったのは，土蔵造りの優れた熱特性（断熱性能と熱容量が大きい）によるもので

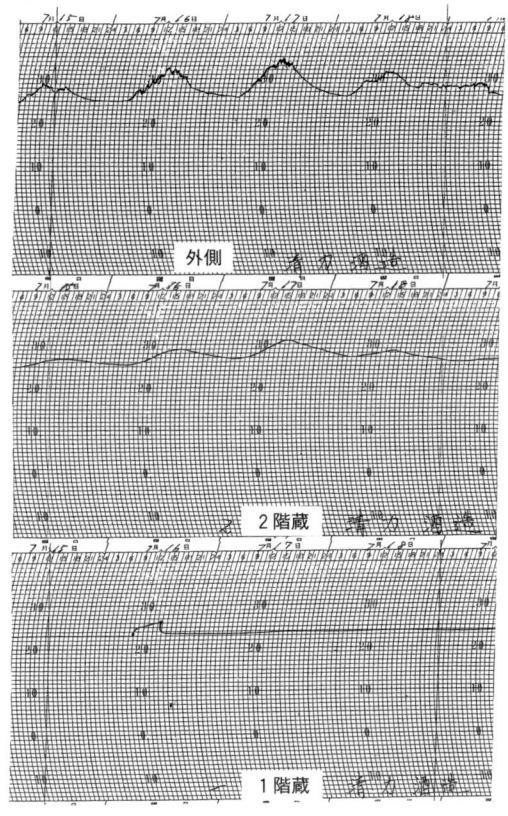

第3章 各建物について

ある。1階の気温が低く保たれた理由は、土蔵造りの優れた熱特性に加えて、2階床で遮断された2階の空気層の断熱効果(屋根表面から流入した熱により屋根裏の空気温度が上昇する。温度が高くなった空気は部屋の上部に滞留して動かないので、日射で高温となった屋根面との温度差が小さくなり、結果として熱流が小さくなる)および、大量の貯蔵酒の熱容量によるものである。

醸造が終わり、貯蔵に入って、清酒が一杯になった1階の気温は、外気温が変動しても窓や入口を閉めてあればほぼ一定に保たれる。外気温が30℃を超す夏になると、2階の気温は30℃以上になる。しかし、貯蔵酒が入っている1階は25℃を超すことはない。壁厚さが厚く、窓が少ない土蔵倉で、管理が良い場合は更に気温が低くなり、22～23℃以下になる。昔から酒造場で行なわれていた酒倉の管理とは、1日のうちで、外気温度が最も低くなる午前6時頃に上窓と下窓を開き、外気温が1階の気温よりも高くなる8時前にはすべての窓を閉め、更に、倉への出入りは、気温の低い早朝に限ることであった。空調設備のなかった時代は、このような自然の温度変化を利用していたのである。

夏の気温が低い北海道や青森県の酒倉に平屋

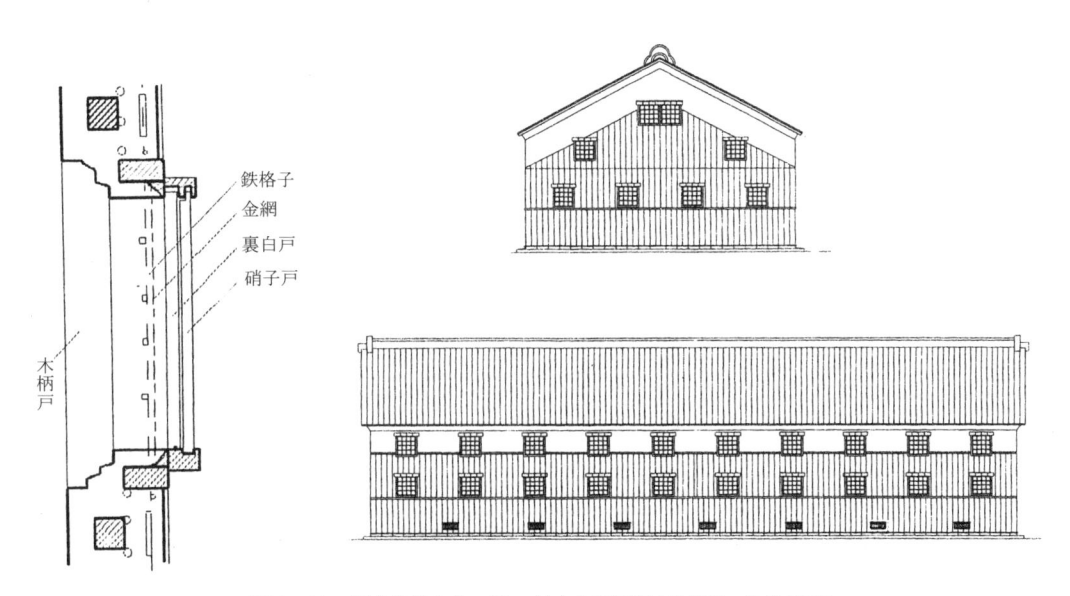

福岡県 清力酒造仕込み倉 土蔵造り2階建て
昭和51年7月14～20日測定

図3-17 仕込み倉温度測定データ
(上)外気温度 (中)2階気温 (下)1階気温

図3-18 (左)仕込み倉の窓 (右)倉姿図((上)妻面,(下)側面)

建てが多い。ちなみに，8月の月別平年気温[18]を見ると，北海道で最も気温の高い札幌が21.3℃，青森市は22.5℃，山形で24.2℃である。青森県より南の地域にある酒造場で平屋建ての酒倉は非常に少ない。

　酒倉の下窓は土台の上に設け，高さ40cm，幅80cm程度とし，上窓は下窓と同じ幅であるが，高さが大きく作られる。この上下の窓には片引きの板戸または裏白戸をたて，その外には，金網や鉄の立て格子を設ける。更に上窓では，内側に硝子戸，外側に漆喰塗りの木柄戸を設ける場合が多い。

　入口外側は両開きの防火扉[19]を設けるが，内側は裏白戸あるいは格子戸等，内側はまちまちである。東北地方では防火扉の腰下を格子の防護柵を設けて保護をすることが多い。

　冬の気候が温暖な九州地方では入口扉や窓の建具等に簡素なものが多く見られて気候の厳しい地方とは対照的な結果を示している。

[酒倉の構造]

　酒倉の規模，2階床高さ，材料および気温との関係について先に述べたので，ここではそれらに関係のない構造について述べる。

　酒倉と言えば白壁の土蔵造を思い浮べるが，地方によっては石の倉や赤煉瓦の倉もある。北海道では調査した例は少ないが，木造土蔵造と木骨石造，木骨煉瓦造がほぼ同数であった。東北地方では仙台市周辺に石造の倉があり，灘には赤煉瓦造の倉がある。しかし，明治中期以後に造られたこれらの倉の小屋組と2階床は全て木造である。

　小屋組も地域によって違いがあり，時代によって異なるものである。東北地方の日本海側と北陸地方は豪雪地域である。積雪荷重に耐えるためには梁間は小さいほうがよい。したがって倉の梁間は4間が多く，大きくても6間までで，小屋組は「たるき造り」が多い。

　たるき造りは棟木と軒桁の間に大きいたるきを，間隔90〜45cmに掛け渡し，上に厚板を打ち，厚さ15〜20cmに葺き土を塗り上げる。梁間が大きくなると棟木と軒桁の中間に中桁を通す。棟木を支持する方法は，棟木を柱で直接支持する方法(図3-19)と梁を入れ，中央に「つか」を立てて支持する場合がある。梁で支持する場合，梁間一杯に1本の梁を架ける1スパンと梁間に2本の柱を立て，中央スパンに天秤梁を架けて棟木を支持する3スパン(図3-20)とがある。梁間が大きい場合は天秤梁の端部に中引き桁を通してたるきの中間を支持する。棟木を支持する架構は桁行き2〜3間おきに設け，中柱は通し柱が普通であるが，管柱とし1階の柱を設けない倉もある。

　図3-22は秋田県湯沢市の両関酒造の倉(明治25年)で，1スパンの倉である。三重梁で棟木を支持し，2段目の梁端に中引き桁を通して

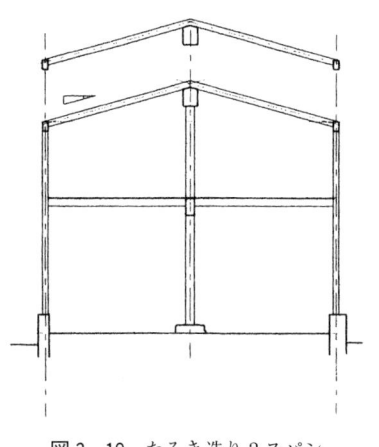

図3-19　たるき造り2スパン

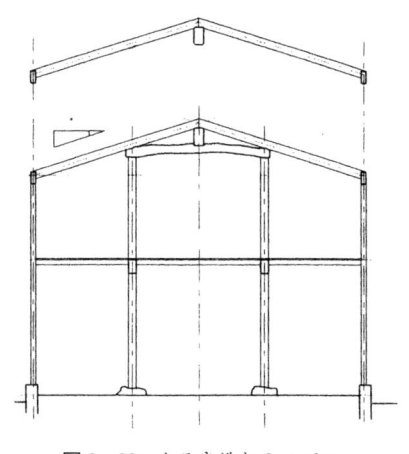

図3-20　たるき造り3スパン

第3章 各建物について

たるきを中間支持している。梁と柱の仕口には「受け胴差し」を設けて荷重の分散をはかっている。この工法は雪荷重が大きい秋田地域独特のもので，他の地方ではあまり見られないものである。調査結果では1スパンの倉は秋田県のみで，他の地域にはなかった。また，2スパン，3スパンの倉は秋田県では見られなかった。

図3-23はたるき造りの多い地域を示した図で，南限は福井，石川両県の境付近とした。石川県での調査例は全てたるき造りで，福井県ではたるき造りがなく，近畿地方の調査例にもないことから南限を推定した。東側は，岐阜県の平野部の調査例にはたるき造りはなく，高山市では多くあったので，岐阜県の山間部から長野県，福島県中央部から山形県に至る地域，岩手県は中央部以北とした。宮城県，福島県の東半分は少なく，関東地方から東海道地域では全く見られなかった。

たるき造りの上に造る置き屋根は酒倉を覆うだけでなく，酒倉の横に延長して貯蔵倉を造り，妻側を延長して作業場と一体の屋根を造る。

関東地方，東海道地域，近畿地方以西の全地域については登り梁，和小屋，折衷型の小屋組である。梁間の小さい倉には登り梁が多く，調査数の半数近くになる。とりわけ愛知県と岐阜県の平野部は多く，調査例16倉のうち13倉が登り梁で，知多半島にある梁間の大きい倉は4スパンの倉もあった。

昔の倉や山間部の寒冷地の倉には置き屋根が多く用いられ，温暖と言われる熊本県でも山間部に存在している。

図3-24は登り梁2スパンの倉で，関東より南に広く分布しているタイプで，梁間は3～5間である。四国・九州に多い梁間3～4間の小

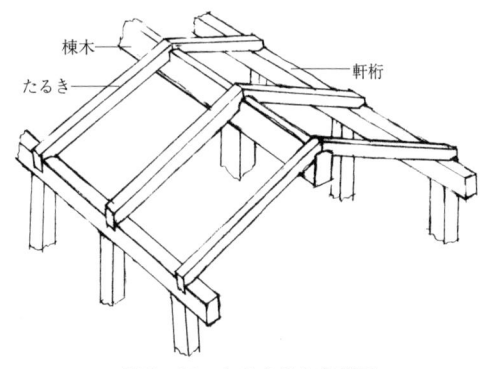

図3-21　たるき造り架構図

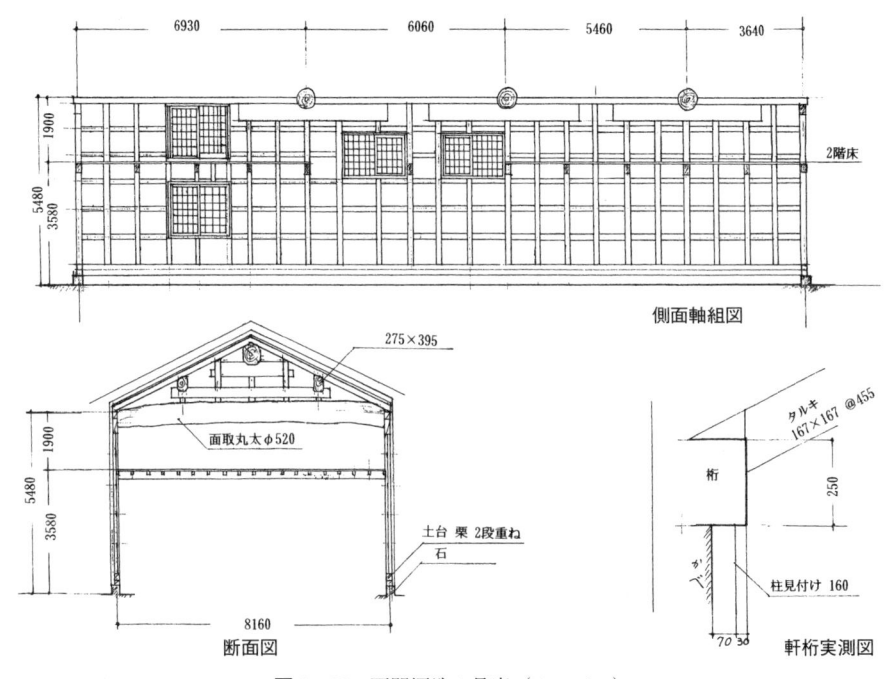

図3-22　両関酒造1号庫（1スパン）

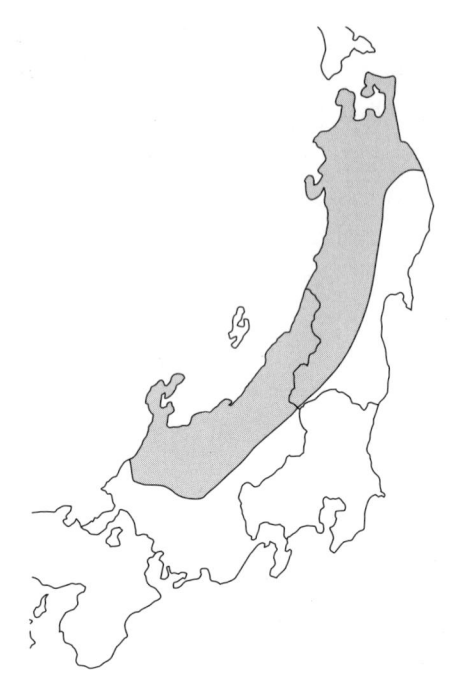

図3-23 たるき造りの多い地域

規模の倉では，図3-21のように太い丸太梁を掛け渡し，中央の棟木あるいは地棟を支持している。

図3-25は登り梁型3スパンの倉で，関東以南の地域に広く分布している。四国・九州の梁間3～5間の倉では，天秤梁の支柱を管柱として2階梁で支持し，1階は1スパンとするものが多い。

図3-26は更に梁間が大きく4スパンである。江戸積酒造が盛んな頃の知多半島にはこのタイプの大きい倉が多く，中柱の下には礎盤がある。礎盤は柱断面より一まわり大きく厚さ15～20cmの耐湿性の強い木材で作り，柱下に敷き込んで柱下部を保護するものである。愛知県では半田市亀崎町と常滑市小鈴谷の酒造場と大分県では臼杵市とその隣接地及び佐伯市の酒造場のみで見つかった珍しいものである。臼杵市では酒造場だけでなく普通の民家でもよく用いられている。遠く離れている2つの地域の間にどのような繋がりがあるのか興味深い疑問である。

図3-27は佐賀平野にある酒造場で和小屋型3スパンの倉で，中柱に中桁を「ほぞ差し」とし，「つか」を立て，外側の梁を取り付ける。福岡県大川市周辺に多く，中央スパンの小屋組にはいろいろ変化がある。例えば，キングポストトラスを用いたもの，中央の繋ぎ梁に「小屋つか」を建てて「もや」を支えるもの等である。

図3-28は灘の「重ね蔵」である。大蔵は折衷型の小屋組，前蔵は登り梁型の小屋組である。

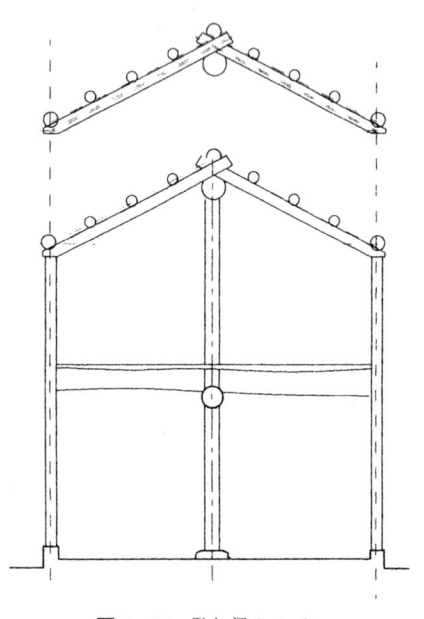

図3-24 登り梁2スパン

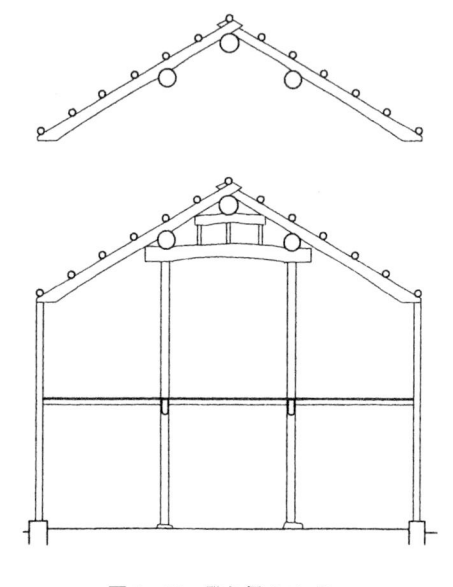

図3-25 登り梁3スパン

第3章 各建物について

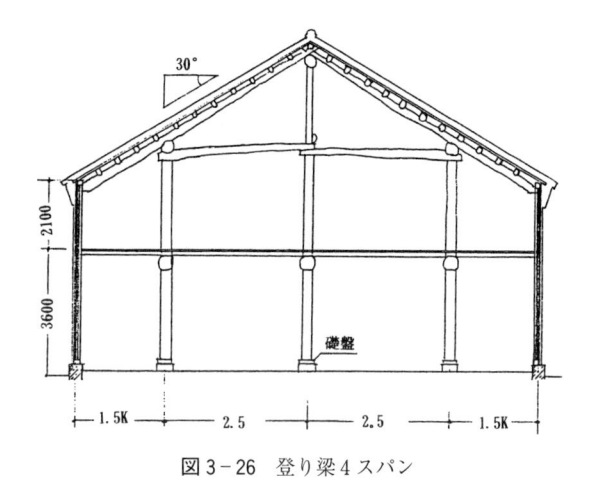

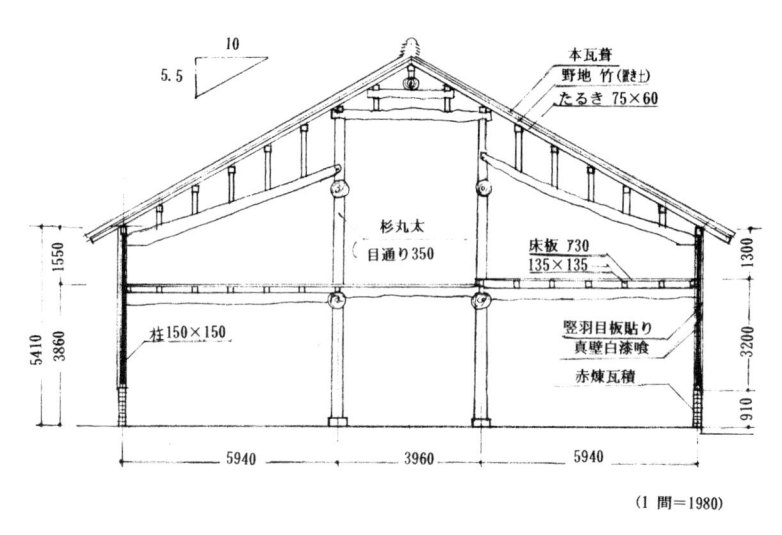

図3-26 登り梁4スパン

図3-27 和小屋3スパン

(1 間＝1980)

写真3-4 中柱下の礎盤

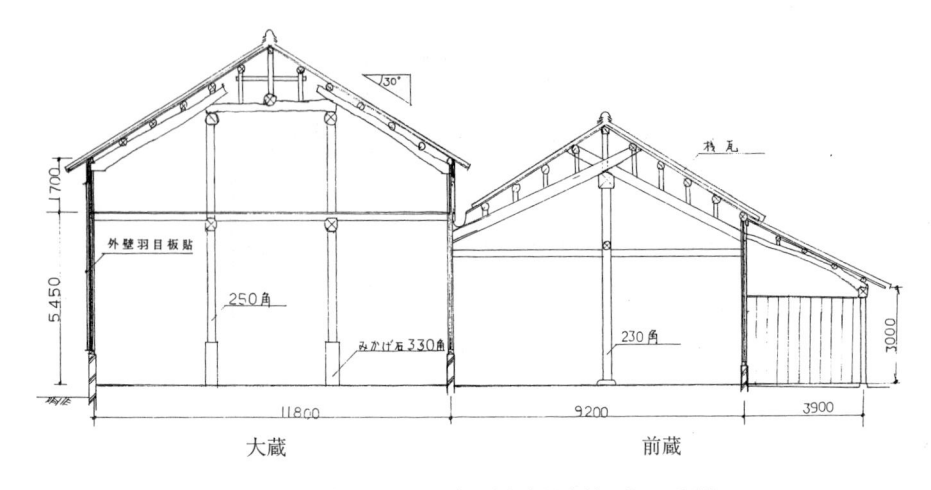

図3-28 重ね蔵断面図（辰馬本家酒造新田蔵14番蔵）

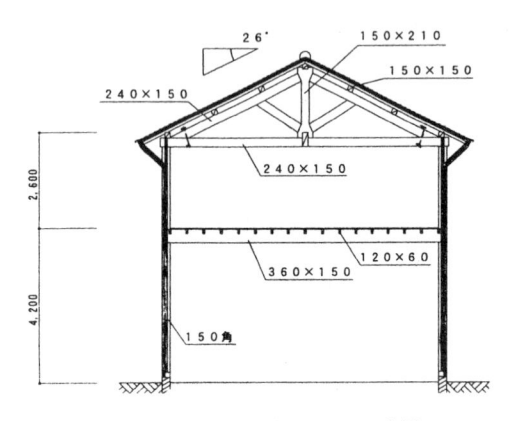

図3-29 キングポストトラス小屋

折衷型とは中央スパンが和小屋型，両外側が登り梁型の意味で，灘の蔵に多いタイプである。

図3-29のようなキングポストトラスの小屋組は明治の中期以降全国各地に現れる。

会津若松市の相田酒造の仕込み倉と北海道の北の誉酒造旭川工場の酒倉の場合は正角材を用い，ボルト，板金等の金物を用いて造られている。他の地方で造られたキングポストトラスの小屋組は丸太を用いたり，金物の使用も正確でないものも多く，中には陸梁中央に敷桁を入れ，柱を立てているものや，陸梁を桁上で重ね継ぎとしたもの等があって，とうてい，構造計算に基づいて施工したとは思えないものが多い。新しい技術の流入に伴う過渡期現象と言えるもので，こうした混乱は地方によっては昭和初期まで続いている[20]。

[外壁]

土蔵造りの酒倉の外壁は一般に土塗り壁で，柱の外面に「すさ掛け」を刻み込み，横小舞竹（径3cm以上）を釘打ち，小舞は丸竹（径3cm以上）を縦横10～12cmに組み上げ，30cm間隔に千鳥に下げ縄を結びつける[21]。竹は関東以南では広く分布しているが，それ以北では竹林がなく，これらの地方では栗などの木材が小舞材となる。福島県喜多方市の酒倉では栗の木を2～3cmに裂いて用いている（写真3-5）。また，会津若松市の旧い倉では葦を束ねて小舞材料として使用している。このように流通が発達していない時代はその土地での産出材を使っていたのである。壁貫きは見付け150～180mm，見込み24mm以上を間隔600mm程度に通す。

壁厚は柱外面から15～18cmとし，仕上げは白漆喰塗りとする。しかし，雨による破損を防ぐために，水切りあるいは焼き板張り等を施す。写真3-6～8は新潟県の酒造場2例と高知県の酒造場である。板張りの高さは地域によって異なる。雪国の新潟県では積雪から土塗り壁を守るために2階床高さ以上に板張りとしている。一方，高知県では台風による被害を防ぐために漆喰壁に3～5段に水切り瓦を入れている。

内壁は，1階は白漆喰塗りとする場合が多く，

2階は荒壁裏返しか中塗りとする例が半数程度であった。

参考文献
1) 月桂冠350年の歩み，92,98頁，月桂冠株式会社，昭和62年
2) 旭川酒造史，265～270頁，1988年
3) 近畿大学九州工学部研究報告（理工学編）25，1996年，醸造建築調査資料－北海道，163～165頁，山口昭三
4) 日本酒の歴史，39頁，柚木学著，雄山閣，昭和50年
5) 灘の酒用語集，319頁，灘酒研究会，昭和54年
6) 伏見の酒造用具，10頁，京都市文化観光局文化財保護課，昭和62年
7) 灘の酒用語集，90頁，灘酒研究会，昭和54年
8) 日本の酒の歴史，266～267頁，加藤辨三郎編，協和醱酵工業株式会社，昭和51年
9) 灘の酒用語集，94頁，灘酒研究会，昭和54年
10) 灘五郷，季刊大林，No.37，1993年，－明治の酒造り・一つ半仕舞（基本蔵）の工程「蔵人の組織」，株式会社大林組公報室，平成5年
11) 灘の酒用語集，117，324頁，「灘の寒造り」，灘酒研究会，昭和54年
12) 灘の酒用語集，324頁，灘酒研究会，昭和54年
13) 灘の酒用語集，324頁，灘酒研究会，昭和54年
14) 灘の酒造り，灘酒酒造用具調査団編集，西宮市教育委員会，1992年
15) 近畿大学九州工学部研究報告（理工学編）醸造建築調査資料－大分県の酒造場，93頁，山口昭三
16) 東灘・灘酒造地区伝統的建造物群調査報告書，第Ⅴ図，神戸市，昭和56年
17) 東京駅と煉瓦，122～123頁，東日本旅客鉄道株

写真3-5　栗の木の木舞（福島県喜多方市）

写真3-6　押え縁下見板張（新潟県）

写真3-7　目板打縦板張（新潟県）

写真3-8　高知県の酒倉と水切り

式会社，1988 年
18) 理科年表，198〜199 頁，昭和 58 年
19) 日本建築下巻，渋谷五郎・長尾勝馬共著，学芸出版，昭和 45 年，213 頁
20) 日本建築学会九州支部研究報告，第 29 号，昭和 61 年 3 月，醸造建築の調査研究 構造(2)，山口昭三，271 頁
21) 日本建築下巻，渋谷五郎・長尾勝馬，昭和 45 年，学芸出版社，208〜212 頁

注
*1 もろみ発酵を順調に管理するため，もろみを最初から直接一本の容器に全量を仕込まずに，数本の容器に分割して仕込むとき，大きい容器を親桶と称し，これに付属する小容器を枝桶という。枝桶は約 7 石(1,260ℓ)の容器で親桶に比べて数段小さく，親桶の側下に据えられるので「下桶」「小桶」等の称があり，またその寸法に由来して「三尺桶」「三尺」「三八桶」などとも言う。灘の酒用語集，324 頁
*2 灘の酒用語集，340〜342 頁，「2.桶洗い」参照，灘酒研究会，昭和 54 年

② 洗い場・釜場

仕込場に隣接した作業用建物内には洗米，浸漬タンク，釜等の原料処理施設があり，精米した米を洗い，水分調整して蒸し米に加工する場所である。灘では「前蔵」と称し，仕込み倉の南側にあって，貯蔵場や麹室が隣接することが多い。伏見では仕込み倉と貯蔵兼製品置場用の倉の間に作業場があって，釜場・洗い場と麹室等が中に設けられた。蒸し米にともなって多量の水蒸気が発生するので，「越し屋根」や「高窓」を設けて換気をしなければならない。釜場は，前蔵の中に洗い場と並んだ位置に設け，大釜と脇釜を設けるのが一般的である。大釜は蒸し米用，脇釜は湯沸かし用で大釜より小さい。釜は昔は鉄釜のみであったが，昭和初期から軽銀大釜と称するアルミの釜が使われ始めた[1]。釜の口径は 76〜136 cm で，燃料は薪を使っていたが，明治初期から石炭が使われるようになった。竈は煉瓦積みで，床面から 1 m 以上掘り下げて焚き口を造り，釜の位置を床面の近くにしている（写真 3-10）。竈から煙道を造り，建物外に赤煉瓦の高い煙突を造り，これに酒造場の名前を入れた。昭和になると赤煉瓦より強度がある鉄筋コンクリートの煙突が出現する。昭和 30 年代以降燃料は石油に代わる。石油バーナーでは高い煙突は不要であるが，解体に伴う費用や手間のために煙突は残されることが多い。しかし，築造後 100 年に近い煉瓦の煙突は亀裂が生じ構造的にも限界である。災害を起こす前に解体されて次々に姿を消していく。

農村にある酒造場は，大きな家屋敷と，白壁の土蔵倉や赤煉瓦の煙突によって，遠くからでもその存在がわかり，古きよき時代の農村風景の一つであったが，今では，あまり見られなくなったのは淋しいかぎりである。

昔の流し場は，石敷きであったが，今ではコンクリートの上にモルタル塗りやタイル張りである。

釜場・洗い場は，発生する多量の水蒸気のた

写真 3-9　星野酒造

写真 3-10　竈

めに早く傷むので建替えの時期が早く，建物の構造は仕込み倉等に比べて軽度のものが多い。普通は外壁のある建物の中に設けるが，近畿より西の四国，九州の一部の倉では，外壁のない下屋に設けられるものが多い。

中谷酒造は奈良県大和郡山市にある創業安政5(1858)年の酒造場で，大正11年に貯蔵倉を増築するまでは旧仕込み倉1棟で仕込みをしていた。農村地帯の中にある酒造場で，2つの作業庭がある。前庭は農作業等に使用され，仕込み倉の前の庭は酒造用である（図3-30）。

小林酒造（図3-31）は福岡県宇美町にある酒造場で灘の重ね蔵を模して造られた倉である。前蔵は右側に貯蔵場を，左側に麹室を設け，中央が釜場・洗い場で，建築当初のままである。釜は2基あって，石油バーナーを用いた竈の焚き口は地下1.2 m下にある。石油の前は石炭を使用しており，煙を排出するために高い煙突が必要で，前蔵と本蔵の間の空地に設けられた。煙道，煙突は今も残っている。

釜場・洗い場の広さは酒造場によってまちまちであるが，酒倉に対する面積比を求めたのが表3-2である。

a/bの値は，洗い場・釜場が前倉の中にある場合は10～40％程度であるが，外壁のない下屋に設けた場合は8～16％程度になる。前蔵は洗米・蒸し米と共に多目的に使われるので，ゆとりをもって広く造られる。冬期気温の低い地方ではすべての作業を屋内で行なうために更に広く造られた。一方，冬期気温の高い地方では中庭で作業が行なわれるので釜場・洗い場の面積は小さくなった。表3-2で，◎印のあるものはいずれも広い中庭があるもので，比率が低いのが目立つ。特に九州では10％以下のものが他の地域よりも多かった。

参考文献

1）灘の酒用語集，灘酒研究会，昭和54年，161頁

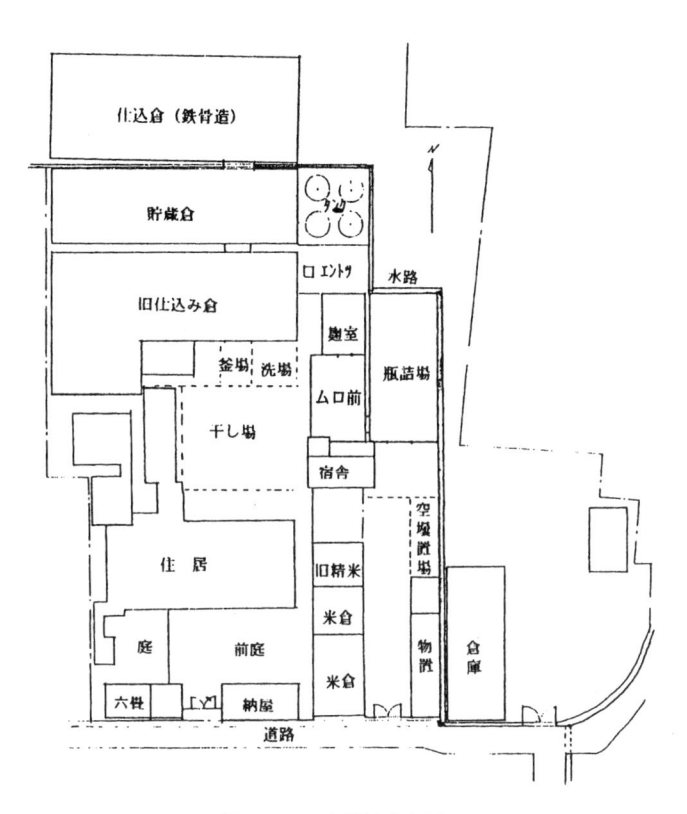

図 3-30 中谷酒造配置図

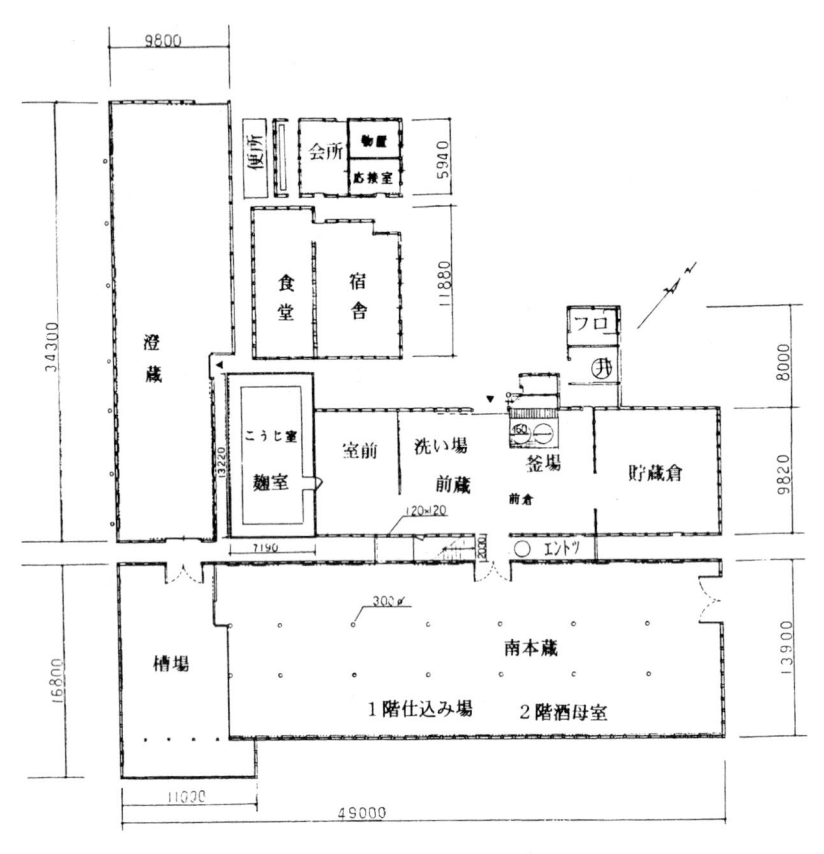

図 3-31　小林酒造南本倉

表 3-2　作業場（釜場・洗い場）と酒倉の面積比

酒造場名	a.釜場・洗い場面積(坪)	b.酒造倉面積(坪)	a/b(%)	酒造場の位置
高砂酒造	74.4	97.2	43.3	北海道
日本清酒旭川	108.7	339.5	32	北海道 旭川市
北ノ誉旭川	191.5	661	29	北海道 旭川市
北ノ誉小樽	62.3	277.3	22.5	北海道 小樽市
辰馬本家新蔵	58.0	273	21	近畿 西宮市
キンシ正宗西倉	52	231	22	近畿 京都市
中谷酒造◎	22.5	141	16	近畿 大和郡山市
相原本店(明治倉)	15	88.5	17	中国 呉市
荒谷酒造	24	93.75	25.6	中国 安芸津町
小林酒造南倉	40	165	24	九州 宇美町
太閤酒造◎	68.6	937.7	7.3	九州 唐津市
豊村酒造◎	121	1219	9.9	九州 福津市
小手川酒造◎	11	138	8	九州 臼杵市
久家本家酒造◎	12	110	11	九州 臼杵市
鹿毛酒造	23.5	232	10	九州 久留米市
本家松浦酒造	10	99.75	10	四国 鳴門市

注：◎は洗い場・釜場が、外壁のない下屋にあるもの。

第3章 各建物について

図 3-32 小泉酒造 配置図

③ 精米所

酒造りの最初に行なわれるのが精米で，その方法は江戸時代は，唐臼，杵を道具として，人力で行なっていた。江戸末期に至り水車を使用する酒造場が現れ，明治30年代に石油発動機を使った摩擦式（横型）精米機が導入されるまでは，人力や水車で行なわれていたのである。人力の場合は足踏み精米で，住居の土間の一郭や酒造場内の碓屋で行なわれるが，水車の場合は酒造倉の外部の作業場で行なわれる。

水車精米は足踏み精米に比べてその精白しうる量と精白度において数段すぐれた技術改善であった。精白度を比べると足踏み精米ではせいぜい8分搗きであるが，水車精米では2割5分から3割5分が可能であった。また，精米量では，足踏み精米では1人1日4臼から5臼で，1臼が1斗5升5合位であるから1基当たり，1日の精米量は6斗2升～7斗7升ほどである。

それに対し灘の場合，水車による臼1本は1日4斗の精米が可能で，1つの水車に40本の臼が備えられていたので，水車場1ヵ所で1日16石の精米が可能であった[1]。このように水車精米は，良い酒を大量生産する上で有利な方法であった。

図3-32は広島市西区の小泉酒造で，天保年間に創業した古い酒造場で，明治18年8月1日に明治天皇が広島に行幸された時に休憩された旧家である。大正はじめ頃，厳島神社からお神酒の醸造を委託された。住居は昔のままで，店から奥に通ずる土間は赤煉瓦敷きの中に車力の轍幅にあわせて2本の敷石が倉まで続く。店には石造りの流しがあって昔のままに残っている。住居の裏が酒倉でその右が醬油倉である。酒倉は仕込み倉の両側に下家がある3スパンの倉で創業時に建てたと言われている。仕込み倉は梁間5間，桁行き15間，総2階，建坪75坪の大きい倉で，明治時代の醸造石数を700～

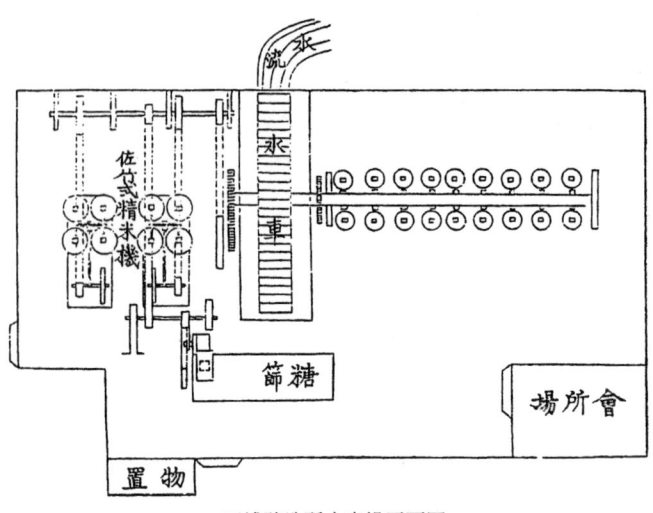

三浦醸造所水車場平面図

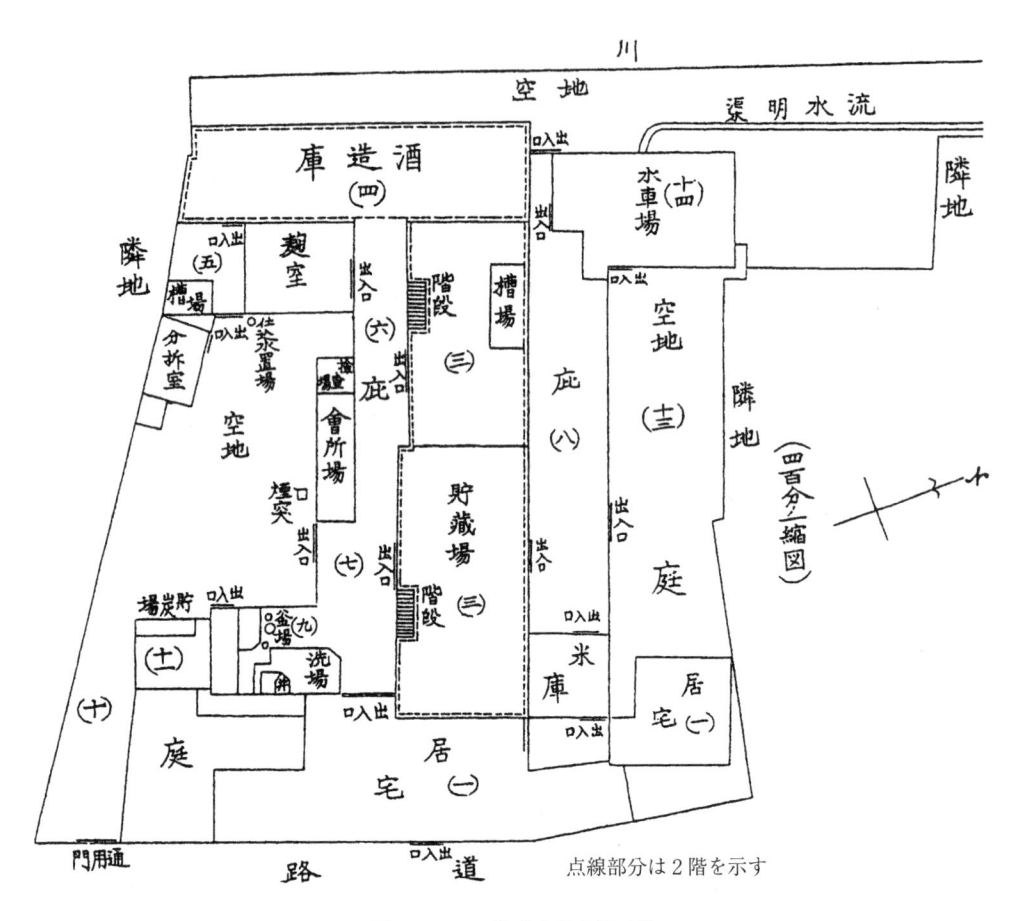

図 3-33 三浦醸造所配置図[2]

第3章 各建物について

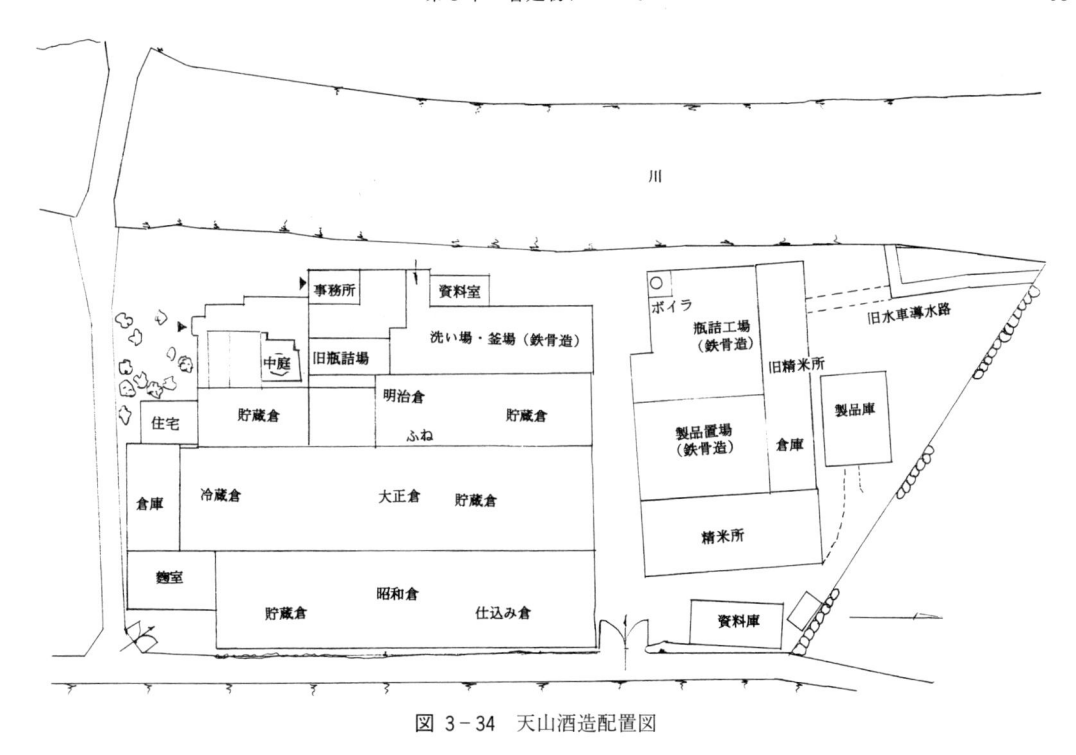

図 3-34 天山酒造配置図

800石と推定すると図の臼屋には10基程度の足踏み精米機があった思われる。規模の小さい酒造場の場合は足踏み精米の米搗き場の位置は，住居の通り土間に唐臼場を設けるものが多い（13頁の図1-4東西酒造，15頁の図1-8玉の井酒造（明治28年））。この図のように住居の土間の一郭に設け，土間に面した居間の一室が主人の座であり，ここからよく見える場所に臼場が選ばれたのは米の管理を良くするためである。

水車を設置する場所は，適当な水量と落差が必要で，利用できる地域が限られ，利用できない倉は人力によるのである。灘の場合，足踏み精米から水車精米に移行した時期は明和・安永・天明期[3]（1764～1788）である。広島の場合は三浦仙三郎[4]が明治26年に，酒造場の裏（西側）を流れる三津大川から水路を開き，酒造庫北側に水車場を作り，水車精米を始めたことが記されている[5]。

図3-33の上の図は三浦醸造場の水車場の平面図で，水車の軸に18個の臼と2基の佐竹式精米機（合計8臼）で，いずれも臼を用いたものである。単純に1臼の精白量を1日4斗として計算すると，8石8斗となる。

天山酒造（図3-34）は佐賀県にある酒造場で，図面の旧精米所の位置に，現在も昔使用していた水車の水路および水車も残っている。この他に，福岡県の小林酒造（図1-12），鍋山酒造（図2-5）等がある。しかし，この例のように水車小屋が倉に隣接したのは少なく，一般には倉と離れた位置にある場合が多い。

また，明治42年の「広島県加茂郡酒造法一班」[6]には郡内市町村の酒造場の精米方法，水質，麹室の構造等が詳しく記されていて，それによると，各酒造場の水車精米と機械精米の区別が書かれている。市町村によってその割合はまちまちであるが，水車精米はよく普及していたようである。竹原では水車精米と機械精米はほぼ半々であるが，三津町（安芸津町）では水車精米の方が多かった。西条町の場合は，賀茂鶴酒造では機械と水車，白牡丹酒造と亀齢酒造では水車とあり，3社についてのみ記されているが，水車の方が多く，賀茂郡の他の町の場合も水車の方が多い。大正時代になると徐々に機械精米が導入される。精米所の位置は酒造場の

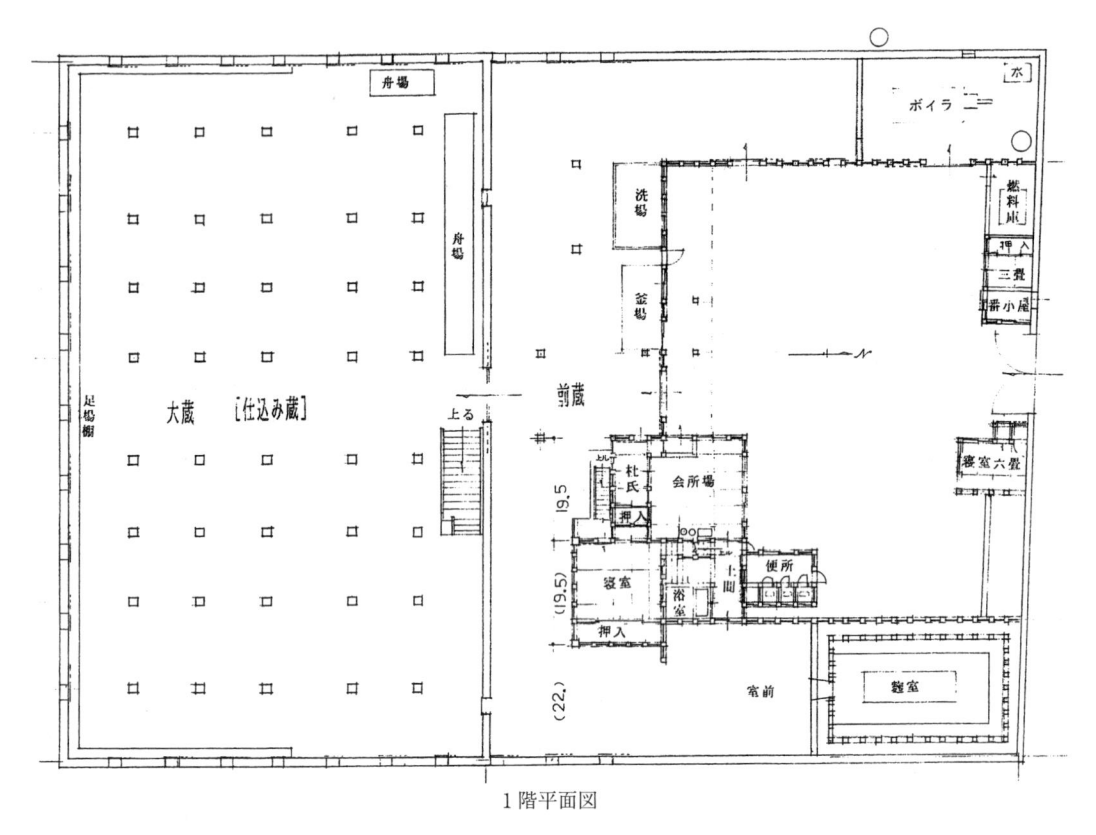

96　　　　　　　　　　　　　　　　第3章　各建物について

1階平面図

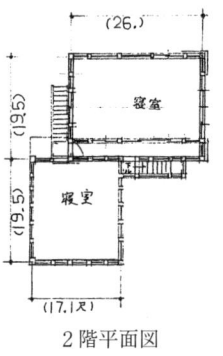

2階平面図

図3-35　宿舎平面図（辰馬本家酒造新蔵）

一郭に設ける場合が多いが，内部に適当な場所がない時は隣接地に設けている。

　広島県仁方町の大地主で多量の小作米があった相原本店（創業明治8年）では，大正時代に精米所を設けるまで，精白した酒米を農家から持ち込んで使用していたので精米所は設けていなかった。これは精米に要する労力を小作人に転嫁したものか，小作米の評価を上げていたか判らないが，精米に要する労力の大きさを考えると，酒造場にとっては有利な方法である。

　明治30年代には電灯用として電気は普及していたが，動力としては供給されていなかったので，動力は石油エンジンの時代であった。精米機も石油発動機や水車を動力にしたものが多く，明治30年に米国から導入された摩擦式精米機[7]はごく一部で使用されたものの，一般に普及していなかった。しかし，大正時代になると水力発電の発達により動力用電気が安く供給され，石油エンジンから電動機に替わっていく。

精米機も大正の中頃から昭和5年頃までは横型摩擦精米機万能の時代となり，水車精米は少なくなる。電動機の普及は精米所の管理と騒音の問題を解決したので醸造場内に精米所が設けられ，精白した米の運搬の必要がなくなった。この間に，精米機が臼型から横型摩擦精米機になったが，ともに精米機の高さは低く，精米所の建物は普通の高さでよかった。昭和5年頃から竪型精米機が普及し[8]，精米機の高さが高くなり，

従来の建物の高さでは設置できないことが多いので，精米機導入を契機にして，精米所の新築が行なわれることが多くなった。また，新築しない時は，精米機を設置する建物の改造をして精米所とし，酒造場内の必要設備となった。しかし，昭和50年代以降合理化を迫られた小規模の酒造業者では，酒米の精白を農協等の精米業者に委託するものが増加し，精米所は再び酒造場から姿を消すことになる。

参考文献
1）日本酒の歴史，柚木学，雄山閣，昭和50年，161頁
2）広島県酒造法調査報告，醸造試験所報告第27号，明治43年，102頁，市立竹原書院図書館蔵
3）日本酒の歴史，柚木学，雄山閣，昭和50年，160頁
4）近畿大学九州工学部研究報告（理工学編）第22号，醸造建築の調査研究，広島県の酒造場，その2（酒造場の建物）50頁，山口昭三
5）三浦仙三郎の生と生涯，阪田泰正，昭和59年
6）広島県加茂郡酒造法一班，明治42年12月15日～43年1月23日の調査結果報告，広島税務監督局技手，伊藤定治，市立竹原書院図書館蔵
7）酒造用精米歴史，佐竹利彦，昭和62年11月6日（日本酒史研究会資料），3頁
8）日本の酒の歴史，協和醗酵工業ＫＫ，昭和51年，357頁

④ 蔵人の会所と宿舎

休憩室は地域によって異なった呼び名があり，「会所場」「火床」「ひろしき」などと言われている。蔵人の仕事は早朝から深夜にわたる作業の連続であり，その位置は作業場内で仕込み場入口近くがよく，宿舎の位置は休憩室の近くでなければならない。調査した結果では，貯蔵倉，仕込み倉，作業場の2階や，作業場1階が多かった。別棟の場合は酒造倉に近い場所である。小林酒造南蔵（図3-31）・辰馬本家酒造の新田蔵（図1-14）の場合では，酒造蔵まで数mの所にある。しかし，同じ辰馬本家酒造の新蔵（図3-35）では前蔵に接続して設けられている。このように蔵人の宿舎の位置は，各蔵の状況によって異なるが，余った場所に設けるケースが多く，

季節労働者の仮の宿舎といったものが多い。広さは倉の規模・仕舞い個数によって異なる。灘の例（1つ半仕舞い[1]）では18～20人であったが，醸造量や設備の変化によって少なくなる傾向がある。

杜氏は酒仕込みの総指揮をする責任者で，杜氏専用の事務室を設ける。休憩室の隣に2～3坪ほどの広さである。

酒づくりの工程においては，米の浸漬から麹菌の増殖，もとの育成やもろみの糖化などが，人間の通常の生活のリズムとかかわりなく連続して進行することが多い。従って昼夜を問わず必要に応じてその時々の状況をよく判断し，適切な作業を行う必要があった。特に，酒の仕込みがピークに達する1月～2月頃になると，酒蔵の中もあわただしさを増し，睡眠や食事も交替でとることが多かった。

参考文献
1）灘五郷，季刊大林，No.37，1993－明治の酒造り・一つ半仕舞（基本蔵）の工程「醸造蔵の生産単位は1000石」株式会社大林組公報室，平成5年

⑤ 麹　室

麹造りは清酒醸造では最も重要な工程である。麹の良否は清酒の良否に深くかかわるので，麹室の温度，湿度の管理は重要である。その構造は明治，大正時代と現在では全く違ったものになり，その位置も時代と共に移り変わっている。

［麹室の種類］[1]

麹室は設置される位置から，次の3種類に分けられる。
（1）地下室
麹室が地下に埋没したもので，保温技術が未発達の昔，特に寒気の厳しい地方では，温度変動が少なく，気温が安定する地下室がよく用いられた。しかし，十分な保温が行なわれず，至る所に結露が生じ，酒造りに適した良質の麹が得られない場合が多かったと言われている。秋

第3章 各建物について

表3-3 蔵人の1日のスケジュール（昭和10年頃における越前杜氏蔵の場合）

工程		時刻 0〜24
精米		総起き・朝食（交替）、昼食、夕食。玄米運び、糠取り、小米取り、白米揚げを行う。玄米運び、糠取り、小米取り、白米揚げを行う。また午後からは各酒蔵へ白米運びを行う。
水汲み		専用の井戸場から水を汲み、水樽に入れ、大八車で仕込蔵へ運び、水を冷す。
桶洗い		大桶に湯ごもりをした後、桶を横にして、ササラでしごき洗い、湯当、照らし干しを行う。
洗米・漬米	1日目	洗米　（漬米）　水抜き(麹米)　水抜き(掛米)
	2日目	水抜き(掛米)品種により所要時間は異なる。
蒸米		コシキ焚き　米入れ　蒸し　コシキ取り　放冷
麹つくり	1日目	引き込み　床もみ
	2日目	切り返し　盛り　蓋うち　仲仕事　積替　仕舞仕事　積替
	3日目	麹出し(掛用)　麹出し(酛用)
酛つくり (生酛系酵母)	1日目	蒸米、放冷、埋け飯、仕込　荒摺り
	2日目	二番櫂　三番櫂　櫂入れ
	3日目	酛寄せ　（3日目〜4日目）うたせ　櫂入れ(随時)
	5日目	初暖気入れ　暖気抜き　櫂入れ(随時)
	6日目以降	暖気入れ　暖気抜き　櫂入れ(随時)
		13日目頃ふくれ。17日目頃ギリ暖気。19日目頃分け。21日目頃戻し、熟成させて使用する。
醪つくり(1)	1日目	水麹(水切り)　初添え　荒櫂入　櫂入れ
	2日目	(踊り)　櫂入れ
	3日目	仲分け　水麹(水切り)　仲添え　櫂入れ
	4日目	櫂入れ　水麹(水切り)　留添え　櫂入れ
	5日目	櫂入れ　櫂入れ　櫂入れ　櫂入れ　櫂入れ
	6日目以降	櫂入れ　櫂入れ　櫂入れ　櫂入れ　櫂入れ
	留添以降22〜25日	留添以降22〜25日で槽場へ送り、酒をしぼる。
酒しぼり	1日目	待桶へ醪送り　櫂揚げ　側上げ(袋直し)
	2日目	(加圧)　責槽　(加圧)
	3日目	(加圧)　粕ぬき
滓引き	(仕込中)	滓引き、濾過、清酒の移動、引き替えを行う。
酒焚き(火入れ)夏囲い		酒焚き、滓引き、濾過、清酒の移動、翌日の桶洗い等を行う。　翌日の酒焚き準備（朝食、昼食は交替で行う。）
基準		午前0時総起き　朝食　昼食・昼寝　夕食・入浴　就寝

なお，精米工程は醸造工程とは別に，精米杜氏へ委託して行っており，また火入れはもろみ仕込みの終了した3月初旬以降から始まるため，いずれの工程も醸造工程と関連するものの，連続したものではなかった。
(伏見の酒造用具，15頁，京都市文化観光局文化財保護課，昭和62年)

田県雄勝郡羽後町の飯塚家文書[2]に室について2つの記録がある。

　天保12(1841)年2月　新規室寸間覚之
　　高さ　3尺6寸　　梁行　6尺8寸
　　桁行　5尺3寸
　嘉永5(1852)年3月　室御調間尺控
　　高さ　3尺3寸　　梁行　5尺9寸
　　桁行　6尺6寸

　この寸法では現在の室のように中に入って作業をすることができない。保温技術が未発達の頃であり、保温のために地面に3尺余の穴を掘り、蓋をして室として使ったものと思われる。地下室については、岐阜県高山市の船坂酒造場の仕込み倉、宮城県岩沼市相伝商店の作業場等、各地の酒造場で今も「むろ跡」として大きい穴が残っているが内部の仕上げ等の詳しいことは判らない。換気が悪いので、過湿になりやすく、現在では全く見られないものである。しかし、年配の酒造場の人に聞くと、昔地下室がどこにあったか判る場合が多い。

　(2)　岡室（おかむろ）

　地上に設けた室を言い、地盤面から2～3尺掘り下げて造った室を「半岡室（はんおかむろ）」と言う。仕事がしやすく、換気もよく行なわれるので最もよく使われている。築造される場所は、別棟や、釜場・洗い場の横に接続して設ける場合が多い。仕込み倉や貯蔵倉内の1階に設ける場合もあるが、現在ではその例は少ない。

　(3)　2階室（かいむろ）

　倉の2階に設けるもので、昭和時代になってから多くなった。換気と乾燥を良くするには都合が良い室である。岡室から2階室への移行時期は明らかでないが、保温材料と施工技術が発達した現在では、換気が良く、醸造工程上便利な2階室が多くなっている。

　室内部の仕上げから次の2種類がある。

　①　板室（いたむろ）

　現在の室は殆どこの室で、床、壁、天井共に板を貼ったもので清潔である。精白度が低かった昔は、室温26℃・乾湿球の温度差が1～2℃（相対湿度92～85％）の高湿度を保つ必要であったので、板表面上の結露に困ったが、乾湿球の温度差が3℃以上（78％以下）の比較的乾燥した場合には板室が最適である。湿気の吸収をよくするために、室の内面の一部に竹梳、または筵を用いることも多かった。

　②　藁室（わらむろ）

　室の床・壁・天井の全面に筵や竹梳を用いるもので湿気の調節がよくできる。しかし、この室では最初の間は成績が良いが、仕込みの途中から所謂「疲れ」が生じ、香気が劣化する。藁室を使用していた頃は、室内温度26℃・湿度85～92％の場合が多く、断熱材として用いた藁や籾殻の内部では結露を生じ、結露した水分が内部に蓄積して断熱性能が落ちる。特に保温材の厚さが小さい場合には、室の使い初めにはよく保たれていた温湿度が規定の値に保持できなくなる。

　断熱材に藁や籾殻を用いた場合は、醸造終了後、室を解体して藁や籾殻を乾燥しなければならない。吸水性のない発泡樹脂を断熱材に使用すればこうした手間は不要である。

[室の構造と内装]

(1)　明治～昭和初期

　明治31年に刊行された三浦仙三郎[*1]の「改醸法実践録」のなかには麹室の構造について詳しい記述がある[3]。この記述によって麹室の断面・平面を作成したのが図3-42(107頁)である。この室は半岡室で、断熱材は藁と籾殻で、内部の仕上げ材は竹と筵（むしろ）である。半岡室は麹室を地下1m内外に設けるもので、寒気による床面の温度低下を防止しているのである。

　明治時代の広島県の酒造場の室について、明治42年の「広島県加茂郡酒造法一班」[4]に賀茂郡内の麹室の構造と大きさについての詳しい記述がある。それによると、三浦酒造場の他、1軒以外は、岡室が用いられている。

①　床面

　岡室の床面は、地面に藁または籾殻を15cmほど入れた上に筵を1～2枚敷くか、あるいは単に筵を1～2枚敷いた程度である。「酒造要訣」

によると、「床下に藁又は籾殻を詰め、その上に板張りとするのがよい」と記されている。その厚さは寒地2尺5寸～3尺、暖地1尺5寸～2尺とされる。

② 壁

外壁は煉瓦1枚または、玉石入の壁土（18～30 cm）で造り、その内側に藁を踏みこみ、室内側は3尺間隔に立てた柱に竹を編みつけ筵を貼って稲藁を押さえている。踏み込み（断熱層）の厚さは30～60 cmの厚さで（地域によっては90 cm厚のものもある）、主要な断熱材料は藁と籾殻で、籾殻を使う場合は壁内面の仕上げ材に板を貼ることもあった。これらの材料は断熱性能が大きい上に、吸放湿能力も大きく、室の構成材としては非常に優れているが、醸造の終わり頃には壁内部はかなりの量の水分が蓄積されていたので、醸造が終わると解体して籾殻や藁の乾燥をする必要があって、保守の人手が多く必要である。

③ 天井

5寸×5寸～8寸の梁を3尺間隔に掛け、両端は柱に乗せる。梁上に細竹を並べて筵を敷き、厚さ25～35 cmに稲藁または籾殻を入れ、その上に5寸ほどの厚さに土を覆う。あるいは筵を敷いて砂をのせる。

④ 地盤

できるだけ乾燥地を選び、5寸ほど掘り下げて栗石地業（くりいしじぎょう）の上、川砂敷きまたは、叩きとする。湿気の多い土地では3～5寸厚さにコンクリート打ちの上防水モルタル塗りとする。

⑤ 室前

引込蒸米の手入れをする所で、室に接した位置で直接外気風が当らないような場所。広さは引込量10 kg当たり1 m²程度の広さでよい[5]。

⑥ 明かり窓

古い室では造るのが原則であったが、現在は殆どとらない。窓はガラス戸を二重にする場合が多いが、三重にした方が結露に対して安全である。

⑦ やまと

室天井外側の屋根までの空間のことで、十分な広さを取る必要がある。換気用の天窓の開口があるので、室の高さ位はあった方が良いとされている。

⑧ 地窓

通風用の横穴で5寸角くらいにつくり、ねずみの侵入を防ぐため外側に金網を張り、内側には引戸を設ける。冷気が通るので空気の通路に電熱を設けて、流入空気の温度を上げると結露することがなくなり、室温の調節にも役立つものである。

⑨ 入口扉

内側と外側の2枚とし、断熱材（昔は籾殻、今はグラスウール等）を挿入した厚い物である。

(2) 昭和初期～現在

稲藁の入手が難しくなった現在では、新たに築造する室では殆ど使用されなくなった。籾殻や藁に代わってグラスウールや、発泡樹脂製の断熱材が手軽に入手でき、温湿度管理技術が発達した現在の麹室は、これらの新しい断熱材と杉板やベニヤ板で室を造り、小型空調機で室温と湿度を調整している倉が多くなった。黴が生えなくて清潔であるとのことで、ステンレスやトタンを壁の仕上げに使ったこともあるが、これは壁表面に結露をして、良い麹が得られないので現在では殆ど使用されない。表面仕上げ材は、吸放湿性能の良い材料として、杉がよく使われている。しかし、新しい杉材は香りが強く、それが麹に移るので、杉板を煮沸して使うこともあり、むしろ、使い古した杉材が良いと言われている。酒造用の麹は米の内部まで、菌糸が生育しなければならず、そのためには表面が乾燥ぎみのほうが良いとされていて、高温多湿のみでは良い麹にはならないのである。

換気については、換気筒に代って換気扇が取り付けられることが多く、更に進んだものとして空気調節設備を導入して温度、湿度を記録し、無人のカプセル内で製麹している。しかし、特別な品質を要求される吟醸酒等では、昔式の「床（とこ）」を設けた麹室で製麹されている場合が多い。室の内部条件として最も重要なものは、温度と湿度が製麹に最も適することである。これ

を達成するには，外気導入量をいくらにするか決めることが必要である。蒸米を導入して麹になるまでに水蒸気が発生し，麹の発酵に際して多量の熱を発生する。これをもとにして換気量を決めなければならない。

[初室（はつむろ）の温度管理]

酒造期に入って麹室を最初に使う時（初室と言う）は麹室内は低温乾燥しているので，室内の温度上昇方法として，一般に電気が普及していなかった明治時代では火鉢等を用いることもあるが，蒸し米をやや高温に取り込み，時には蒸し米の全部を甑出しのまま取り込んでいたようである。このことについて，「杜氏醸造要訣」では，「初室には，清洗した暖気樽に熱湯を詰めたものを数個入る他，半切桶にも熱湯を入れて温度と湿気とを共に適当に加減すべきである」[6]と言っている。電気が一般によく使われるようになった大正時代以降現在まで被覆電線を壁の下部に数本張りめぐらして，電熱による昇温をしている。

[麹室の形状と広さ]

麹室の形は正方形よりもやや長方形が仕事がしやすい。麹室の広さは麹引込量2斗に対し内坪1坪を標準（9 kg/m²）とし，最大2斗5升，最低1斗8升とする[7]。また，三浦仙三郎の「改醸法実践録」の附言でも「麹室の広さは平面積1坪につき米2斗より2斗5升を見積りたり」とある。引き込み量は製麹方法により異なり，1 m²当たりの引き込み量は蓋麹法で，7～8 kg，箱麹法で，10～11 kg，簡易製麹機を使用すると，13～20 kgの引き込みが可能である。麹室の必要面積は麹の最大引き込み量より求めることができる[8]。

「引き込み」とは「灘の酒用語集」によると，「放冷した蒸し米をこうじ室の床に運んで33～36℃の温度で積み上げる作業を言う」とあり，1日の仕込み量と麹歩合で決まる。

麹歩合とは，もろみ1仕込みに使用する白米の総重量（洗米前の白米重量）に対する麹用白米の重量割合を言う[9]。麹歩合は寛政10年の丹醸[11]では43％，寛政4年（1792年）の灘酒[11]では33％，嘉永元年（1849年）の灘酒では30％となり，昭和54年頃では20～23％[9]である。

例えば，1日の仕込み量が9石＝1,350 kg，麹歩合＝0.2とすると，引き込み量は270 kgとなる。1 m²当たりの引き込み量を10 kgとすると麹室の面積は27 m²≒8坪ということになる。麹歩合が高かった丹醸の場合はこの倍以上の広さになる。

天井の高さについて三浦仙三郎は「改醸法実践録」で柱高さ5尺7寸としているが，昭和29年の「酒造要訣」では，（旧式）は6～7尺であるが，最低7尺以上と主張している。現在の麹室はほとんどが7尺（2.1 m）以上の天井高さである。

[麹室保温の設備][10]

室の保温にはストーブ，暖房，火鉢，電熱，湯樽，冷温タンクが使用される。昔の麹室は小さかったので，麹自体の出す熱で大体室温を保ち得たが，近年は殊に室温を高く扱うのと，麹室が広くなったので麹の発熱だけでは不足である。

① ストーブ

木炭またはコークスを使用し，煙突を室の一方から他方へ横引きし，その先を天窓から抜くと保温と保乾が行なわれる。

② 暖房設備

蒸気または温水を通した配管を床の下廻りまたは棚の下を廻らすと室温の調節が自由にできる。

③ 電熱

ニクロム熱を利用したもので，最も理想的なものは円筒の内面にニクロム線を張り，送風機で一方から空気を送り込み熱風を通風する方法で，電熱の大きさは5坪当たり1 kW程度でよい。

④ 火鉢

炭火，タドン，煉炭等が利用されるが，いずれも多少の臭気を有するから感心しない。

⑤ その他の湯樽，冷温タンク等は大した効果は期待できない。

[室の温湿度管理と壁内部結露について]

室の温度湿度に大きくかかわるのが構成材料と内装材である。また，要求される室内の温度，湿度も引き込む蒸し米の精白度の変化と共に大きく変わっている。明治時代以前は唐臼か水車精米が大半を占めていて機械精米は未だ幼稚なものであった。従って，精白歩合も1割5分位から2割5分位が大半を占めていた。

精白度と室内気温について昭和29年発刊の「酒造要訣」[7]によると，

(1) 昔風の麹造りでは引き込み当時の室温24～25℃で乾湿球の差1℃（相対湿度で92％）内外である。これは特に精白が1割5分以下の時などに応用される。

(2) 現代風の麹室では原則として精白度2割減以上の米が使用されるから，室温28℃とし乾湿球の差3～4℃以上（相対湿度69～78％）とすべきである。

(3) 特別高精白（5割減以上）の時は室温28～30℃以上とし，乾湿球の差を7～10℃（相対湿度40～53％）とする，とあり，精白度の低い明治時代以前は相対湿度が90％以上がよいとされていて，室内部での結露の可能性が大きかった。

三浦仙三郎が示した室（室内壁面は筵）及び室内壁面を板張りとした場合と板と藁の間に防湿材としてアスファルトフェルトを挿入した場合について，室の壁内部結露の有無を検討する。但し，室外壁の石と土の積み上げはデータがないのでブロック積みとし，藁は木質繊維充填200 kgとして計算する（表3-4）。

[壁体の温度分布計算　n層壁]

$\theta_i = t_i - \dfrac{r_i}{R}(t_i - t_o)$ 内表面温度℃

$\theta_o = t_i - \dfrac{r_o}{R}(t_i - t_o)$ 外表面温度℃

$\theta_x = t_i - \dfrac{R_x}{R}(t_i - t_o)$ 材料境界温度℃

$R = r_i + \Sigma r + r_o$ 熱貫流抵抗 [m²h℃/kcal]

$R_x = r_i + \Sigma r_x$ 内側からx番目までの熱貫流抵抗

外気温度 $t_o = 0$ ℃　　室内温度 $t_i = 26$ ℃

表面抵抗　$r_i = \dfrac{1}{7}$（室内）　$r_o = \dfrac{1}{20}$（室外）

材料の熱抵抗 $r = \dfrac{材料の厚さ d}{材料の熱伝導率 \lambda}$ [m²h℃/kcal]

[壁体の水蒸気圧分布計算]

各層内の水蒸気圧の勾配は直線的に変化するものとし，x層の水蒸気圧 f_x は

$f_x = f_1 - \dfrac{R_{vx}}{R}(f_1 - f_n)$

R：透湿抵抗 R_v の総和＋表面抵抗 [m²hmmHg/g]
　（表面抵抗は小さく，無視してもよい）

R_{vx}：表面からx番目までの透湿抵抗の和

f_x：材料境界の水蒸気圧 [mmHg] 室内側表面を1とする

f_s：材料境界の飽和水蒸気圧

表3-4　使用材料の定数　　　　　　　　　　$R_v = d \times r_v$

材料定数	厚さ cm	熱伝導率 λ [kcal/mh℃]	透湿比抵抗 r_v [mhmmHg/g]	透湿抵抗 R_v [m²hmmHg/g]
杉板	d=2	0.11	55	1.1
筵	1	0.1	38	0.38
藁	36	0.1	30	10.8
漆喰	1	0.7		0.57
ブロック	20	1		58
アスファルトフェルト	0.7			45.5

室外条件は外気温0℃，相対湿度80％
室内条件　気温26℃，相対湿度92％

(1) 三浦仙三郎の室

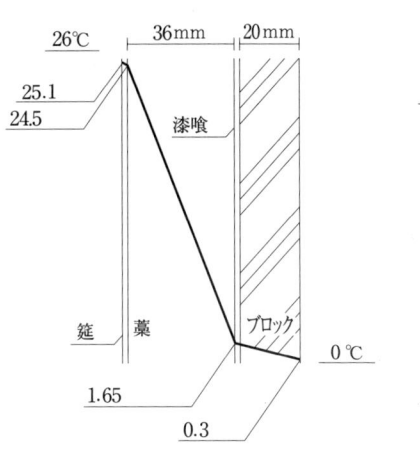

図3-36 温度分布図　　図3-37 水蒸気圧分布図

表3-5 材料境界の水蒸気圧（壁面筵の場合）

計算結果	温度 ℃	飽和水蒸気圧 f_s mmHg	水蒸気圧 f mmHg	結露の有無
筵表面	25.1	23.8	23.2	無
筵－藁境界	24.5	23.08	23.1	－
藁－漆喰境界	1.65	5.2	20.1	有
漆喰－ブロック境界	1.56	5.1	19.9	有
ブロック外側	0.3	4.8	3.8	無

(2) 室内壁面に杉板を張った場合

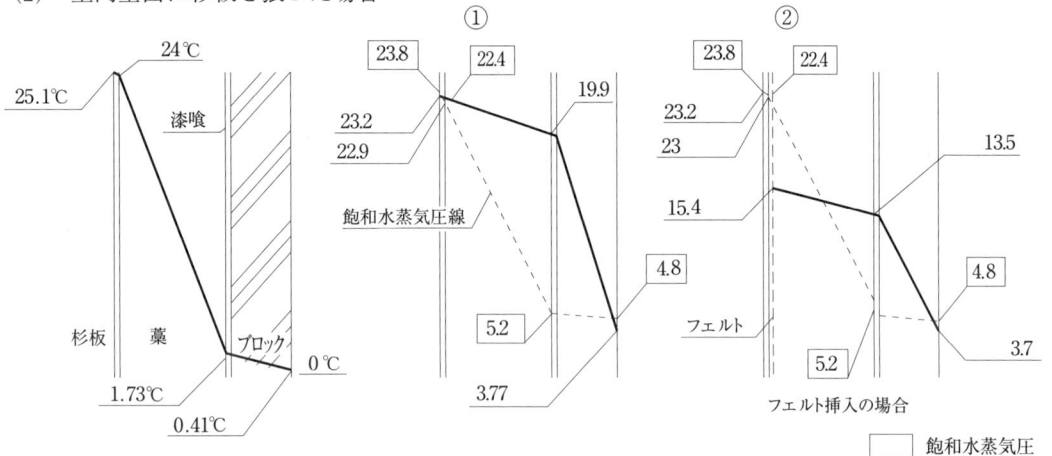

図3-38 温度分布図(℃)　　図3-39 水蒸気圧分布図(mmHg)

表3-6 材料境界の水蒸気圧（壁面筵の場合①）

計算結果	温度 ℃	飽和水蒸気圧 f_s mmHg	水蒸気圧 f mmHg	結露の有無
杉板表面	25.1	23.8	23.2	無
杉板－藁境界	24	22.4	22.9	有
藁－漆喰境界	1.73	5.2	19.9	有
漆喰－ブロック境界	1.65	5.1	19.75	有
ブロック外側表面	0.41	4.8	3.77	無

(3) 上記ムロの板と藁の境界にアスファルトフェルト 20 kg を挿入の場合

表 3-7 材料境界の水蒸気圧（壁面板の場合②）

計算結果	温度 ℃	飽和水蒸気圧 f_s mmHg	水蒸気圧 f mmHg	結露の有無
杉板表面	25.1	23.8	23.2	無
板－フェルト境界	24	22.4	23.0	有
フェルト藁境界	24	22.4	15.4	無
藁－漆喰境界	1.73	5.2	13.5	有
漆喰－ブロック境界	1.65	5.1	13.4	有
ブロック外側表面	0.41	4.8	3.7	無

[内部結露の検討]

内部結露が起こらない条件は「壁体内に定常湿気貫流が行なわれている時，湿気貫流回路の上の各点における水蒸気張力 f_x の値が同じ点の温度に対する飽和水蒸気圧 f_s の値より上回らないこと」即ち，$f_x < f_s$ であればよい。

三浦仙三郎の室（図 3-37）では，筵－藁境界からわずかに入ると結露が始まり藁－漆喰境界で水蒸気圧と飽和水蒸気の差が最も大きくなり，藁内部とブロック内部の大部分で結露が起きることが分かった。

次に筵を板に代えた室（図 3-39 の①）では，内表面筵の場合と水蒸気圧の値がほぼ同じであり内部結露もほぼ同じであった。

板と藁の間にフェルトを入れた場合（図 3-39 の②）は温度計算ではフェルトの厚さが薄いので無視できたが，水蒸気圧の計算ではルーフィングの効果が大きくあらわれる。即ち，フェルト－藁の境界および藁－漆喰境界の水蒸気圧が大きく下がり，藁の中央部まで内部結露がなくなる。しかし藁中央より外側では少なくはなったが内部結露が残る。透湿性の大きい藁では内部結露を完全に防ぐことは難しい。湿気を通さない発泡樹脂の断熱材を使用すべきである。

[換気]

換気は室温と湿度のコントロールを兼ねて，天井に換気筒を設けるのが一般的である。自然換気を促すために換気筒は必ず2本取り付け，1本は他方より長く作る。低い筒から温度の低い冬の外気が入り，高い筒からは温度の高い室の空気が排出される。出入量は筒の天井面開口に手で動かせる蓋を取り付けて調節する。長短2本の筒の間に断熱材をはさんで一組にして作った換気筒を，「ノシロ式天窓」といって大正時代以降よく使用された。（図 3-41）

この換気筒を図 3-40 の室で外気温度＝0 ℃，室内温度 26 ℃として使用した場合の換気量を試算する。

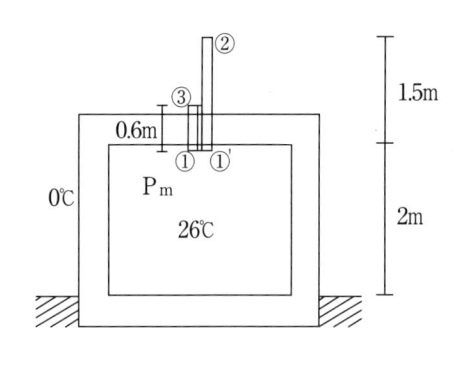

図 3-40　室断面

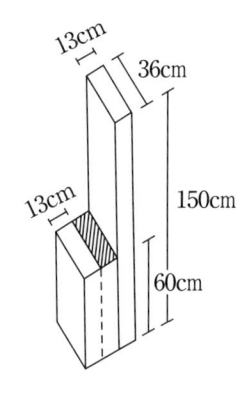

図 3-41　ノシロ式換気筒

[ムロの換気計算例]

空気の比重量　γ [kg/m³]
外気の比重量　$\gamma_0 = 1.2932$ [kg/m³]
（ムロ内）$\gamma_{26} = 1.1807$ [kg/m³]
ムロ天井高さ h = 2 m
P_1：天井面の圧力
P_2：長い筒の出口圧力
P_3：短い筒の出口圧力
$P_1 = h \times (\gamma_0 - \gamma_{26}) = 2 \times (1.2932 - 1.1807)$
　　$= 0.225$ [kg/m³]
$P_2 = (2 + 1.5)(1.2932 - 1.1807) = 0.39375$ [kg/m³]
$P_3 = (2 + 0.6)(1.2932 - 1.1807) = 0.2925$ [kg/m³]

短い筒の出口圧力 P_3 と長い筒の出口圧力 P_2 を比べると長い方が大きい。室は密閉しているので、2つの筒の開口を同時に開けると圧力差によって短い筒から外気が入り、長い筒から室の空気が流出する。

室内の圧力を P_m、筒の断面 = 13×36 cm,
筒の長さ・150 cm 及び 60 cm とする。
筒断面積　A = 0.13×0.36 = 0.0432 m²,
筒の等価直径　D = 0.2 とする。

摩擦抵抗係数をコンクリート程度として $\lambda = 0.3$,
ζ：局部抵抗係数
短い筒の入口の $\zeta_3 = 0.35$、出口の $\zeta_1 = 1$、L = 0.6 m
長い筒の入口の $\zeta_1 = 0.35$、出口の $\zeta_2 = 1$、L = 1.5 m

流量係数 $\alpha = \dfrac{1}{\sqrt{\zeta_1 + \zeta_2 + \lambda \cdot L/D}}$ より

短い筒の流量係数
$\alpha_1 = \dfrac{1}{\sqrt{0.35 + 1 + 0.3 \times 0.6/0.2}} = 0.66$, $\alpha_1 A = 0.0285$,

長い筒の流量係数
$\alpha_2 = \dfrac{1}{\sqrt{0.35 + 1 + 0.3 \times 1.5/0.2}} = 0.584$, $\alpha_2 A = 0.0252$,

③→P_m→②の流量係数を直列結合すると
$\alpha A = 0.0189$
$P_m + (\gamma_0 - \gamma_{26})h = P_r \equiv F(Q)$, $\Delta P = P_2 - P_3$
②と③の圧力差　$\Delta P = 0.39375 - 0.2925$
　　$= 0.10125$
$Q = 4\alpha A \sqrt{\Delta P} = 4 \times 0.0189 \times \sqrt{0.10125}$
　　$= 0.02406$ [m³/s]

換気筒1組の1時間当たりの換気量は
$0.02406 \times 3600 = 86.6$ [m³/h] である。

次に天井と床面高さの壁のそれぞれにノシロ式換気筒の短い筒を取り付けた場合の換気量を計算する。P_3 は流入口の圧力、P_2 は流出口の上端の圧力。

$P_3 = 0.1(1.2932 - 1.1807) = 0.011$, $P_2 = 0.2925$
$\Delta P = 0.295 - 0.011 = 0.284$

②と③の流量係数を合成すると $\alpha A = 0.0202$,
$Q = 4 \times 0.0202 \sqrt{0.284} \times 3600 = 155$ [m³/h]。

流入筒を床面に設け、流出筒の長さを短くしたが、流量が増加したのは流入口と流出口の高さの差が大きくなって圧力差が大きくなったからである。

[必要換気量]

(1) 発生水蒸気量の計算

室の中では大量の蒸し米を処理するので多くの水蒸気が発生する。湿度を一定に保つには換気が必要で、1日の蒸米処理量を2石（1石≒150 kg）として必要換気量を試算する。

白米100 kg が蒸し米になると136〜140 kg となり、麹では115〜120 kg、容積1.4〜1.55倍である。この差 140−120 = 20 kg/100 kg が2日間で室内に放出される水蒸気量である。

引き込み量2石（300 kg）/日の麹室の水蒸気発生量 W = 20 kg×3 = 60 kg/日 = 2.5 kg/h

(2) 発生水蒸気量Wに対する必要換気量の計算

室内条件を3つ、外気条件を3つ、それぞれの組合せについて計算する。

① 外気条件

外気温度	0℃	5℃	10℃
相対湿度	$\phi = 60\%$	$\phi = 60\%$	$\phi = 60\%$
絶対湿度 [kg/kgDA]	$X_0 = 0.0024$	$X_0 = 0.0032$	$X_0 = 0.0046$
全熱量 [kcal/kgDA]	$i_0 = 0.4$	$i_0 = 3.1$	$i_0 = 5.2$

② 室内条件

室内温度	t = 25℃	t = 28℃	t = 29℃
相対湿度	$\phi = 92\%$	$\phi = 73\%$	$\phi = 50\%$
絶対湿度 [kg/kgDA]	$X_i = 0.0183$	$X_i = 0.017$	$X_i = 0.0115$
全熱量 [kcal/kgDA]	i = 17	i = 17.2	i = 14.8

$$Q = \frac{W}{1.2\Delta G} = \frac{2.5}{1.2(X_i - X_0)} \cdots 必要換気量[m^3/h]$$

$$H = 1.2Q(i - i_0) \cdots\cdots\cdots 排出熱量[kcal/h]$$

(3) 計算結果

以上の計算結果をまとめると表3-8の通りである。表の数値は換気量（m³/h）を表す。

表3-8　計算結果

		室内条件		
		$t=25℃$ $\phi=92\%$	$t=28℃$ $\phi=73\%$	$t=29℃$ $\phi=50\%$
室外条件	$t_0=0℃$ $\phi=60\%$	131 (2,872)	143 (3,150)	228 (4,288)
	$t_0=5℃$ $\phi=60\%$	138 (2,584)	151 (2,839)	251 (4,288)
	$t_0=10℃$ $\phi=60\%$	152 (2,384)	168 (2,651)	302 (3,794)

このように室温・外気温が上昇するほど必要換気量は増加する。

括弧内はそれぞれの必要換気量の時の排出熱量（kcal/h）である。

(4) 考察

室温26℃，外気温0℃の時，1組のノシロ式換気筒の換気量は86.6（m³/h），2組の場合は173.2（m³/h）となる。上表の必要換気量と比較すると，換気筒を2基使用すれば大方の条件は満たされる。また，換気筒の長さや断面寸法を変えることで換気量の調整はできる。ノシロ式換気筒の短い筒を分離して床面と天井に設けると流量は155（m³/h）となり，2組では310（m³/h）となりすべて満たされる。

換気によって室内条件（温度・湿度）を一定に保つためには加熱装置が必要になるが，大正時代中ごろからは加熱装置として電熱線を壁に張ることが多くなった。

[明治・大正時代の麹室の図面]

明治42年の「広島県加茂郡酒造法一班」にも麹室の構造について多くの実例の記事があるが，天井の高さはすべて6尺以下であった。このうち，堀本恒の酒造場の室の図面を掲載する

写真3-11　天山酒造の室のヒーター

（図3-43）。壁の表面材は杉板であるが天井は竹簀子である。杉板を天井に用いた例は少ない。

[おわりに]

清酒醸造では麹造りが最も重要な工程であるため，麹室の温度，湿度の管理は重要である。このため室の構造は換気が良く，断熱性，耐久性に優れたものにしなければならない。室の構成材料に藁を使用していた頃は，室内温度26℃，湿度85～92％の場合が多く，藁内部で結露が発生し，水分が蓄積して断熱性能が落ちる。そのため醸造が終わると室を解体し，藁を乾燥させなければならない。このような手間をかけないためには，断熱材の室内側表面に防湿材，例えば，建築材料の防水紙やビニールシートを使用するとよい。更に，吸水性のない発泡樹脂の断熱材を使用すればよいのである。

室内の温度，湿度に対する必要換気量は，室温，外気温が上昇するほど増加していく。一般的に天井に換気筒を設け，室温と湿度のコントロールを兼ねる。換気筒は自然換気を促すため必ず給気用と排気用を取り付け，あるいはノシロ式換気筒のような給排気一体のものを用いる。

麹室の暖房負荷はあるが内部発生熱負荷を考慮すると麹室内を逆に冷却しなければならない。これは，室内の作業が重作業であるため，人体からの発熱が大きいことも関係がある。冷却除湿のために冬の外気導入は効果がある。その量を調節すれば目的は達成できるが，温湿度を同時に調節するには加熱装置はなくてはならない

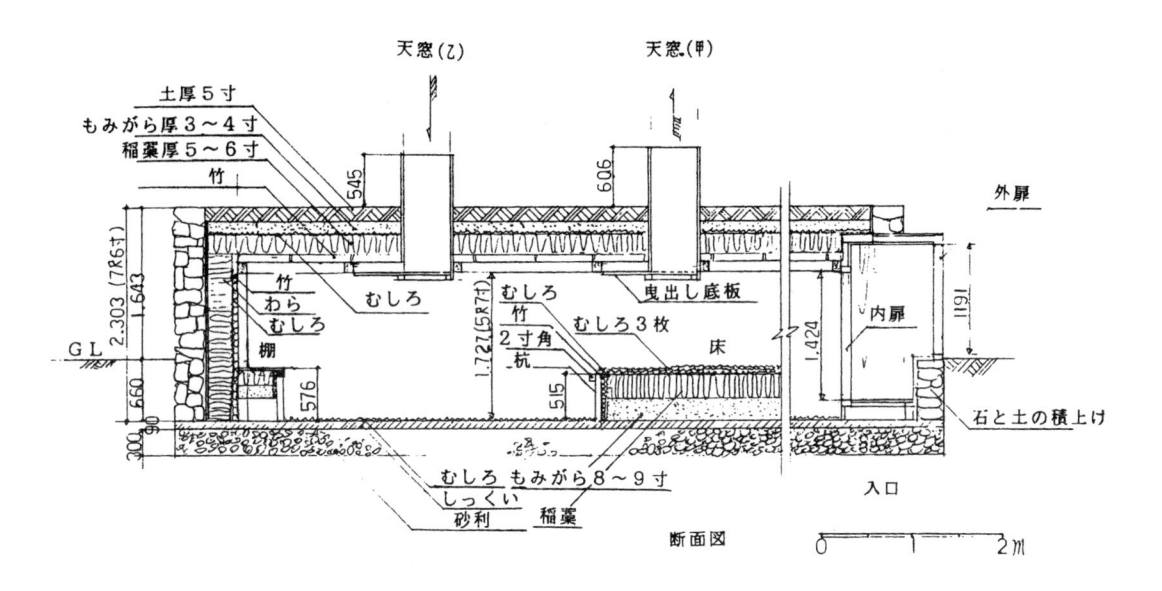

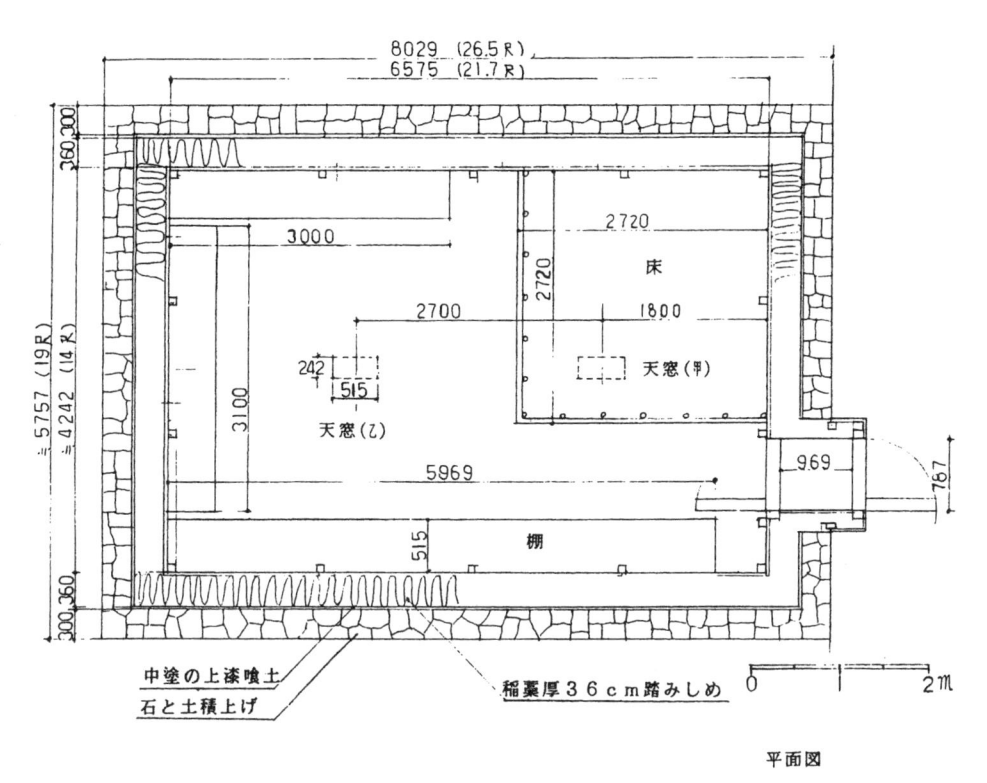

図 3-42 三浦醸造所麹室（明治 30 年）半岡室[12]

明治 30 年に三浦仙三郎*が刊行した「改醸法実践録」の麹室を図面にしたものである。

108　　　　　　　　　　　　　　第3章　各建物について

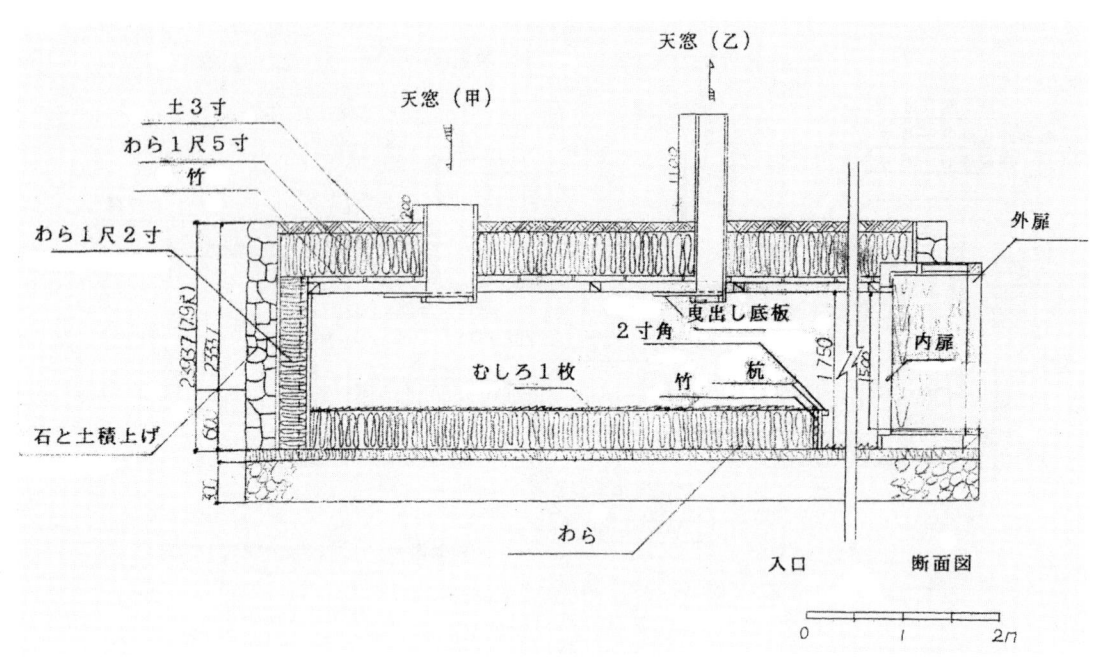

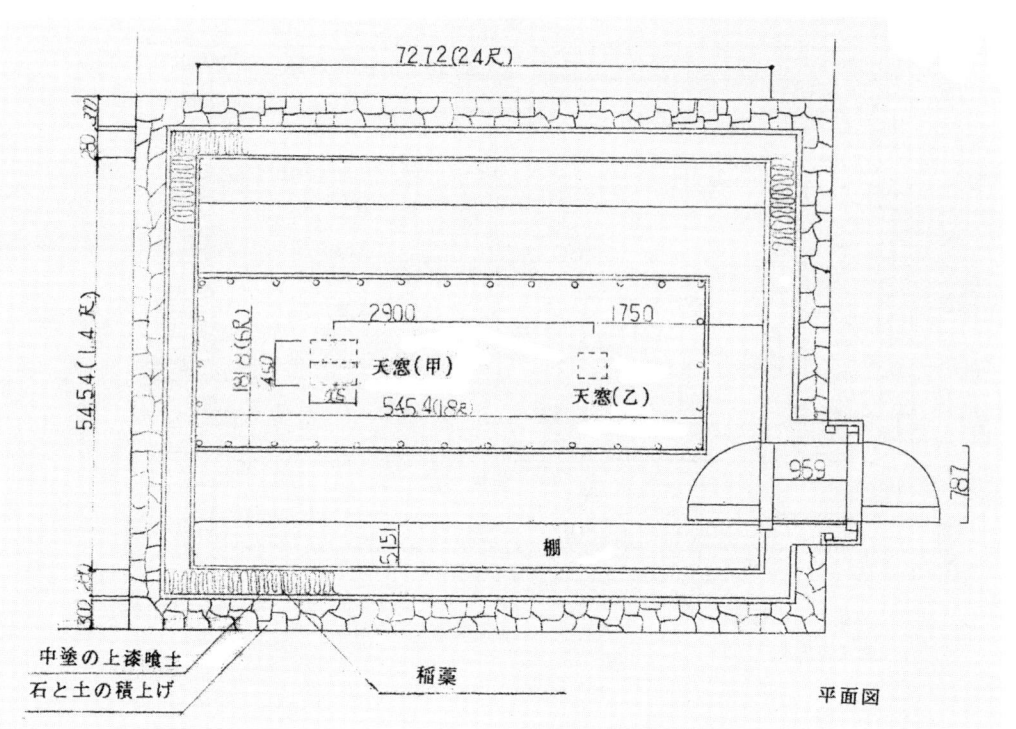

図3-43　堀本恒　麹室　（明治39年）「広島県賀茂郡酒造法一班」[4] より

第二、麹室ノ構造

種麹産地	酒造家名	廣サ 間口	廣サ 奥行	廣サ 高	入口	周囲 構造	周囲 踏込ノ程度	天井 構造	天井 厚サ	地面
京都、吉川、徳島、日本種麹合資會社	三浦忠藏	三間	四間	五尺七寸	二重戸	藁ノ踏込ニシテ杉板張	一尺	杉板張其上梁、竹簀張其上蓆一枚藁又蓆一枚スクモ土ノ順トス	二尺	地下ヲ三尺堀リ川石ヲ詰込ミ其上石灰ヲ敷キ其上杉板張
大阪、辻村、徳島、日本種麹社	柄福松	二間	六間	五尺七寸	仝上	藁ヲ踏込マシム	仝上	藁少シヲ菰包ミト為シ竹ニテ之ヲ編ミタルモノノ上ニ竹簀其上藁土ノ順	一尺	藁少シノ上ニ蓆一枚敷トス
徳島、日本種麹社	内藤久次郎	二間半	三間	五尺八寸	仝上	仝上	仝上	竹簀上藁ヲ込ミ其上土トス	仝上	地面ニ直接蓆一枚敷
京都、吉川	堀本恒	三間	四間	六尺	二重戸	仝上	一尺二寸	竹簀上くまず一枚其上藁一尺五寸土三寸	一尺九寸	藁ヲ四寸張詰メ其上蓆一枚
徳島、日本種麹社	日下賛三	二間半	四間	五尺七寸	仝上	仝上	一尺二寸	竹簀上藁其上蓆一枚其上穀殼其上蓆一枚其上土ノ順	二尺	穀殼二寸込ミ其上蓆一枚
京都、田中	重田時平	二間	二間半	六尺	仝上	仝上	仝上	くまずノ上ニ竹簀上藁、蓆其上藁、蓆、土ノ順トス	一尺八寸	土間ニ直接蓆一枚敷

二十六

床 種類	床 構造	坪數	高サ	棚 構造	棚 高	棚 巾	換氣窓 個數	換氣窓 構造	換氣窓 長	換氣窓 巾	換氣窓 高	明取リ
上床	石灰ノ上ニ穀殼七寸其上藁、蓆一枚敷	二坪半	一尺七寸	全部藁ヲ込ミ杉板張但シ上ハ蓆トス	一尺七寸	一尺七寸	三個	二個ハ天井ニ板製一個ハ地下ニ土管	六寸	六寸	(一)六尺 (二)八尺	(一)二個ヲ有ス木製二重硝子 (二)土管二重硝子
仝上	全部藁ヲ込ミ上ニ蓆一枚敷トス	三坪	一尺六寸	藁ヲ棚下ニ込ミ蓆一枚敷	一尺六寸	一尺六寸	二個	木製	八寸	一尺二寸	二尺	ナシ
仝上	仝上	二坪	一尺五寸	仝上	一尺五寸	一尺五寸	仝上	仝上	八寸	八寸	(一)二尺 (二)四尺	ナシ
仝上	仝上	三坪	一尺七寸	棚上ハ蓆四ツ折一枚内部全部藁ヲ込ミ四周板張リトス	一尺七寸	一尺七寸	仝上	仝上	(一)九寸 (二)一尺六寸	(一)八寸 (二)一尺五寸	(一)六尺 (二)二尺	ナシ
仝上	仝上	二坪半	一尺二寸	藁ヲ込ミ蓆一枚敷	一尺二寸	一尺六寸	仝上	仝上	一尺	一尺七寸	二尺五寸	ナシ
仝上	仝上	一坪七分	一尺五寸	仝上	一尺五寸	一尺六寸	仝上	仝上	(一)(二)一尺一寸	(一)(二)六寸	(一)三尺 (二)三尺五寸	ナシ

二十七

図3－44　「広島県加茂郡酒造法一班」26～27頁より

ものである。

現在では，グラスウールや発泡樹脂製の高性能断熱材が手軽に入手でき，温湿度管理技術も発達した。また，小型空調機で室内の温度，湿度を調整する倉が多くなり，断熱材を乾燥させることもなくなった。

参考文献

1）灘の酒用語集，灘酒研究会，昭和54年，p.317
2）秋田県酒造史 資料編，pp.258～259
3）三浦仙三郎の生と生涯，阪田泰正，昭和59年
4）広島県加茂郡酒造法一班，広島税務監督局技手，伊藤定治
5）清酒工業，山田正一編，光琳書院，昭和41年
6）杜氏醸造要訣，江田鎌次郎，明文堂，大正14年，p.123
7）酒造要訣，小穴富司雄，昭和29年，丸善，p.101
8）灘の酒用語集，灘酒研究会，昭和54年，p.167
9）同上，p.284
10）酒造要訣，小穴富司雄，昭和29年，丸善，p.107
11）日本酒の歴史，柚木学，昭和50年，雄山閣，p.45
12）近畿大学九州工学部研究報告（理工学編），22（1993），醸造建築の調査研究－広島県の酒造場，その2，（酒造場の建物），p.52

＊三浦仙三郎について

弘化4年(1847)，安芸国加茂郡三津村に生まれる。

明治9年(1876)，30歳，南本町で酒造業を始める。

明治14年(1884)，三津町橋上に酒造場新設。改醸を企画。

明治25年(1892)，過去十数年の醸造法の反省から，改めて軟水による醸造方法の実験研究に入る。

明治30年(1897)，軟水による改良醸造法に成功。

明治31年(1898)，「改醸法実践録」を刊行。

明治38(1905)年8月，三津町において第1回酒造講習会を開く。以後，組合の事業として年々開催し，のちこれを郡事業に移す。

明治41(1908)年　没す。

第4章

各地の酒蔵

町の造り酒屋

⟨1⟩

近 畿 地 方

[生い立ち]

近畿地方の酒造史は日本の酒造りそのものである。ここでは建築に関するもののみをとりあげ、さらに各地域の情況について述べることにする。

(1) 万葉の時代から酒は神祭りの座の供応に欠かせないものである。祭儀のたびに神饌を調理する「御厨屋」「贄殿」「酒殿」等が建てられ、神事が終われば取り壊すのがしきたりであった。奈良市の春日大社の「旧酒殿」(国宝) は明治11年に白木造りに改造され、祭器蔵となっているが、「続日本紀」(750年) に、「春日ノ酒殿ニ幸ス」とあるところから、酒殿はその頃よりすでにあったと考えられる[1]。

図4-1-1が春日大社にある「旧酒殿」の図面[1]である。また、「延喜式」では、宮中の「酒造司」で、毎年900石余の米を使って酒を造ることが書かれていて、近衛家伝来の宮城図一巻の絵図に平安京大内裏の「酒造司」の位置が記されている[2]。

(2) 中世の酒

一般市中では上古以来の自家用酒から酒屋の酒に取って代わるのである。なかでも、京の柳酒は有名であった。室町時代になると「天野酒」、「菩提泉」等の僧坊酒が現れ、酒造技術を競うようになる。当時の醸造技術を伝える文献に、奈良興福寺の多門院日記 (1478〜1618年) がある。この中に、もと造り三段掛け法による酒造りがある。さらに、1569年5月9日の記述に酒袋で絞ったとあり、同、5月20日には「火入れ」を行なったとある。この時代の酒造技術の進歩こそ近世酒造りの原点であり、この南都諸白が伊丹諸白へ伝わり、灘の酒造に発展するのである。

(3) 近世初期から中期にかけて酒造業界は狭域市場から広域市場への転換と小規模な酒屋から大規模な酒屋への脱皮であった。このような変化が可能となったのは酒造器具の変化と酒造労働形態の変化によるものである。即ち、木桶の出現に加えて各工程の専門化と分業化が進んだ結果であった。

[各地の酒]

(1) 池田・伊丹の酒造業

南都諸白の技術を受け継ぎ、大量生産に成功した伊丹諸白は江戸市場で好評を博した。元禄11(1698)年の幕府調査によると全国の蔵元1戸当たりの平均造り高は33.8石[3]であったが、摂津国池田郷では平均は296石で、満願寺屋の1,135石を筆頭に、1,000石内外の者が4場を数えた。さらに、寛文元(1661)年「近衛殿御家領の酒」として禁裏御用酒となった伊丹酒は寛文6(1666)年一文字屋作衛門の2,488石を始め、1,000石を超える酒造家が27軒にのぼっていて[4]、広域型酒造業が主流をなしている。

この時代、広域市場とは江戸市場をさすもので、近世中期に江戸の人口は100万人を超す大消費地に発展していた。一方大坂は全国の物資の集散市場であった。大坂は海運の中心であり京、伏見をはじめ多くの川筋からの舟運も多く、各地の産物が集まったのである。

伊丹・池田の酒造業が活況を呈するのは享保(1735)までで、以後、灘の台頭により凋落し復

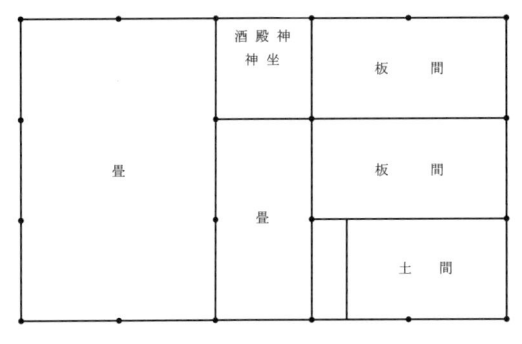

建坪	24坪5分 (81m²)
桁行	42尺 (1.273m)
梁行	21尺 (6.36m)
高さ	17尺5寸 (5.30m)
棰出	17尺 (5.15m)
屋根檜皮葺	67坪8厘 (221.7m²)

図4-1-1 春日大社の旧酒殿 (祭器蔵) 平面図

活できなかった。この原因として、明治維新で政権が変わり封建制度の撤廃と、酒税の引き上げからの打撃、また、これに対応する酒造技術の改善と経営の合理化が灘五郷に比べ遅れたことがあげられる。図4-1-2に見られるように江戸時代伊丹の町には多くの酒屋があった。

昭和60(1985)年頃、往年の酒造先進地であった伊丹市には市内各地に元酒屋であったという建物が残っていた。店と住居を伴った町家型の酒造場である。図4-1-11に昭和60年に調べた酒造場を記したが、当時残存していた蔵も震災後その多くがなくなった。平成13年度、伊丹市で操業している蔵は小西酒造1社のみとなった。

(2) 江戸積み酒造業の展開

江戸積み酒造業の起源は鴻池村（伊丹隣村）の山中氏が馬の背に樽詰め酒を積んで江戸へ運んだのが始まりと言われているが大量の運搬は不可能である。当時既に全国的な商品の流通が、大坂を中心に成立していたのでそのルートに乗せることとなる。当初は菱垣廻船[6]によるものであったが、正保期(1644～47)以降は大坂の廻船問屋によって始められた酒荷だけの積み切りで回送した伝法船によることになった。樽廻船[6]の始まりである。

元禄期に上方から江戸へ送られる下り酒は、元禄10(1697)年に64万樽に達したが、以後減醸令のために減少し、13年には22万樽となった。当時の江戸積み主産地の中にはまだ灘目・今津は名前が出ていない。宝暦4年の「酒造勝手造り令」後、灘目農村において急速に江戸積酒造業が発展した。天明5年(1785)における江戸入津樽数をみると、灘目・今津が全入津樽数の46％。西宮、伊丹、池田、大坂、伝法、尼崎堺の合計が35.9％で、灘目・今津の台頭が著しい[7]。

(3) 灘の酒造業

灘五郷とは東灘(魚崎郷)、中灘(御影郷)、西灘、今津、西宮で、東は武庫川から西は現在の三の宮駅の東、生田川にいたる24kmの海岸沿いの地域である（図4-1-10参照）。

灘酒の発展は明和(1770)以降のことで、天明5(1785)年には灘の東中西の3組のみで酒造家119戸、造石高14,1761石で当時の他の地方の酒造場に比べると桁違いに大きい広域型の酒造場であった。このように灘酒が他の酒造地をしのいで興隆した原因は、この地域が内海の沿岸に位置するため気候温暖、空気清浄で海上交通が便利であり、摂津・播磨の米所を控え、豊富な宮水に恵まれ、加えて、六甲山系から流れでる急流を使用した水車精米によって高精白を容易にしたからである。それにもまして技術の改良によって、「のびのきく芳醇な酒」に仕立てて、江戸市民の嗜好を満足させたことである。

1868年、江戸幕府崩壊によって、江戸市場は激変し、酒造制度も変革する。多くの酒造家も交替を余儀なくされて、さすがの灘も衰退せ

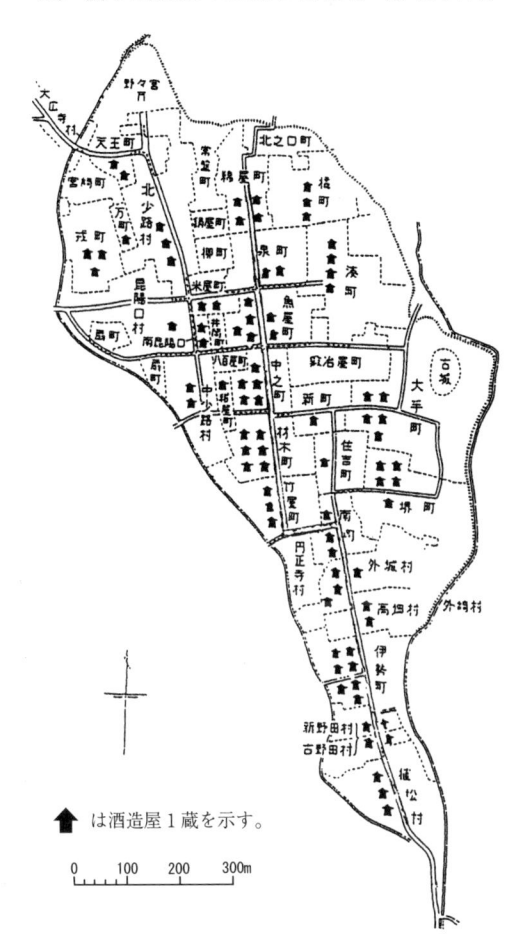

図4-1-2 江戸時代の伊丹の酒蔵分布図[5]

ざるを得なかった。明治2年は明治維新の改革直後であり，生産量も少なかった。しかし，明治10年の西南の役以後回復に向かい，明治10年には生産量は203,000石となり，明治20年(1887)には32万石余と回復する。全国比で11.3％となり，以後，全国の生産増加に伴って，常にその割合は10％前後を維持した。以後順調に伸び，大正8(1919)年に最高の59万石に達したが，戦時中に空襲で焼失した倉も多く，昭和20年には生産量は最小となる。

灘の場合は広い敷地を有する広域型の酒造場が多く，酒造りの近代化に伴って鉄筋コンクリート造の四季蔵を造る一方で，古い倉を残して復興する蔵も多かった。昭和33年度には生産量も回復して28万石となり1場当たりの生産量は2,155石となる。明治20年と比べると生産量はわずかに少ないが，蔵数および酒家数は大幅に減少しているので，1場当たりの生産量が2倍となっている。この傾向は更に進んで，昭和40年には昭和33年の約2.5倍となった。全国的な戦後の復興は，昭和30年頃に達成したが，以後の生産合理化は灘，伏見の大メーカー中心に進んだことを示しているのである。

(4) 伏見の酒造業[8]

伏見の町が一寒村から京・大坂・堺に次ぐ人口数万の大都市になったのは，秀吉と家康の再三にわたる伏見築城と城下町の運営にあった。宇治川を改修して東西4km南北6kmの城下町と伏見築城が発端となっている。

寛永12(1635)年，参勤交代制度発足にともなって西国大名は伏見を通って江戸へ下ることとなり，4つの本陣ができて大名行列の宿泊地となった。また，淀川を上下する船の発着所でもあって京の玄関口として栄えていた。こうした情況のもとで酒の需要も酒造家の数も増加し，明暦3(1657)年には伏見の酒造家83軒，その造石数15,000石余に達した。とはいえ，1軒当たりの造石高は180石余にすぎない。その頃，池田，伊丹の酒は全盛時代で，灘はまだ酒の産地として名前があがっていなかった。この時以後，明治に至るまで伏見は凋落の一途をたどり，天保4(1833)年には酒屋数は半数以下の27軒となり造石高も7,197石となった。伏見が最も凋落するのは鳥羽・伏見の戦いのあった明治元年で，造石高は1,800石余りになる。しかし，明治10年の西南の役を境にようやく安定に向かう。江戸時代，総造石高が数千石の伏見では最大の酒造家でも500石程度で，すべての酒造家は地売り型の酒造家であった。

明治10年代には一部の酒造家が東京積みを試みたが赤字続きで成果はあがらなかった。江戸時代には2〜3週間かかっていた東京への船便に代わって明治22年に開通した東海道線を使った東京送りはわずか1日であった。こうした情況の変化のもとで大倉恒吉や木村清助が東京進出をはたし，ようやく広域型酒造業への発展の手掛かりをつかんだのである。

[伏見酒造業の発展]

伏見は豊富な良水に恵まれ，疏水の水力による精米が発達し，酒の輸送が海運から陸運に変わった好機を逃さない人にも恵まれたのである。明治20年代までは地売り型の酒造場で，その多くは町家型の酒造場であった伏見は明治20年後期から広域型の1,000石蔵を基準とした酒造場に変貌するのである。

生産拡大には既存の酒蔵を買収する場合もあるが，広い敷地を獲得して千石蔵を造ることが多い。伏見には江戸時代には多くの大名が広い敷地の屋敷を構えていたが，廃藩置県によってその必要がなくなり，広い敷地は酒造場の新設には格好の出物であった。ちなみに，月桂冠酒造の北蔵は尾張藩屋敷跡であり，大賞蔵・乾東

表4-1-1 明治以降の灘酒の発展状況[10]

	生産量(石)	蔵数	酒家数(人)	1場当たり生産石数
明治2年	135,866	252		540
明治20年	321,610	321	187	1,002
明治40年	447,479	404	139	1,108
昭和10年	401,413	354	76	1,134
昭和20年	51,819	57	21	909
昭和33年	280,090	130	57	2,155
昭和40年	714,974	141	69	5,071

蔵・乾西蔵（現，松山酒造・玉の光酒造）の敷地は薩摩藩屋敷跡，昭和蔵は紀州藩屋敷跡である[9]。また，大正11年から15年にかけては，京都市の都市計画によって市内から伏見に移転する酒造場もあって伏見の町は大きい酒倉が立ち並ぶ酒蔵の町に変わったのである。

[酒蔵の町からの変遷]

京都の玄関口として栄えた伏見の町は，多くの城下町同様，道幅は狭い。また，戦災を受けなかった町並みは昔のままである。戦後，酒造場の原料や製品の運搬はトラックになり，道幅の狭い古い町では大型のトラックの出入りには困難な所が多く，更に，排水の処理や騒音の問題等，生産環境の変化のために郊外への移転を考えざるをえなくなった。折しも発生した土地ブームは，新しい土地へ移転するための絶好の機会であった。伏見の町は，高瀬川の南に広い田園地帯があって，多くの酒造家がここに広い土地を取得し，近代的な酒造場を造ったのである。京都のベッドタウン化が進んだ伏見の町にとって，広い敷地がまとまっている酒蔵の跡地は高層マンションの建設には最適であった。こうして酒蔵のある古い町並みは，高層マンションが立ち並ぶ新しい町に再び変貌したのである。

図4-1-12は1985年頃の伏見の酒造場の分布図で，図の中央の新高瀬川より下の地域に多数の酒造場が記されている。この中には既に酒造場を新設したものや，これから新設するものもあるが，いずれにしても新しい蔵が完成すると，多くの場合，市内の古い蔵が壊されるのである。

明治以後の伏見の生産量の推移と灘との比較をみると，明治2年の造石高9,826石で灘酒の0.7%，明治20年には造石高32,609石で灘酒の10%になる。大正10年には更に増加して，10万石余，同18%，昭和10年には135,088石，同33%となる。これ以後，太平洋戦争時代の落ち込み，終戦後の回復については灘も伏見も同じであるが，昭和35年頃から徐々に伏見の生産が灘を追い上げて昭和53年には灘の生産量の41%に達したのである。灘・伏見のその後の発展を見ると，灘は江戸時代，農村地域に在方型の広域酒造場として発展し，酒造工業地域になったので移転することなくその地で近代化した。これに対して，城下町の中で地売り型酒造場として生まれた伏見の酒造場は，広域型に発展したとはいえ，さらなる発展をするためには新天地を求めて移転をしなければならなかった。これはその生い立ちの違いがもたらした結果である。

参考文献
1）日本の酒の歴史　142～143頁　協和醗酵KK
2）同　16頁
3）日本酒の歴史　80頁　柚木學　雄山閣
4）同　210頁
5）伊丹市史
6）灘の酒用語集　299頁　灘酒研究会
7）日本酒の歴史　114頁　柚木學　雄山閣
8）伏見醸友会志　9号　1980年
9）月桂冠350年のあゆみ　月桂冠KK
10）灘酒　14～15頁　灘酒研究会

[各県の酒造場の現況]

表4-1-2は昭和55年度における近畿各県の規模別酒造場数で200kℓ以下が約40%である。1,000kℓ以上の大酒造場が兵庫県と京都府に多く，この2府県を除くと他の地方と同様に，200kℓ以下が最多数を占めている。戦後の復活のピークと見られる昭和33年度と比較すると各県ともに減少している。近畿全域の減少率は29%に達し，その傾向は今も続いている。

表4-1-3は兵庫県と京都府の酒造場から，それぞれ，灘・伏見の酒造場を分離した表である。兵庫県では500kℓ以上の数では灘が46場，県内の灘以外は32場で，その割合は灘がほぼ60%を占めている。とはいえ，灘を除いた地域が占める割合は41%で，実数では兵庫県以外の地域と比べるとはるかに多い。これは灘に隣接する地域（明石・加古川・柏原税務署管内）に500kℓ以上の酒造場が多いためである。これらの地域は江戸時代から下り酒を出していた11ヵ国に含まれる地域で，はやくから広域酒

表4-1-2 昭和55年度[1)]近畿地方規模別酒造場数

	1,000 kℓ以上	999〜500	499〜200	199 kℓ以下	合計	昭和33年度
大 阪	0	3	14	18	38	58
京 都	22	15	21	23	81	121
兵 庫	54	24	45	38	161	230
奈 良	1	8	24	31	65	84
和歌山	2	6	8	20	37	58
滋 賀	4	2	16	42	67	105
三 重	3	5	23	38	72	93
合 計	86	63	151	210	531	749

表4-1-3 昭和55(1982)年度兵庫県と京都府の規模別数を灘・伏見とその他に分けた数

		1,000 kℓ以上	999〜500	499〜200	199 以下	合計
兵庫県	灘	34	12	9	3	58
	他	20	12	36	35	103
	合計	54	24	45	38	161
京都府	伏見	17	13	9	—	39
	他	5	2	12	23	42
	合計	22	15	21	23	81

造場として発達していたからである。500 kℓ以下では逆に，灘は12％を占めるに過ぎず，大企業が密集した地域になっていたことがわかる。

京都府の場合は500 kℓ以上では伏見が30場，伏見以外は7場で，伏見が81％と圧倒的に多い。京都府は明治初期までは府下全域にわたり地売り型の酒造場のみであったが，明治中期以降になって伏見が広域酒造場として発達したのである。500 kℓ以下では伏見が9場，伏見以外が35場で，伏見を除くと他の県とほぼ同じである。即ち，灘・伏見は大規模な酒造場が集中していて，生産量が桁違いに大きいことを示している。

その昔，江戸積み主産地に名を連ねていた大阪府下の酒造地には現在，1,000 kℓ以上の酒造場はなくなり，500 kℓ〜999 kℓが3場という状況で，和歌山と共に酒造場の少ない地域になった。

全国的にみて，昭和33年頃以降酒造場の数は減少している。その中で兵庫県篠山市には昭和47〜52年に大手酒造会社の4つの大工場が進出している。篠山盆地は丹波杜氏の里で，酒造米の山田錦・五百万石の産地である。酒造りに適する水が豊富で，優良な酒米があって，杜氏の里と3拍子揃った酒造の好適地として進出したのである。

[平面・配置]

伊丹市史には市史発刊当時の昭和48(1973)年には存在していた創業型(A0)の酒造場の例が掲載されているので紹介しよう。

扇田静一住宅「この家は明治8年に増田という酒造家を買収したものである。住家部分は桁行8間，土間の梁行は7間，居間の梁行は6間で，土間はこの規模よりもさらに外方へ2間余延長されて，大きい酒蔵に接し，蔵の壁が土間妻側壁となっている。したがって土間の占める割合はきわめて広い。これは精米から甑蒸しに至る工程を土間で行なうためであって，土間中央にある八角形の大きい井戸もその一端を物語っている」[2)] とある。図4-1-3は住居の平面図で，入口右は米搗き場で右端に酒倉がある。

これ以外に，伊丹市が復元保存している大手柄酒造北蔵（旧岡田家酒造倉[2)]）は，表外観は町屋風で，間口8間，奥行8間の主屋と4間の中庭を隔てて北側に酒倉がある。住居入口左がミセで右がミセ土間，ミセの奥は左半分が住居の部屋で，その右側が幅4間，奥行6間ほどの土間で酒造用の作業場で釜場があった。大手柄酒造は昭和18年に，5軒の酒造家が企業合併して興こした会社で，構成員の一人，石橋氏の

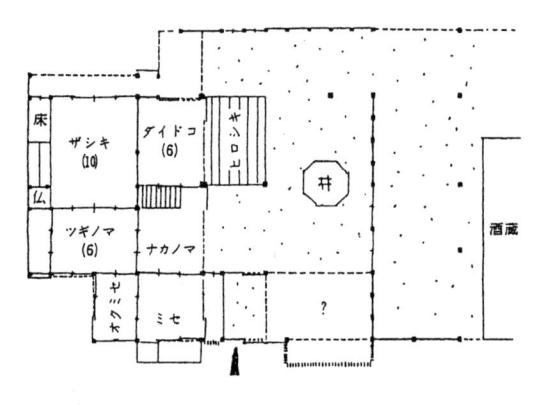

図4-1-3 扇田静一住宅復元平面図[3)]

1. 近畿地方

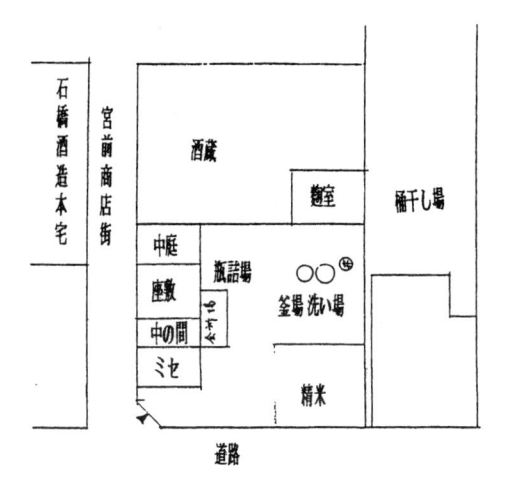

図4-1-4 石橋酒造見取り図

酒造場もやはり同じように，住居の横が広い土間で，洗い場・釜場があって奥は酒倉である。小西酒造の富士山蔵(図1-21(25頁))も同様の平面でさらに規模が大きいものである。このように，酒造りの作業空間を持った町屋は伊丹市で19世紀初期に造られた市街地にある酒造蔵の一つの標準型であったと思われる。

昭和62年に操業している酒造場にはこのタイプ（分類型A0）の酒造場はなかったが，作業場を分離したタイプ（分類型A）の酒造場は多く存在する。例えば，大手柄酒造や田中酒造である。現存する規模の大きい酒造場で，住居が隣接している例はないが，伊丹市史の記述によると，小西酒造の万歳蔵では道路側に小売部と称する住居があったと記されている。大手柄酒造や田中酒造では，昔，住居に使用していたと見られるこれらの部屋は現在は事務室等に使用されていて，酒造家の住居は別に建てられている(図4-1-5)。

江戸時代から広域型酒造場として発展した灘の代表的な酒造倉は「重ね蔵」*で，醸造石数を1,000石を目処とした大きい蔵である。

調査範囲内では辰馬本家酒造の新田蔵5号蔵が明治22年建築で最も古い。辰馬本家酒造の

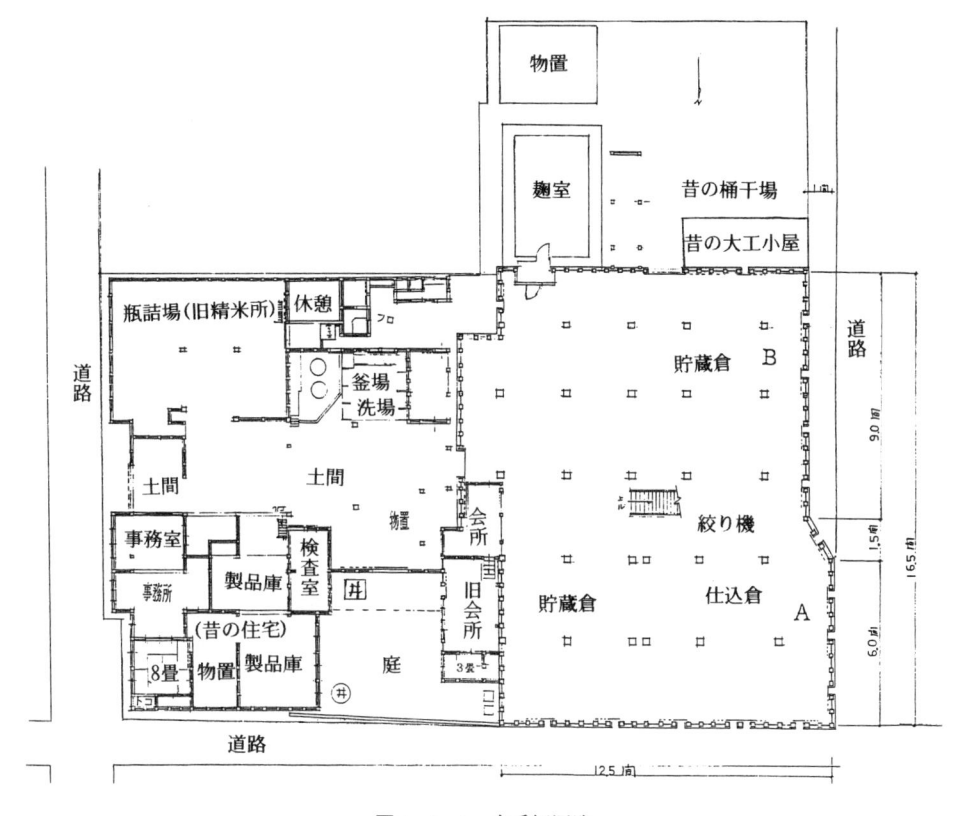

図4-1-5 大手柄酒造

本蔵と新田蔵2号蔵は共に明治2年建築であるが両蔵ともに部分改築があって重ね蔵とは断定できなかった。山邑酒造の内蔵甲蔵(1793)[4]は大蔵と前蔵が棟を連ねて建ち，内蔵乙蔵と丙蔵(1843)は大蔵と前蔵が矩折りに続いている。安政6年(1859)の鷲尾本店(図4-1-14)では住居北側の大蔵の南側に澄まし蔵があって，重ね蔵に似た平面であるが，釜場・洗い場が住居の北側にあって，重ね蔵とはなっていない。山邑酒造本倉1号西蔵(明治45年)，豊澤酒造・肥塚酒造(昭和初期)は重ね蔵である。この他に明治37年の武庫郡魚崎村寺田廣吉の家相図(図4-1-16)等も重ね蔵である。このことから推定すると重ね蔵は明治以前にはなく，明治初期以降に建てられるようになったと考えられる。

灘では重ね蔵は南側に前蔵があって，ここで洗米，蒸し米等の作業をし，北側の倉で仕込みをする。灘の北側には六甲山があって，ここから吹き下ろす冷たい風は酒倉には最適である。また，南側の前倉が日光を遮って仕込み倉の温度上昇を抑えて酒造蔵には良い環境をもたらしていた。

前蔵の両端から建物を南側に長く延ばしてその先端に塀あるいは小規模の建物を造って大きい中庭を形成したタイプ(96頁参照)が一般的であるが，辰馬本家の新田蔵(18頁)のように酒蔵の集合体の場合は共通の広場を造っていて個別の広場はない。

家相図にみられるように，住居は同一敷地内に別棟として存在するが，釜場・洗い場は住居とは分離している。しかし，第2，第3と蔵を増設した場合は住居はなくなって管理の事務室のみとなるのが普通である。

伏見では「並び蔵」が多い。明治13(1880)年に建てられたキンシ正宗の御駕篭町蔵(図4-1-15)は並び蔵ではないが，同社の明治39年の常磐蔵の西蔵(図2-16(65頁))・東蔵は並び蔵である。それ以外の，並び蔵に分類されたものはいずれも明治中期以後であった。このことから伏見の酒造家が広域型になったのちに建てた蔵に並び蔵が多いことがわかる。

また，伏見では，3棟並列に建てた酒造場は多いが，これらすべてが並び蔵ばかりではない。並び蔵は並列に建った3棟の2番目の倉が平屋建ての作業場であるもので，外見上3棟並列の蔵は一般に横増築型である。例えば北川本家酒造の濱蔵(図1-8)で，一番奥の倉は明治19年上棟で，伏見が広域型に発展する以前の蔵である。北川本家がこの蔵を取得したのは，明治の終わりの頃と言われており，その後に増築をして現在の規模になったもので，この蔵は横増築型である。

重ね蔵や並び蔵は，資本力のある大手酒造家が酒造場を増築する場合，それぞれの地域に適

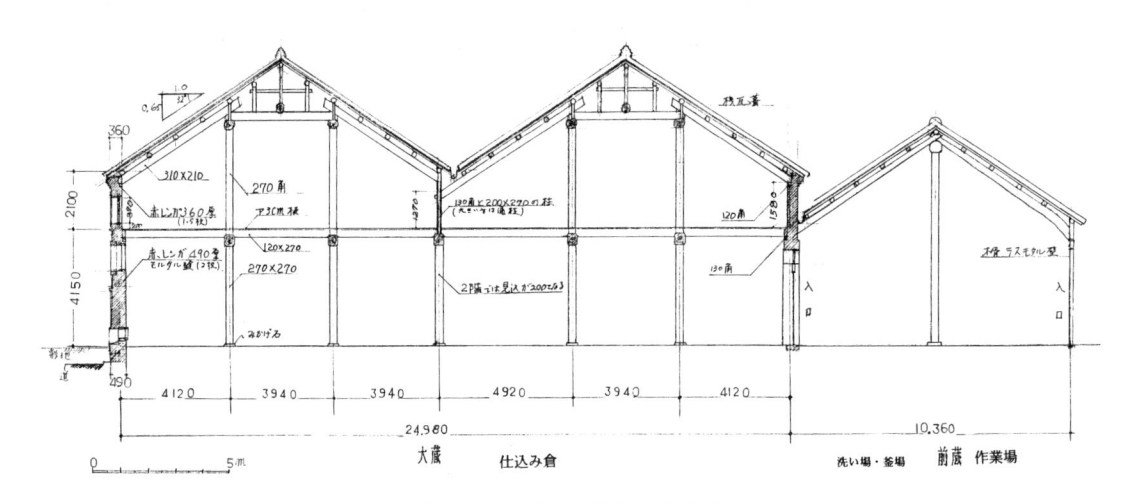

図4-1-6 辰馬本家酒造新蔵断面図

した千石蔵を単位として建てて生産の合理化に努めた結果できたものである。

各地の旧城下町や宿場町には町屋型酒造場が存在している。これらの酒造場は道路や隣接建物に囲まれていて，間口幅いっぱいに建つ住居（店・住居・庭等）の裏に酒造場が造られている（佐々木酒造(22頁)・平和酒造(141頁)・呉竹酒造・木屋正酒造等）。

これに対して，町並みから外れた在方の場合は，道沿いに塀や倉，長屋門と住居で囲んだ前庭があり，住居裏は酒造用の建物で囲んだ作業庭があるものが多い（三宅酒造(27頁)・中谷酒造(91頁)・沢佐酒造等）。これら在方の酒造場は隣接する建物が少ない場合が多く，酒造倉がよく見えるものである。三重県北西部・奈良県北部・滋賀県南部の水口町で調査した蔵はいずれも地売り型の酒造場で規模の小さいものである。7例のうち4例が縦増築型(B1)で，3例が原型(A)であった。江戸時代から広域型の酒造場として発達した大阪の海岸沿いの平野部や兵庫県南部の平野部とは違った傾向である。

近畿地方全体について建物配置分類型を総括すると，生産増加に伴って酒造倉は増築することが多く，増築は敷地内の空地や酒造倉に継ぎ足して行なわれる。その結果，乱雑な建物配置となり，不揃い型となることが多い。建物配置分類をみると，重ね蔵は16例と最も多く，次に不揃い型が14例，横増築型12例が多い。縦増築型(8例)・並列増築型(2例)は少なく，東北地方や中部地方の場合と対照的と言える。横増築型が多くなったのは，原型から変わるだけでなく，中谷酒造のように作業庭型であったものが増築によって横増築型となったものがあるためである。

重ね蔵は灘特有のタイプで最も多かったが，酒造場の数が多い灘での調査数が少なかったことを考慮するともっと多いものと思われる。

[倉の構造]
倉の構造は，灘の一部の倉を除いて木造土蔵造りである。灘の場合は阪神・淡路大震災以前

に調査した辰馬本家酒造と，神戸市が行なった調査報告書の酒造場が吟味の対象である。辰馬本家酒造では，外壁を赤煉瓦積みとした酒倉が6棟，神戸市が行なった調査報告書の山邑酒造の1棟の合計7棟であった。明治初期に辰馬本家酒造が系列会社に赤煉瓦製造工場を有していたので，用いられたのである。赤煉瓦の耐久性と熱特性の優秀性を認めた上のことと思われる。

(1) 2階床の高さについて

仕込み倉の2階床高さは使用する仕込み桶の大きさによって決まるので，仕込み倉を新築するときの蔵の規模を知る上で重要である。また，仕込場の2階はもと造り場として使う場合が多く，その広さは，江戸時代から一般に使われていたきもと造りの場合は，ほぼ1階の広さに匹敵するものが必要である。しかし，明治末期に東京の醸造試験所で創られた山廃もとは半分以下の広さでよく，もと造りの手法によっては所要の2階広さが小さくてよいので，仕込場の2階床を一部外す倉もあらわれた。

調査した73棟のうち，中央部のみ2階床を張ったものは17棟で，全面床張りが56棟と多い。中央部のみ2階床を張ったものは，全面床板張りの倉より2階床高さが低くても床を張っていない所に仕込み桶を置いて仕込み作業ができるので，2階床の高さは桶の大きさに関係なく決めることができるのである。現在，中央部のみ2階床を張ったものでも両外側の床を外した痕跡があって，これを加えると全面床張りの倉は更に多くなる。また，中央部のみ床を張った倉の多くは山間地域に多い。

近畿地方全部の2階床高さ平均は3.79mで，関東地方より低い。地域別に見ていくと，明治30年頃に地売り型から広域型に変わった伏見の場合について，明治初期以前と以後について調べた結果，明治初期（明治20年頃まで）以前の倉の平均は3.28mと低い。このことから当時の伏見では仕込み桶が小さく，20石に達しないものを使用していたものと思われる。これに対して明治中期以降に建てた倉の平均は3.96mで，伏見全体の平均は3.59mである。伏見

を除いた京都市の町家型の蔵は規模が小さく平均は3.31mである。

伊丹の2階床高さの平均は4.41m、灘は4.3mであった。伊丹・灘は昔から広域型酒造場で、仕込み桶は30石桶を使用していたと考えられる。

その他の地域では奈良県では3.48mであった。

和歌山県では明治中期以後大正にかけて改築や新築したものが多く、平均床高さは4.02mと高いことからも明治中期以後に発展した酒造場と考えられる。

(2) 小屋組

小屋組を大きく分けると和小屋型、登り梁型（合掌型）と折衷型である。調査例は折衷型が37棟で、次に多いのは登り梁型で29棟であるが、この型では2スパンのものが24棟で、用途は前倉（作業場）が多く平屋建てである。3スパンのものは2階建てで仕込み倉あるいは貯蔵倉の場合が多い。

和小屋型は20例で、そのうち3スパンが12例、2スパンが8例であった。4スパンの呉竹酒造の仕込み倉の場合は、両外側が葺き下ろし下屋である。

和小屋は一般に中柱の高さが外柱と同じか若干高いのが普通である。中柱の上に桁を通しその上に梁をかけ、小屋つかを立て、貫を通して小屋組を造る。中間小屋組も同様に造るので中間小屋組と中柱の位置の小屋組は同じ形になる。外柱より中柱がさらに高くなって外梁の勾配が大きくなると外梁は登り梁と言われる場合もあり折衷型に近くなる。外梁を中柱にほぞ差しにした場合は中間小屋組と形が違う。また、中引き桁が中柱より低い場合の中間小屋組では中引き桁につかを建てて梁を掛ける。この場合、外梁をつかの中ほどにほぞ差しとする場合は中央の梁はつかの上に掛け、逆の場合は外梁が上になる。

登り梁型は2スパンでは、桁行き2～3間に立つ中柱は棟近くまであって、その上に棟持ち梁を通す。登り梁は棟持ち梁の上で相欠きに組み合わせ、他端は外柱上に折置きである。中間小屋組も同じ方法で組み立てる。

この型の変形として、例えば、月桂冠大賞蔵の仕込み倉では、中柱に登り梁をほぞ差しとし、棟持梁も中柱にほぞ差しとしている。

中間小屋組は一般の小屋組と同じであるが、梁上に立てる小屋つかが長くなる。

3スパンでは、中央の棟持ち梁と外柱に登り梁を掛ける。中柱位置の小屋組は両外側の梁を中柱にほぞ差しとし、中央スパンの小屋組を和小屋で組み立て、この中央に大きい丸太の棟持ち梁を通している。この中央スパンの小屋組は、五條市の山本本家の仕込み倉では、関東地方の登り梁型と全く同じに作られて、中柱上に中引き桁を通して、登り梁を3点支持としている。

折衷型は梁間数が3スパンで中央が和小屋型、外側が登り梁の小屋組である。中柱位置では中柱上に中引桁を通し、上に梁を掛け、つかを立ててもやを通す。

この型で外梁の勾配が屋根勾配に等しく、中央スパンの梁の上に外側スパンの梁を載せ掛けたものを1型とし、それ以外を2型とする。1型は外側の梁と屋根勾配が同じであるから外梁では小屋つかの必要はなく平角を使用することも多い。中柱は桁行き方向に2間または3間置きに立てるので、中間小屋組は中引き桁に中央

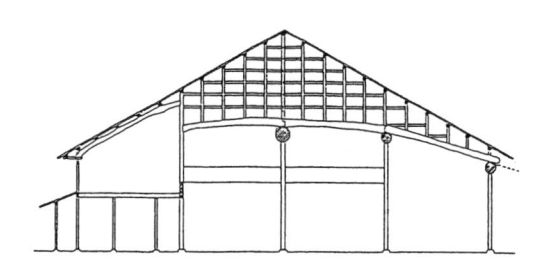

図4-1-7　小西酒造の富士山蔵、洗い場断面図

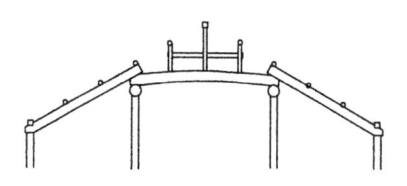

図4-1-8　折衷型1

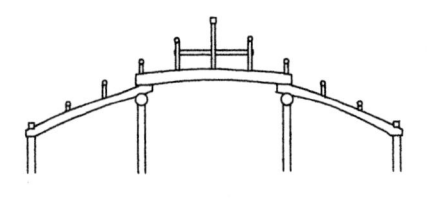

図4-1-9 折衷型2

の梁を乗せ，この両端に外側の梁を乗せて組み上げるので，小屋組すべてが同型である。

2型は中柱位置では，中柱上に中引き桁を通し，その上に外側の梁と中央の梁を乗せて小屋組が作られている。また，中引き桁を中柱頂上より少し下に設け，桁を中柱にほぞ差しとしているものもある。この場合は中間の小屋組は中引き桁に短いつかを立て，中央梁を乗せ，外梁をつかの中ほどにほぞ差しとし，外端は折置きとする。

(3) 軸組・屋根

外柱の大きさは4～5(15cm)寸が多く，6寸角(18cm)は5例であった。

中柱は7～8寸が最も多く1尺角も12例と多かった。大正時代に建てた倉に1尺角の中柱が多かったのは，好景気で酒造業界が潤っていた時代を反映したものと思われる。

屋根構造では東北地方に多かった置き屋根はなかった。赤煉瓦を外壁に用いた灘の酒倉の場合も小屋組はすべて木造で屋根瓦は普通の瓦であった。

[酒蔵の外観]

通常酒倉といえば私たちは白壁の大きい土蔵壁を思い浮かべるが，実際に調査した結果を見ると，そうした風景に出会うことは少ない。大多数の倉は激しい生産競争にさらされた生産設備である。したがって，その時代の状況によって大きく変化する。状況とは，立地条件，出資した資本家の違い，広域型と地売り型，建築時期，等々である。立地条件についてみると，町家型と在方型の違い，即ち，敷地が自由にとれるかどうかは酒造場の建物配置を左右する大問題である。

(1) 町家型の場合，道路に面した敷地幅の制限がある。酒造場では普通の民家の2～3倍以上の広さが必要である。多くの酒造場は創業時は地売り型の小規模なもので，町並みの中に造られる。これらの酒造場の道路側は住居と店で，住居の土間で酒造りの作業を行なうが，酒の仕込みは土蔵造の倉で行なう。酒倉は敷地いっぱいに建てられて，外からは見えないのである。例えば，京都市内の安田酒造は三条市場の中であり，呉竹酒造の洛北蔵は住居の多い町中で，いずれも酒倉は外からは見えない。また，同じ町屋型でも，小さな城下町や宿場町では，間口は制限されても町筋の裏は広いものである。従って，敷地幅いっぱいに倉を建てるが奥が深い。

美冨久酒造は滋賀県南部の水口町の地売り型の酒造場である(写真140頁)。入口横に小さな陳列があり，竪格子の腰高窓があって普通の商店と変わらないが，入口の屋根上の酒林が造り酒屋であることを示している。創業時に住居裏の仕込み倉を増築し，やがて道を挟んで向い側に酒造蔵を建てる。幅の狭い敷地であるが奥は深い。敷地幅いっぱいに倉を建て，奥に向って増築をする。敷地は角地で倉はよく見える。このように町家型の酒造場は増築して大きくなり，酒造場の敷地が街区いっぱいになると倉がよく見えるようになる。大和郡山市の中村酒造や，伏見の酒造場等もこのケースである。

明治初期以前の伏見には，多くの町家型の酒造場があったがすべて小規模な地売り型であった。しかし，明治20年代から30年代にかけて多くの酒造場は広域型になって伏見の町は大きい酒倉に埋められて酒蔵の町に変貌し，町筋一杯に酒倉が姿を現わすのである。合理性に目覚めた酒造家は土蔵壁の表面を風雨に強い竪羽目板で覆うことを忘れなかった。

江戸時代に建てられた平和酒造の住居や月桂冠酒造の本宅は，竪格子のある町家と同じ造りであるが，一般の町家に比べると規模ははるかに大きい。しかし，この後に造られた世界鷹酒造や北川酒造では，竪格子の部屋は細い竪格子のある腰高窓の事務室になり，入口横に小規模

の陳列窓を設けるものも出現し普通の商店と同じになった。普通の町家や商店と区別するものとして，庇の上や軒下に酒淋が吊されている。

(2) 在方型酒造場の多くは，農地の中に建っていて，敷地は酒倉や貯蔵倉と土塀や長屋門で囲まれていて，酒倉はよく見えるが住居や店は外からは見えにくい。

沢佐酒造は三重県北西部の名張市郊外の農村にあって，白壁の酒倉と白壁の土塀，長屋門に囲まれている。同じ名張市の町中にある木屋正酒造は町家型で，間口一杯に建った奥の深い倉があって，酒倉は外からは見えないのとは対照的である。

江戸時代後期に広域型酒造場として発達した灘では，江戸送りの適地として海沿いの農村に多くの酒造場が隣り合って造られた。それら酒倉の多くは海岸地域でも風雨に耐えるように外壁は土蔵造の上に堅羽目板張りとした。しかし，江戸時代に建てられた山邑酒造甲蔵の板張りは腰高までで上は白漆喰塗りであった。

明治20年代に建てられた辰馬本家の酒倉では，外壁に赤煉瓦が多く用いられた。しかし，小屋組は木造で屋根は瓦葺きであった。赤煉瓦は風雨に強く，断熱性もあって優れた建築材である。

これら，灘の酒造場は視界を遮るものがなく，大きい倉がよく見えたが，白壁の土蔵造は全くと言ってよいほど見えなかった。灘の酒造場のなりたちは合理性を追求した生産設備であり，他の農村にできた地主資本の酒造場とは異なった外観になったのは当然の結果といえる。

[おわりに]

平成7年の阪神・淡路大震災で灘をはじめ大阪府海岸沿いの地域や伊丹市等の多くの古い木造の酒倉は倒壊したが，鉄筋コンクリート造の酒造倉は殆ど残っていて灘の酒造業は健在である。神戸市が昭和56年の調査を機に保存をはかった東灘・灘酒蔵地区も今は存在しない。伏見の場合は町の中心部から徐々に酒蔵は姿を消しているがこの流れは戻ることなく続くのである。

兵庫県の篠山市では，昭和49年黄桜酒造が進出し，昭和51年に大関酒造の丹波工場が開設され，その後，百万石酒造丹波工場，桜酒造の酒造場が造られた。いずれも数千kℓ以上の近代設備の蔵である。全国的に多くの造り酒屋が減少する中で珍しいことである。ここは丹波杜氏の故郷であり，酒造好適米の山田錦の産地である。灘・伏見に近く，酒造りの環境が整った地域として，静かに酒を育成する好適地として見出されたのである。

参考文献
1) 酒類醸造年鑑，昭和55年，醸界タイムズ
2) 伊丹市史第6巻，昭和47年，261頁，伊丹市
3) 伊丹市史第6巻，昭和47年，253頁，伊丹市
4) 東灘・灘酒蔵地区伝統的建造物群調査報告書，神戸市，昭和56年3月

注
* 「重ね蔵」とは，灘の基本的な蔵構造の一つで，北側に仕込み蔵兼貯蔵倉があり，南に前蔵が隣接して建てられており2つの倉が重なっているのでこの名がある。灘の重ね蔵は東西に長く建てられ，冬期，仕込み倉は六甲颪を直接受けて酒倉に好適な低温となり，夏は南からの日光の直射を前蔵が遮り貯蔵倉の低温が保たれる[2]。…灘の酒用語集

近畿地方の小屋組のまとめ

和小屋型3スパン

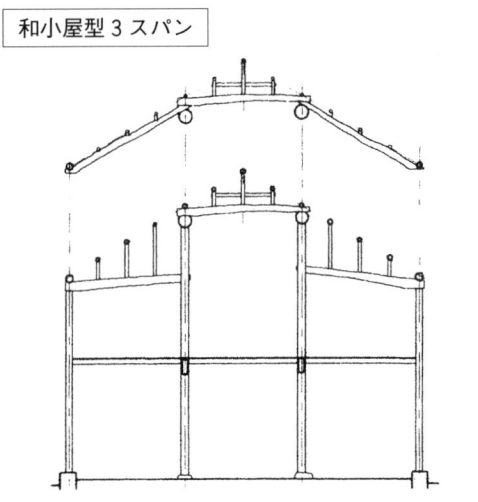

松山酒造　前蔵
山本本家　東蔵（神聖）　仕込み倉
辰馬本家　新田蔵　9番・10番の前蔵
他8倉　12棟

和小屋型2スパン

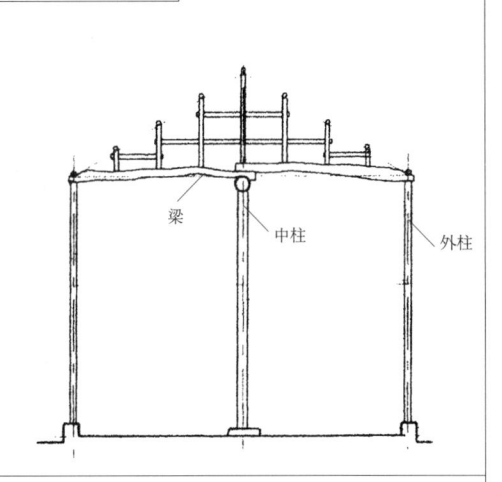

（梁、中柱、外柱）

大手柄酒造　北蔵
辰馬本家　新田蔵7番・8番　前蔵
他6倉　8棟

登り梁型2スパン

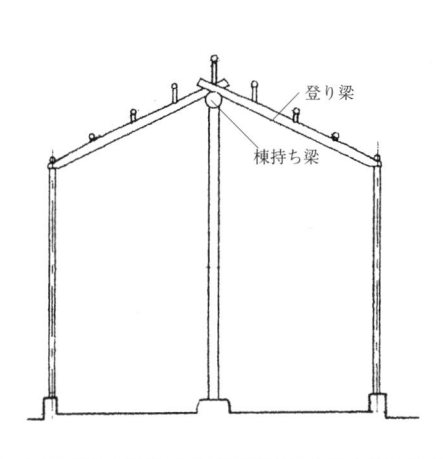

（登り梁、棟持ち梁）

山邑酒造内蔵の丙　前蔵
辰馬本家　新蔵　　前蔵
　　　　　新田蔵14番　前蔵
小西酒造万歳1号　仕込み倉
　　　　　長寿蔵　中倉
他21倉　26棟

登り梁型3スパン

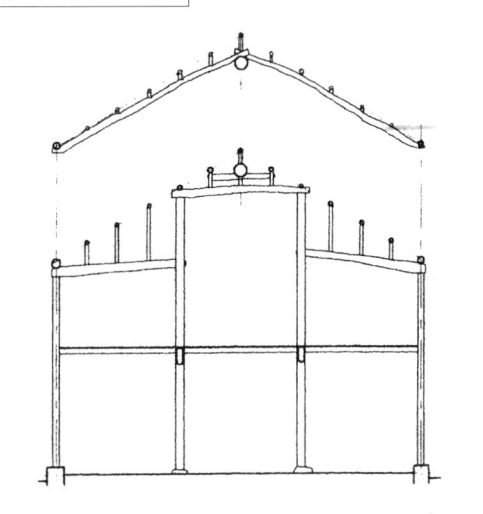

中谷酒造　旧仕込み倉
北川本家酒造　中倉・奥倉
他3倉　6棟

折衷型1

辰馬本家酒造新蔵　仕込み倉
同上　　　　内蔵　仕込み倉
同上　　　　新田蔵5番・7番・8番・9番・10番・
　　　　　　14番の仕込み倉
他10倉　18棟

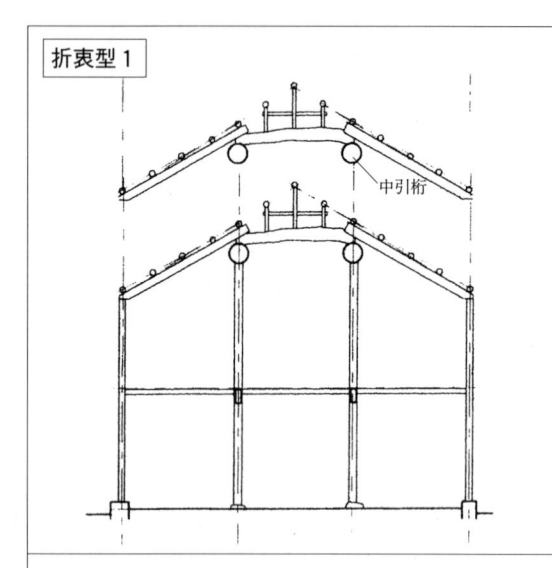

折衷型2

山邑酒造　内蔵甲　前蔵・大蔵
同上　　　内蔵乙　大蔵
帯庄酒造　仕込み倉
　　　　　第一貯蔵倉
他14倉　19棟

1. 近畿地方

事 業 所・製 造 場 等 地 図

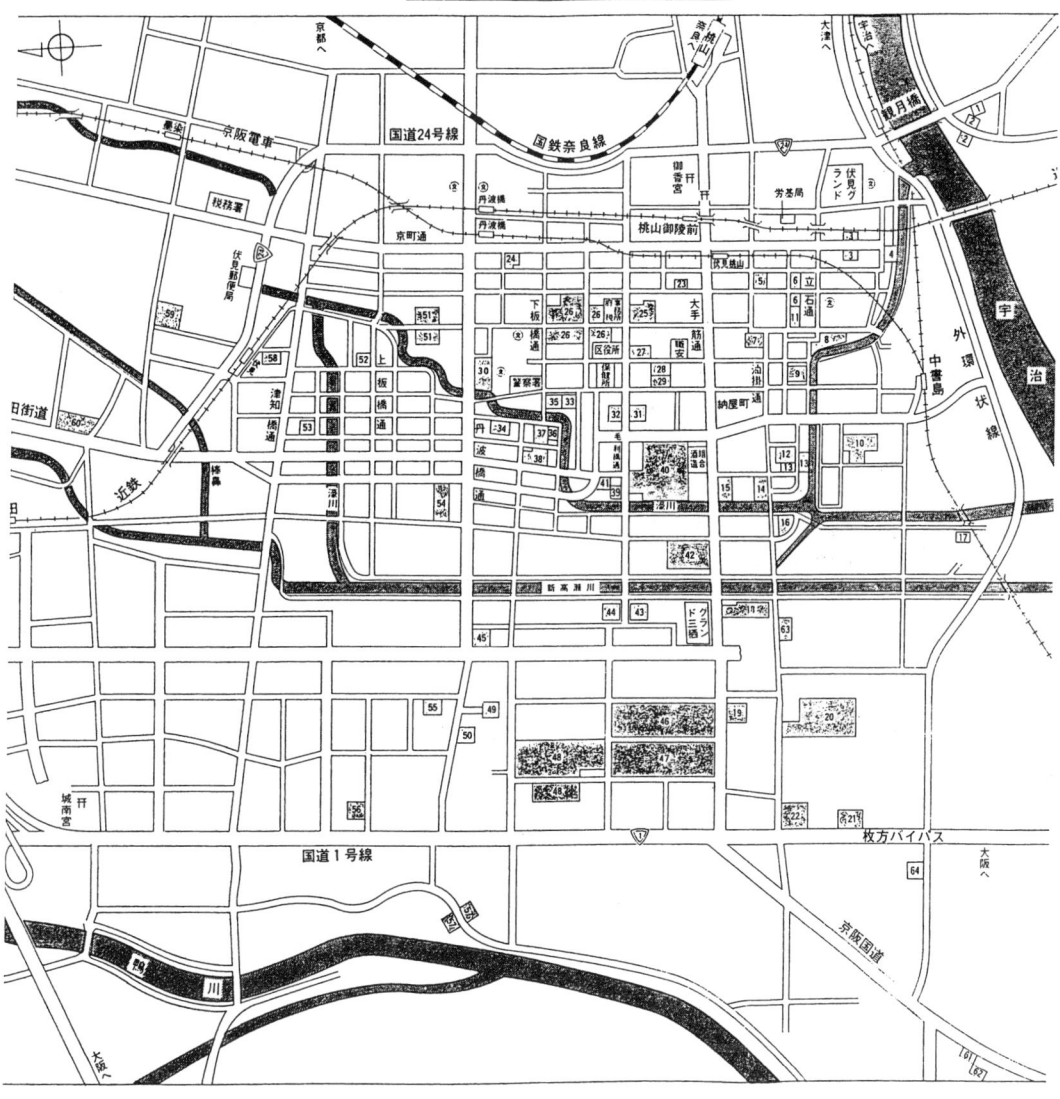

1. 向島酒造㈱ 瓶詰工場	17. 富士酒造㈱	33. 都鶴酒造㈱ 東蔵	49. 清酔酒造㈴
2. 向島酒造㈱ 本社	18. 斉藤酒造㈱ 本社, 本蔵	34. 鶴正酒造㈱ 事務所	50. ㈱豊沢酒造
3. 共同酒造	19. 三宝酒造㈱ 本社	35. 〃 蔵	51. ㈱堀野商店
4. ㈱山本勘蔵酒蔵商店	20. 黄桜酒造㈱ 本社	36. 〃 瓶詰工場	52. 吉村酒造㈱ 本社
5. 川口酒造	21. 広瀬酒造㈲	37. 松山酒造	53. ㈱豊沢本店 製造場
6. 有井酒造㈱	22. ㈱堀野商店 第二みどり蔵	38. 玉乃光酒造㈱	54. 招徳酒造㈱
7. ㈱山本本家	23. 井上酒造㈲	39. 伏見酒造㈱	55. 御世鶴酒造㈱
8. 大倉酒造㈱ 本店	24. 北川酒造㈱	40. 大倉酒造㈱ 昭和蔵	56. 都鶴酒造㈱
9. 黄桜酒造㈱ 本店蔵	25. 藤岡酒造㈱	41. 宝酒造㈱ 肥後蔵	57. ㈱増田徳兵衛商店
10. 富久宝酒造㈱	26. 宝酒造㈱ 伏見工場	42. 松本酒造㈱	58. 東山酒造㈲
11. ㈱山本本家 巽蔵	27. 平和酒造㈱	43. 三盛酒造	59. ㈱福光屋 伏見支店
12. 世界鷹酒造㈱	28. 川村酒造	44. 花清水㈱	60. 名誉冠酒造㈱
13. ㈱北川本家	29. 古林酒造㈲	45. 吉村酒造㈱ 治部蔵	61. メイセイ酒造
14. 〃 乾蔵	30. 大倉酒造㈱ 北蔵	46. 大倉酒造㈱ 大手蔵	62. 有井酒造㈱ 横大路倉庫
15. 〃 瓶詰工場	31. 斉藤酒造㈱ 精米所	47. 〃 製品工場	63. 古林酒造㈲ 横大路置場
16. 三宝酒造 三栖工場	32. 〃 大乾蔵	48. 宝酒造㈱ 福蔵	64. ㈱山本本家 横大路蔵

図 4-1-12 伏見酒造場位置図 (1980年)

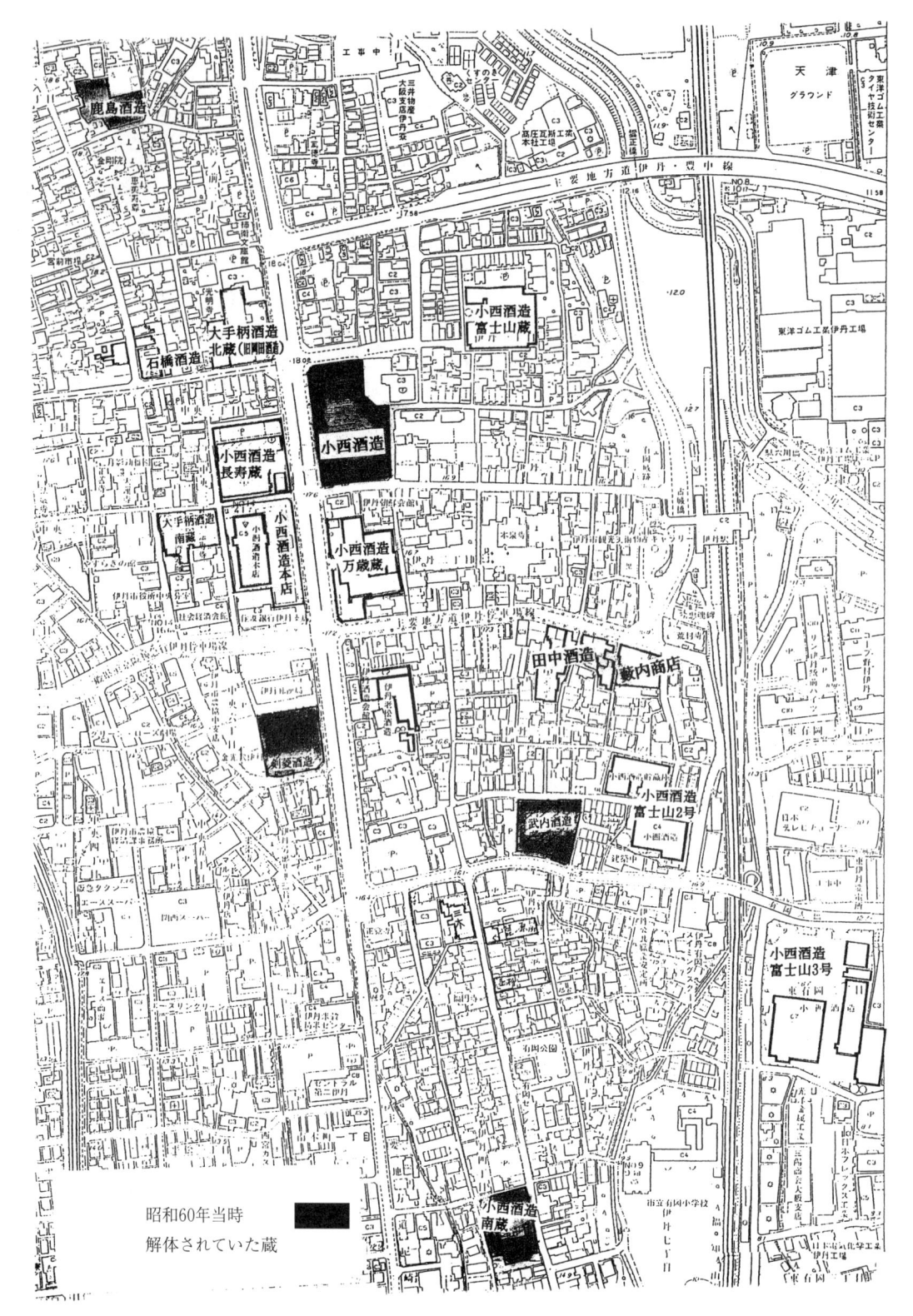

図4-1-13　伊丹市の酒造場位置図　昭和60年

1. 近畿地方

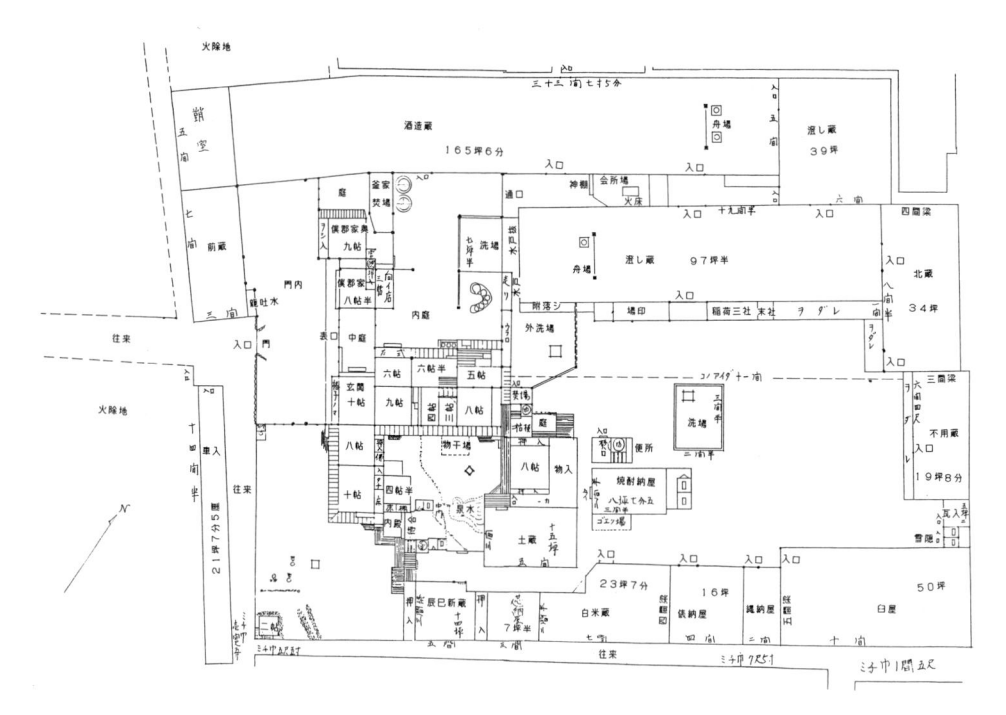

図 4-1-14　西宮市今津　鷲尾本店　配置図　安政 6 年

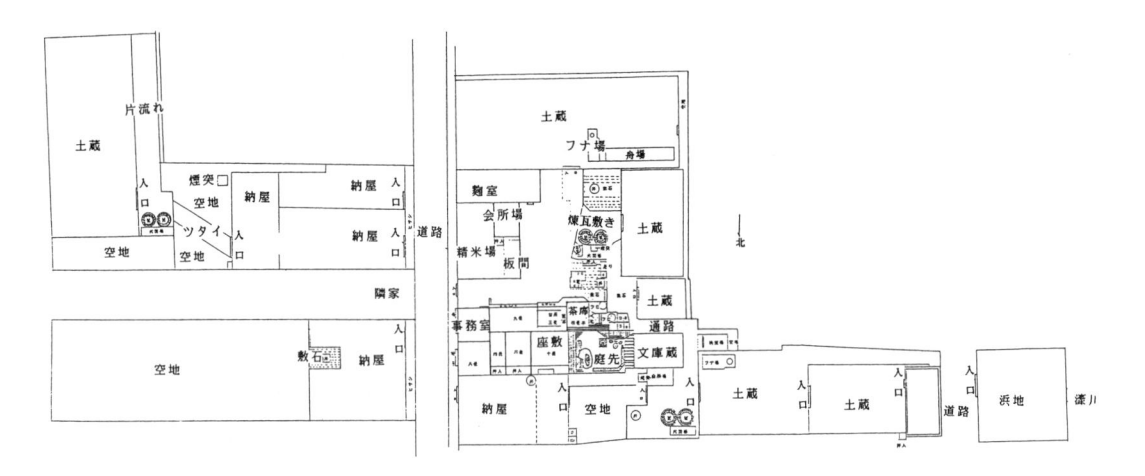

図 4-1-15　キンシ正宗　御駕籠町蔵配置図（大正 4 年調）明治 13 年建築

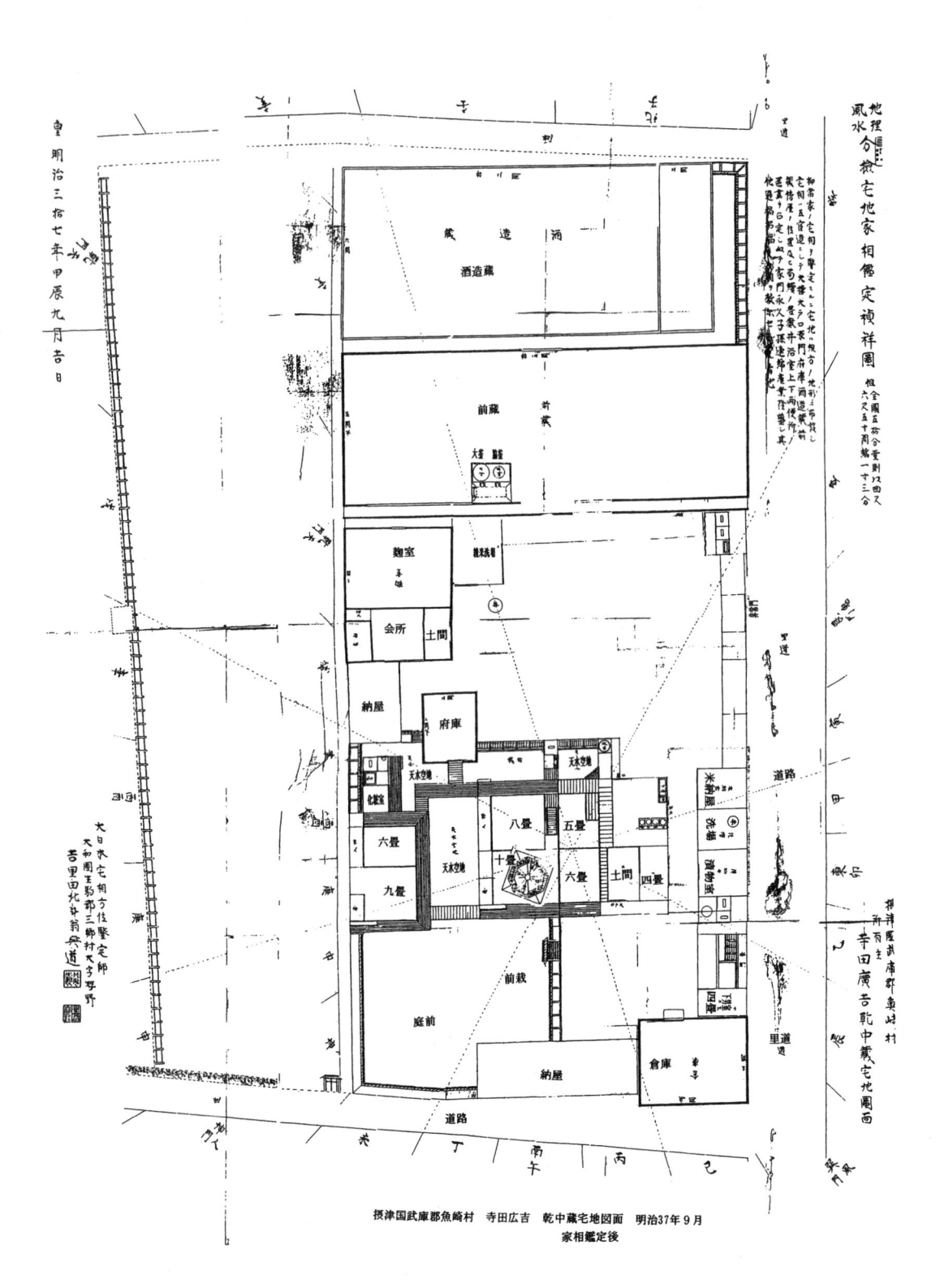

図 4-1-16　兵庫県武庫郡魚崎町　寺田廣吉　乾中蔵宅地図面　明治 37 年

1. 近畿地方

写真4-1-1 浪花酒造 仕込み倉

写真4-1-2 浪花酒造 店, 住居

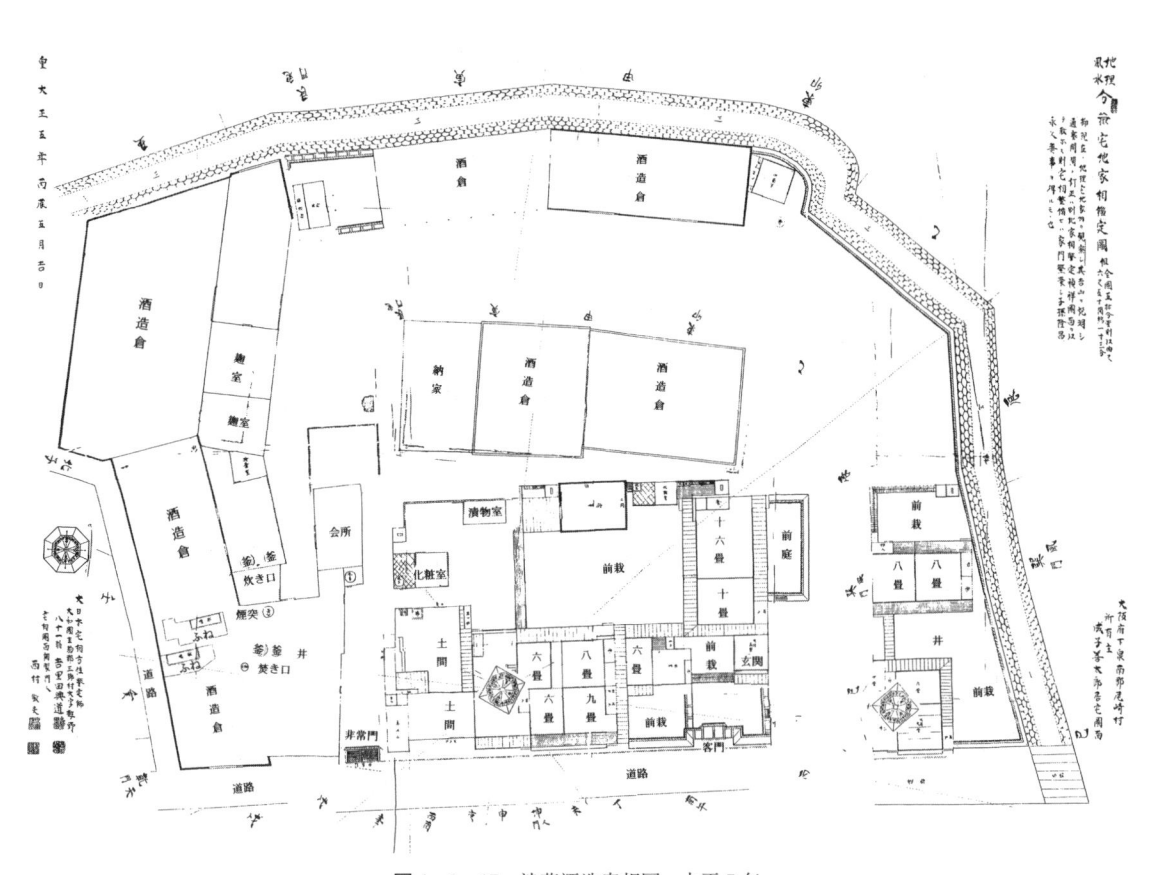

図4-1-17 浪花酒造家相図 大正5年

第4章 各地の酒蔵

鶴正酒造

月桂冠　内蔵

月桂冠　昭和蔵(旧伏見酒造)北側

松本酒造　酒倉

川村酒造　仕込み倉

川村酒造　店

写真4-1-3　伏見の酒造場

1. 近畿地方

御影石町の酒造場

山邑酒造(現,櫻正宗) 本蔵(魚崎南町)

白鶴石屋蔵 南側

世界長酒造(御影本町)

白鶴酒造 石屋蔵 南側から見た甲蔵(奥),乙蔵(手前)(御影石町)

写真4-1-4 灘の酒造場

第4章　各地の酒蔵

辰馬本家酒造白鹿記念酒造博物館　居宅蔵　　　　　　辰馬本家酒造　新蔵

辰馬本家酒造　新田蔵　14番蔵　　　　　　　　　　山邑酒蔵(現,櫻正宗)　内蔵乙,丙

山邑酒造(現,櫻正宗)　内蔵甲　前倉　　　　　　　山邑酒造　内蔵甲　前倉2階

写真4-1-4 (つづき)

1．近畿地方

山川酒造　住居・店（奈良県桜井市）

北川酒造　住居（奈良県當麻町）

山川酒造　酒倉

北川酒造　酒倉

河合酒造（奈良県橿原市今井町）

御芳野商店　仕込み倉2階酒母場

写真4-1-5　近畿地方のその他の酒造場

美冨久酒造　製品置場　店（滋賀県水口市） 　　　　　　　　美冨久酒造　店

美冨久酒造　仕込倉2階（滋賀県水口市） 　　　　　　　　　五条酒造　仕込倉（奈良県五条市）

沢佐酒造（三重県名張市）南側 　　　　　　　　　　　　　沢佐酒造　北側

写真4-1-5（つづき）

〈事例6〉平和酒造　[慶長]

創業:江戸末期／京都市伏見区

[沿革]

初代は大坂出身の米穀商で伏見でも有数の大地主であった。伏見町誌には江戸時代からの酒造に関する記事は多いが,「河内屋伊兵衛」(平和酒造)の名前が出てくるのは明治2年が最初である。この時造石高は563.7石で,伏見の酒造家28軒中4番目であった。ちなみに最高は590石で,これに近いものであったとはいえ地売り型の酒造業である。この前の記録が寛政9(1797)年であったことから,創業は1797年から1869年の間である。昭和2年には醸造高は2,981石に達したが,昭和18年の企業整備で酒造りは中断する。戦後の復活時に「河内屋伊兵衛」から平和酒造に改称するが,酒銘は「慶長」を引き継いだ。

[建物]

毛利筋に沿って建つ住居は,京都の町屋と同じく腰板壁と漆喰塗り上壁・竪格子で構成されている。住居に続いて,約60cmほど敷地を高くした精米所は,屋根は住居と続きに作られていて,精米所に使用する前は,小作米を収納する米倉として用いていたのであろう。入口右側の検査室とその奥の試験室は後日に仕切って造ったものである。玄関から通じている土間の右隅に大きな井戸がある。以前はこの井戸水を汲んで使用していたが,今は奥の蔵の前の深井戸の水を使用している。通り土間を抜けると作業場で,棟中央には越し屋根がある。突き当たりが仕込み倉で,左が麹室である。麹室の前を通り抜けると裏庭に出る土間で,貯蔵倉がある。通路を出ると広い空き地で,昔の桶干し場である。

建物の構造や材木表面の状態から,麹室がある建物が最も古く,精米所,住居と共に江戸時代に建てたものである。仕込み倉,貯蔵倉はその後に建てたものである。明治2年の造石高,563.7石からみて,創業時に仕込み倉(48坪)と

隣接する貯蔵倉(38坪)は同じ頃に建てたものと思われる。昭和42年に釜場が改造され,続いて西側道路沿いの蔵を改造した。住居に続いて作業場がある建物配置は原型Aであるが,後の増築によって不揃いとなった例である。

精米所の屋根は住居屋根と一体であるが,柱は別に建てている。2階建一部吹き抜けで,2階は使用人の部屋で,母家2階とは通じていない。

麹室のある建物はもともと2階建であったが,今は2階をはずして使っている。軒高は約4.5m,梁間10.5m,桁行き8.5mと梁間の方が大きく,中央の柱上で棟持ち梁を継ぎ,これに梁を投げ掛けとする。中央柱33cm角,外柱20cm角と大きく,作業場より床が約60cm高くなっていて,酒造をはじめる前は米蔵であったと思

写真4-1-6　住　居

写真4-1-7　旧精米倉

142　第4章　各地の酒蔵

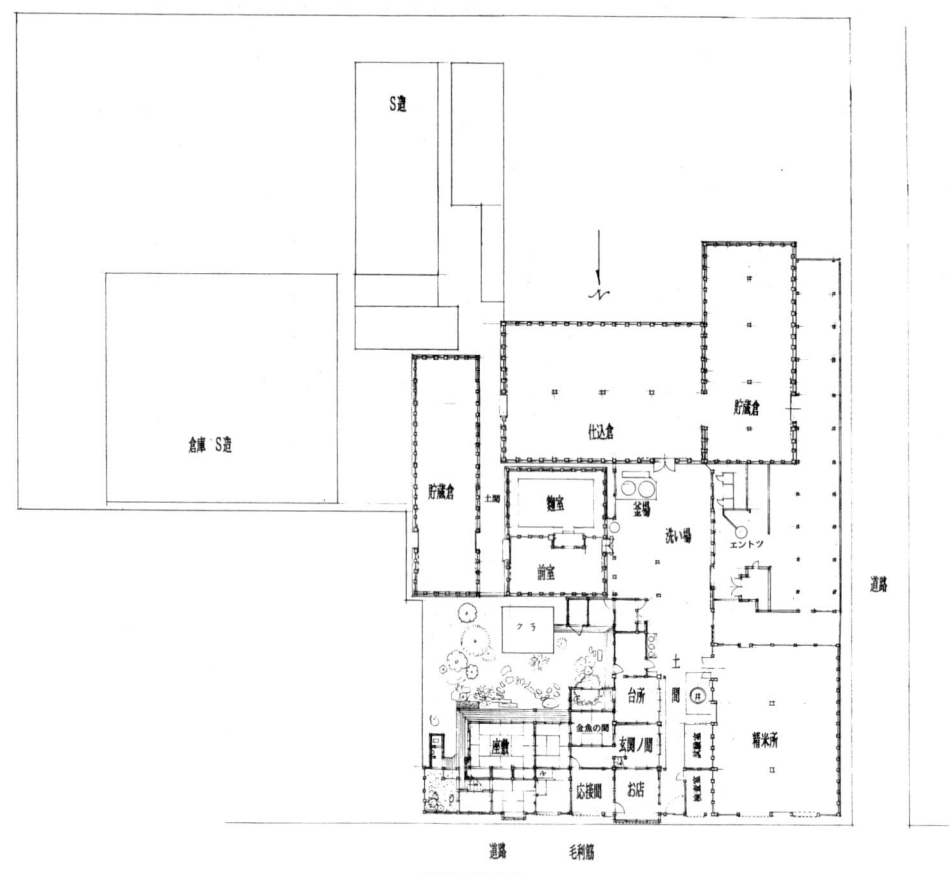

配置平面図

立面図

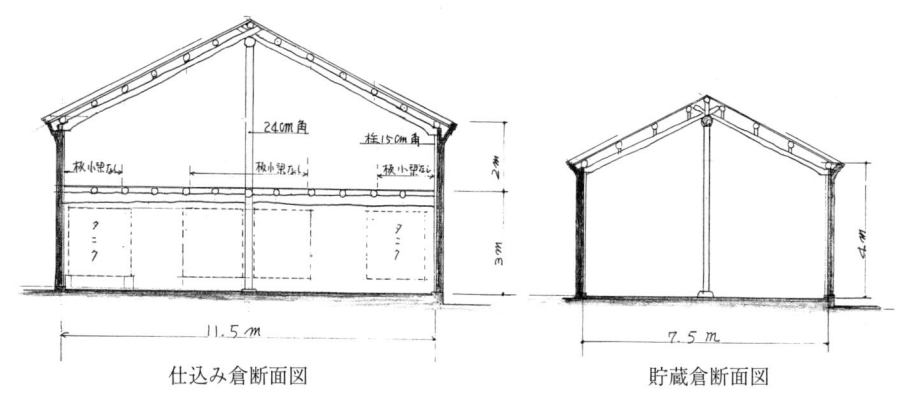

仕込み倉断面図　　　　貯蔵倉断面図

図4-1-18　平和酒造

われる。

　仕込み倉は木桶を使っていた頃は総2階であったが，ホーロータンクを使用する時に，中央部を残して2階床を外した。2階床高さは3mと低く，大きいタンクが入らないためである。小屋組は麹室と同じ登り梁型であるが柱・梁共に小さい。貯蔵倉は平家で軒高4m，仕込み倉より後で建てたもので，小屋組は登り梁型である。

(昭和55年調査)

〈事例7〉帯庄酒造［鶴の瀧］　　　　　　　　　創業：明和年間／和歌山県伊都郡かつらぎ町

［沿革］

　森田家の先祖は南朝方の武人で，今から300年前にこの地に居を定め，代々地主と金融業を営んだが，明和年間（1800年頃）6代庄兵衛が酒造業を始め屋号を帯屋と称した。代々酒造と金融を業とし，大庄屋をつとめた素封家で，7代及び9代の庄兵衛は大いに稼業を繁栄して森田家の基礎をきずき，また，困窮した人々には救助を施し，不況の時は救済のための土木工事等を起こした。10代森田庄兵衛は，明治初年に慶応義塾に学び，帰郷して郷土の産業の発展と教育振興に尽力し，明治44年に貴族院多額納税議員に選ばれた。明治の末年，新和歌浦の開拓に独力で着手し，「新和歌の浦」開発の恩人と称されている。酒造高は，明治14年に1,817石，明治28年は4,085石[1]と増加し，全国で25番目の規模になった県内屈指の大醸造家である。また，明治37年の和歌山県貴族院多額納税者議員互選人名簿の土地価格を見ると，土地価格が31,000円で県内屈指の大地主であったことが判る。

［建物］

　安政2（1855）年の家相図と現状を比較すると，建物の配置は大略では同じであるが，個々の建物では，建て替えや増築が行なわれたようである。住居裏に並んで建つ2棟の土蔵倉は昔のものである。第1貯蔵倉は創業時の倉といわれているが，家相図の二蔵の北にあたる部分が現状と違っている。酒造倉の間にあった空地は現在では倉になっている。即ち，御合酒蔵と酒蔵（現仕込み倉）はその後に建て替えたもので，御合酒蔵が先に建て替えられ，次いで，明治26年に酒蔵（現仕込み倉）が建て替えられた。本宅の東は明治以後に建てたものといわれている。現在この部分には入口庫，玄米倉庫，精米所，空瓶倉庫がある。

　第1貯蔵倉には釜場，洗い場があるが，酒蔵の中に釜場が設けられた例は殆ど見られないもので珍しい。ここでは家相図でも蔵の中に大釜があり，この倉は昔から作業場としての性格が強かったものと見られる。

　仕込み倉の中柱は大きな磨き丸太で，直径約40cmで背割が入っている。この中柱は通し柱で，中柱の1本（2階）に明治26年上棟の墨書がある。中柱と桁行方向の2階床梁の仕口は両方から梁が大入りに差し込まれていて，柄先が見えない。

　仕口の工法はわからないが特殊な工法，例えば「じごくほぞ」のような仕口の可能性がある。北側の外側の柱も15～18cmの丸太柱で2階梁や根太（120×210cm）も正角であり，丸太は意匠的に用いたものであろうか，まっすぐで，大きさが揃った材が使われている。小屋組工法は灘の倉でよく見られるものと同じ工法の折衷型で中柱の上に中引桁を通し，その上に軒から小屋梁を投げかけ，その梁端に中央の梁をのせている。外側の小屋梁は外柱上に折置きである。

　1階南側は第2貯蔵倉の壁（漆喰仕上げ）から96cmはなれて径24cm以上の柱を2間間隔に建て，2階梁（桁方向）を通し，この上に2階の外側柱を立てて外壁としている。第2貯蔵倉は3スパンの倉で中央2間分が2階であったが，2階床は取り外してある。第1貯蔵倉は創業時（1800年頃）のものと考えられる古い倉で2階は物置である。しかし，中柱の径は約33cm，2階床高さは4.26mと高い。6代目庄兵衛が相当な財力をかけて建てたものであろう。しかし2階床組の桁方向の梁の仕口は，一般によく見かける工法で，明治の最盛期に建てた仕込み倉とは相当な技術差がみられる。2階軒高さも高く，昔はここが酒母場として使われたものと考えられる。ここには現在，釜場，洗い場，会所，宿舎があり，古い「ふね」も残っている。

また，昭和39年頃この一郭に麹室があったが，今は仕込み倉2階に移っている。仕込み倉北側は干場（「ひだな」）で西側端に井戸がある。5尺角程の大きな井戸で深さ17〜18mの深井戸であるが澄み切ったきれいな水が満々とたたえられている。毎年井戸さらえをして井戸側の周壁を磨くという。豊富な水脈が今も続いているのは200年前と環境が変わっていないからである。北側背後の和泉山脈から流れる地下水は紀ノ川まで達しているのであろうか。北から南へ続くゆるい斜面の中腹にあるこの倉の井戸水は200年間にわたってとぎれることなく湧き出ているのである。

ここの干場は広い。幅10間長さ30間ほどもあってこれを屋根の付いた土塀がしっかりと囲っている。この地方は冬になると5〜7℃ほどの気温でまさに酒造りには適温である。

明治時代，国内有数の酒造高を誇った倉であるが，昨今は醸造高が減ってしまった。時代が変わったのである。　　　　（平成7年7月調査）

参考文献
1) 明治28年度全国酒造家造石高見立て

第4章 各地の酒蔵

配置図

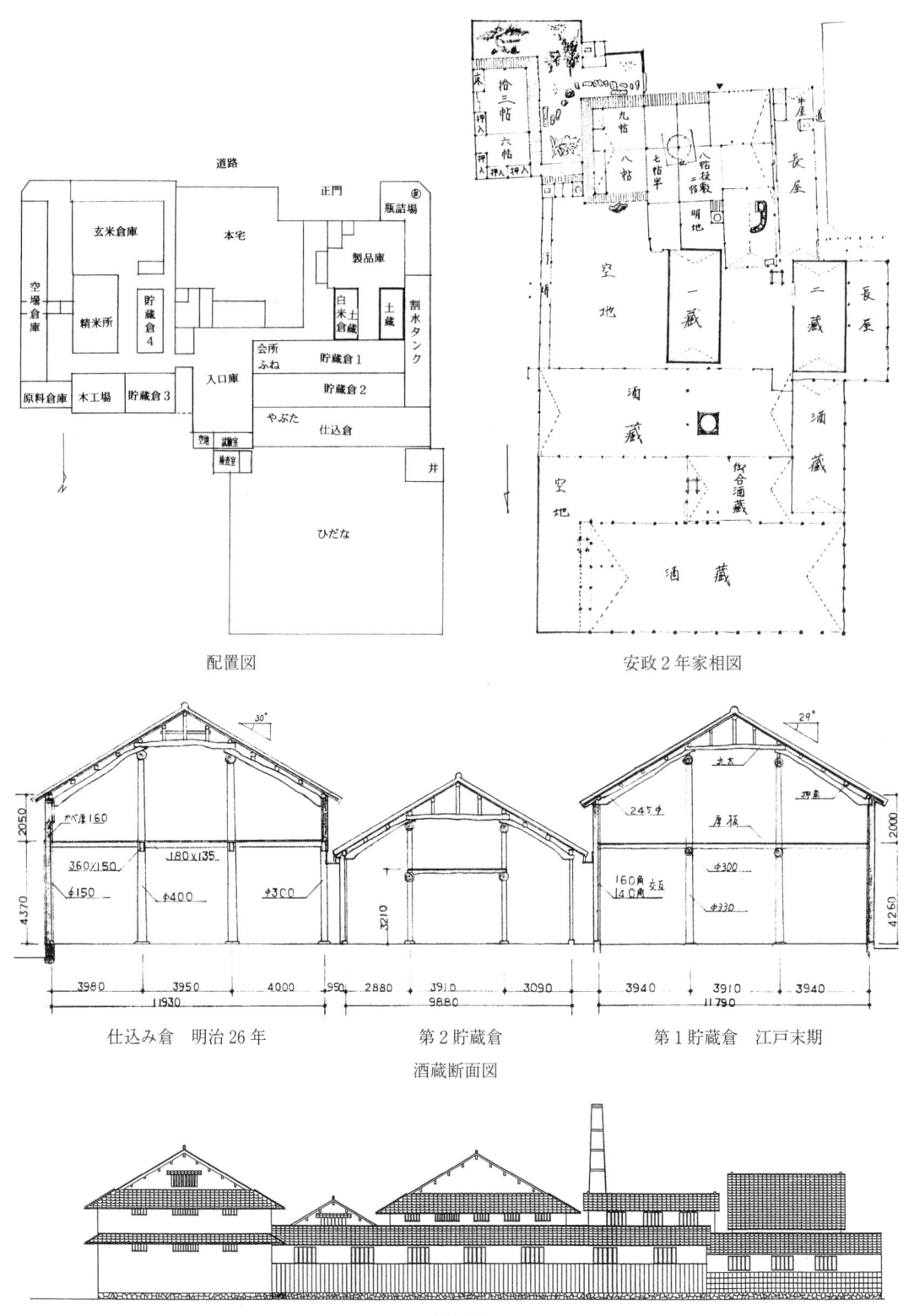

安政2年家相図

仕込み倉 明治26年　　第2貯蔵倉　　第1貯蔵倉 江戸末期

酒蔵断面図

西立面図

図4-1-19 帯庄酒造

1. 近畿地方

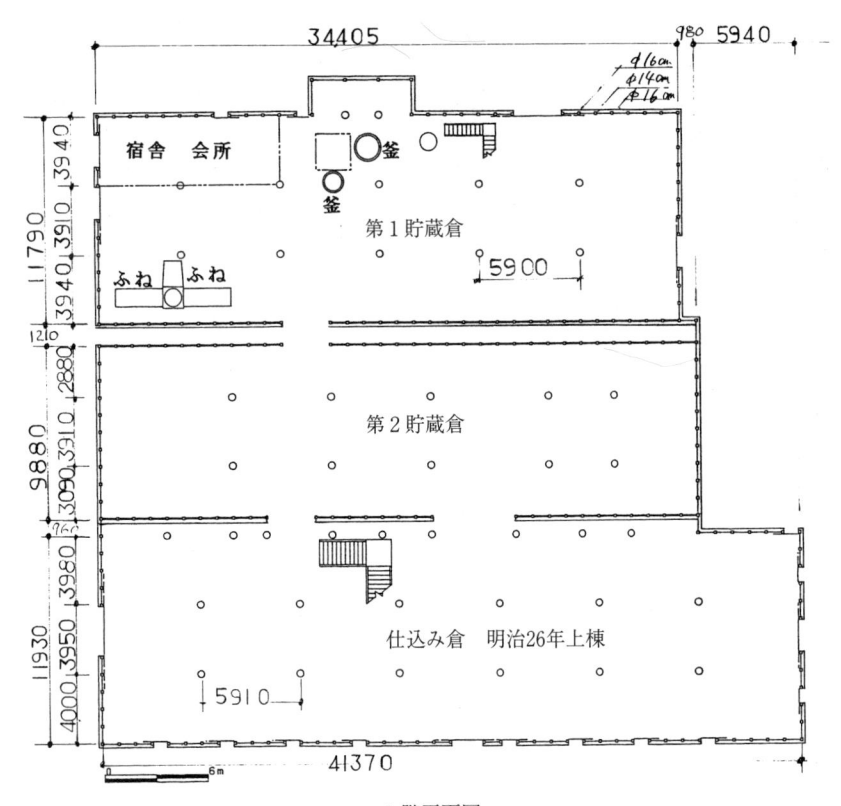

1階平面図

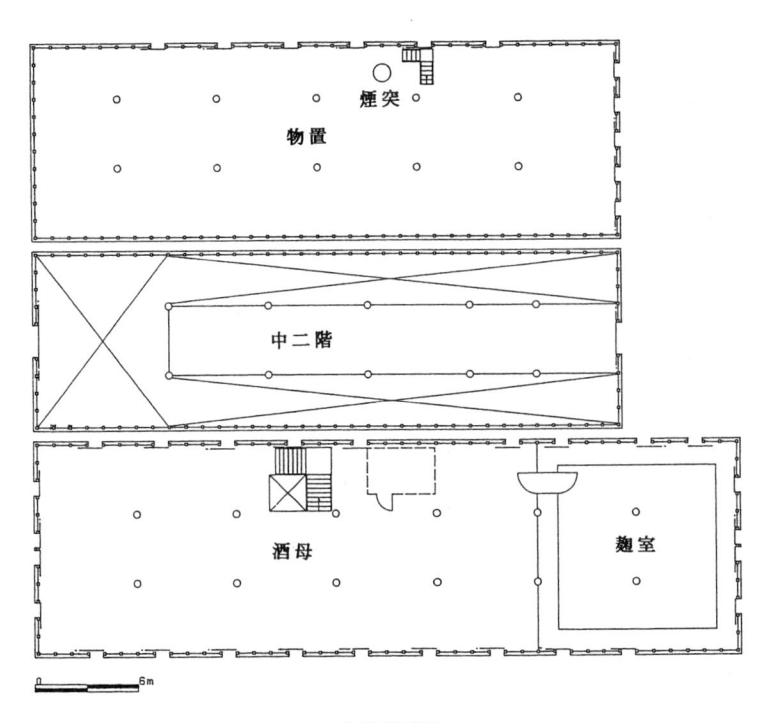

2階平面図

図 4-1-19 (つづき)

住居入口附近 　　　　　　　　　第1貯蔵倉　2階

仕込み倉1階 　　　　　　　第1貯蔵倉　1階，左：ふね　右：釜場広敷

仕込み倉2階 　　　　　　　東北側外観　右：仕込み倉

写真4-1-8　帯庄酒造

② 中部地方

[はじめに]

中部地方は，東海道地域，中部山岳地域（東山道），日本海地域（北陸）に分けられ，各地域は気候が異なり，酒造場の生い立ちもまた違ったものがある。

明治28（1895）年の北陸，東山，東海における記録（表4-2-1）を見ると，北陸と東海では場数はほぼ等しいが，1場当たりの生産石数は東海が大きく，東山はこの中間である。特に1,000石以上の酒造場の数は北陸の5.3倍と大きいが，これは江戸時代に尾張，美濃，三河地域で発達した江戸積み酒造の影響によるものである。

表4-2-2で，愛知県，長野県，新潟県は500kℓ以上の酒造場が他の県に比べて多い。また，長野県は酒造場の数では最も多いが，その半数近くが200kℓ以下の酒造場である。

昭和33年度の場数と比較すると，各県ともに減少し，最も減少したのは富山県，次が石川県で，もともと酒造場の数が少ない県である。

平成15年度では，500kℓ以上の酒造場が，愛知11，長野6と半数以下に減少したが，新潟では逆に23とわずかながら増加した。

a．東海道地域

[はじめに]

東海道地域は静岡県，愛知県，岐阜県の平野部であるが，古くから酒造場が発達したのは濃尾平野南部から知多半島の一帯，所謂，尾張，三河，美濃の国である。

愛知，岐阜両県の酒造場数は，平成2年度において，145であり，これは全国酒造場数の6％にすぎないが，明治7年では兵庫県に次いで愛知県は醸造高全国2位であった[3]。この地方での酒造場の発展過程を調べると，元禄10（1697）年頃に始まった江戸積み酒造業の発展[*1]を境にして，江戸積みを始めた地域の生産が大きく伸びた。即ち，それ以前には生産した酒はその地域のみで消費するタイプの小規模の酒造場が大半を占めていたのである。江戸積みをする酒造場は積出しに便利な海岸に立地した知多半島の酒造場が多く，江戸積みを開始して間もなく灘の酒造場に匹敵する規模に発展する。調査の結果，尾張，三河，美濃の酒造場の多くは江戸積みの影響を受けていたと考えられるが，飛騨高山の場合は岐阜県北部の山岳部にあってその影響を全く受けなかった。高山は中央部山岳地域で述べることにする。

[酒造場の生い立ち]

江戸時代における清酒の大消費地は江戸で，その供給地の第1位は摂津であり，次いで尾張，三河，美濃の順で，江戸周辺の生産量は尾張一国にも満たないものであった[4]。尾張，三河，美濃の3ヵ国が供給する酒は「上方酒」に対して「中国酒」と呼ばれ，上方酒は紀州灘を通って江戸へ行くのに対し，中国酒は伊勢湾，三河

表4-2-1　明治28年の各地域別酒造業の製造規模別構成[1]

造石高石	100未満	100〜500	500〜1,000	1,000以上	合計A	生産数量B	B/A
北陸	322	862	138	13	1,345	308	229
東山	77	500	164	28	769	219	284
東海	199	914	202	69	1,384	427	308

Bの生産数量単位は1,000石
B/Aは酒造場1場当たりの生産石数

表4-2-2　昭和55年度の中部地方の酒造業の規模別数[2]

造石高kℓ	1,000以上	999〜500	499〜200	199以下	合計	昭和33年
愛知県	10	17	35	28	92(2)	118
静岡県	1	5	9	26	51(10)	73
岐阜県	5	8	23	41	78(1)	87
石川県	3	7	10	33	54(1)	82
福井県	1	1	13	41	56	75
富山県	3	2	5	20	33(3)	66
長野県	6	16	28	50	116(16)	134
新潟県	13	8	42	44	108(1)	132

（　）内は合計数に含まれる休業及び集約数

湾から積み出すので航行距離も短く有利であった。特に尾張は藩の財政政策もあって大きく飛躍する。享保2（1802）年の記録[4]によると，尾張は，下り酒入津樽数の14.1％に達し，三河(5.9％)，美濃(2.8％)の合計の1.6倍となった。また，享保9（1724）年の調査では，江戸積み酒造家は尾州72軒・濃州65軒・三州57軒であった。

天明8（1788）年の酒造米石高を見ると尾張藩の中では，知多郡が一番多くて47.7％，次いで，名古屋町が27.3％で，この2地域の合計で75％に達している。

表4-2-3から1株当たりの酒造米高を求めて見ると，名古屋町と知多郡の1株当たりの醸造高は，465石／株，433石／株，でほぼ等しいといえる。しかし，知多郡の中で，半田村794石／株，亀崎村723石／株，有脇村769石／株の3つの村は知多郡の平均値の1.8倍で，この当時には知多郡でも現在の半田市内に含まれる3村に酒造業が集中していたことがわかる。

表4-2-3　天明8（1788）年改めの酒造米石高[4]

	軒株数	石酒造米石高	割合%	石1株平均
尾張国	427	175,674	100	411
名古屋町	103	47,904	27.3	465
愛知郡	25	14,837	8.4	593
春日井郡	21	4,787	2.7	228
丹羽郡	17	6,656	3.8	392
葉栗郡	8	1,021	0.6	128
中島郡	30	3,787	2.2	126
海東郡	23	10,380	5.9	451
海西郡	7	2,622	1.5	375
知多郡	193	83,679	47.7	434

町村名	株数　軒	酒造米石高	1株平均
知多郡半田村	23	18,268石	794
亀崎村	24	17,367	724
有脇村	11	8,457	769
愛知郡鳴海村	9	7,189	799
海東郡津島村	9	6,232	692
丹羽郡犬山村	7	4,725	675
知多郡乙川村	9	4,122	458
常滑村	13	3,680	283
緒川村	3	3,118	1,039
愛知郡熱田村	8	2,872	359
知多郡上野間村	7	2,500	357

しかし，江戸積みが発生する以前の記録である元禄10（1697）年の「酒かぶ帳」[6]を見ると，114軒の平均仕込み米は40石弱で，半田村の平均は26石／軒，亀崎村の平均も23石／軒にすぎず，これはこの地域の需要を満たすのみであったと考えられる。

半田村の酒造場1軒当たりの酒造米高の推移をみると[7]

	半田村	緒川村
元禄10年以前	26石／軒	485石／軒
元禄10(1697)年	125石／軒	1,802石／軒
天明6(1786)年	794石／軒	1,039石／軒
天保4(1833)年	873石／軒	552石／軒
弘化元(1844)年	1,161石／軒	255石／軒

元禄10年以前の26石／軒から順次増加して弘化元（1844）年には，1,161石／軒と増加している。最も変化の著しい元禄10年と天明6年の間で，大幅な需要の変化があった。即ち，江戸送りの需要がこの頃に大きく伸びたのである。緒川村はこれより早く，元禄10年には既に江戸積み酒造が始まっていたと見られ，1軒当たり1,802石に達したがその後は衰退する。半田地域ではこれより遅れているが，1700年代終わり頃には下り酒の出荷が始まったものとみられ，この間に酒造倉の増設があったとみられるのである。

半田村・亀崎村を中心に在方酒造地帯が形成されたのは，知多湾における廻船業と新田開発をあげなければならない。知多湾は遠浅の上，境川・矢作川などの沖積作用が活発なため，河口を中心に新田開発が進む。一方，廻船の大型化もあって，その港が東浦では半田・亀崎に限られてきたためである。こうしたことが亀崎より北の緒川村の衰退につながったのである。

知多郡の酒造業者の増減について，半田市誌によると，明治5年には最大多数の酒造戸数になり，最盛期に達したとみられるが，明治18年には98軒となり激減している。これは酒税の大幅な増加によるものと言われている。この後も酒造場の増加は見られず，昭和47年には15軒となり醸造高も44,743石となっている[8]。

参考文献
1) 清酒業の歴史と産業組織の研究　桜井広年著　中央公論事業出版　昭和57年　60頁
2) 酒類醸造名鑑　醸界タイムス社　1982年
3) 清酒業の歴史と産業組織の研究　桜井広年著　中央公論事業出版　昭和57年　56頁
4) 半田市誌　本文編上　平成元年　627頁
5) 同上　628頁
6) 大野町史　昭和4年　274頁
7) 半田市誌　本文編上　平成元年　561頁
8) 同上　556頁

＊1 近世中期には，100万人を超す大都市になった江戸の酒需要を満たすために大阪から日常用品と共に船便で江戸に回送したのが始まりである。
　　江戸積み酒造業について，日本酒の歴史　柚木学著　雄山閣及び，酒史研究4　尾張の国知多郡酒造業と尾張藩の財政政策　篠田寿夫　に詳しく述べられている。

[平面・配置]

愛知，岐阜両県で調査した酒造場のうち高山市を除くものは15場で，このうち11場が作業庭型Dで過半数をしめている。次いで不整型Ⅰ，縦増築型B1，原型A，作業場型C，が各1場ずつである。酒造倉には仕込み倉，貯蔵倉，囲い倉と目的によって名称はあるが，いずれも酒の貯蔵をする倉である。これらの組合わせによる配置が敷地にそってL字型をしたものが10場で，半田市亀崎町の太田酒造[1]も同じ形で，この地方の酒倉の特徴と言える。

また，新城市の日野屋商店の場合は，不整型Ⅰとしたが，増築以前の配置を見ると作業庭型Dである。亀崎町の太田酒造，常滑市の沢田酒造，後藤酒造[1]の建物配置も作業庭型Dであり，こうしたことを考えるとこの地方の酒造場の多くは作業庭型Dと推定できる。

図4-2-1は有脇村（現・半田市）神谷惣助＊1の明治7年当時の図面で，東側正面の入り口を入ると広場で，左が大工部屋，樽屋細工場等があり，右が米搗き場と住居で，中門で裏と仕切られ，ここが桶干し場兼出荷場であろう。中門を入ると作業庭で，L字型に配置された酒造倉と作業用建物（麹室，釜場など）で囲まれている。

明治時代の伊東合資の全景絵図（図4-2-2）にある大西蔵では，住居や仕込み倉等に囲まれた中庭と，酒造倉や他の建物に囲まれている桶を干した中庭の2つがある。このように2つに分かれた中庭を有する酒造場は，木桶を用いていた時代では代表的な建物配置の1つであったのである。しかし，木桶を使わなくなった現在では桶干し場を囲む桶大工小屋などは不要になり，このような中庭は現在の酒造場では見られなくなり，調査例では，全て中庭は1つであった。昭和初期まで使用していた桶大工小屋は物置となり，桶干し場も転用されている場合が多く，調査した範囲では現存する酒造場で桶大工小屋及び桶干場が完全な形で存在していた例はなかった。酒倉の裏は空地になっていることが多く，古びた小屋が建っていて，往年の桶干し場の片鱗がうかがえる。

調査した酒造場で複数の酒造場を経営していたのは伊東合資と丸中酒造で，伊東合資の酒造場は亀崎の町内に分散していて，最盛期には4つの酒造場を有していたが，現在（平成1年）は本倉と大西倉の2つである。丸中酒造は，中埜酢店の酒造部で，小栗富次郎の倉を継承したもので，現在は中埜酒造となって，阿久比川沿いの3つの蔵と旧マルナカ酒造の雪山蔵（せっさんくら）の4蔵である。

濃尾平野北部の美濃市にある小坂酒造は住宅が国指定の重要文化財になっている古い酒造場で，住居に続いて仕込み場の「安永の倉」と呼ばれている古い倉とその奥に貯蔵場の「明治の倉」がある。昔は，住居と安永の倉の間に洗い場，釜場があったが，今は安永の倉の横に鉄骨造りの作業棟が造られ，ここが洗い場・釜場である。明治の倉ができる前は文庫倉の前の空地に釜場があり，仕込み倉一棟のA型の蔵であったが，明治の倉ができて縦増築型B1となった。

[倉の構造]

愛知，岐阜，静岡の3県で調査した倉の構造は全部木造土蔵造，棟数は24棟で，そのうち高山市の7棟を除いた17棟について述べる。

2．中部地方

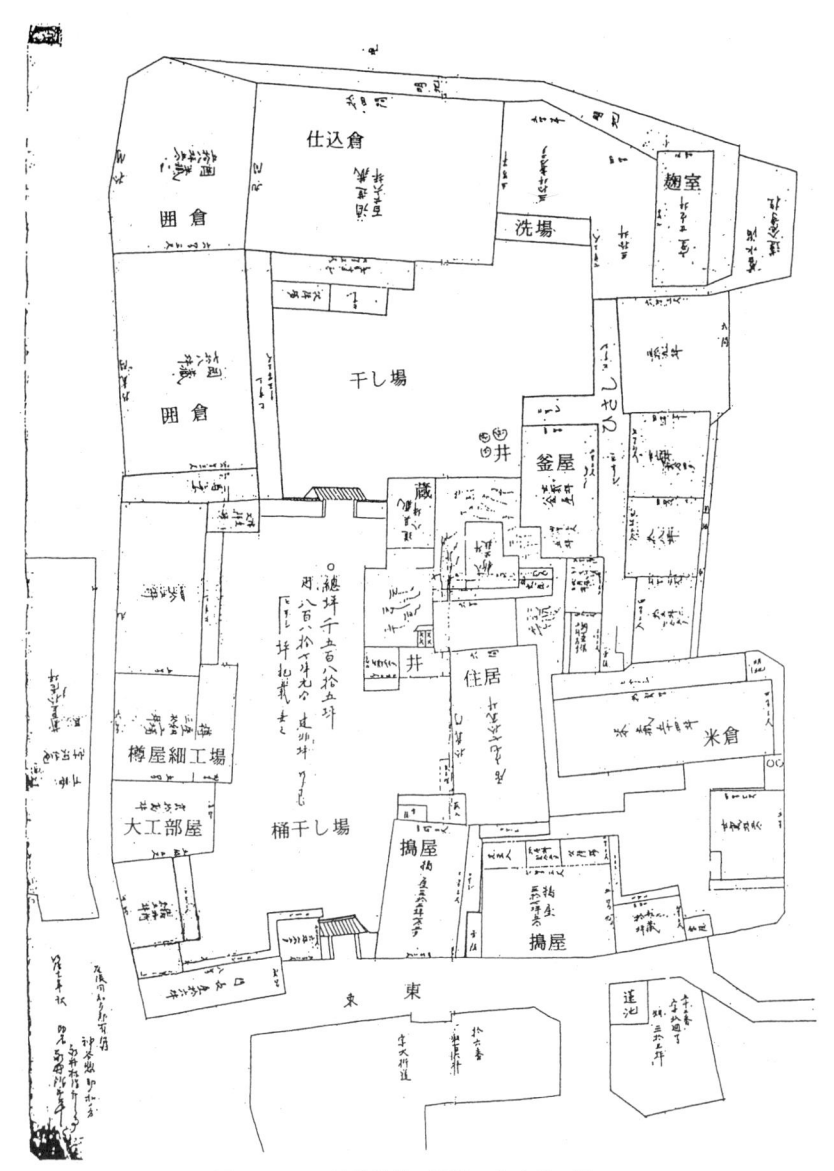

図4-2-1　神谷惣助の明治7年当時の図

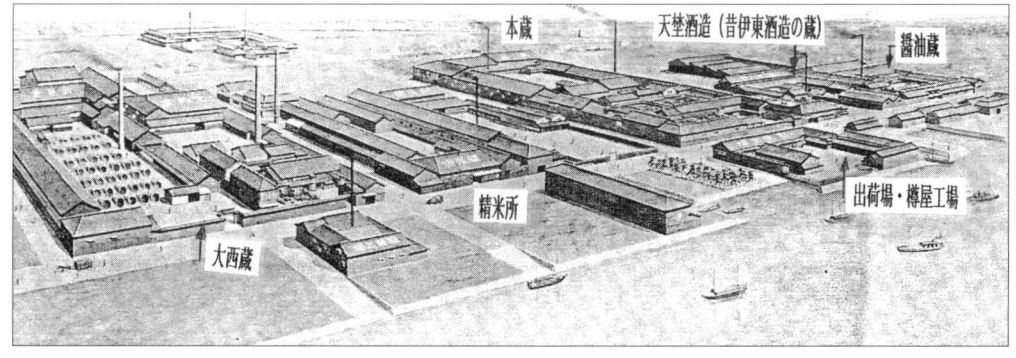

図4-2-2　伊東合資の会社全景（明治時代）

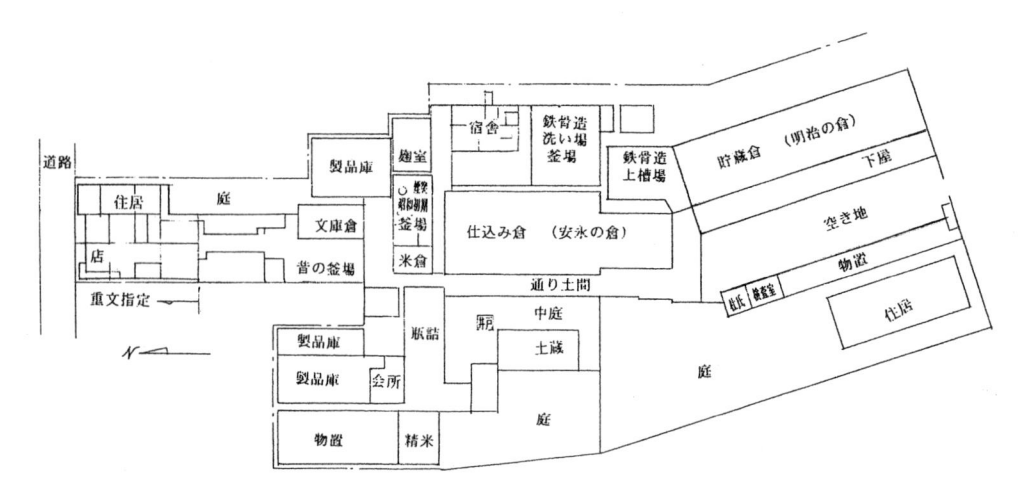

図4-2-3 小坂酒造配置図

(1) 床高さについて

3県の酒造場は全部2階床張りであるが、17棟の平均2階床高さは3.77mで、近畿地方より僅かに低い。このなかで仕込み倉の2階床高さが4mを超える倉は、伊東合資・天埜酒造・田中酒造の仕込み倉で半田市にある酒造場である。知多半島にはこの他に2階床高が4mを超える大きい倉は盛田酒造、太田酒造にもある。これらの酒造場は灘の酒造場に匹敵するもので、江戸時代から江戸積み酒造業として栄えた広域型の蔵で、使用した仕込み桶は30石桶を使っていたものと考えられる。

(2) 倉の梁間と小屋組

調査した16棟で、梁間4間(7～8.5m)の倉は7棟、村井酒造を除く6棟が2スパンの倉である。これより大きい5～6間(9～13m)の倉は6棟で、日野屋商店の澄まし倉を除く5棟は3スパンの倉である。梁間が7間を超す倉は3棟で、いずれも4スパンで、中柱が3本となり、中央の2スパンが大きく、外側のスパンが小さい。この他に盛田酒造では、梁間2間で等スパンであった(盛田酒造仕込み倉、梁間8間、2階床高、4.4m、慶応2年)[2]。

日野屋商店の澄まし倉は梁間6間で、2スパンの登り梁型では最も大きいものである。

小屋組は登り梁が最も多く13棟で和小屋(折衷型を含む)はわずか3棟であった。登り梁で2スパンの倉は、梁間中央の中柱上に地棟を通し、これに両側から登り梁を掛けて地棟上で組み合わせ、他端は外柱上に折置きとし、登り梁の間隔は1間である。中柱の桁行き間隔は2～3間で、中柱は18～40cmの正角材または丸太を用いる。断面図は作らなかったがこの他に伊東合資の粕倉(旧仕込み倉、梁間4間、梁

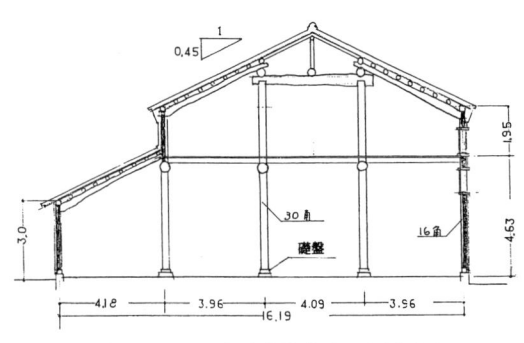

図4-2-4 伊東合資仕込み倉断面図

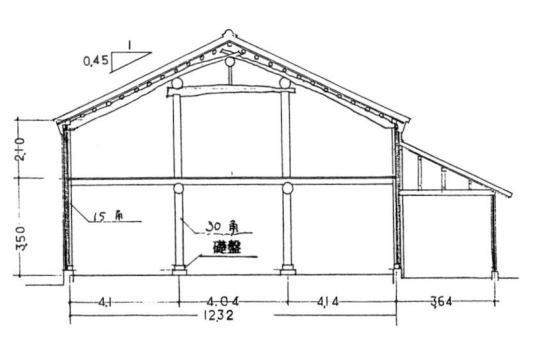

図4-2-5 伊東合資貯蔵倉断面図

2．中部地方

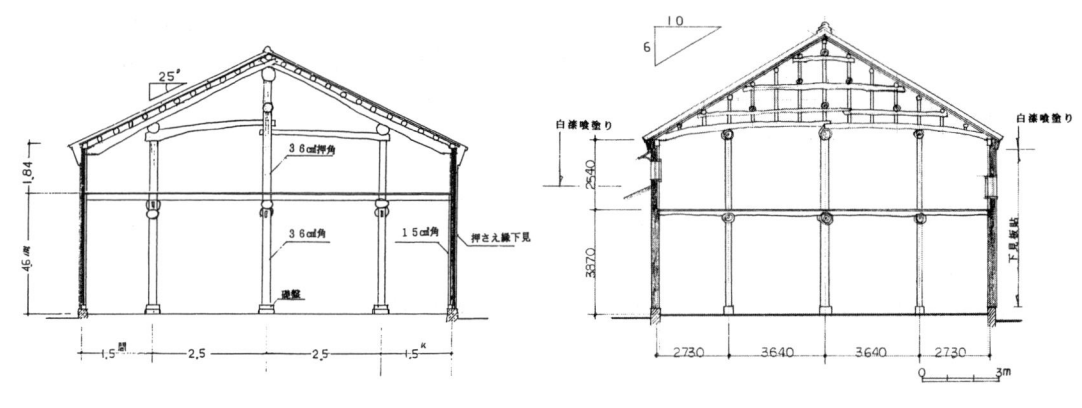

図4-2-6　天埜酒造仕込み倉断面図

図4-2-7　日野屋酒造仕込み倉断面図

間1間＝2.16m)³⁾と太田合資の仕込み倉の古い部分⁴⁾も同じである。

登り梁の仕口は地棟上では相欠きに組み，他端は折置きが多い。日野屋商店の貯蔵倉，鶴亀酒造，永井酒造では，登り梁の上端に幅5cmほどの切り込みを入れ，組み合わせる側の登り梁端にほぞを作り組み合わせている。

3スパンの倉は6棟のうち登り梁は4棟，和小屋（折衷を含む）2棟。中柱は通し柱が普通であるが，小坂酒造の明治倉では2階梁が一本物で，中柱が管柱である。また，小屋組の変わったものとして，伊東合資の仕込み倉（図4-2-4）では中央スパンがたるき造りで，両側が登り梁である。

万乗酒造の仕込み倉は近畿地方の折衷型Ⅰ⁵⁾（中央スパンが和小屋，外側が登り梁）と同じ小屋組で，中柱上に中桁を通し，桁上に梁を架け，梁端上に外側の登り梁を乗せ掛けている。

村井酒造の仕込み倉は3スパンの倉であるが，梁間が8.2mで，軒から半間内側に管柱を立てて上に梁を掛ける。2階床梁は一本物で，梁間中央に柱を1本立てている。他の倉とは，梁間の大きさも構造も違うものである。

4スパンの天埜酒造仕込み倉（図4-2-6）では中央の中柱は地棟まで通り，小屋梁が中柱にほぞ差しで中引桁も中柱にほぞ差しである。しかし，貯蔵倉では3本の中柱を同じ高さに揃え，その上に梁を掛け渡し，中央の中柱上で重ね継ぎとしている。中引桁は両外側の中柱上にはあるが，中央の中柱にはなく，地棟を小屋束で支えている。登り梁はいずれも地棟上で組み合わせ，他端は外柱上に折置きである。このように同じ敷地内で隣り合って建つ倉の構造が違っていることは多いが建築年代が異なるためと考えられる。

登り梁の酒倉はいずれも建築年代が古いものが多く，梁間1間の長さが2mを超えるものが多い。

中柱の桁行きの間隔は2～3間であるが，登り梁は1間ごとに入れる。

和小屋造りの日野屋商店の仕込み倉は明治時代の建築で，中央の中引き桁上で左右の梁を継ぎ，その上に3重梁組である。盛田酒造の仕込み倉では，中央の2スパンは長さ2間の梁を中引き桁に乗せ両外側の梁は中央の梁の端部に乗せ，他端は外柱上に折置きとする。

(3) 礎盤

半田市亀崎の3社（伊東合資，天埜酒造，太田酒造）の仕込み倉，貯蔵倉及び常滑市の盛田酒造の仕込み倉では，中柱の下に基礎石との間に四角形の礎盤がある（87頁の写真参照）。これは柱の下部を保護するために設けたもので，中部地方では上記4蔵のみで半田市の田中酒造にはなかった。九州では大分県の南部海岸地域（臼杵市，佐伯市等）にあり，この2地域以外では見られないものである。耐湿性の木材を使用したと思われるが古くなって木材名は判らない。

[仕上げ]

　外部仕上げは伊東合資，田中酒造，天埜合資，鶴亀酒造では軒までササラ子下見板張りに黒色塗り，軒天井のみ白漆喰塗り仕上げであるが他の酒造場では，腰は押え縁下見板張り，上壁，軒先は白漆喰塗り仕上げである。小坂酒造の明治倉では，2階床高さまで板張りで，その上の漆喰塗り仕上げ壁の中間に水切り瓦(写真3-8(89頁))を入れてある。また，亀崎町でも太田酒造は，腰は押え縁下見板張り，上壁，軒先は白漆喰塗りであったが，この地方の多くの酒蔵の外観は黒い。

参考文献
1) 愛知県立工業高校研究紀要第4号　昭和55年　知多半島の醸造施設について　黒宮弘行・林良永・加藤由美子　48〜63頁
2) 同上　62頁
3) 同上　59頁
4) 同上　57頁
5) 東灘・灘酒造地区伝統的建造物群調査報告書　酒のふるさと・灘の酒造　神戸市教育委員会　昭和56年3月　付図

＊1　半田市志本文編上　629頁　表3-3-4　天明8年の酒造家の中に有脇村油屋惣助の名前がある。米石高1,360で，有脇村では2番目である。

b. 中部山岳地域（東山道）

[はじめに]

　東山道地域とは畿内の東方の山地を中心とする地域で，近江から奥羽・出羽にいたる8ヵ国をさしている。飛騨高山もこの地域に入るのでこの項で長野県と共に述べることにする。この地方はいずれも標高が高い盆地に集落があって，冬期の寒気が強い気候も同じである。また，江戸時代からこれらの盆地を縫って多くの街道が通り，多くの宿場町や城下町があって町中には必ず酒屋があった。

(1) 高山市の酒造場

　高山市は天正13(1585)年に金森長近が入ってから町造りが盛んになった。長近は宮川を鴨川になぞらえ，江名子川との間に3町の道路を整え，寺屋敷，侍屋敷，町人屋敷を区分して町並みの基礎をつくった。元禄5(1692)年，金森氏は他国に移封されて，飛騨は幕府の直轄地となった。天領となって，江戸から代官が来て文化を移入したが，専らその担い手となったのは町人でありその富と町衆の技術であった。これらは今も家屋や祭りの屋台にみられ，町家資料と共に残されている。この文化遺産によって，今も高山は京と江戸の文化を偲ばせる町として多くの人が訪れる観光地として栄えているのである。元禄5年，天領となった高山は城下町時代につくられた町人の町（一之町，二之町，三之町）に加え，それまで武士が住んでいた地区も町人が住むようになって，町人の町として繁栄した。元禄10(1697)年，飛騨には89軒の酒造場があり，そのうち高山の町には56軒の酒造場があった[1]。

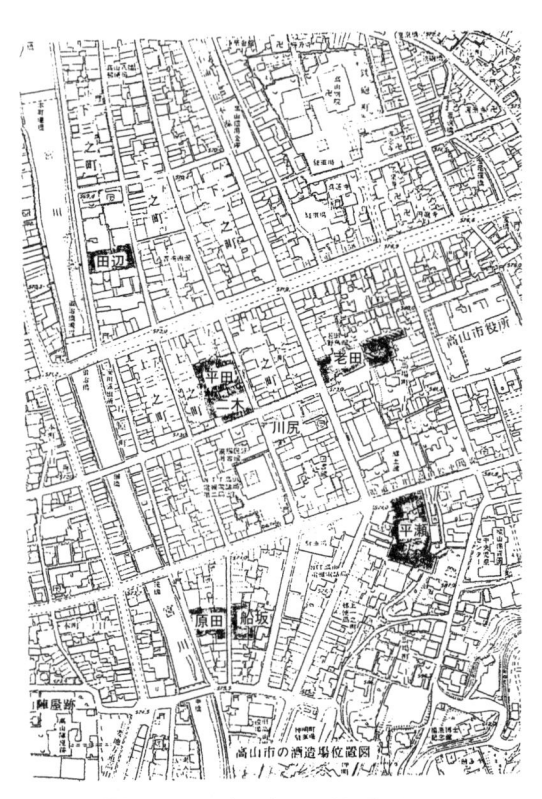

図4-2-8　高山市の酒造場位置図

	酒造場数	1軒の平均醸造高(単位：石)
一之町組	18軒	10.57
二之町組	27軒	12.4
三之町組	9軒	9.0

しかし，これらの酒造場はすべて小規模で最大が山田屋忠右衛門（北野屋，高52石6斗6升）で，10石以下の業者が全体の60％を占めている。享保7年，飛騨の酒屋数は89軒で，元禄10年と同じであるが，高山町が62軒，古川町12軒，舟津町8軒，益田町7軒で，高山町が増加している。明治21年刊行の「商工技芸飛騨の使らん」[2]に7名の酒造業者の名前がある。これによると平瀬市兵衛（海老坂町　酒醸　焼酎）を除く全ての者が兼業である。また，明治21年における「酒造業者の酒造による所得と全所得」[3]には，20名の酒造業者の名前があるが，そのうち，酒造による所得が50％以下の者が12名で，酒造専業者が少なく，殆どが兼業であった。明治28年の高山町高額所得者47名のうち，酒造業を営んでいた者が18名で，酒造業者は高山でも富裕階級の中心的存在であった。大正13年の高山町商工業者のうち，酒造業は13名[4]で，大正5年よりも減少しているが，これは欧州大戦後の不景気の影響であろう。また，水車精米業者が42名と多く，酒造業者の多くは精米を委託していたと思われ，精米は早くから水車で行なっていたと考えられる。昭和12年[5]における酒造場の数は12軒で次の通りである。

一之町	○谷口酒造場	老田酒造場
	○伊藤酒造場	
二之町	川尻酒造場	平田酒造場
	二木酒造場	
三之町	○小森酒造場	原田酒造場
	田辺酒造場	
海老坂通り	平瀬酒造場	
二之新町	○吉島酒造場	
本町	○白野酒造場	

（○印は現在は廃業）

高山では，昔からこの地域の需要のみを賄ってきたことが幸いして，これらの酒造場は，現在も健在である。更に，高山の古風な町並みがブームとなって，観光客の需要が増加したことにより，平成2年度では昭和55年度より生産が増加している。全国的に小規模の酒造業者が相次いで生産集約に追込まれている中で，高山の酒造業が生産増加しているのは，小規模生産の日本酒業界が生き残る一つの方向を示唆しているのではあるまいか。

(2) 長野県の酒造場

長野県は中部地方で酒造場が最も多い県で，昭和55年度に116の酒造場があった。江戸時代から参勤交代の大名行列が通る主要街道が集まる交通の要衝であったので旅人の出入りが多かった。当時は，現在のような物流機構が発達していないので，生産した酒は地元で消費するのが原則である。この安定した需要が宿場を中心とした街道筋に多くの酒造場ができる一つの原因となった。特に中仙道，北国街道，甲州街道が通る長野，松本，上田の盆地には多くの酒造場が集中し，しかも比較的規模が大きいものが多い。なかでも旅人が多く通る城下町や宿場町は酒の需要が多かった。元禄10(1697)年頃，信濃の酒屋の数は資料に表れたもののみで193軒で，その内111軒が城下町に集中している。しかし，資料に表れた数はおそらく実数の1/3位と考えられ，全信州では500〜600軒と推定されている[6]。元禄時代には主として城下町に集中していた酒屋は，やがて在郷商人の手に移ることとなり，明治維新の頃にはどこの村にも1軒や2軒の酒屋がないところはないほどになっていた。千曲川と犀川の流域は米の産地であると共に，これらの川の伏流水や豊富な地下水は酒造用水として良質のものが多く，酒造業発達の基をなしたのである。

明治になって酒株が開放されて，農村に蓄積されていた資本にも醸造業に向かうものが多くなり，長野県でも酒造業者は千数百軒に達したと言う。その後減少したとはいえ，明治12年の酒造場数は1,047軒で全国5位であった。

江戸時代から大正時代に至るまで，長野県は清酒の移入県であったが，酒造家の努力が実り大正8年以後は移出県となり，酒造業は県工業の一本の柱として脚光を浴びることとなる。大正12年の場数は359で，1場当たりの生産量は524石，中でも長野市内の酒屋は1場当たり812石で郡部より規模が大きかった。

また，大正15年の県工産物の産額では，酒類の生産金額は1,580万円で，2位の菓子を1千万円上回る1位であった[7]。

この頃経済的に豊かであった酒造家は地域のために教育や様々な行事，あるいは公共施設等の出費を負担していてどこの村でも酒屋の主人は旦那衆として最高の指導者であった。

(3) 奈良井宿の酒造場[8]

奈良井は長野県南西部の木曽谷といわれる地域にある中仙道の宿場町で，天保14(1843)年頃の木曽十一宿のうちでは最も戸数が多い宿場である。また，重要伝統的建造物群保存地区として同じ木曽谷の妻籠と共に指定を受けた宿場町として有名である。昭和51年に出された奈良国立文化研究所の調査報告書には，奈良井宿は1843年家数409，人口2,155人とある。この報告書には6枚の絵図があるが，そのうち「絵図2」の文化元(1804)年の宿割りには建物の寸法が記入された見取り図がある。また，「絵図3」天保14(1843)年の宿明細(図1-16(22頁)には3軒の酒造師の家が記されている。その内の1つ，酒造師三好屋庫五郎の位置には，絵図2では家主半平の家とあり(図4-2-9)，この記述からここは1804年当時から酒造場で，家主が半平から庫五郎に代わったのである。住居の裏に酒蔵(4×7間)と土蔵(4×5間)がある。土蔵も酒の貯蔵に使用するものとすると合計48坪の酒蔵となり，200〜300石の醸造が可能であろう。当時の信州の酒造場の多くは100石以下であるからこの蔵は大きいほうである。

図1-16の酒造師又左衛門の位置が現在の平野酒造である。

参考文献
1) 高山市史下巻　昭和27年　946〜950頁
2) 高山市史第3巻　昭和58年　65〜66頁
3) 同　76〜77頁
4) 同　154頁
5) 同　59〜60頁
6) 信州の酒の歴史　長野県酒造組合　昭和47年
7) 同上　225頁
8) 木曽奈良井町並調査報告書　奈良文化財研究所　昭和51年

[配置・平面]

(1) 高山市の酒造場は明治以来地域の需要のみを担ってきたので，醸造倉も小さな倉が多いが，同じ広さの蔵で生産量が大きく伸びたのは，木桶からホーロータンクになったことと生産の合理化の結果である。明治8年の大火で1,000軒以上の民家が焼失したが，船坂酒造，原田酒造は焼失を免れた。平田酒造，二木酒造，川尻酒造は一部の倉を残すのみでほぼ焼失したのである。

建物配置分類では6場のうち，4場が作業場

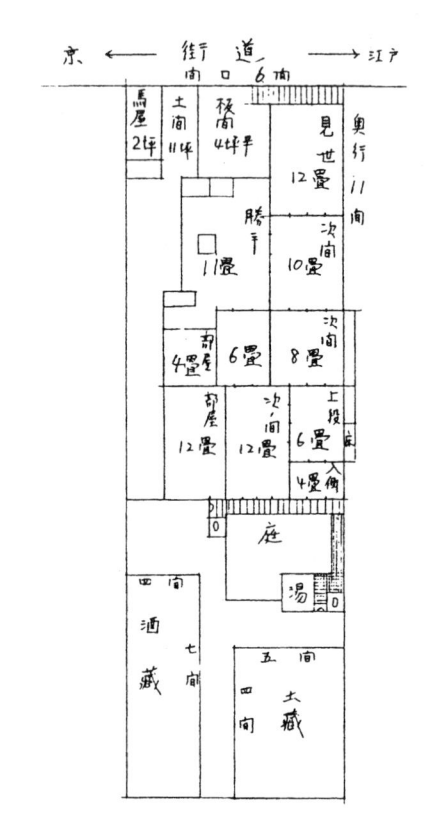

図4-2-9　家主半平の家

2．中部地方

型（C型），原型（A型）と並列増築型（B3型）が各1場であった。C型が多いのは町家型の酒造場として限られた敷地の中では広い中庭が確保出来なかったのである。同時に標高が高く，冬の寒さが厳しい高山では屋外での作業が不可能で，暖地であれば屋外であるスペースを屋根で覆うことになったと考えられる。

改造が大きい平田酒造を除く5軒の酒造場では，道路に沿った部分の平面はほぼ同じである。入口大戸は潜り戸つきの1枚扉で幅約7尺，入口土間の幅と同じである。土間奥行は2間で，側面は片側は板戸で事務室等があり，反対側は作業場の土間で，突き当たりの仕切り戸を開けると，その中が広い土間のある店である。

二木酒造（図4-2-10）を例に説明すると，大戸に続いて腰板貼りの格子戸である。入口の2間の部分には2階があって土間の天井は低く薄暗い。突き当たりの格子戸を開けると長さ4間の広い土間で，土間の上部は吹き抜けになっている。土間と部屋の間に一段低い縁があって，隣の囲炉裏のある部屋の前まで続く。奥の格子戸の向こうは幅1間の土間で，ここを通り抜けると釜場，洗い場から酒造倉へ通じる土間になっている。土間の壁に古い絵図面があって，それによるとこの土間は更に広くて幅4間半，長さ8間で，ここに酒造用の釜と洗い場，及び地下室があったことが記されている。川尻酒造場では現在でも入口から土間辺りの間取りはこの絵図面と殆ど同じで，広く吹き抜けになった土間には釜場，洗い場があり，住居の中で原料処理が行なわれている。船坂酒造や原田酒造も同じで，このように釜場・洗い場が住居の土間に残されているのは非常に珍しく一般には見られない。高山の場合は江戸時代に出来上がった町並の中で酒の需要も安定し，限られた敷地の中で規模拡大することなく昔の状態が残ったのである。

(2) 長野県で調査したのは11場であるが，木曽谷の3場（30坪程度）を除く8場は酒倉の面積が50坪以上の規模である。

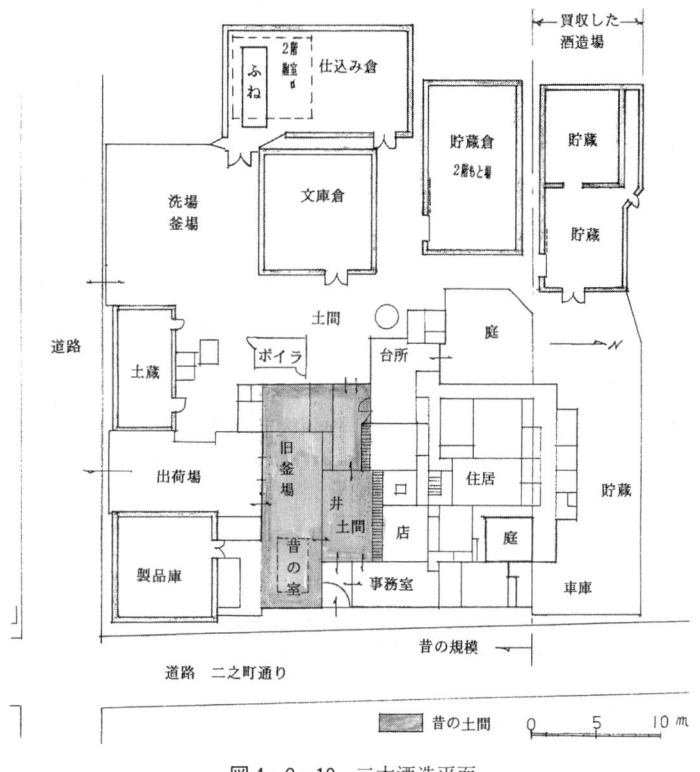

図4-2-10 二木酒造平面

平面配置型は縦増築型Ｂ１が多く５場で，次いで多いのは原型Ａが３場，横増築型Ｂ２，作業場型Ｃ，不整型Ｉが各１例であった。高山市ではＣ型が最も多く，長野県では１１場のうち１例と少なかった。それは，高山市の酒造場は市街地の中の町家型酒造場として限られた敷地の中で操業を続けた結果である。

[倉の構造]
(1) 高山市の酒造場

仕込み倉は前掲の如く大きくても４５坪，小さいものは３０坪ほどの２階建ての小さな仕込み倉で，これに１～３棟の貯蔵倉がある。これらの倉の壁は厚さが厚く置き屋根構造で窓が小さくて少ない。しかし，各酒造場共に土蔵倉を２～４棟は所有していて生産量は以外に多い。用材は殆どが綺麗な角材で，大梁の継手には肘木が用いられ，屋根勾配は小さく，屋根面まで土蔵壁と一体になった土塗りの置き屋根構造である。

置き屋根の屋根は，昭和初期ごろは板葺きであったが，昭和９(1934)年，高山線が開通するときに，板屋根を瓦葺きにかえたと言われている。

高山の酒造場は前述の通り小さい倉が多く，その１例として図４-２-１１に二木酒造の貯蔵倉と図４-２-１２に船坂酒造の仕込み倉の断図面を掲載する。二木酒造の倉の短辺は４間，長辺は７間である。この貯蔵倉では短辺方向に２本の棟木を通し，その位置は両外壁からそれぞれ２.５間で，中央部２間は水平である。このように短辺方向に棟をとった倉として，川尻酒造，田辺酒造がある。一般に，たるき（見付16～17cm・見込27～29cm）が大きく，ほぼ２間の持ち放しで90cm 間隔である。屋根勾配は13°～15°（２寸３～２寸７分)とゆるい勾配である。中央に21cm角の中柱があり，その上に丈40cmほどの面取りの棟木が入る。２階床梁は１本物が多く，中柱は管柱で中柱の上には肘木がある。

船坂酒造の仕込み倉の梁間は4.5間，中央の柱は管柱で，１階，２階共に柱の頂部に肘木を入れている。勾配も緩く，たるきは20×10cmで間隔は外柱と同じで約90～100cmで，棟木から軒桁まで持ち放しで，東北地方に多い置き屋根造と同じ造りである。

(2) 長野県の酒造場

断面・平面図を作成した酒倉の多くは２階建てであるが，木曽谷の３軒と断面図・平面図を作成しなかった麗人酒造の江戸時代に建てた仕込み倉は平屋建て，梁間４間，置き屋根である。小屋組は地棟の上に登り梁，あるいは「大きいたるき」を架けたものである。この中で，湯川酒造の倉は梁間７間で，これを仕込み用の４間と釜場・洗い場の３間に仕切っている。これは冬の寒気から守るためのもので珍しい例である。

断面図・平面図を作成しなかった麗人酒造の

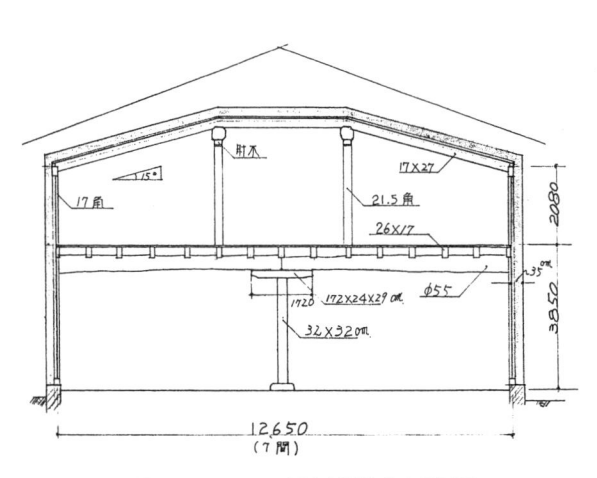

図４-２-１１　二木酒造場貯蔵倉断面図

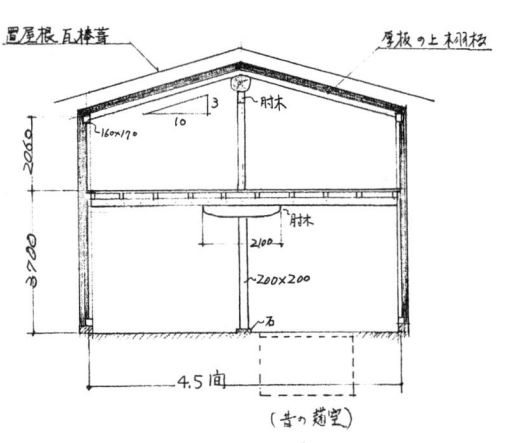

図４-２-１２　船坂酒造仕込み倉断面図

明治の倉は梁間4間，2スパンの建物であるが2階建てである。

高沢酒造と西飯田酒造の倉は梁間4間であるが，2階建て2スパンで梁間中央のみに2階床を張ってある。

これより梁間の大きい舞姫酒造，大礼酒造，松葉屋本店の倉はいずれも3スパンで梁間中央のみに2階床があるタイプであった。

[外観]

幕府直轄領であった飛騨高山では高山陣屋より高い建物を建てたり，前側を2階にしたり，前庭を造ることが許されなかったので，現在でも旧市街地では軒高さが低くなる平入りが多い。明治時代になってやっと自由に家を建てられるようになった。しかし，明治8年の大火の後も高山の町は昔の名残りのためか低めに造られ，殆どの家は平入りで細格子の家が多い。

川尻酒造の仕込み倉に見られるように，建物の長手方向に棟を建てずに長手中央に棟を建てている理由の一つに直轄時代の習慣がいまだに残っているものと考えられる。また，今一つは，上に掛ける置き屋根の構造を母屋と揃えるためであったかもしれない。いずれにしても，旧市街の景観が統一性を保っているのは，倉の位置によって棟の取り方を一般常識にとらわれることなく建てられたことが大きく寄与している。

外観は細格子の住居に続いて1間幅の入口の両側は，腰板貼りの上に格子の窓ともう一方は太格子の部屋である。

写真4-2-1 高山市の酒造場（原田酒造の表通り）

酒造倉は厚い土蔵壁で，上壁白漆喰塗り，腰は海鼠壁が多い。

長野県の酒倉は土蔵造り漆喰塗りが多く，屋根は置き屋根である。

[まとめ]

高山の酒倉の構造は二木酒造の倉の如く，たるき構造で梁間4間の小さな倉が多く，床高さも高いもので3.8m，低いものは2.67mと低く10石程度の桶で酒造りをしたのであろう。また，中柱は菅柱で梁下には肘木を入れてある場合が多い。二木酒造の仕込み倉のように肘木がないのは高山では珍しい例である。建物長手方向にたるきを入れる場合も多くみられた。

外壁は厚い土蔵壁で屋根まで土を塗りこめた置き屋根としたのは，冬の寒気が強く，発酵温度を維持するためには倉を保温する必要があるからである。内外共に漆喰塗りが多く綺麗な材木を使用したのは，豊富な資金を用意して造った倉であることがうかがえる。

高山では倉の置き屋根は倉のみでなく洗い場，釜場等を共に覆っているものが多い。

天領として栄えた高山は商人の財力からいえばもっと大きな酒造場もできたと考えられるが，一方では酒の消費量が限られていたため大量生産ができなかったのであろう。

構造的に洗練されたものとなっているのは，高山の大工技術の高さを示すものとして評価できる。これらの酒造場が現在も昔の状態を保っているものが多い理由は消費の状況がほぼ昔と変わらないことである。即ち，全生産量が高山の町で販売されているということである。

高山以外の倉は規模が大きいのは敷地に余裕があったからである。例えば，舞姫酒造（諏訪市）の場合は，表通りから裏通りまで広がっていた。しかし，高山市の二木酒造では，表通りから裏通りの中間までで，敷地の拡張は隣家の買収による拡張のみであった。このために敷地の高度利用のために酒造家は苦心したのである。

c．北陸地域

北陸地域は福井，石川，富山，新潟の4県で，いずれも日本海に面する地域で豪雪地域として有名である。

[はじめに]

4県のうちで，新潟県は「酒どころ」と言われる酒造業の盛んな所である。清酒が造られるようになったのは寛文年間(1662〜1672)で，それ以前は濁酒の上澄みを貴人賓客に供するくらいであった。また，その製法は気候類似の関係上，丹波流を主とし，灘，伊丹の諸流をも加えたと言われている[1]。この頃，江戸は人口増加が著しく物資運搬のために東廻りと西廻りの航路が相次いで開発され，直江津，柏崎等の港町が開けた。一方，山間地方は街道筋を中心に宿場町が発達し，これらの町に酒造業が生まれることとなる。

慶応3(1867)年の越後醸造家一覧[2]によると，804の酒造家の名前があり(佐渡を除く)，中でも蒲原郡と頚城郡が最も多く，この2郡で過半数を占めている。大正6年には酒造家の数は322となり，生産量は167,640石余で，1場当たり生産量は520石であった[3]。

新潟県は越後杜氏で有名である。冬は積雪のために仕事がなく，昔から冬には農漁村から出稼ぎをする風習があった。11月から雪が消える3，4月頃まで関東方面に出稼ぎするのである。その中では「越後の米搗」「越後杜氏」「越後の酒やもの」が有名で，江戸時代から関東方面に進出した。中でも東海道・中仙道沿線の酒造家に多くの出稼ぎをしてその名声をあげる。

明治になって酒造株が廃止され，営業自由となると出稼ぎ者の中には出稼ぎ地方に土着して酒造業の経営をする者も多くなり，更に杜氏の出稼ぎを一層助長することとなる。

昭和3年頃，東京税務監督局が当時の関東地方の酒造業者の出身地を調べたものによると，埼玉，群馬，栃木の3県は「越後店」「江州店」「地店」があってその数はほぼ均衡していた。しかし，これらの店の清酒製造高は江州店が遥かに多かったが，品評会の成績は越後店の方が数段勝れていた。江州店の蔵は主として，「杜氏，糀や，もとや」の3人だけは灘流の丹波出身者で，他の頭役以下の働き者はみな越後出身者で組織する混成であったが，越後店では店主および杜氏以下全員が越後出身者であったので，こうした結果をもたらしたとみられている[4]。

[平面・配置]

調査した酒造場は20場で，最も多いのが縦増築型B1で10場，次いで原型Aが4場，並列増築型B3と不整型Iが各2場，横増築型B2と作業場型Cがそれぞれ1場であった。東海地方で最も多かった中庭型Dはなく対照的な結果である。この理由は気候の差，特に積雪の影響が強く働いたのである。

写真4-2-2 金沢市近郊の酒屋の店と入口

菊姫酒造，今代司酒造では戦後に鉄骨造や鉄筋コンクリート造で倉を増築しているが増築以前の形で分類した。また，高橋酒造は並列増築型ともみなせるが，一棟の建物であるので原型とした。

金沢市と近郊の酒造場の店のつくりには共通したものがある。平面では，店の入口幅は1間半で，潜り戸付きの大扉がある。土間店の間口幅2.5間，奥行2間で，土間横の事務室の奥行と同じである。間口幅は各酒造場によって異なるが，土間店の広さは上記程度が多かった。

立面は，入口横は間口一杯に細格子を設け，軒先3尺ほどの所に「さがり」と言われる木造りの垂れ壁を設ける。こうした造りは酒屋のみの特徴でなく一般の商家の店にも共通したものである[5]。

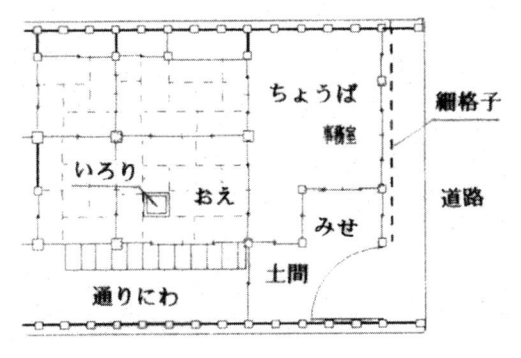

図4-2-13 店の見取り図

表4-2-4 梁間分割数(スパン)と梁間

梁間間	調査数	2スパン	3スパン	4スパン	6スパン
4	7	6	1		
5	5	2	3		
5.5～6	6	1	5		
8.5	1			1	
10	1				1
合計	20	9	9	1	1

[倉の構造]

調査した20場のうち断面図を作ったのは14場の20倉である。全て2階建てで，17倉は全面2階床張り，3倉は梁間中央のみ2階床があるタイプである。梁間の分割数(スパン数)で整理すると表4-2-4の通りである。

2スパンの倉は，梁間4間では6倉，5間では2倉，6間では1倉合計9倉である。梁の上にもやを通したものが3倉で，他はたるき造りである。

2階床高さは3～3.6mが14倉，4～4.65mが6倉である。3.6m以下の倉は明治時代のものが多く，4m以上の倉は昭和初期のものが多い。

2スパンの倉では，中柱を2階床梁に立て，1階は梁間を3分割して管柱を立てたものが2例あった。

3スパンの8倉のうち，関原酒造の倉は和小屋型，伊藤酒造は登り梁型の小屋組で，いずれも，もやを通し，たるき打ちの屋根である。他の5倉はたるき造りの小屋組である。

使用しているたるきは11×17cmのような平角が多い。棟木と軒桁の中間に中桁を通したものは，支点間隔が短いので，12cm角程度の材が用いられる。

たるき間隔は外柱と同間隔が多いが，建築年代の古い倉には柱間隔が1mを超すものがある。こうした倉ではたるきを柱間隔の1/2に入れている。

外壁は2階床の高さまで押え縁下見板張りとし，上は白漆喰塗りとしたものが多い。

[終わりに]

北陸4県で，福井，石川，富山の3県は酒造場の数が少なく，各県とも新潟県の半分以下で，小規模の酒造場が多い。新潟県は北関東に近く，江戸時代中ごろから多くの酒造関係の出稼ぎ者が北関東方面に進出し，技術を習得して酒造業を盛りたてた。このことが現在に続いているのである。

小屋組では調査した20倉のうちたるき造りが12倉と最も多い。県別では石川県では7倉全部がたるき造りで，福井県は5倉のうち登り梁3，折衷2倉でたるき造りはなく，たるき造りは近畿地方でも見られないことから石川，福井の県境と長野県および岐阜県の山間部以北に

分布が限られるものと思われる（図3-23（86頁）参照）。

参考文献
1) 新潟県酒造史　新潟県酒造組合　昭和36年　624頁
2) 同上　204頁
3) 同上　631頁
4) 同上　582頁
5) 町家 共同研究　上田篤, 土屋敦夫編　鹿島出版　昭和50年　172頁, 173頁

中部地方の小屋組のまとめ

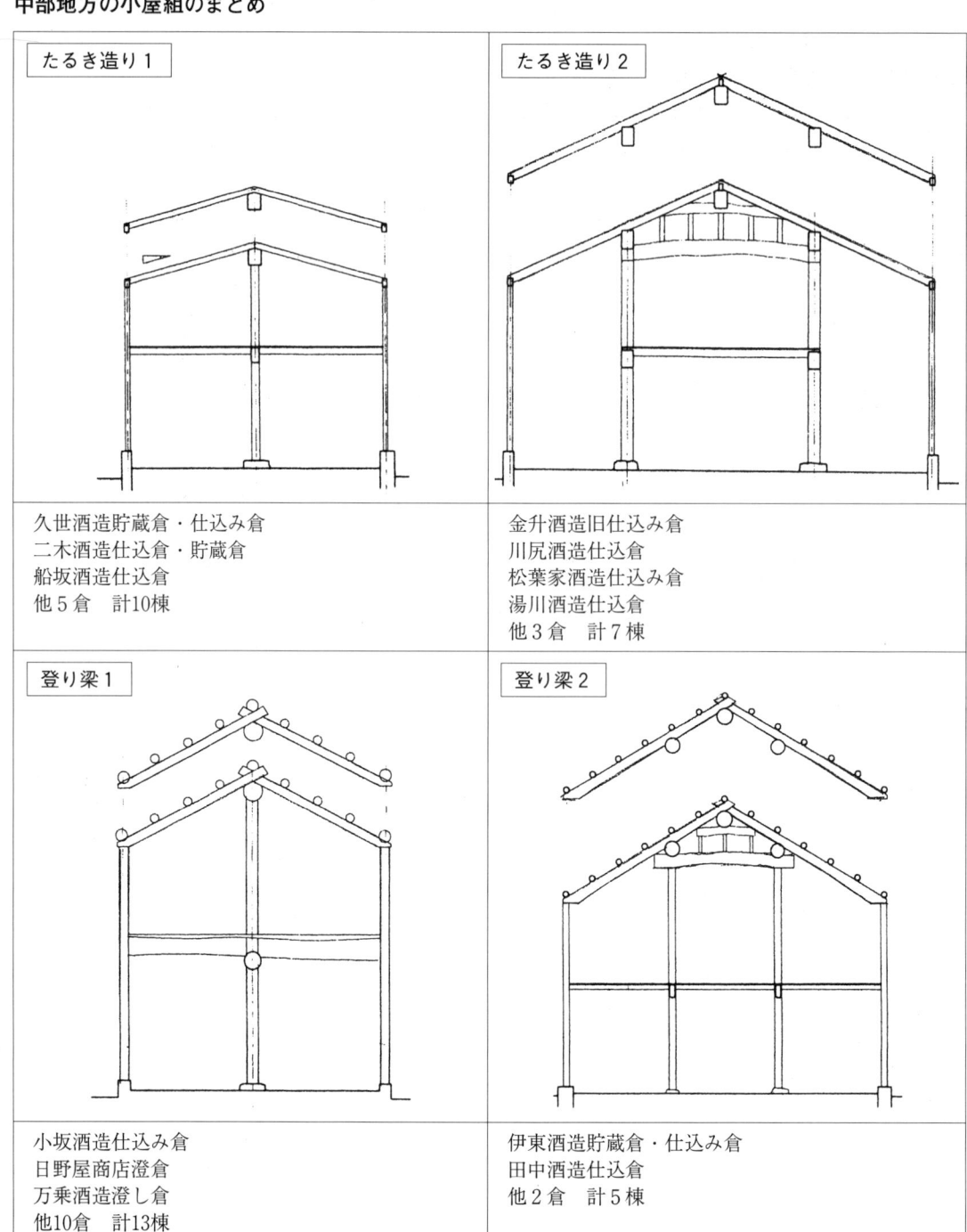

たるき造り1	たるき造り2
久世酒造貯蔵倉・仕込み倉 二木酒造仕込倉・貯蔵倉 船坂酒造仕込倉 他5倉　計10棟	金升酒造旧仕込み倉 川尻酒造仕込倉 松葉家酒造仕込み倉 湯川酒造仕込倉 他3倉　計7棟

登り梁1	登り梁2
小坂酒造仕込み倉 日野屋商店澄倉 万乗酒造澄し倉 他10倉　計13棟	伊東酒造貯蔵倉・仕込み倉 田中酒造仕込倉 他2倉　計5棟

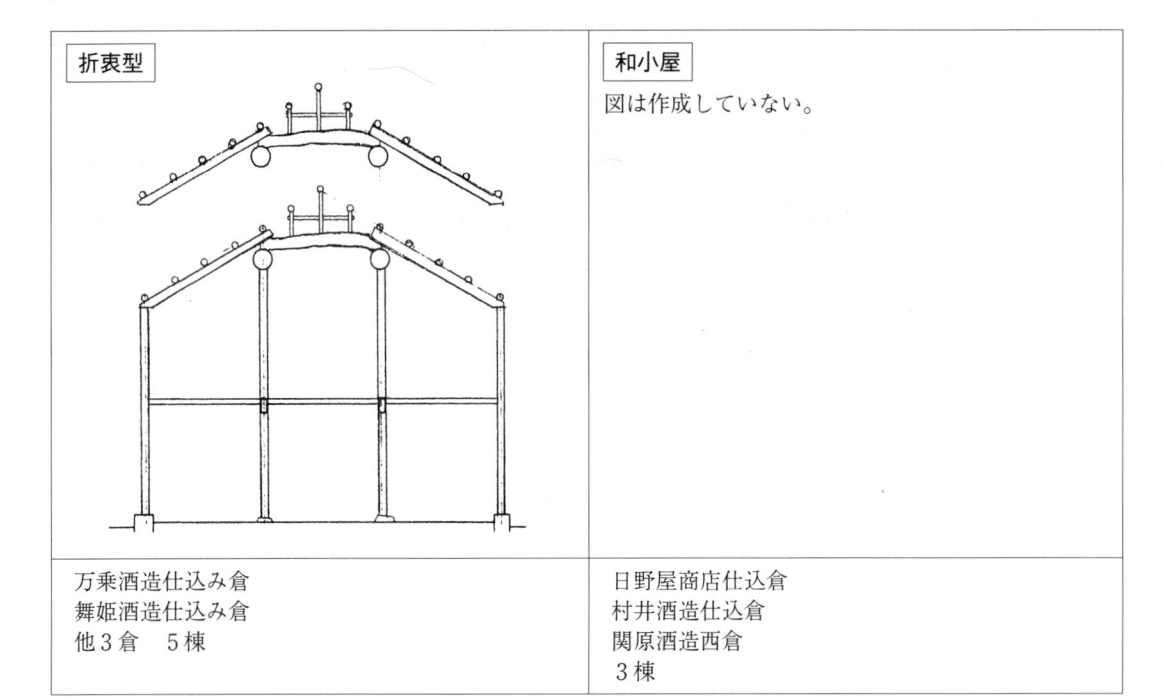

折衷型	和小屋
	図は作成していない。
万乗酒造仕込み倉 舞姫酒造仕込み倉 他3倉　5棟	日野屋商店仕込倉 村井酒造仕込倉 関原酒造西倉 　3棟

その他
6棟

第4章　各地の酒蔵

山盛酒造（名古屋市） 　　　　　　　　　　飯田酒造　旧酒倉（長野市）

よしのや（長野市） 　　　　　　　　　　　菊姫酒造（石川県鶴来町）

福鶴酒造（富山県八尾町） 　　　　　　　　菊姫酒造の居間自在鉤

写真4-2-3　中部地方の酒造場

〈事例8〉万乗醸造　［万乗］　　　創業：享保4（1719）年／名古屋市緑区大高町

[沿革]

　万乗醸造は創業享保4（1719）年の古い酒造場で，代々庄屋をしていた旧家である。昭和20年の農地改革以前は広大な土地（田畑）を所有していたが，現在は，農地の殆どをなくしている。享保4年の酒造場の譲渡證書が残っているので，ここには以前から酒造場があったのである。木曽川のデルタ地帯で明治初め頃までは海が近く，船で酒を積み出していたといわれている。干拓が進んで現在の海岸線は遥か彼方になっている。

[建物]

　大高の古い町並を抜けると，道の曲り角にある赤煉瓦の煙突がよく目立つ。その右に黒い下見板の低い建物に続いて，長屋門に酒淋が釣ってある。ここが万乗醸造の入口で，右が土蔵造りの道具倉で，倉は腰下見板張り，上壁はすす入り漆喰塗りである。入口手前の三又路を右に曲ると住居の表玄関で，細格子の住居に続いて高塀があり，その先は軒下まで黒塗りの厚板を貼った2階建の酒倉（仕込み倉）である。

　普通，土蔵倉ではササラ子下見板を，大きな押え金物で柱に打ち込んでとめてあるが，土蔵壁に横胴縁を埋め込み，厚板を突付けにして打ち付け，黒色仕上げという変わった仕上げである。軒先は土塗壁，白漆喰仕上げである。

　住居と長屋門，物置，酒造倉で広場を囲んだ，中庭型の酒造場である。

　酒造倉は3棟あって，住居の西側にある，道路に面した倉が仕込み倉で，その南の倉が2階建の澄まし倉で今は貯蔵倉となっている。この倉の東側にある2階建の倉は1階が貯蔵倉，2階が麹室である。昔は，この1階に麹室があったが，戦後に移転したのである。

　3棟の酒倉のうち中央の澄まし倉（貯蔵庫）が最も古く，構造が単純で大きい木材が使われていて，2階床高が一番低い。1階に絞り機があり，貯蔵倉になっている。次いで古いのは，仕込み倉である。この地方では，明治初期が最も醸造高が伸びた頃で，構造，材料の表面状態等から考えると，明治初期の建物と推定したが，家人を始め，正確に知っている人がいないので，推測の域を出ない。麹室のある倉は，柱の表面は鉋がけで，年代が新しく，大正時代か明治の終り頃と思われる。

　小屋組は澄まし倉では2スパンの登り梁構造で，通しの中柱は2階では押し角となる。登り梁，もや共に丸太である。仕込み倉では3スパンの和小屋造りで，中柱の上に丸太を通し，その上に梁を架ける灘の倉と全く同じである。

　屋根勾配は澄まし倉が7寸勾配と大きく，仕込み倉は他の倉は同じ程度の勾配の5.5寸であった。

　中庭の作業場は広く，東門の横が精米所になっている。井戸は5本あって，この屋敷からやや離れた山寄りのところにあり，よい水が豊富に出るという。

（平成元年10月調査）

写真4-2-4　入口　左：精米倉　右：住居

写真4-2-5　西側　左：仕込み倉　右：澄まし倉

写真4-2-6 仕込み倉 2階

写真4-2-7 澄まし倉 2階

写真4-2-8 澄まし倉 1階

写真4-2-9 澄まし倉 地棟仕口

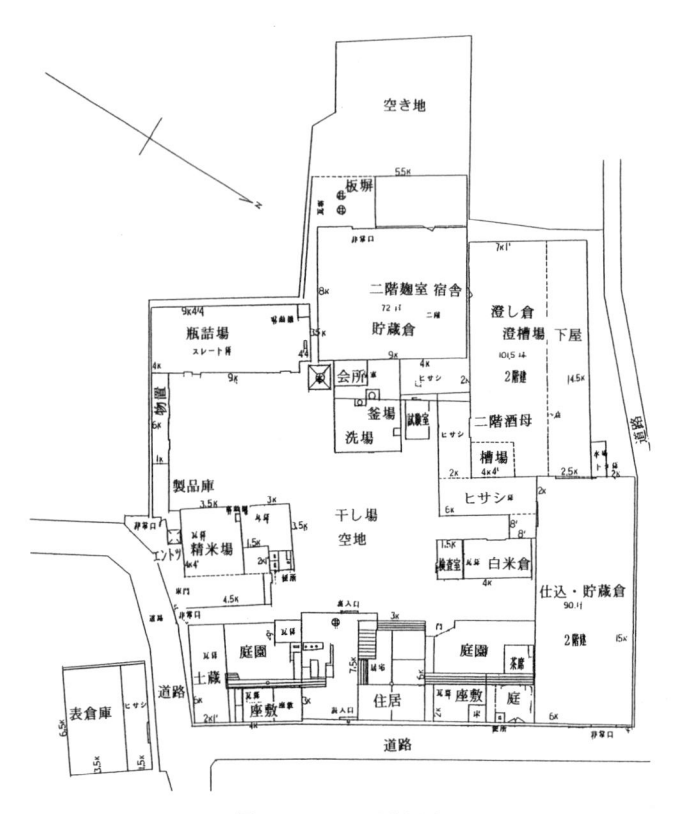

図4-2-14 万乗酒造

〈事例9〉金升酒造　［金升］　　　　　　　　　　　創業：文政2年／新潟県新発田市豊町

[沿革]

　文政2年岡潟で酒造業を創る。その後，新潟市名目所で醸造していたが，昭和6年現在地に倉を新築したとされている。ここは旧藩の薬草園であった。

[建築]

　昭和6年に建築した2棟の倉（1号，2号庫）とその両側の倉（3号，4号庫），および，庫につながる広い作業場で醸造をしていたのである。昭和30年に仕込み倉を新築したので，仕込みをしていた2号庫は貯蔵倉になる。2号庫の横の麹室は倉の前にあり，作業場中央に釜があったという。

　事務所前の通路を挟んで北側の木造3階建ての瓶詰場は，戦時中（昭和12〜20年）のアルコール製造工場である。2号庫は和小屋で，1号庫はキングポストトラスの小屋で，同じ昭和6年の建物とは考えにくいが，50代の専務の説明では同時であるという。しかし，他の人の話では古い倉を買収して移転したものという。いずれにしても真偽のほどは判らないが，後者の説に賛成したい。2号庫の構造は大きな丸太で組み上げた和小屋で，3スパンの置き屋根である。昭和39（1964）年の新潟地震で傷んだ倉は鉄骨で補強されている。

　平面配置は並列増築型B3である。豪雪地域であり，屋根に積もった雪を下ろす場所が必要である。

　　　　　　　　　　　　　（平成4年8月調査）

写真4-2-10　右　事務所・貯蔵倉

写真4-2-11　貯蔵倉

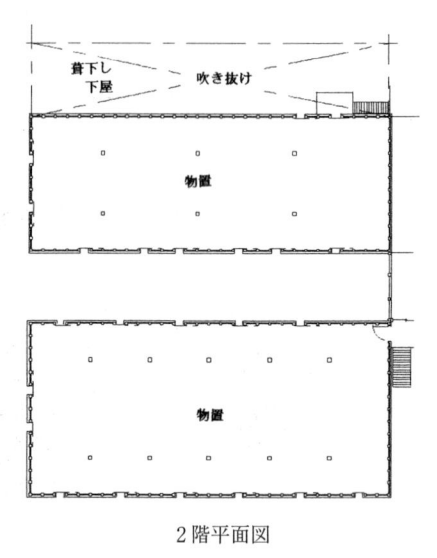

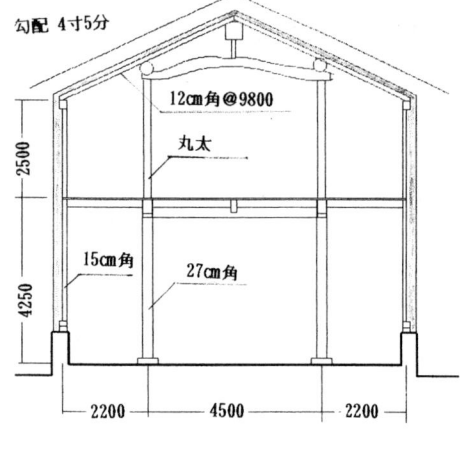

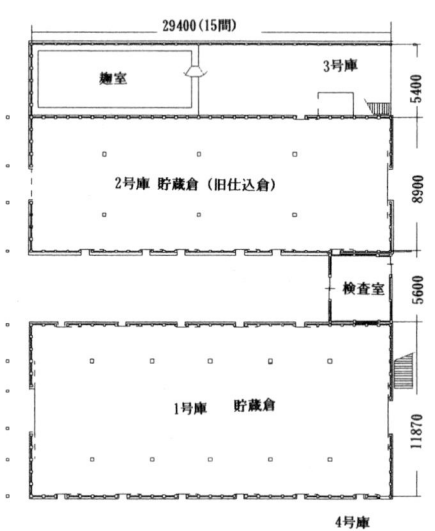

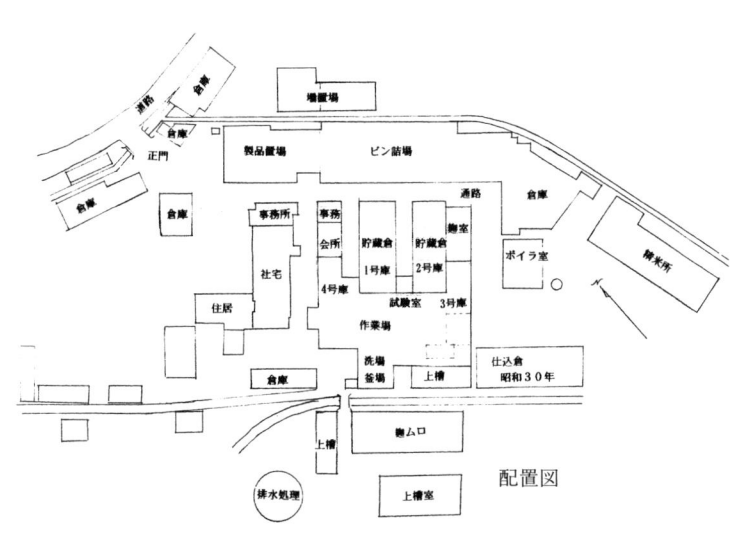

図4-2-15 金升酒造

③ 関東地方

[生い立ち]

関東の酒造業は江戸経済圏の成立によって，その需要を満たす諸産業と共に展開したが，18世紀までは地元の消費が主体であった。北関東ではその生産に17世紀頃から地元資本に加えて江州酒造店および越後の店が進出する。

(1) 江州酒造店

養蚕業が盛んであった北関東では，17世紀末頃から各地に開かれた定期市は従来から扱われてきた穀物，薪炭，塩，古着等の生活必需物資中心から，次第に特産物の繭，生糸，絹等の集荷市場となっていった。市場に参加する商人の増加と共に多くの商人宿ができて酒の需要が急速に増大し，酒造業もまた増加したのである。在地商人と共に市場に参加した江州商人は当時「上州持ち下り商人」とも呼ばれ，近江の国，日野（滋賀県日野町）に本拠をもつ者が多かった。彼らは絹市や糸市がたつ在町の有力者宅を定宿とし，市場で生糸や絹を仕入れて京都，名古屋の問屋に送り，上方から持ってきた小間物，薬種，漆器，太物，古着等を近郷農家に売り掛け，翌年代金を回収していたのである。こうした中で次第に定着して店を出すものが現れ，その業態は商業と共に金融業をも兼ねていた。即ち，地元の酒造家に資金を融通する一方で，農民に対しては米の保管や，それを担保に資金を融通することも多かった。融資の焦付き等がもとで酒造倉や道具一式を引き受けるはめになって酒造業に進出するものがあって，江州日野に本家をもつ酒造出店が増加したのである。群馬県酒造誌によると群馬県内で12の江州酒造店が元禄元（1686）年から明和6（1769）年にかけて開設されたことが記されている。

江州酒造店は資本と経営が分離され，扱う商品も多岐にわたっているが，とりわけ金融業を兼ねることが多く，資金がたまると次々と出店，孫店をつくって発展した。また，その経営組織は支配人と奉公人（10～20人）が販売を，杜氏を頭とする蔵人の集団が生産を担当していた。前者は全員近江出身者に限られ，後者は新潟出身者が多かった。

主人は3ヵ月ごとに近江の本家と出店を行き来するのが普通で，出店に定着して住居を構えるのは戦後に酒造業が復活してからのことである。

(2) 越後の酒造出稼ぎ店

越後の「出造り」，「出店」が天保時代（1803～43）から幕末にかけて多くなる。上州の酒造りは越後杜氏が最も多く，これらの杜氏や蔵人の中には酒造りから販売まで手がける所謂「酒師」と呼ばれる人々があった。この中に主人として仕える酒造人から酒株と共に酒造倉・道具一式を借り受けて，酒造りに取り組む者，更には酒株や酒倉・道具一式を譲り受けて独立する酒造経営者も現れた。北関東の酒造りは18世紀以降は地元系，江州系に加えて越後系の人々が経営することになる（第1章6）。

(3) 酒造業の推移

18世紀半ば以降江戸経済圏の発展過程で関西からの下り酒に対し地まわり酒と呼ばれた関東酒の生産が次第に増加する。上州でも19世紀に入る頃から利根川舟運の便に恵まれた地域で生産された酒の一部が江戸で販売されるようになり，地元消費と併せて酒造業の発展を促した。

明治時代になると酒株制度は廃止になり，免許制のもとで酒造業者が急増し，栃木県のみでも1,060人という多数になった。明治10(1877)年以降度重なる増税の結果明治15年以降その数は急速に減少し，明治29年の組合結成当時は101名に淘汰された。他の県においても同様の現象を経て現在にいたっている。

(4) 醸造試験所の設立

明治時代の国税に占める酒税の割合は大きく，税源涵養のために酒造業の安定発展が国益には必要であった。当時の酒造りは杜氏の経験と勘による酒造りで，科学的な解明は全くなされていなかった。ひとたび腐造が発生すると一蔵の

3．関東地方

みでなく，一地方に広まって大きな生産減少となり酒造家の倒産が後をたたなかった。こうした情況をふまえて明治35(1902)年に東京府北区滝野川に醸造試験所を設立し，伝統と因習に支配されていた酒造業界に科学のメスを入れることとなったのである。

醸造試験所は，事務所，教室，研究所，醸造工場等を有し，酒造家の子弟や従業員を教育することと科学的な醸造法の確立を目指したものであった。

醸造工場は赤煉瓦造の一部3階，2階建ての重厚な建物で，冷凍機を備えていて四季醸造が可能であり，運搬設備にエレベータを設置した工場で，昭和30年代から造られる四季蔵の原型ともいえる建物である。醸造試験所の研究成果は，全国各地にある国税事務所を通じて全ての酒造場に伝達された。これ以後，酒造業界はこの施設を中心にして技術の向上と生産の安定化に向かうのである（第1章7参照）。

参考文献
群馬県酒造誌　平成11年11月
栃木酒のあゆみ　昭和36年9月
近畿大学九州工学部研究報告（理工学編）18（1989）
　　55〜61頁資料
　　醸造試験所・酒類醸造工場　山口昭三

[概況]

表4-3-1は昭和55年度における各県の規模別酒造場数で，全体の63％が200kℓ以下の小規模酒造場である。昭和33年度と比較すると各県とも減少している。関東全域の減少率は26％に達し，その傾向は今も続いている。

[配置と平面]

建物配置は酒造場の立地条件と兼業している業種によって大きく違う。近江商人の酒造場でも町中と農村地域では違いがある。町中にある場合は道沿いに店と住居があって，敷地周囲には建物や塀を設けて敷地を囲んでいる。質屋や商業を兼業するので，道沿いに大きな店と質倉や商品倉が建てられていることが多い（横田酒

表4-3-1　関東地方の規模別酒造場数（昭和55年度）

	1,000kℓ以上	500kℓ以上	200kℓ以上	200kℓ以下	合計	昭和33年度
東　京	—	2	7	7	16	22
神奈川	—	—	2	17	19	22
千　葉	2	2	7	35	46	69
埼　玉	4	6	20	34	64	77
茨　城	3	5	14	49	71	101
栃　木	1	4	17	30	52	73
群　馬	—	3	15	29	47	64
合　計	10	22	82	201	315	428

造(38頁))。一方，農村の場合は住居前に広場があり，敷地の周囲は建物や塀，植込等で囲っている。

調査した25場で不揃い型Ｉが8例で最も多い。次いで縦増築型B1と横増築型B2が4例，原型Aと並列増築型B3は3例，作業庭型Dが2例，曲り蔵型Gが1例である。不揃い型は妻入りの倉と平入りの倉がまじっている例が多く，調査した酒倉33棟のうち平入りが10棟，妻入りが23棟である。多くの酒造業は業容拡大に伴い増築をする。倉の増築に当たり，倉と倉の接続を縦増築型B1にするもの，横増築型B2にするもの，縦横混合にするもの等敷地の状況により異なるのである。東北地方では縦増築型が多く，酒倉は妻入りが多かったが，関東地方では妻入りに加えて平入りの倉がかなり多い。増築する時に妻入りの倉に平入りの倉を増築した場合等は不揃い型としたのでこの型が多くなったのである。近畿・中国地方は横増築型が多く，平入りの倉が多い。関東はこの中間地帯として，B1，B2，B3がほぼ同数であり，縦横混合型も多くなったと考えられる。

原型Aは3例であるが，A型以外の場合でも平面図を見ると増築以前はA型であったとわかるものが多い（保坂酒造，西岡酒造，星野酒造等）。

保坂酒造（図4-3-1）は越後出身の酒造場で茨城県結城市の市街地にある。店は8帖と間口2間，奥行2.5間の土間店で，8帖には土間側に建具がなく昔ながらの帳場である。店の奥は8帖と台所で，店から続く通り土間は住居部分

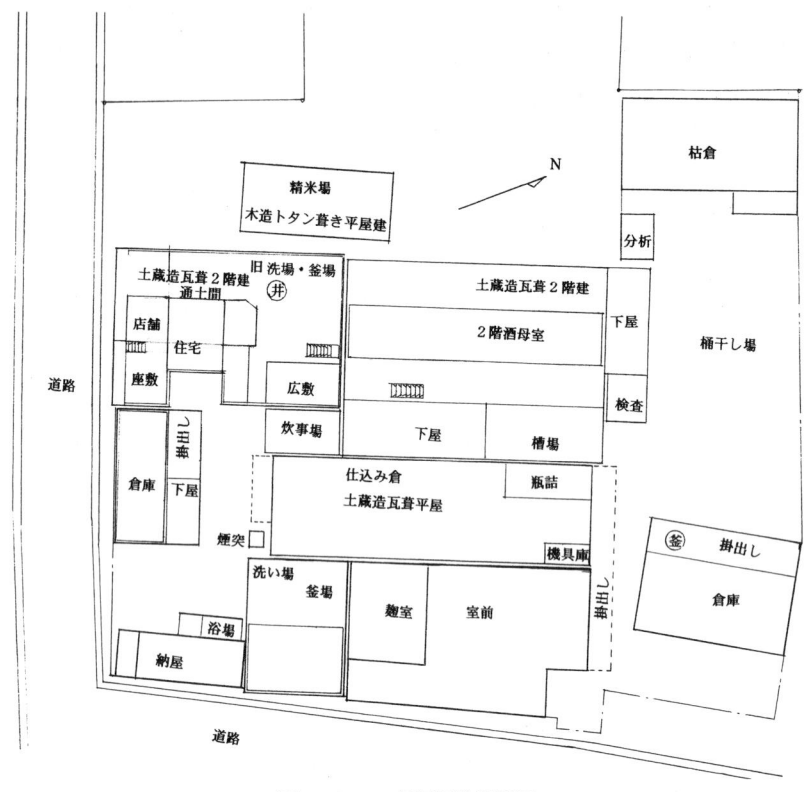

図4-3-1　保坂酒造配置図

を過ぎると幅6間，奥行4間の作業場となり，昔は釜場・洗い場，広敷，室等があって旧仕込み倉に続いている。旧仕込み倉を出ると桶干し場で，明治後期に仕込み倉と作業場を新築するまでは原型Aの酒造場であった。しかし，旧仕込み倉に平行に仕込み倉を建て，その東に作業場を新築して原型Aから横増築型B2となった例である。

群馬県藤岡市の田島酒造は農村の中にある地場酒造場で，昔は農業を兼業にしていたので広い前庭は農作業用のもので，今も敷地の一郭に養蚕室が残っている。神奈川県の大矢孝酒造(181頁)の場合は大きな前庭は農作業と酒造用に兼用されその一郭に養蚕室があった。同じ環境にある若駒酒造(27頁)，西堀酒造(40頁)は近江商人が経営する酒造場で，建物に囲まれた大きな前庭がある。若駒酒造は広大な農地を所有していたので前庭は農業と兼用したものと思われる。

[店と住居]

関東で特筆することは北関東で近江商人が経営する酒造場が多いことである。彼らは金融業や商業を兼業していたので，店を広くとる反面，住居は狭く，近江から来ている従業員の宿舎と主人あるいは支配人の居間と炊事場等のみの質素なものであった。店は計り売りのための流し等を備えた広い土間と畳敷きの帳場の他に2室前後の畳敷きの部屋，台所等で構成され，2階は宿舎に使う畳敷きの部屋である。計り売りをしなくなった今は土間を縮小し，店の畳は板張りの事務室になった。近江商人の酒造場とそれ以外では平面のみならず店の外観も違っている。町中にある場合は，店の入口の庇の上に大きな看板があげてあって一般の商店と変わらないものであるが，それ以外の酒造場とは，店や住居が明らかに違っている（第1章6.江州店酒造場参照）。

図4-3-2は1776年創業の近江系の酒造場

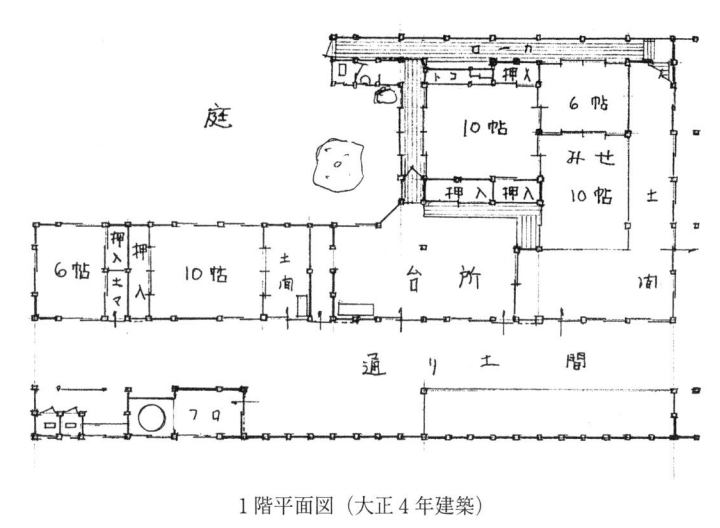

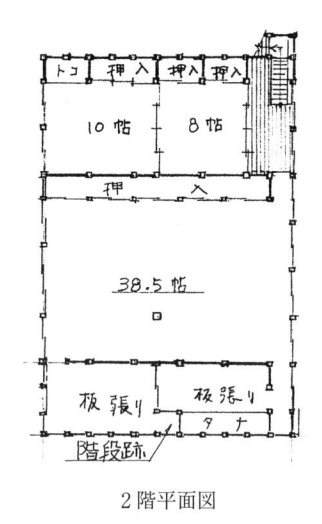

1階平面図（大正4年建築）　　　2階平面図

図4-3-2　岡与酒造の店と住居

の店と住居である。間口8間，1階は店と和室が2室，2階は10畳・8畳が支配人の部屋，38.5畳は近江から来ている従業員の宿舎である。隣の板張り中央には昔従業員が使用していたと思われる階段の跡があって，通り土間へ降りられるようになっていた。

酒倉は近江商人系とそれ以外についての違いは認められなかった。酒倉の延べ広さで近江商人系が広いのは，豊富な資金を用いて広域型の酒造場をつくったためである。

[倉の構造]

(1) 使用桶と柱間隔

調査した26棟の酒倉はすべて梁間を3分割した3スパンの倉であった。梁間の中央部分の長さは3.6～5.2m（2～2.5間）である。両側部分は2.3～3.76mで，3mを超すものはわずかに3例に過ぎず，最も多いのは2.3～2.7mであった。昭和初期以前における仕込み倉の桶配置は，大桶を倉の外周部に置き，内側に枝桶を置く。これら酒造場の当時の仕込み桶の大きさは，大きいもので直径は2.2m（30石），多くは2m以下の20石桶であり，外側梁間の大きさは仕込み桶を置いて作業をするのに必要な大きさに決めたのである。また，中柱の桁行き間隔は，外側柱の桁行き間隔の4～6倍，即ち2～3間で，桶の移動と仕込み作業が行いやすい寸法にきめられた。

(2) 2階床高さ

調査した26棟の酒造倉のうち2階床を全面に張ってあるものが15棟で，中央のみ床を張ったものは11棟であった。しかし，11棟のうち3棟は両側の床を剥がした痕跡があり，全面床張りの倉は18棟（69％）である。また，い一酒造と田島酒造の仕込み倉で，外側スパンの床を取り外したのには2つの理由が考えられる。一つは山廃もとの普及であり，今一つは仕込み桶の大型化である。きもと造りから山廃仕込みへ移行すると，もと場所要面積が大幅に減少する。したがって，外側の床を取り外して仕込み作業の能率化をはかると共に仕込み桶の大型化が容易になった。その時期は明治後期以降，特に木桶からホーロータンクに取り替えた時期，即ち，昭和20年代以降に多くなったと考えられる。

2階床の高さは仕込み桶の大きさと関係が深く，一般に仕込み量が少ない時には小さい桶が使われるので2階床高さも低いものである。創業年代が元禄16年の島崎泉治商店の仕込み倉は江戸時代の倉で床高さは3.17m（昔の土間の上に20cmほどのコンクリートがあり，昔の床高さは3.4mほどである）と最も低く，江戸末期の建築と見られる若駒酒造の仕込み倉が

4.44mと最も高い。全部の平均高さは3.93mである。梁間中央のみ床を貼ってあった8棟の2階床高さは3.3～3.85mで，平均の高さは3.53mである。これらの倉では2階床高さが低いので両外側スパンに仕込み桶を入れて仕込み作業をしたのである。

全面床張りの場合は平均が4.11mと高い。全面床張りの倉で，床高さが3.58mと低い若駒酒造の貯蔵倉は貯蔵用として建てたものであり，床高さ3.79mのいー酒造の仕込み倉と，3.68mの田島酒造の仕込み倉は，外側の2階床を後日取り外したものである。この3者を除くと，全面床張りの倉の2階床高さは3.96m以上の倉ばかりである。当時，使用した仕込み桶の高さを約2mと仮定し，桶下の敷物を0.4mとすると合計高さは2.4m程度となり，床の高さが3.9mもあれば仕込み作業は十分可能であり，これらの倉では20～30石の仕込み桶を使用していたものと思われる。

(3) 小屋組

東北地方で多く見られたたるき造りは少なく，調査した酒倉は28棟で，和小屋が7棟，登り梁が13棟，折衷型が2棟でその他2棟で洋小屋はわずか3棟であった。また，洋小屋を除く24棟はすべて3スパンの倉で梁間の大きさは8.4m～9.5mである。

① 和小屋型

中柱のある位置では，外柱から中柱への梁の仕口は，外柱頂部では折置きが多く，「京ろ組」はほとんどなかった。中柱側の仕口は中柱にほぞ差しである。

中央部の小屋組は，中柱上に通した桁上に梁を掛けたものや二重梁を掛けたもの等がある。また，建築年代が新しいものでは，この部分にキングポストトラスを用いるものもある。二重梁の上に地棟（丸太）を通す場合が多く，更に，中柱の上に（大梁の上または下）桁を通す場合等，種々の変化が見られる。

中柱位置以外の桁行き1間ごとに設ける小屋

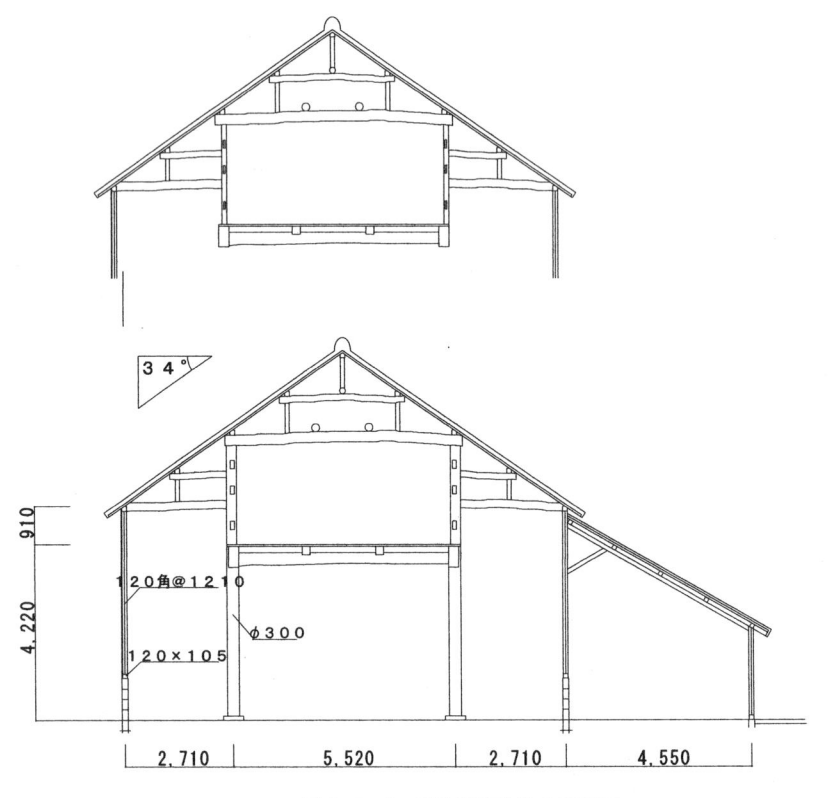

図4-3-3 外池酒造仕込倉断面図

組では，外側スパンの梁の外柱側仕口は折置き，内側は2階床梁上に桁行き1間ごとに立つ管柱にほぞ差しまたは，中柱にほぞ差しとした桁に乗せ掛け，あるいは桁に立てたつかにほぞ差しとしている。中央部の小屋組は中柱頂部に通した桁に中柱位置の小屋組と同じ小屋組を1間ごとに乗せ掛ける。

図4-3-3は外池酒造の仕込み倉断面図で2階床は中央スパンのみに張っている。外柱間隔は4尺で，近江商人系列の酒造倉ではよく見られるものである。中間小屋組は2階梁に1間おきに立てた柱に中央の梁を乗せ掛け，外側の梁はほぞ差しとする。

② 登り梁型

登り梁は外柱上に折置きとし，内側は地棟上で相欠きに組み，梁の上にもやを3尺おきに通す。梁材は平角または押角や丸太でその間隔は1間であるが，まれに3〜4尺間隔の場合がある。

地棟を支える架構は中柱上に二重梁を掛けて中央に地棟を通す。中柱頂部に桁を通すが，梁の上に通すものと，梁の下に通すものがある。このように細部については種々の変化型がある。一重梁のもの，中柱上に桁を入れずに直接梁を掛けるもの等々である。

この型の荷重の流れを考えると，屋根荷重はたるきからもやへ，もやから登り梁に伝わり，登り梁から外柱と地棟に伝わる。中柱上に桁がある場合，屋根荷重は外柱，桁，地棟の3つに分散し，桁から中柱へ流れ，地棟からは梁を通じて中柱に流れる。このように地棟の継手位置ではとくに大きな力が集中するので，その構造は和小屋型や折衷型よりも強固に作られ，その位置は地棟の長さによっては梁の位置と一致しない場合もある。例えば地棟の長さが2.5間の場合では 最初の登り梁から2間と3間の間に登り梁のない，地棟を支える架構がある。

図4-3-4は寒梅酒造の旧仕込み倉断面図で，中央スパンのみに2階床があり，外側スパンは3.1 mと広い。中引き桁は中柱頂部の少し下で中柱にほぞ差しである。

③ 折衷型

関東地方では少ないが近畿地方では数多く見られるタイプである。両外側の小屋組には合掌や登り梁を用い，中央部は中柱頂部に桁を通し，大梁を掛けたものである。登り梁の仕口は外柱上では折置き，内側は桁にのせ掛け，桁上で中央の梁とつなぐ。中央部は二重梁としたものや，地棟を通したもの等の変化型もあるが，小屋組の造りは同じものが1間ごとに設けられる。

(4) 軸組

柱の大きさは外側の柱が4〜5.5寸，中柱が7〜9寸角で建築年代の古い倉が大きい。桁行き柱の間隔が1.2m前後の倉が11棟，1.0m前後が3棟，0.9〜0.95mのものが8棟と1.2m（4尺）を基準としたものが最も多いのもこの地方の特徴である。

(5) 屋根

置き屋根造りは東北地方では各地で見られたが，関東地方では江戸時代に建てた倉，或いは標高の高い地方で見られる程度である。例えば島崎泉治商店（栃木県茂木町）の貯蔵倉，西堀酒造の仕込み倉は江戸時代に建てた倉であり，大矢酒造と大矢孝酒造は丹沢山系の中にあって冬の気候が厳しい地域である。調査した範囲では，上記以外の倉はすべて普通の屋根であった。

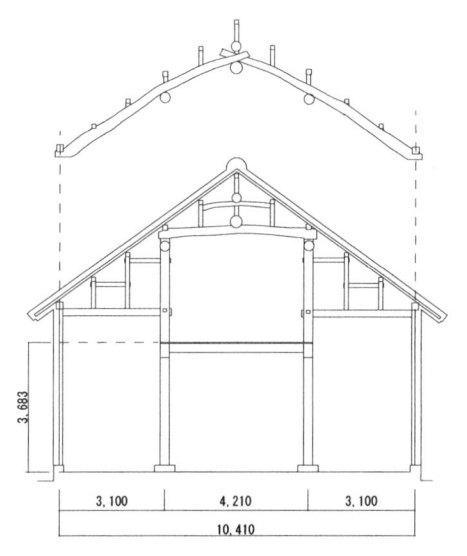

図4-3-4 寒梅酒造　旧仕込み倉

関東地方の小屋組のまとめ

和小屋型 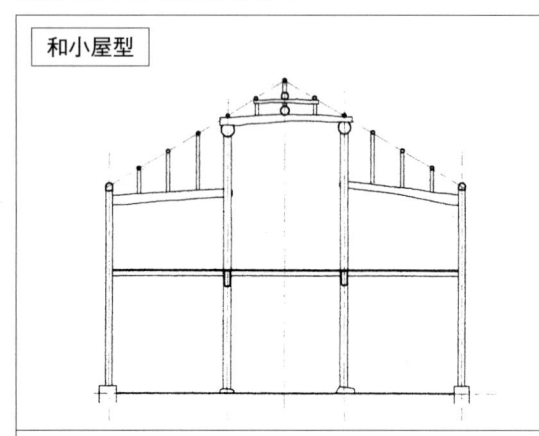	保坂酒造　旧仕込み倉 若駒酒造　展示場 外池酒造　仕込み倉 他4倉　7棟
登り梁型 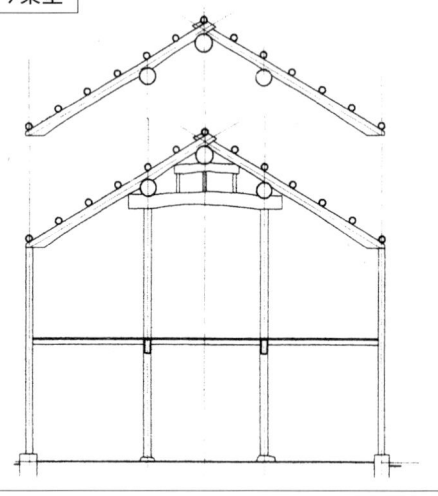	根立酒造　仕込み倉 寒梅酒造　旧仕込み倉 *大矢孝酒造　仕込み倉 　　　　　　　　貯蔵倉 他9倉　13棟 （*…中引き桁がない）
折衷型 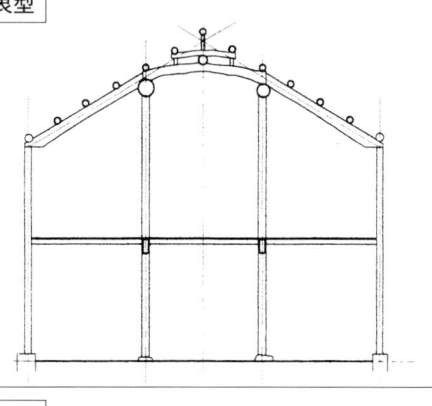	若駒酒造　仕込み倉 星野酒造　貯蔵倉3 2棟

洋小屋
　田島酒造　仕込み倉
　星野酒造　仕込み倉　貯蔵倉2
　笹川酒造　仕込み倉

その他
　岡与酒造　旧仕込み倉

3．関東地方

西岡本店　米倉（茨城県真壁町）

村井醸造　店・住居（茨城県真壁町）

星野酒造　店・住居（栃木県栃木市）

星野酒造　火入れ釜

星野酒造　油圧式絞り器（栃木市）

西堀酒造　室（栃木県小山市）

写真4-3-1　関東地方の酒造場1

島岡酒造　店（栃木県太田市） 　　　　　　　　外池酒造（栃木県益子町）

龍神酒造　店（群馬県館林市） 　　　　　　　　町田酒造　貯蔵倉（群馬県前橋市）

笹川酒造（埼玉県上尾市） 　　　　　　　　　　い一酒造（埼玉県上尾市）

写真 4－3－1　（つづき）

〈事例10〉 大矢孝酒造㈱ ［蓬莱］

創業：天明8（1788）年／神奈川県愛甲郡愛川町

[沿革] 天明8（1788）年創業したが，その後休業し，文政13年に酒造りを再興した。戦前は広大な地主で，母屋2階や納屋で養蚕も営んでいた兼業酒造業であった。

[建築]
三方を道路に囲まれた広大な敷地の中に，築後200年になるという大きい屋敷と2棟の酒倉がある。

住居と2棟の納屋（養蚕室）・酒造倉に囲まれた大きい干し場があり，酒倉の作業場には，妻入りに貯蔵倉と仕込み倉があり端が室である。貯蔵倉は明治初期の建築で，3スパンで，中央部と入口から向かって右側の2/3に2階床を貼ってある。外柱間隔は桁行方向1.289m，梁行方向1.237mと，いずれも4尺を基準にしている。2階床高は3.54mである。小屋組は中柱上に天秤梁を掛け，中央1間に二重梁を掛け，この上に棟持ち梁を通し，上に合掌を掛ける。合掌の上にもやを通し，野地板貼りとしている。この上に置屋根がある。置屋根はもや通りに30cm角の粘土を置き，この上に置屋根の合掌をのせ，棟木上で組合わせ，もやを通し，野地板貼りである。隣の仕込み倉は明治33年（棟札）建築で，構造は貯蔵倉と略同じであるが用材は小さい。置屋根の基礎は割り竹で笘を作り粘土を入れて作っている。屋根はトタン葺きである。

（昭和54年9月調査）

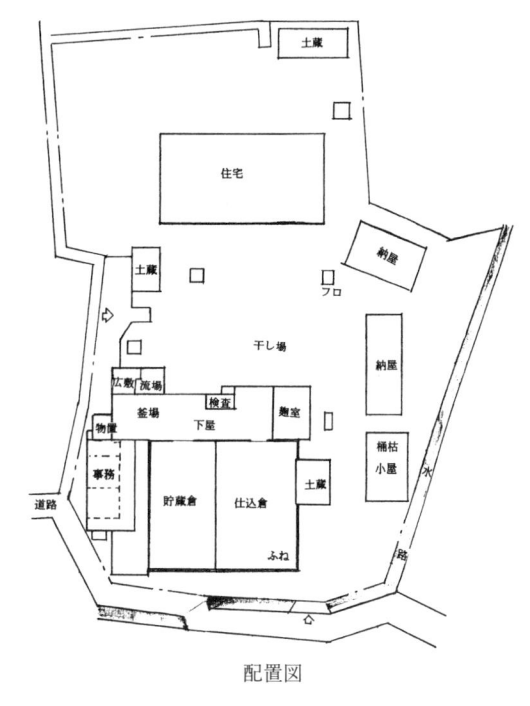

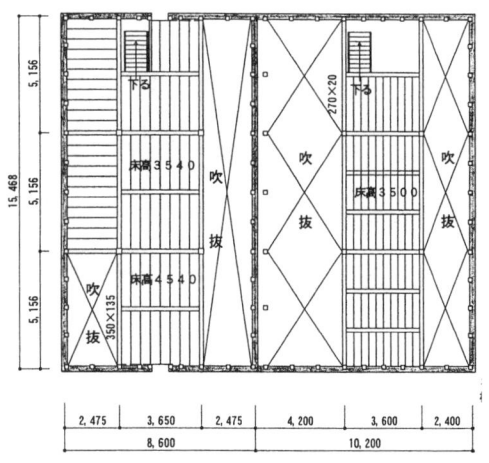

配置図

1階平面図　　　　　　　　2階平面図（床伏図）

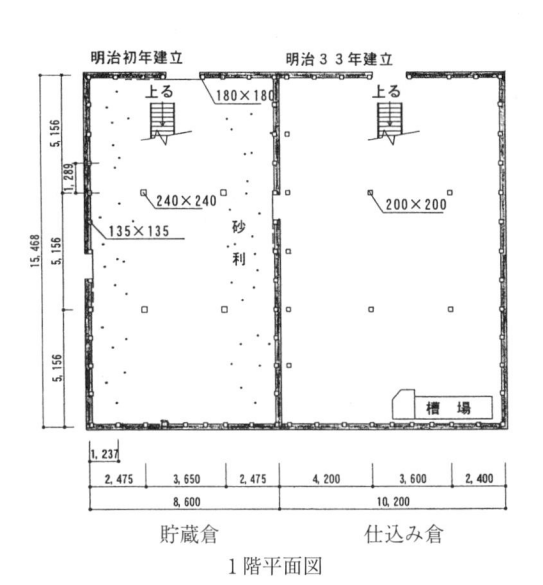

図4-3-5　大矢孝酒造

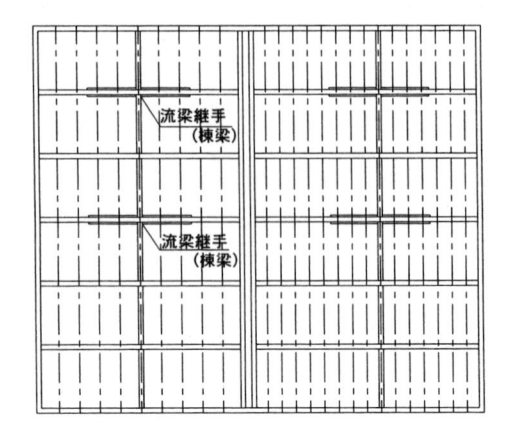

第4章　各地の酒蔵

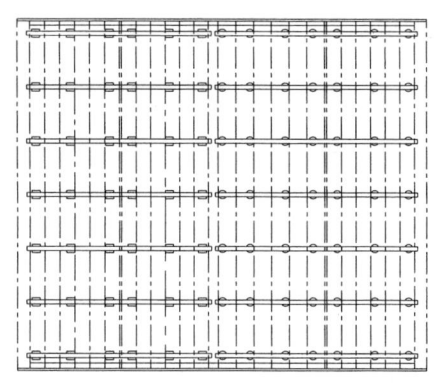

置き屋根基礎
　□30cm角　　粘土
　○竹かご型　粘土

屋根置土約20cm。置き屋根基礎は屋根置土中に埋めこみ置土20～30cmに出る。
　この上に土台をのせるがアンカーボールト等はない。

小屋伏図　　　　　　　　　置き屋根伏図

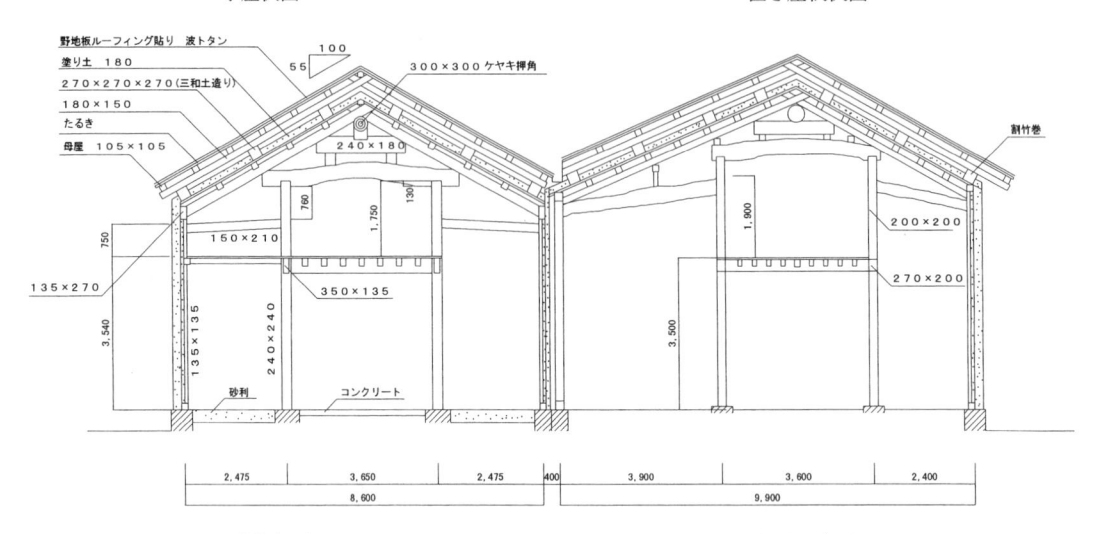

貯蔵倉断面図　　　　　　　仕込み倉断面図

図4-3-5　（つづき）

写真4-3-2　貯蔵倉（明治初年）2階 　　　写真4-3-3　仕込み倉（明治33年）2階

④
東北地方

[生い立ち]
(1) 青森県

陸奥国津軽藩は藩政初期から，米と良い水に恵まれて，酒造業が発達した。寒国の必需性と広大な販路を有していたので，城下町弘前を中心として多くの酒屋があった。元禄18（1705）年6月の「御領分酒造米高並みに酒屋敷御公儀江御書上候写」[1)]によると，

陸奥国津軽越中守御領知所高 47,000石
　　右酒造米高　　　　　　　6,378石943升
　　酒屋数　　　　225軒（1軒当たり28.3石）

同じ頃，支藩の黒石領の酒屋数は25軒とある[2)]。明治初期では南津軽郡下に約48軒の酒屋があって，うち24軒が黒石にあった[3)]。

明治初期まで津軽地方では工業としては酒造場が最大でその経営規模が300～450石／軒に達していた[4)]。また，弘前では明治6年酒造業者の数は，37名を数え，うち500石／軒以上が10名にのぼっている。藩政時代の津軽地方の資本家は大部分が酒造家で，金持ちと称された人たちはたいてい酒造業者か一度は酒造業を営んだ家柄であった。

酒造業を営む人々の前身で多いのは，中央の没落武士が一族をもって津軽地方に移住して，村落開基となった家柄である。これら豪農の酒造経営はまず，新田開発や土地併合によって大地主となり，小作農家を多数所有し，小作米の処置法として酒造業を営んだ。

次に多いのは中央から流入してきた商人の転化によるもので，藩政初期に京都，近江，若狭，越前等諸国の商人たちで，彼らは商人として，また，高利貸としての活動を通じて百姓から多くの米を得，その使用方法の一つとして酒造業を経営したのである[4)]。

寒さの厳しいこの地方にとって酒は日常必要なもので，単に領内の需要のみならず，松前や南部領にも移出された重要な交易品であった[5)]。

(2) 秋田県

地主酒造が多くその成立過程は津軽藩とほぼ同じである。天和元（1681）年の記録によると酒造家746軒，酒造米21,345石余となり，大きな産業として定着したが1軒当たり27石と小さく零細であった[6)]。

秋田県酒造誌によると明和6（1769）年の仙北郡角館町近在の酒屋も30石前後の規模であり長野村（現，中仙町）の2軒も60石の造りであった[7)]。

この地方では藩政時代から自家用の濁酒製造が盛んで明治29（1896）年では濁酒製造場が507場であった。

この年「濁酒禁止法」が公布され，「営業用濁酒製造免許法」が公布されたことにより，明治31年には濁酒製造場は1,500場を超え，清酒製造場も170から200場になった。清酒製造石数は5万石，濁酒は6千石余りであった[8)]。

秋田県は多くの鉱山があってここに働く人々の酒の需要が多く，生産した酒はほぼ県内で消費された。明治38年陸羽本線が開通して輸送，宣伝の便が開け，東北各県や北海道に販路が広がった。

(3) 山形県

大山町（現，鶴岡市）は古くから酒の産地として名高い地域で，元文元（1736）年全村戸数676戸のうち酒屋が41戸であった[9)]。慶応元年酒造戸数33戸，醸造高1万石を超すほどになり，その7～8割が秋田，北海道等に移出された。大山の酒屋は早くから広域型の酒屋として発達してきたのである。明治15年には造石高15,000石に達し，明治期の最盛期を迎えるが，明治17年の大火により多くの酒造場を失い，生産量が激減した。明治35年酒造場は16戸で，生産量は5,300石，1軒当たり535石である[10)]。大山酒史によると「大山の酒は古来より，奈良造りなる醸法なりしが，明治14年頃より上方造りに改め，水を多くして清軽なる酒を造るに至れり」とある[11)]。これは濃厚で甘口の酒から伸びのきく芳醇で淡麗な酒に変わったのである。しかし，大正から昭和にかけて不況・

恐慌等でさらに12軒に減り，生産量も明治初年を超えることはなかった。

(4) 岩手県

万治3(1660)年頃の盛岡市の酒屋数は20軒であるが，この年盛岡藩が領内の酒造業者数を33軒に限定したので，盛岡市中を6軒に減らし，市外の領内22ヵ所に27軒が指定された。これらの酒屋は領内を南北に貫く奥州街道筋と，街道筋から東海岸への道筋の街道の宿駅や船舶が出入りする港があるところに発達している。当時の酒屋は造酒と販売を兼ねており酒屋は造酒屋を意味し，造酒をしないで酒を売る店を揚げ酒屋と称し，小売や飲酒のできる店を茶屋といっていた[11]。

元禄10(1698)年の幕府への報告では，酒屋軒数は303軒，酒造米高は48,248石68で，1軒当たり159石余であった。宝正4(1754)年には酒屋軒数は153軒，酒造米高は27,740石75と減っている。これらの酒造業者のあるところは，いずれも往来筋である。また，1軒当たりの酒造株高は盛岡では最高300石，最低は30石であった。盛岡以外では30石以下の業者も多くあり，記録では最小は7石であった。

岩手県は南部杜氏の出身地で，杜氏と蔵人は稗貫，紫波の両郡を中心とした農民であった。南部杜氏の起源は上平沢に土着した近江商人の近江屋権兵衛が，延宝5(1677)年に造り酒屋をはじめたことに由来していると紫波町史第1巻に記されている[12]。

(5) 宮城県

仙台藩酒造制度をみると，諸藩と同様に酒株制度によるものが基本であるが，酒屋の成立事情や条件に基づいて特権酒屋と市中(町)酒屋との2種類に大別できる。特権酒屋として藩主，地頭，その他権力上層の御用酒屋(御酒屋)と，神社の御神酒を製造する御神酒屋がある。以上に属しない一般の酒屋がいわゆる町酒屋(市中酒屋)である。一軒で上記二者を兼ねているものがあることはいうまでもない[13]。

① 御酒屋には伊達一門をはじめとして，10軒が記録されているが[3]これ以外にも相当数あったようである。御酒屋の場合，酒造用の建物を与えられ酒造米も支給されるもので樅森御酒屋の例では60石から300石くらいを城内で造っていた。

② 御神酒屋については塩釜神社以外の資料は少ないが，仙台藩には東照宮，白山神社，大崎八幡神社等があった。塩釜神社では，塩釜町の大肝入の次五衛門と同，茂右衛門の2名であったが，幾多の変遷のあとに阿部家と佐浦家が市中酒屋を兼ねてつとめることになった。生産石数は各家10石から25石ほどで両家は今も酒造を続けている[14]。

③ 一般市中酒屋は城下以外に，1宿場に1軒のきまりで設けられ，かなりの数にのぼるが資料的に判明しているもの210余軒については，宮城県酒造史別編293〜387頁に詳しく述べられている。

(6) 福島県

文化4(1807)年酒造株石高覚帳によると，会津地域の酒造株は合計12,227石で，1軒当たりでは360石を筆頭に250石以上が5軒，200石以上が4軒，150石以上が10軒，100石以上が29軒で，1軒当たり平均89石である[15]。

[現況]

昭和33(1958)年頃が戦後復興のピークで，以後は競争激化のために脱落する酒造場が増加し減少に転ずる。昭和55年度頃までは建物の規模と生産量に関連があった。現在では生産量からは建物の規模を推定することができなくなったので昭和55年度の生産量を用いた。

表4-4-1 東北地方の規模別酒造場数(昭和55年度)

	1,000kℓ以上	500kℓ以上	200kℓ以上	200kℓ以下	合計
青森県	2	4	13	24	43
秋田県	11	8	23	22	64
山形県	5	11	24	36	76
岩手県	5	5	5	17	32
宮城県	—	7	8	42	57
福島県	9	6	35	65	115

参考文献
1) 弘前市史　278頁
2) 黒石市史通史編Ⅱ　227頁
3) 同上
4) 弘前市史　380頁
5) 同上　383頁
6) 秋田県酒造史本編　49頁
7) 同上　61頁
8) 同上　138頁
9) 山形県史資料4　614頁
10) 大山酒史　6頁
11) 岩手県史第5巻　980～1004頁
12) 紫波町史　671～681頁
13) 清酒業の歴史と産業組織の研究　1982年　桜井宏年著　256,267頁
14) 宮城県酒造史別編　63～218頁
15) 福島県史　19・福島県酒造史・会津若松市史　6・7　会津酒造の歴史・会津酒造史

[平面・配置]

調査したなかで東北地方で最も多いのは縦増築型B1で14例，次に多いのが作業庭型Cが8例，原型Aが5例，並列増築型B3の6例である。

縦増築型B1，並列増築型B3共に酒倉入口は妻入りで，作業場型Cにも妻入りの倉があり，東北地方では妻入りの倉が酒倉の大半を占めていることになる。特に会津若松市では，9例のうち5例が縦増築型B1である。いずれも住居，作業場に続いて酒造倉が棟を連ねる形で増築されている。

倉の接続部分についてみると，作業場に妻入りに接続する酒倉に増築する場合，1～2間の「鞘の間」を造る場合と直接増築する場合がある。鞘の間がなく直接続いたものは，既存酒倉の妻壁外側に，増築する倉の柱を立て，ここには壁をつけない。鞘の間をつくった場合は，両方の酒造蔵の妻壁の外に柱を建て外壁は土蔵造

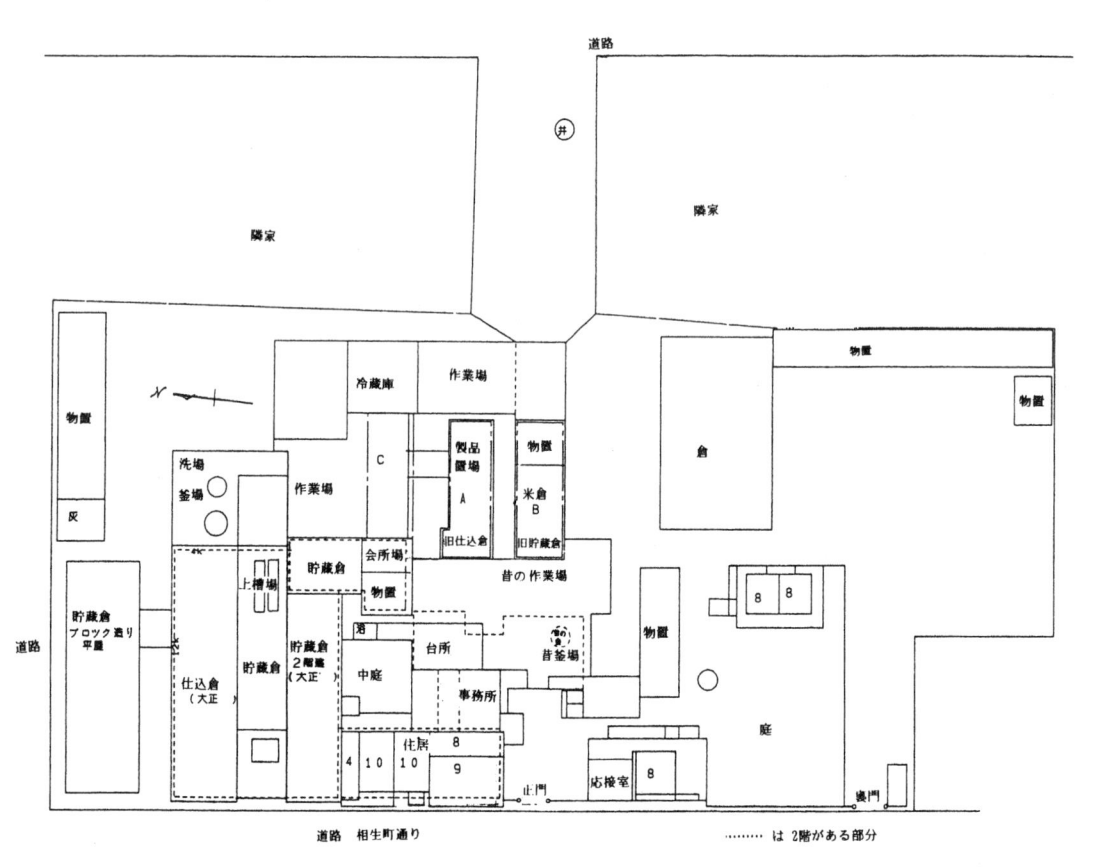

（A，B棟は昔は茅葺きで，仕込み，貯蔵に使っていた。Cは昔土蔵があった。）

図4-4-1　山口(名)配置図

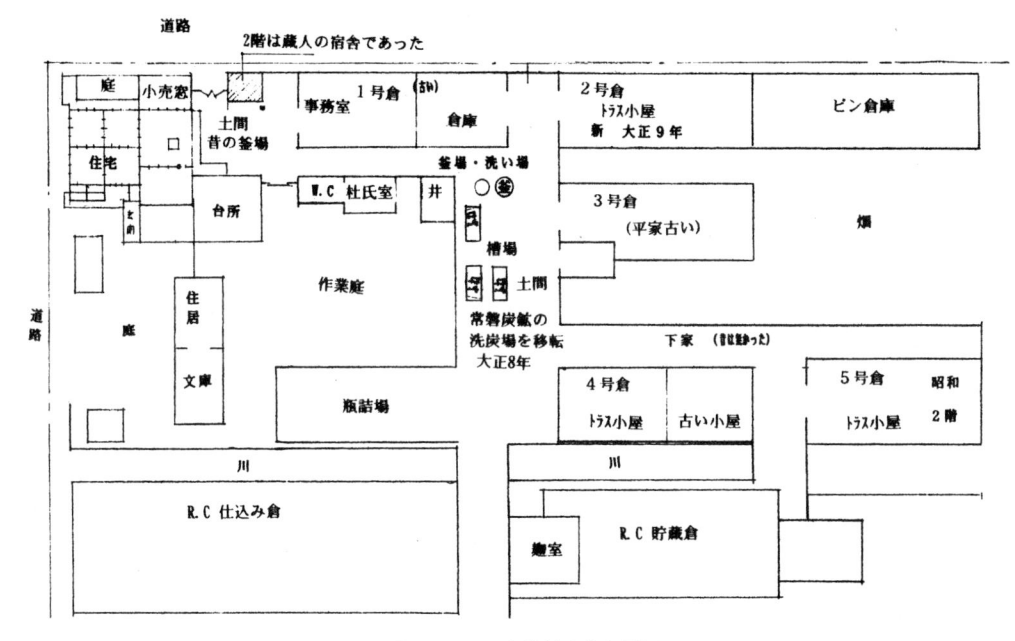

図4-4-2 小嶋総本店配置図

の場合が多く，屋根は酒倉の置き屋根の延長である場合が多い。

連続棟数は2～3棟の増築が多い。それ以上増築する時はこれに平行に建てる場合や2棟目あるいは3棟目に直角に棟を建ててつなぐもの等敷地に合わせて増築されてゆく。いずれの場合でも倉への出入口は妻面からとなっているのがこの型の特徴といえる。これを整理して図形化したのが図2-6（59頁）である。

青森県・秋田県・山形県の酒造場では，道路に面して住居があって酒倉はその奥にある。住居の通り土間を抜けると作業場で，通り土間と作業場には境界の間仕切りがなく，住居の一部に酒造場がある（寿酒造・鈴木商店等）。ここには家業としての酒造りが残っているのである。しかし，福島県・宮城県では住居と作業場の間に仕切りが作られているものが多くなり，職住分離が進んでくる。

図4-4-1の山口（名）（現，会津若松市）は江戸時代に，住居とA・B・Cの酒倉で並列増築型の酒造場をつくり明治時代まで醸造していたが，大正時代に住居・酒造場の北側に新しく並列増築型の酒造場を造り旧酒造場はC棟を解体し，A・B棟はそれぞれ製品置場と米倉に転用した。建物はそのまま残されていて新旧2つの酒造場が併存することになった珍しい例である。

図4-4-2は米沢市にある酒造場で，創業からかなりの期間は住居，作業場，酒倉と続くタイプの酒造場で，1号倉，2号倉と棟を連ね，これに平行に3号倉がある縦増築1型であった。大正6年の大火で1号倉，3号倉，文庫倉を残して焼失し，火災の後に作業場を現在の位置に移す。1号倉を事務所に転用し，焼け残った3号倉を挟んで2号倉，4号倉を増築し，縦増築3型になった。いずれの倉も作業場に対し妻入りである。

住居は火災の後，昔の住居と同じ間取りの旧い庄屋の家を移築したものである。火災以前は住居と1号倉の間の広い（6間角）土間に洗い場と釜場があって，土間に面した18畳に囲炉裏があり，ここから主人が倉人の仕事をみていたのである。昭和初期まではこうした状態の蔵が多かったのである。

[倉の構造]

調査した酒倉の構造は宮城県の一部に石造の

倉があり，弘前市には煉瓦造の倉があったが他は木造であった。構造を考える上で積雪荷重の違いは重要である。以下の考察において積雪荷重が多い地域として青森県・秋田県・山形県を前者とし，同じく少ない地域として岩手県・宮城県・福島県を後者と表すこととする。

(1) 2階床高さについて

仕込み桶の大きさによって2階床の高さが決められる。同じ酒造場でも新しい倉は古い倉より2階の床が高い。湯沢市の木村酒造の場合でも江戸時代の内倉は2階床高は2.56mであるが，明治始めに建てた遠倉は3.3mである（図3-16(82頁)）。

前者で調査した倉では，2階床高が3.5m以上の倉は15倉のうち3倉のみである。また，2階床を全面に張ってある倉は8倉で，中央のみに張ってある倉は7倉と約半数に近い。後者の3県では16倉の内，床高3.5m以上の倉は13倉あって前者より多い。また，床を全面に張った倉は11倉で，中央のみ張った倉は5倉と少なかった。

(2) 梁間

前者では梁間が9m(5間)を超えるものが2倉で，この内，富士酒造3号倉は移築の時に梁間を2倍に拡張しており，これを除くと木村酒造の遠倉1つのみで，残りの13倉は8.5m(4.5間)以下である。梁間が小さいのは豪雪地域の倉として当然のことであるが，秋田県で秋田市から南の地域の倉が1スパンの倉のみであったことは意外であった[1]。しかし，軸組をみると小屋組の大梁を受ける柱には，大きな受け胴縁を入れて両側の柱に梁荷重を分散させていて，構造上の配慮がうかがえる。

後者では9m(5間)を超えるものが13倉のうち7倉であった。また，平屋建ての倉は4棟であった。このことから前者よりも後者は大きい倉が多く，積雪量の違いがもたらしたものと考えられる。

(3) 小屋組

前者は18倉のうち14倉がたるき造りで4倉が登り梁である。

後者では19倉のうち，キングポストトラスが6倉，たるき造りが5倉，和小屋4倉および登り梁が2倉，その他が2倉である。雪の多い日本海側と太平洋側との違いを表しているとも言えるのである。

たるき造りは棟木と軒桁の間にたるきを通す小屋組で，たるきは見付け13〜16cm，見込み15〜21cm程度のものを間隔90〜45cmに入れる。梁間が大きくなるとたるき造り3のように棟木と軒桁の中間に桁を通す場合もある。

キングポストトラスは明治中期頃から酒倉にも用いられるようになったが，このうち丸太材を用いたものは松本徳蔵の前倉（仕込み倉）のみである。この倉は明治28年建築で，この地域のキングポストトラスの小屋組例では最も古い。また，横屋酒造の仕込み倉では陸梁の中央下に桁を通して柱を立てている。しかし，明治後期に建てた相田酒造の倉では合掌尻のボールト，真つかの箱金物等が正しく使われていた珍しい例である。

佐浦酒造の仕込み倉は和小屋に分類したがもや間隔が2.48mと大きくたるきは10.5cm角を60cm間隔に入れたたるき造りに近い構造である。

たるき造り1は棟木の下に柱を入れたもので，桁行きの柱間隔は2〜4間，または，棟木の継手位置に入れる。

たるき造り2は中央の柱の代わりに2本の中柱を建てて上に天秤梁を渡して棟木を支持するもので，その間隔はたるき造り1と同じである。

たるき造り3はたるき造り2と同様に2本の中柱を建てるが，天秤梁の両端に中引き桁を通してたるきの中間を支持するものである。

たるき造り4は中柱がない秋田県の倉で，梁間一杯に太い丸太の梁を通し，二重梁の端部に中引き桁を通し，その上の三重梁の中央に棟木を通している。木村酒造の内倉の場合は二重梁で中央の棟木のみである（図3-16(82頁)参照）。1スパンの倉では大梁にかかる荷重が大きいので，柱と梁の仕口に受け胴縁を入れて柱にかかる荷重を分散している。図3-22(85頁)は両関酒造の1号庫軸組図で柱5本にわたる受け胴縁

を使用しているが，木村酒造の遠倉では柱3本に架けた短いものである。

登り梁1は登り梁で羽根田酒造の仕込み倉の断面図である。登り梁の上のもやは13×15.5cm角を47cm間隔に入れ，たるきを入れずに野地板打ちとしている。この地域では明治以前にはこのような登り梁の倉も建てていたが，明治時代になるとこのような小屋組がなくなり，たるき造りのみとなる。棟木や天秤梁を支持する中柱は通し柱が普通であるが，山形県の庄内地方の酒田酒造と鯉川酒造の仕込み倉及び会津若松市の清流酒造では中柱を管柱としている。

[まとめ]

東北地方は1月の日最低平均気温が氷点下になり，雪の多い地域である[2]。とりわけ奥羽山脈の西は豪雪地帯である。冬期の作業が主となる酒造りの作業はすべて屋内で行なうので，暖地の酒造場に比べると屋内の作業場が広く，住居土間との間に仕切りがなく連続している場合が多い。職住分離が進んでいないのである。

酒倉の梁間は4～5間で，それ以上の大スパンの倉は，富士酒造の3号倉を除いて，他にはなく，2階床高さも平均3.28mで，大分の平均3.68m[3]より低く，最も高いのが羽根田酒造の仕込み倉で3.71mである。これに対し奥羽山脈の東は，住居土間と作業場の間仕切りがある倉が多く，酒倉の梁間も6間を超すものがあり，床高さも4mを超す倉が5棟もあって，西と東の違いがよく出ている。

大山町と酒田市の倉は柱・梁等の構造材に欅の大材を用い，生漆塗りが多く見られたが，他の地域では塗装した倉はなかった。

また，酒造倉の入口には，文庫倉と同様に，繰り型のある漆喰塗りの厚い扉を付け，これに漆塗りの保護柵を取り付け，入口の上には家紋を描いている。このように機能面以外に酒倉に費用をかけたのは，この地方の酒造家の富の象徴で，暖かい地方では見られないものである。

黒石市[4]の中村酒造は町家型酒造場の発展過程が読み取れる例で，更に合理化を達成したのが小嶋総本店で，作業部分を全て旧仕込み倉の裏に移して作業効率の改良を達成した。中村酒造は敷地周囲を隣家と道路に囲まれていて，小嶋総本店のように自由な改良ができなかったと考えられる。

小屋組でたるき造りは雪の多い地方に多く見られるがその分布が明らかになった。調査した37倉のうちたるき造りは19倉で，その内14倉が青森，秋田，山形の3県にあり，5倉が岩手，福島の2県にある。岩手県では盛岡市とその周辺，福島県では会津若松市と喜多方市にあって，岩手県南部，宮城県，福島県の東半分では見られなかった。このことからたるき造りの分布範囲は岩手県の中部以北，青森県，秋田県，山形県，福島県の会津盆地であると思われる。

分布地域は更に南にのびて北陸地方や長野県に続いているのである（図3-23（86頁）参照）。

参考文献

1) 秋田県の近代化遺産　秋田県教育委員会　1992年　113～130頁
2) 理科年表　丸善　1983年　202頁
3) 近畿大学九州工学部研究報告（理工学編）19（1990）
　醸造建築の調査研究-大分県の酒造場　山口昭三58頁
4) 黒石の町並み　黒石市教育委員会　1984年　51頁

東北地方の小屋組のまとめ

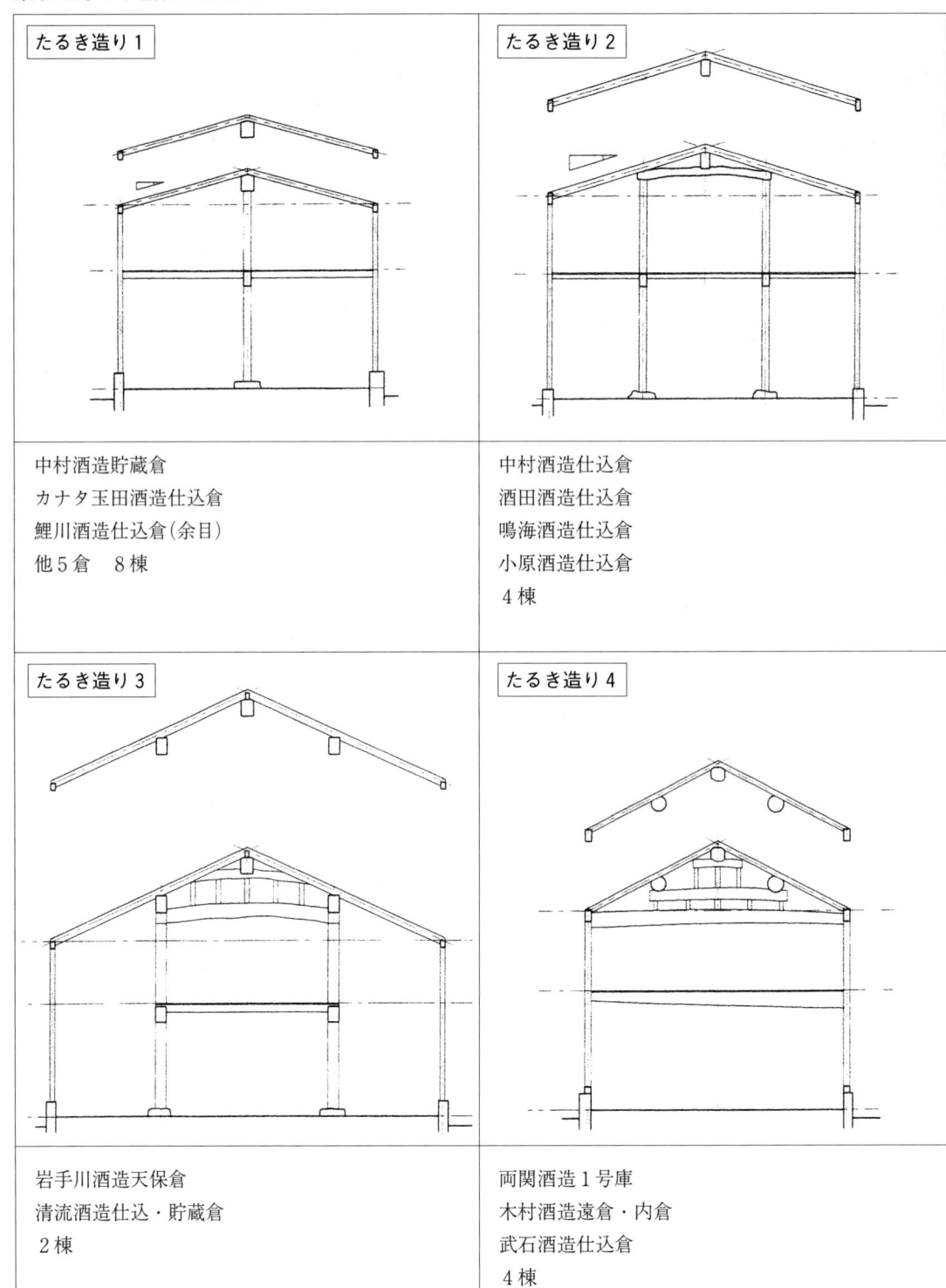

たるき造り1	たるき造り2
中村酒造貯蔵倉 カナタ玉田酒造仕込倉 鯉川酒造仕込倉（余目） 他5倉　8棟	中村酒造仕込倉 酒田酒造仕込倉 鳴海酒造仕込倉 小原酒造仕込倉 　4棟

たるき造り3	たるき造り4
岩手川酒造天保倉 清流酒造仕込・貯蔵倉 　2棟	両関酒造1号庫 木村酒造遠倉・内倉 武石酒造仕込倉 　4棟

4．東北地方

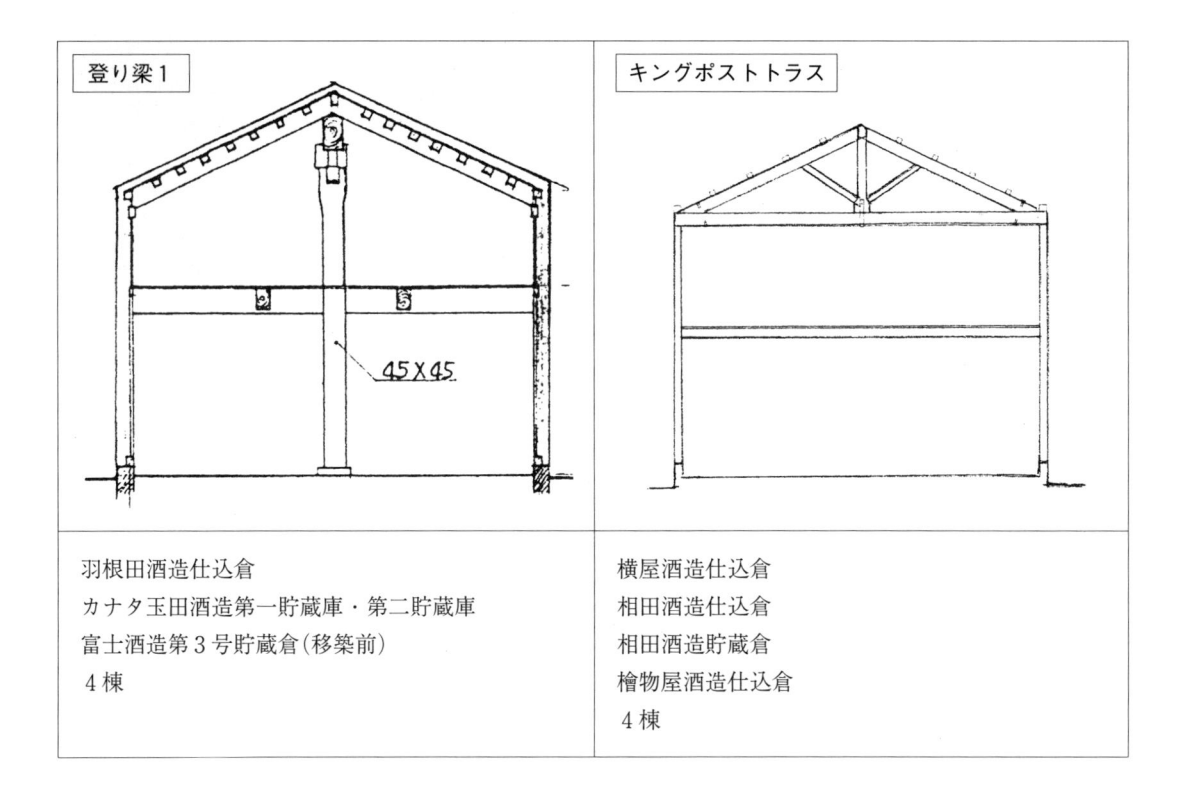

登り梁1	キングポストトラス
(図: 45×45)	(図)
羽根田酒造仕込倉 カナタ玉田酒造第一貯蔵庫・第二貯蔵庫 富士酒造第3号貯蔵倉（移築前） 4棟	横屋酒造仕込倉 相田酒造仕込倉 相田酒造貯蔵倉 檜物屋酒造仕込倉 4棟

第4章　各地の酒蔵

黒石市の酒造場　店・住居（前はこみせ）（青森県）

黒石市のこみせ

黒石市の酒造場

鈴木酒造店　住居（秋田県大仙市）

酒倉の入口　鈴木酒造店

たるき造り（酒倉2階）

写真4-4-1　東北地方の酒造場1

4．東北地方

大勘酒造全景（山形県高畠町） 　　　　　　　　　大勘酒造住居

佐藤酒造店　入口アプローチ（山形県山形市） 　　　後藤酒造店　釜場（山形県高畠町）

山形市の酒造場　酒母場 　　　　　　　　　　　　山形市の酒造場　仕込み倉

写真4-4-2　東北地方の酒造場2

〈事例11〉 酒田酒造　［上喜元］　　　　　　創業：弘化元(1844)年／山形県酒田市日吉町

[沿革]

　酒田酒造は昭和22年10月下記5社とほか1社が合併設立した会社であるが，酒造場は男山の建物を使用しているので創業を弘化元年(1844)とした。

　合併した各酒造場の経歴は次の通り。

① 男山（男山）酒田市日吉町　橋本造酒彌
　　創業　弘化元(1844)年　大正14年度 216石
　　　　　　　　　　　　　　大正15年度 281石

明治26(1893)年の震災で全壊・焼失。明治28年酒造蔵再建。大正10年住宅新築。

② 旭藤（藤屋）酒田市日吉町　五十嵐伝之丞
　　創業　明治中期　　　　　大正14年度 468石
　　　　　　　　　　　　　　大正15年度 439石

明治時代は廻船問屋をしていたが，明治26年の大震災によって港湾施設が壊滅し，同時に発生した火災によって日吉町の家屋敷も焼失する。

　近郊で売りに出ていた豪農の家を買収し移築したのが現在の五十嵐家の住宅である。廻船問屋の業務ができなくなったので酒造業に転じ，大正年間飽海郡観音寺町の酒造場を買い取ってここで酒造業を営む。この地は冬雪が多く，酒田からの交通が不便であったので，昭和16年に日吉町の住宅の裏に酒造倉を建てて移転する。昭和18年企業整備で酒造停止したのでここでの酒造りは1年間のみであった。

③ 千里井　酒田町　富樫丑之助
　　　　　　　　　　　大正14年度 577石
　　　　　　　　　　　大正15年度 502石

④ 玉の川　飽海郡高瀬村　成沢作太郎
　　　　　　　　　　　大正14年度 254石
　　　　　　　　　　　大正15年度 260石

⑤ 養老の瀧　飽海郡平田村　佐藤平八
　　　　　　　　　　　大正14年度 139石
　　　　　　　　　　　大正15年度 116石

合併5社の中で旭藤と男山の2社が道路を隔てた真向いに酒造場があり，将来増産をするときに2つの蔵を使用でき，また，消費地の中心である酒田市にあったことから男山の蔵で製造し，ここに事務所を設けた。この時の酒銘は「おばこ」である。2年後の昭和24年に腐造のために経営が行き詰まる。5社が残り経営の建直しをすることになる。この時酒造をやめていた鶴岡酒造会社の酒銘「上喜元」の使用提供を受ける。合併当時の製造石数は300石であったが，やがて600石となる。昭和28年「初孫」に未納税酒の供給を始めて生産量は3,000石となる。醸造期間を延長して増産するが貯蔵倉が不足したので道路に輸送パイプを埋設して旧旭藤の酒倉と接続する。

　昭和30年に仕込み倉東側の枯らし場に鉄骨造の仕込み倉を増築し，在来の仕込み倉は貯蔵倉として使用している。

[配置]

　大正10年建築の橋本酒造の住居は今も住居として使用されている。60坪を超える大きな屋敷はこの地方では数少ない寄せ棟の建物で，幅1間余りの通り土間は表から2間ほどで表と裏に分かれ，境に潜り戸の付いた欅の大戸がある。右側を蝶番で吊った大戸は常時開かれていて壁にくっついているが，高さ20cmほどの敷居が土間面に残り，通る時に注意して跨がねばならないのは不便である。

　通り土間は住居の端で左に曲がり3間ほどで再び右に曲がって釜場の前を通り作業場に通じている。住居と米倉の間の庭が酒造場への幅2.5間の通路になり，米倉の奥の中庭に井戸がある。米倉の南隣が事務所，その裏が休憩室で，土間を隔てて貯蔵倉，その右が麹室である。

　貯蔵倉は昔の仕込み倉で木造土蔵造り，明治28年建築である。1階が貯蔵，2階は階段を上ると物置で，その東側が酒母室，棟木下側に

明治28年上棟の札がある。この倉に並んで北に3間角の木造平屋建ての倉があり、昭和30年頃にその奥に鉄骨造の仕込倉を建てる。

貯蔵倉の東は上槽場で昔使用した「ふね」が2基設置されているが、今は貯蔵倉内の「ヤブタ式」の絞り機が使用されている。この上槽場は木造トラスの小屋組で、大正の終わり頃か昭和初期の建築と考えられる。上槽場の裏（東）は枯らし場で、これを囲んで物置があり昔はここが桶大工の作業場であった。

道を挟んで西側の五十嵐邸裏側の旧旭藤の倉も貯蔵倉として用いられている。

[建物]

貯蔵倉は2階建て、総生漆塗り、棟木280×600mm、天秤梁230×450mmで欅材である。中柱は21～22cm角の杉材で、梁間4間、桁行17.5間、総2階建ての土蔵倉である。1964年の新潟地震で傷んだ壁の下部1mを補修したのみで、他は建築当初のままである。

明治26年、酒田町を襲った直下型の大地震は酒田町の大部分を破壊し、同時に発生した火災で町の大半はなくなった。これを教訓としてこの倉では徹底した地震対策がとられている。桁行き5間間隔に柱3本をすじかいでかため、2階床下面に水平すじかいを入れ、1階の中柱下には外柱との間に角材を入れ、長ボルトを締めて固めている。地震時の振動で、壁の剥落を防止するために、各柱の上下にボルト締めをしている。外部からでは見えないが厚さ26cmの土蔵壁の内部の、このボルト位置に横木を通し小舞竹を留めているものと思われる。

2階床高さ3.6m、2階軒高さ1.43m、たるき造りで置き屋根構造である。屋根勾配30度で梁間中央は十分高く、使用に不便のない高さである。中柱は管柱で、2階では桁行2.5間間隔であるが、1階は5間間隔となっている。外柱は19cm角と17cm角と大きいものが使われている。すじかい、ボルトを多く使った強固な構造の建物で、生漆を塗った木肌は100年を経た今も艶があって美しい。昭和30年代に建てた仕込み倉は鋼材の少ない時代を反映してアングルを組み合わせたトラス構造である。

（平成6年調査）

写真4-4-3 住居

写真4-4-4 住居 通り土間

写真4-4-5 貯蔵倉1階

写真4-4-6 貯蔵倉2階

第4章　各地の酒蔵

配置図

2階平面図（ス：壁筋かい）

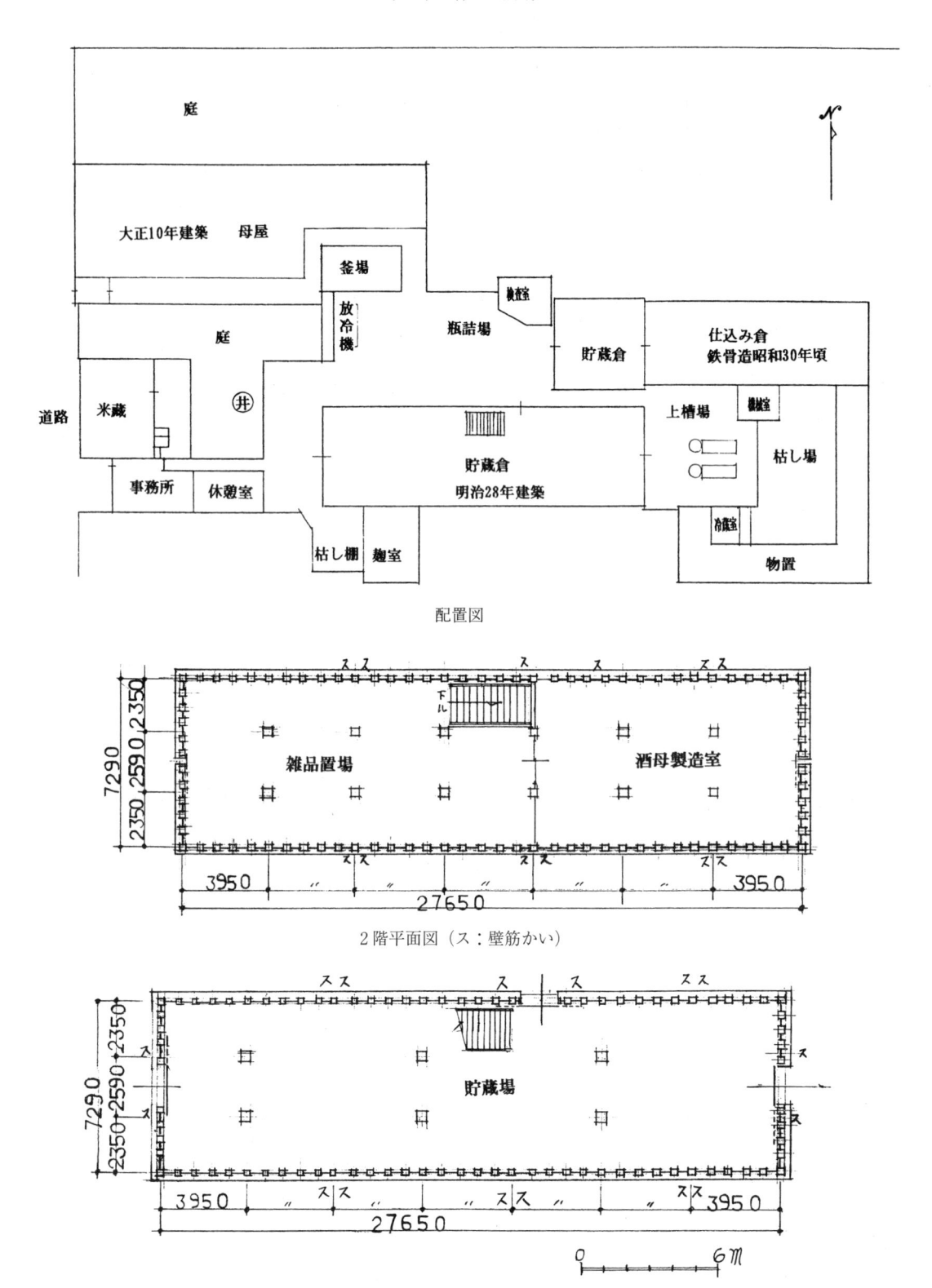

1階平面図（ス：壁筋かい　明治28年建築）

図4-4-3　酒田酒造

4．東北地方

2階梁伏図

- ひうち梁
- 小梁 240×140

小屋伏図

- タルキ 155×190 @ 439
- 棟木 欅280×600
- 天秤梁 欅230×450
- 軒桁 210×190

軸組図

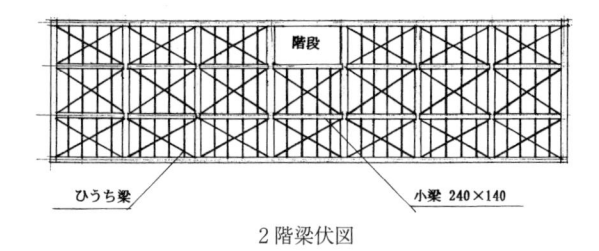

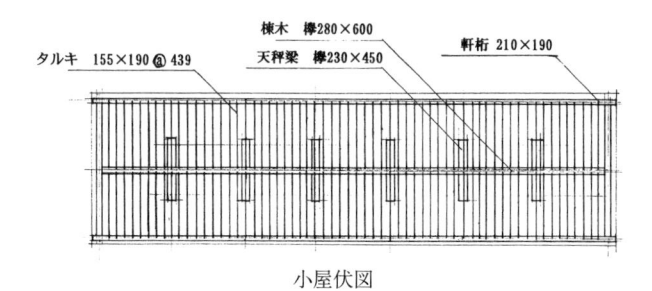

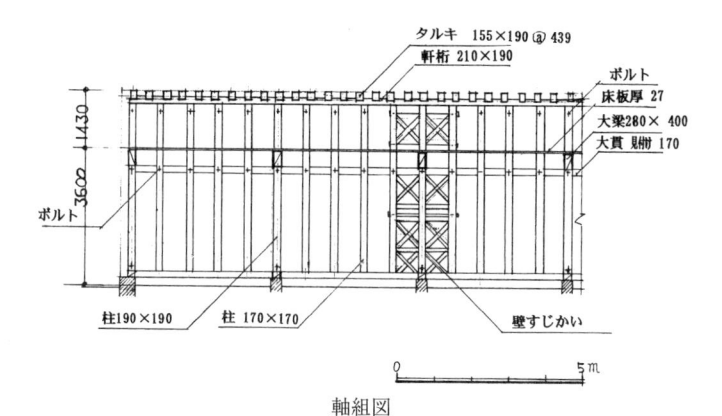

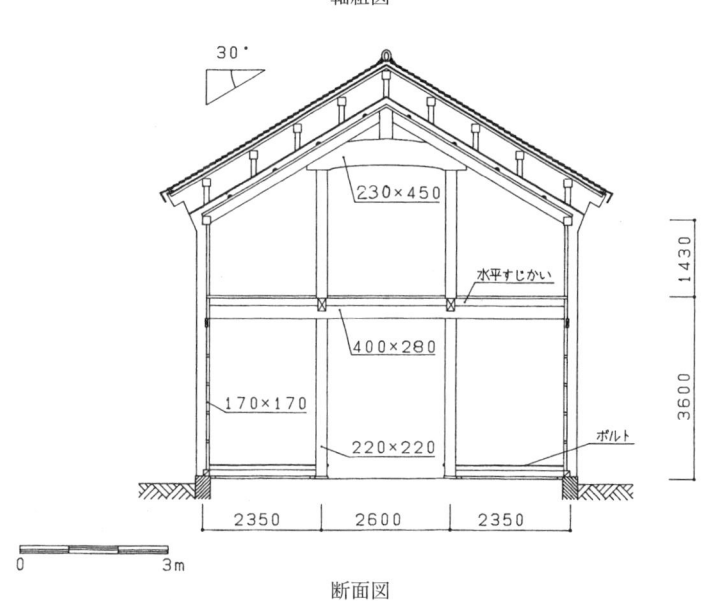

- タルキ 155×190 @ 439
- 軒桁 210×190
- ボルト
- 床板厚 27
- 大梁 280×400
- 大貫 見附 170
- ボルト
- 柱 190×190
- 柱 170×170
- 壁すじかい

断面図

- 30°
- 230×450
- 水平すじかい
- 400×280
- 170×170
- 220×220
- ボルト
- 2350　2600　2350
- 1430
- 3600

図4-4-3（つづき）

⟨5⟩ 北 海 道

[生い立ち]

　北海道の酒造場は開発の早かった道南地方には松前藩時代から存立していたと言われているが，その規模は小さく，一般の消費は専ら本州からの移入に頼っていた。明治初期（20年頃まで）に函館には14の酒造場があって，その規模は1場当たり90石と小さいものであった。しかし，札幌では同時期に10場あったと記されていて，1場当たり438石（明治19年）で函館より規模が大きく，明治24（1891）年には24場と増加しその生産高は9,647石であった。

　この頃，道全体について見ると酒造場は120軒あって，その内訳は渡島国7軒，後志国23軒，石狩国22軒，天塩国6軒，北見国10軒，胆振国10軒，日高国18軒，十勝国2軒，釧路国10軒，根室国11軒で全道内に広く存在していた[1]。

　小樽・旭川地区は札幌より遅く明治中期頃から開業者が見られるようになった[2]。

　小樽では明治14～15年頃に酒造の記録はあるが，酒造業が本格的に始まったのは明治中期からで，その頃，主な酒造場は11場あった。道統計によると，明治42年度の醸造高では函館に次いで2位となっているが，大正末期にかけて不況のあおりを受けて合併が相次ぎ昭和初期には4場と減少している[3]。

　道中央部の旭川市での酒造業開始は明治25年で本格的に酒造業が始まるのは数年後である[4]。札幌から旭川まで鉄道が開通したのが明治31年，翌32年第7師団の建設が始まり急速に町造りが進む。明治32年までには5軒の酒造場がつくられ，明治45年までには14場となり生産高も15,300石となる[5]。

　明治35年度の道統計では，全道の酒造業者数は196場，生産高64,000余石と記録されているが，大正元年には生産高95,173石と増加している。この年の移入酒は74,000余石で道内業者の努力がうかがえる。

　明治38～42年度になると，函館，小樽，札幌，空知，上川の5地区に集中し，他の地区の生産量は各地域共に2,000～4,000石の生産に過ぎず，上記の5地区には遠く及ばない情況であった[6]。

　昭和2年では清酒醸造高のトップが旭川で28％，2位が小樽，3位が札幌で，函館は空知に次いで5位で，札幌の1/3程度に減少している[7]。これは函館が移入酒の乱売地となって，酒造場の立地が難しくなって酒造場が減少したためであると言われている。

　明治始めからの国税の推移を見ると，記録の最初は明治8年度で6,459円，20年度36,793円，30年度386,488円と増加して，同年度の北海道水産税を抜いて最大金額となり，32年度597,328円となって，北海道の最大の産業となった[8]。

　酒造米について見ると，明治42年度の統計で，富山県産が最も多く3万余石，新潟県産が8千余石，北海道産が7千余石で他の東北北陸県産はこの半分以下である[8]。

　太平洋戦争の進展と共に酒造業者の整理統合が行なわれ，北海道全地区で87あった酒造場が30場に整理された[9]。戦後，酒造業界が復活した昭和33年度には全道で56場となった。この時酒造場が最も多い地区は旭川で11場，次いで小樽市が6場で，他は全道，各地にわたって33市町に存在していた[10]。しかし，平成3年には20場に減少し，平成15年度では14場になった。札幌市2，小樽市4，倶知安町1，十津川町1，旭川市2，増毛町1，北見市1，釧路市1，根室市1[11]にあるが，実際に醸造している倉は更に少ないのが実情である。

参考文献
1) 日本清酒(株)　40年史　10頁　昭和43年
2) 日本清酒(株)　40年史　6頁　昭和43年
3) 小樽市史　第5巻　281頁　昭和42年
4) 旭川市史　第2巻　404頁　昭和34年
5) 旭川市酒造史　21頁　1988年
6) 北海道清酒品評会記念帳　札幌税務監督局　明治44年

7) 日本清酒(株)　40年史　18頁　昭和43年
8) 北海道統計書　札幌市立図書館蔵
9) 旭川市酒造史　36頁　1988年
10) 日本醸造協会会員名簿　1958年　日本醸造協会
11) 全国酒類製造名鑑　2003年　醸界タイムス社

[平面・配置]

調査を行なった6つの酒造場の建物配置のうち、金滴酒造は戦後の増築部分を除くと、原型（A型）をしていたが、他の酒造場は並列増築型・B3型である。

提供を受けた配置図（図4-5-1）で建築年代が明らかな小林酒造についてその発展課程を調べる。この蔵は小林米三郎が明治33年から空知支庁栗山町に建設した蔵で、明治から昭和にかけて順調に発展した酒造場である。明治30年代の規模は図に斜線を引いた部分で、木骨石造の3棟の酒造倉と住宅、流し場、蒸し米場である。北側の大きい道路は戦後にできた道路で建物正面は南側の道路に面していた。住居裏の流し場は現在は洗米・浸漬のみ行なっているが、土間の一部に赤煉瓦の竈跡が残っており、昔はここで蒸し米をしていたのである。したがって、現在の蒸し米場は明治33年の建築であるが当時は麹室か精米場であったと思われる。また、流し場と酒造蔵の間には大正7年建築の一番庫があるが、昔はこの部分は屋根付きの作業場であったと考えられる。冬の低温と積雪を考えると屋根のない空地では酒造作業は不可能で、それまで使用していた建物を大正7年に建て替えたものであろう。この広い作業場に櫛の歯状に3棟の倉が建っていた。業容拡大と共にこの倉に平行に酒造倉を増築して現在の配置となった。日本醤油工業（昭和19年までの日本清酒(株)旭川支店）を除いた、他の4つの酒造場の建物配置も同じ形の配置をしていることからその発展課程も同じである。

次に1年ごとの生産量にしたがって酒倉の増築過程を算定して見よう。

日本清酒旭川支店（図4-5-2）は大正3年に野崎小三郎が建てた蔵である。昭和19年の企業整備で醸造をやめていたものを戦後の復活時に日本清酒が買収したものである。この蔵の場合、各倉の建築年代は判らないが、創業以来の醸造高が判っているのでこれによって建築年代を調べてみる。酒造倉（仕込み倉と貯蔵倉の合計）の建坪当たりの清酒生産量を9〜10石[*1]と仮定して計算する。大正4年の造り高は1,446石でこれに必要な蔵の大きさは仕込み倉と酒槽場（貯蔵倉）の合計152坪あれば十分である。この結果から洗い場・釜場を含む作業場と2棟の倉が創業時の大正3年に建築されたことは明らかである。大正4年の醸造高2,558石[1)]を造るには上記の2棟のみでは不足であるから大正4年に第一貯蔵倉（115坪）を建てた。大正7年の醸造高4,082石[1)]を達成するには、更に広い貯蔵倉が必要になり、大正6年に煉瓦造の第二貯蔵庫と併せて麹室を建てたのである。

同市内の高砂酒造の場合も創業時に作業場と仕込み倉一棟を建て、4年後に仕込み倉に並列

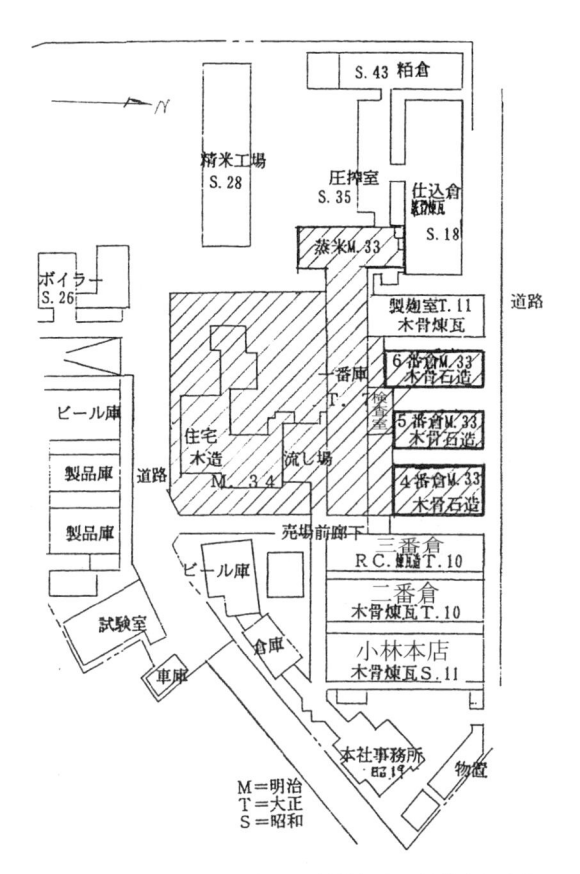

図4-5-1　小林酒造配置図　斜線部分が創業時を示す。

に増築をする。しかし，その後の増築は道路を挟んで新蔵を建設した。

[倉の構造]

倉の構造は，その地域で生産される材料によって異なるものである。

旭川市で調査した4つの酒造場の内，日本清酒旭川支店（3棟）と日本醬油工業（3棟），高砂酒造（明治に2棟，昭和始めに2棟）には土蔵造りの倉がある。また，名寄市の名取酒造[2]にも2棟（明治）の土蔵倉があって，上川地方には合計12棟の土蔵倉がある。

日本清酒旭川支店は大正3年，日本醬油工業と高砂酒造は明治時代の創業である。

日本清酒旭川支店と日本醬油工業は土蔵倉の次に木骨煉瓦造の倉を建てている。北の誉酒造旭川工場は，大正3年から9年にかけて建設した酒造場で，木骨煉瓦造が2棟，木骨石造が3棟，その他倉庫，事務所，作業場がある（RC造は戦後の建物である）。建物配置より見て，木骨煉瓦造の次に木骨石造が建てられたと思われる。

上川地方では，12棟の土蔵倉があるが，明治から大正の始めまでのものが10棟で，土蔵倉が早く建てられ，次いで木骨煉瓦，木骨石造が建てられた。

小樽市の酒造場では土蔵造り及び木骨煉瓦造が少なく殆どが木骨石造であった。その理由として小樽では早くから建築用の石材の産出があったことがあげられる[3]。小樽の木骨石造建築には札幌産の石材を用いた例が多くあって[4]，酒造倉に用いられた石材の産地を特定できなかった。

札幌では明治初期には建築用石材が産出していて[5]，北の誉酒造札幌工場，日本清酒札幌工場の2工場はいずれも石造であったが，早くに

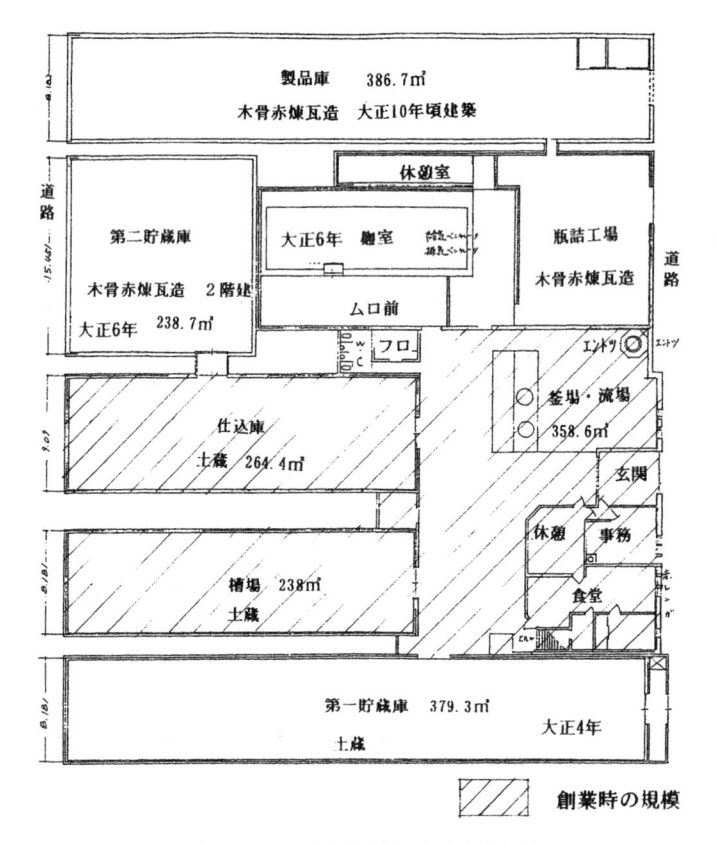

図4-5-2 日本清酒旭川支店配置図

鉄筋コンクリート造に建て替えられたので調査しなかった。

栗山町の小林酒造の場合は，木骨石造が明治33年に建てられ，大正になって木骨煉瓦造が建てられている。これは札幌に近く，石材の入手が容易であったためと考えられる。

小屋組はキングポストが多く用いられているが，高砂酒造の明治に建てられた倉と，小林酒造の5番倉，金滴酒造の4号倉の4棟が和小屋たるき造りである。小林酒造の5番倉では，2階床高さは3.9mと高く，全面に床を貼ってある。高砂酒造，金滴酒造の3棟は2階床高さが3.36～3.51mと低く，2階は中央部のみで，両外側は吹き抜けである。中柱上に天秤梁を架け，その上に中引き桁を通し，たるきを架け渡す。たるき間隔は小林酒造と高砂酒造では2尺，金滴酒造では3尺であった。

金滴酒造の4号倉以外は梁間が4間で，1間の長さは2.06mと大きい。また桁行き1間は1.82mである。高砂酒造では桁行き柱間隔は1.25mであった。小林酒造の明治33年建築と言われる3棟の木骨石造の倉では内部仕上げがそれぞれ違っている。4番庫では真壁漆喰塗り，5番倉は板張，6番倉は石の壁面に薄くモルタルを塗り漆喰塗り仕上げで，柱の貫きが露出している。このように，木骨石造の内部仕上げに3つの種類があった。

[おわりに]

北海道で最初に酒造が始まった時期は江戸末期で場所は道南地方であった。しかし，酒造業として認められる規模になったのは明治初期からでその地域は函館・札幌地区である。明治中期になると小樽・旭川にも酒造業が始まり，大正時代には旭川がトップとなり次いで札幌・小樽が続く。この頃になると函館は空知についで5位に落ち，一方で全道各地に小規模の酒造業が発生する。昭和19年の企業整備により全道で95あった酒造場が35場になる。昭和33年には47場の酒造場が復活したが，生産自由化と共に減少する。

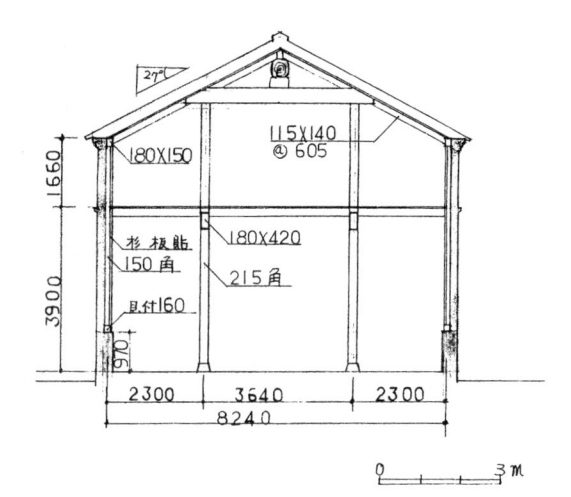

図4-5-3 小林酒造5番倉断面図

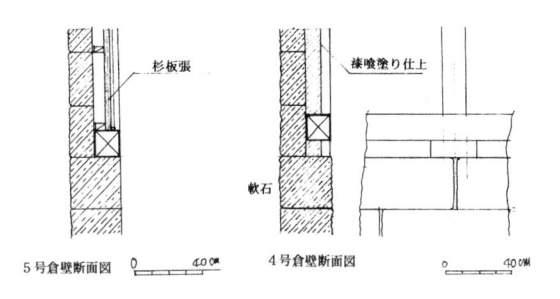

図4-5-4 石造壁詳細

写真4-5-1 木骨石造モルタル漆喰塗り 小林酒造6番倉

写真4-5-2　木骨石造真壁漆喰塗り　小林酒造4番倉，木骨石造竪羽目板張り　小林酒造5番倉

調査した蔵は創業時に建てた倉を中心にして増築したもので，灘，伏見で見られたような千石蔵タイプは見られなかった。

また，倉の構造別にみると土蔵倉が15棟，木骨石造が12棟，木骨煉瓦造が10棟で数の上では大差はないが，建設した年代で見ると，土蔵造の多くは明治で，木骨石造が明治〜大正時代に多く，木骨煉瓦は大正時代から昭和初期までであった。

平屋建ての倉が11棟で約1/3を占めていて，内地の酒造場に比べると非常に多い。夏の気温が比較的低く，酷暑の期間が短い北海道では貯蔵倉内の気温上昇が小さいためではないかと思われる。

平面配置では並列増築型B3が多く，酒倉は妻入りが殆どであった。創業者および杜氏や蔵人の多くは東北・北陸出身者で，これらの地方では酒倉の多くは妻入りであり出身地の影響が現れたのである。

（北海道は調査した蔵の数が少なかったので「小屋組のまとめ」は省略した。）

参考文献
1) 旭川酒造史　1988年　265〜270頁
2) 名寄の古建築物　川島洋一　名寄市教育委員会　昭和59年　121頁
3) 小樽市の歴史的建造物　小樽市教育委員会　1994年　102頁
4) 北海道における初期洋風建築の研究　越野武　北海道大学図書刊行会　1993年　290頁
5) 同上　292頁

＊1　第3章1.仕込み倉　参照

5. 北 海 道

日本清酒　旭川支店

小林酒造　北側(栗山町)

日本清酒　旭川支店

北ノ誉　小樽工場

日本清酒　旭川支店　仕込倉入口

写真 4-5-3　北海道の酒造場

〈事例12〉 高砂酒造　[旭高砂]　　　　　創業：明治32(1899)年／北海道旭川市宮下通り

[沿革]

　創業者小桧山三郎は会津若松の人で，明治23年に渡道し，札幌に居住し雑穀卸商で成功し，明治29年に旭川に進出した。明治32年第7師団設置が決まるやその将来を熟考のうえ酒造業を開設する。宮下通りを挟んで南側が明治40年に完成し，大正5年には2,206石を生産した。昭和3年に道路北側に新しい蔵の建設をはじめ，昭和5年にはほぼ出来上がったが，昭和6～7年は凶作であったので工事を中止するが昭和8年に全部を完成する。その後は北側の鉄筋コンクリート造の倉が主力工場となる。

　醸造高の推移から推定されることは，明治34年当時の倉は中央側の倉（配置図の昔の貯蔵倉）が1棟であったと思われる。次に醸造高が大きく変化した明治38年で，1,321石と醸造高が倍増していることから37年に東側の倉（昔の仕込み倉）が完成したものと考えられる。

醸造高の推移[1]

明治34年	551石	
38年	1,321石	
42年	1,006石	
44年	1,529石	
大正4年	1,681石	
5年	2,206石	
10年	2,793石	
14年	2,674石	
昭和4年	3,903石	
8年	3,017石	
12年	3,970石	
55年	6,985石	

昭和40年石崎酒造を合併する。

石崎酒造

創業	明治33年	
	同年	375石
	40年	1,133石
	44年	746石
大正5年	1,296石	
大正7年	2,025石	
14年	936石	
昭和4年	1,152石	
10年	492石	
15年	600石	

[建物]

　道路南の創業時の蔵は土蔵造り2棟の酒造倉（現在は製品庫）を中心として構成されている。道路沿いに住居と事務室があってその中央に通り土間があり，昔の釜場・洗い場に通じている。この作業場の南に妻入りに2棟の酒造倉が並んで建っている。この2棟は共に，梁間4間，桁行き8間であるが，梁間1間＝2.035m，桁行き1間＝2.5mと大きい。使用材は昔の貯蔵庫より昔の仕込場の方が大きいものが使われている。中柱は外側から2.25mの所にあって，桁行き2間間隔に立つ。この上に天秤梁を載せ，上に中引き桁を通す。更に，天秤梁の上に2重梁を架けて地棟を通し，たるきを2尺間隔に地棟に載せ掛ける構造である。

　壁厚は27cmと厚く，面積と構造がほぼ同じである2つの倉であるが，2階の床高さが違っている。昔の貯蔵庫の床高さは3.36m，昔の仕込場は3.51mと僅かではあるが高く，昔の貯蔵庫では2階床が全面に張ってあったとみられるが，昔の仕込場では中央部のみに床があって両外側が吹き抜けであった。これは仕込み桶が大きくなったのに合わせて造ったものであると考えられる。

　屋根勾配も昔の貯蔵庫は4寸5分，昔の仕込場は5寸3分と異なっている。

　屋根は置き屋根，トタン平葺きで，勾配は同じである。壁仕上げは，内壁は白漆喰塗り，外壁は腰ササラ子下見板，上壁は白漆喰塗りである。

道路をへだてた向かいの北側ブロックは，醸造量の記録を見ると昭和2年，2,799石，3年が3,894石となっていることから昭和3年に西側の土蔵倉が完成し，続いて昭和4年に，鉄筋コンクリート造の部分が完成した。昭和6，7年は米の不作であったので，残りの部分の工事は8年に完成する。土蔵倉と廊下を挟んで事務室，検査室，食堂がある。鉄筋コンクリート造の倉は1階が槽場・釜場・洗い場，2階が仕込み場で，3階は資材庫である。昭和8年に完成した部分は木骨煉瓦造の精米所である。

(平成2年10月調査)

参考文献
1) 旭川酒造史　1988年　267〜270頁

写真4-5-4　左：瓶詰場　中：昔の貯蔵庫
　　　　　　右：昔の仕込み倉

写真4-5-5　北側ブロックの第3，第4貯蔵庫
　　　　　　(昭和4年建設)

写真4-5-6　昔の貯蔵庫2階

写真4-5-7　昔の仕込場1階

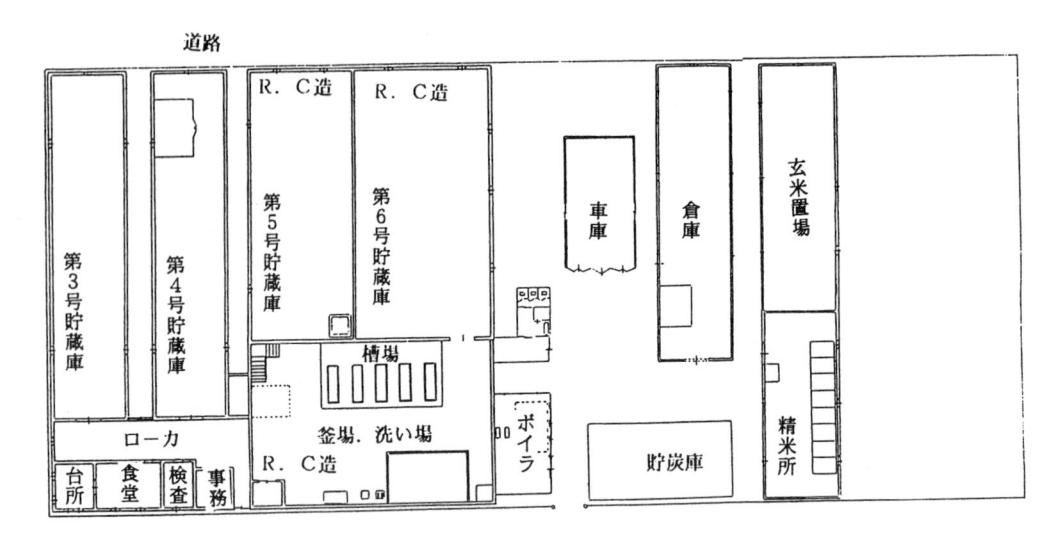

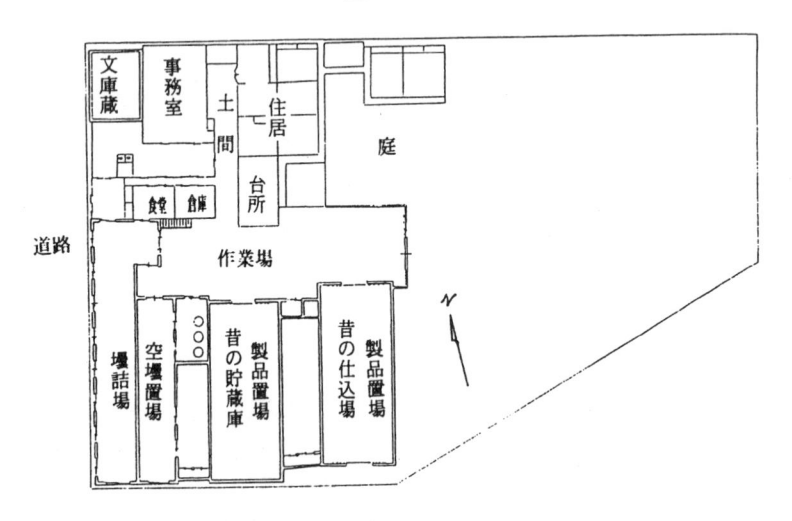

配置図

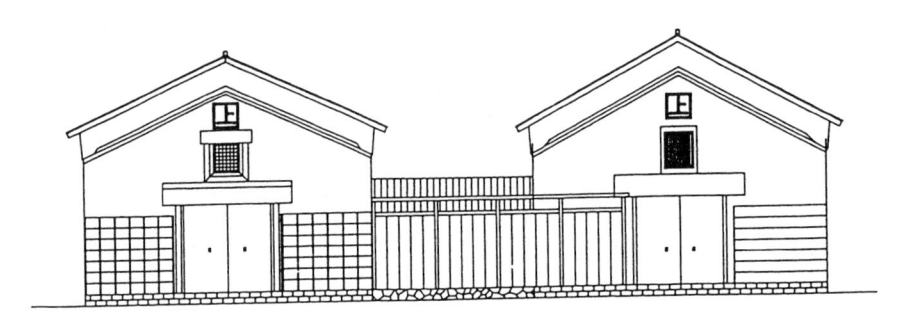

南立面図

図4-5-5　高砂酒造

5．北 海 道

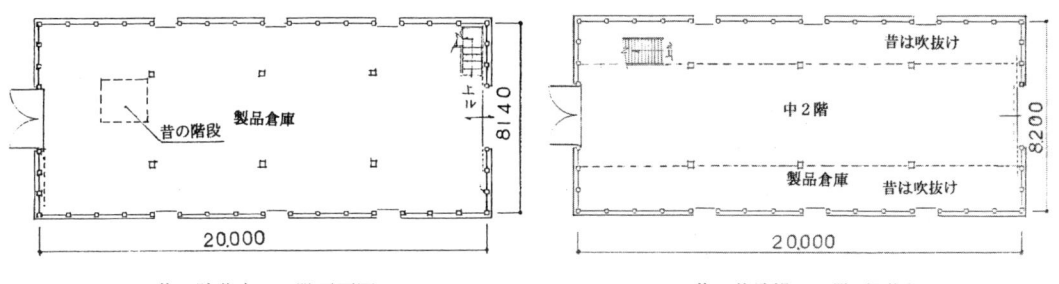

昔の貯蔵庫　1階平面図

昔の仕込場　1階平面図

昔の貯蔵庫　断面図

昔の仕込場　断面図

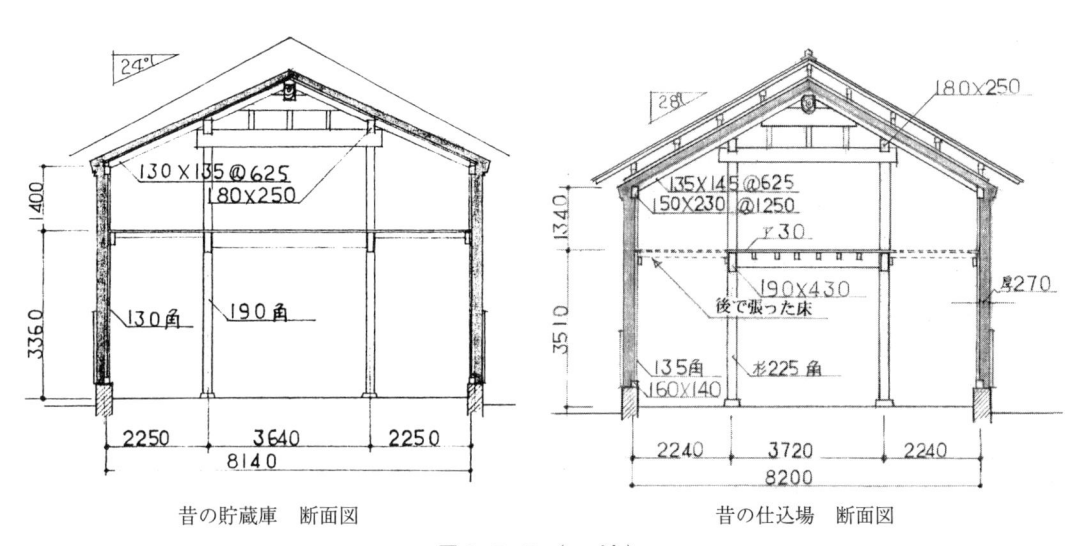

図4-5-5　（つづき）

⬥6⬥
中国地方

[はじめに]

中国地方は山陽道と山陰道では酒造場の数が大きく違っている。人口の多い瀬戸内側に酒屋が多いのである。酒造場が最も多いのは岡山県、次は広島県で、それぞれ備中杜氏、広島杜氏として有名である。

明治28(1895)年度、山陰と山陽を比べると、総場数で約1/3、生産量は1/4、1場当たりの生産量は山陽が292.9石、山陰が226.4石で山陽側が大きく、山陰側が小規模の酒造場が多い。また、両者ともに全国平均の322.5石より小さい。規模別数を山陽及び山陰と全国について比較すると、山陽と山陰の100石未満の数は、ほぼ同じと見做せるが、生産規模別の構成比率(％)を見ると500石以下の合計では山陰は93.3％で、山陽の83.5％、全国の80.2％より大きく、山陽は全国の構成比率と同じ傾向であるが、山陰は小規模の酒造業がより多いことを示している。

広島県は規模が大きい酒造場が多い。ちなみに、1,000kℓ以上の酒造場の数を見ると広島は12場、岡山は4場で、200kℓ以下の数では逆に岡山が多い。平成15(2003)年度では1,000kℓ以上は広島県で7場、岡山県では2場と、昭和55(1980)年度に比べてほぼ半減している。しかし、西条町では昭和55年度の5場から、平成15年度の4場へ僅か1場の減少に過ぎない。即ち、生産規模の大きかった西条町の酒造場は、県全体が減少する中で生産割合が増加したのである。平成15年度の場数は広島県74場、そのうち生産を止めているものが14場[3]で、生産をしている蔵は60場にすぎない。昭和33(1958)年と比べると残った蔵の割合は僅か34％である。大きい蔵に生産が集中し、小さい蔵は生産をやめているのである。この傾向は広島のみならず全国的な現象である。

a．岡山県の酒造場

[生い立ち]

岡山の酒の歴史で一番古い記録は天正元(1573)年宇喜多直家が岡山城を築城の際、城

表4-6-1 明治28年の中国地方の製造規模別構成[1]　　上段は酒造場数、下段は合計数に対する割合

醸造高(石)	100以下	100～500	500～1,000	1,000以上	合計	醸造高(石)
山　陽	115 8.3%	1,042 75.2%	186 13.6%	45 3.2%	1,388 100%	406,548
山　陰	120 26.3%	302 67%	28 6.3%	2 0.4%	458 100%	103,691
全　国	1,967 14.8%	8,649 65.4%	1,955 14.7%	678 5.1%	13,249 100%	4,272,794

表4-6-2 昭和55年度の中国地方の酒造場の規模別数[2]　　（　）内は合計数に含まれる休業及び集約数

醸造高(kℓ)	1,000以上	999～500	499～200	199以下	合　計	昭和33年
広島県	12	5	38	57	112(2)	178
山口県	2	6	7	83	98(28)	160
岡山県	4	14	38	66	122(1)	187
鳥取県	0	5	10	21	36(2)	42
島根県	0	3	27	26	56(8)	97

昭和55年度の清酒醸造高は
　　広島県　48,223kℓ　　1場当たりの生産量は430kℓ
　　岡山県　36,031kℓ　　　同上　　　　367kℓ

下町を繁栄させるため周辺の酒造家を集めたのが最初である[4]。このころの産地は「児島諸白」の呼び名が残るように，岡山県の南部海岸（児島半島）に近い地域では，明暦3（1657）年の酒株制度による営業権を与えられた醸造場が約300あったと言われている。良質の米と水に恵まれた上に，備中杜氏の技術によって大いに栄えたものである。

明治になって，酒株制度が廃止され，代わって免許制度になって酒造業の開業及び造石高が自由になった。それまでは特権階級のみに認められていた酒造業に，地方の地主連中が参加できることとなり，岡山市北部農村地域の瀬戸，和気，赤磐地方に酒屋の免許をとるものが続出した。その結果，地方の良質米で造った酒が岡山市内で大量に売られたので，藩政時代から盛んであった岡山市の酒造家は減少の一途を辿った。明治中期までは，江戸時代の醸造法が続いていたが，明治37年，国立醸造試験所が設立されてその技術が伝えられ醸造方法の改革は全国に広まり岡山の酒も変化した。

大正3年，第一次大戦が勃発して好景気となり，浅口郡の酒造家も増加して大正5年の15,000石の生産高が，同8年には60,000石を突破することとなる未曾有の好況であった。しかし，大正9年第一次大戦後の恐慌で頓挫し，大正12年の関東大震災で小売屋，問屋は集金不能となり多くの倒産者を出す波乱の時代となった。

[備中杜氏と岡山の酒造場]

備中杜氏の発祥地は備中南部海岸地帯で，笠岡市南部海岸から寄島町までとされる。旧浅口郡大島村（現・笠岡市）は県南でもまれな僻地で天恵に乏しくて田畑は少なく，交通も不便な僻地で，農業の傍ら漁業に従事していたが，冬期の仕事が少ない地方であった。元禄時代には人戸わずかに数十戸であったという。

住民は農業を営み副業として漁業に従事していたが，漁獲量も少なく生活に支障をきたすものも少なくなかった。元禄時代以降多くの働き手が灘地方の酒造場へ冬期出稼ぎに出た。その結果酒造技術を習得した者の中から杜氏になるものが続出し，その数は明治20年頃には約100名となり，その地域は現在の笠岡市（旧，大島村，吉田村），浅口郡寄島町・里庄町・鴨方町・金光町・倉敷市玉島黒崎にわたった。海岸部よりやや遅れて内陸部の小田郡内にも拡がった。これらの地方に住む蔵人を総称して備中杜氏の名称が付けられている。明治30年頃備中杜氏組合を組織し，大正4年頃には会員総数（役員のみ）杜氏392名，代司250名合計642名であ

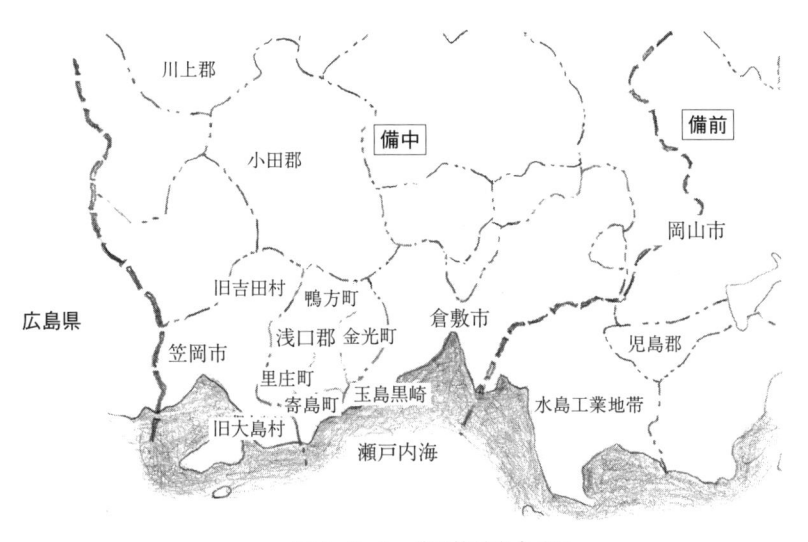

図4-6-1 備中杜氏出身地図

り，代司以下（酒造全従事者）を合わせれば約3,000名に達していた。また，出稼地は県下をはじめ中国地方や朝鮮その他の広い地域に及んだ[5]。酒造技術の面では，明治40年，牧佳三郎の蔵が全国の第1回品評会で優等賞を獲得し，備中杜氏の技術の優秀なことを天下に示したため県内のみならず各地に進出して備中杜氏の技を発揮した。その特徴は甘口でさわりなく飲める酒を造りながらも粕歩合，酒化率などについても全国的に優秀な効率をあげている。これを一口にいえば，経済酒として，しかも良い品質のものを造りあげる技術である[6]。

もともと杜氏の出身地の多くは農村地帯で，しかも，冬期農作業ができない東北や北陸地方あるいは耕地が少なく交通の不便な僻地である。備中杜氏の場合も同じ環境であったが，昭和30年代に陸路が整い，更に水島臨海工業地帯，隣接する広島県福山市には備後工業地帯が出現し，関連地場産業が発達した。酒造産業よりも有利な雇用状況であったので，これらの産業に若い人たちが就職し杜氏をめざす若者がいなくなった。後継者をなくした備中杜氏は必然的に消滅することになる。季節労働者としての労働条件が変わらない限りこのことは変えようのない流れであろう。調査した酒造場の大半が備中杜氏であったが60歳をこす人たちが多く後継者のめどがたっていないという。

図4-6-2は岡山県内の酒造場の位置を示したもので多くの酒造場が集中しているのは倉敷市南部及び西部の海岸に近い地域とその西に連なる浅口郡である。この地域は備中杜氏の発祥地であり，また，倉敷市の南部は児島杜氏の発祥の地である。鉄道輸送がなかった当時は酒の輸送は海路に頼っていたので，多くの酒造場は海近くに造られ，瀬戸内の各地に酒を移出していたのである。

倉敷市玉島黒崎地区（図4-6-3）では，海岸通りにある9軒の酒造場が海に向いて建っている。この地域は三方を山に囲まれ，昔は北側の山道のみが集落へ通じる道で，主な交通は海路であった。田畑も少なく，これといった産業もない僻地であったが，備中杜氏の出身地でもあり酒造業のみが発達した。生産した酒は船便で瀬戸内各地に移出して，備中杜氏と共に栄えたのである。これに似た地区は愛知県半田市亀崎町にもあって，やはり海岸沿いに海に向かって酒造場が並んでいる（図1-25）。亀崎町の場合は規模が大きい江戸積み酒造業として発展した

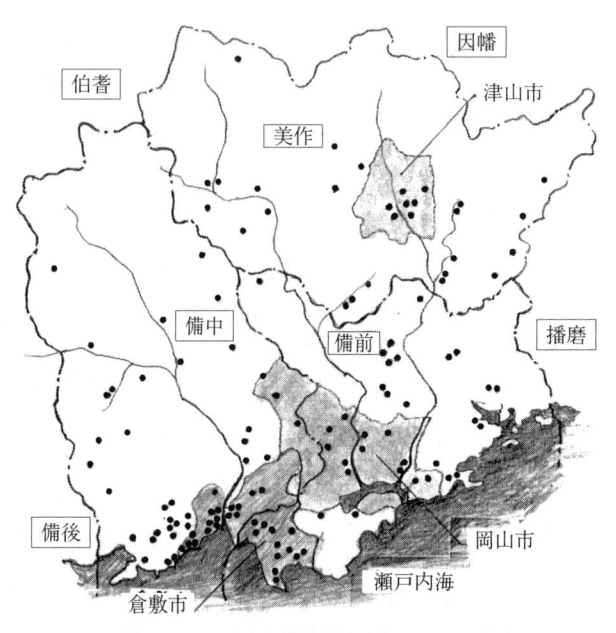

図4-6-2 岡山県酒造場分布図 1982年度

①酔宝酒造 清酒[酔宝]　④妹尾酒造本店 味醂[誉]　⑦登龍酒造 清酒[登龍]
②赤沢酒造 清酒[沢泉]　⑤若狭幸助酒造　　　　⑧小林酒造本家 味醂[明月]
③藤沢酒造 味醂[旭富士]　⑥福男酒造 味醂[福男]　⑨不二菊酒造本家 清酒[不二菊]
(味醂は焼酎に餅米と麹を加えて作る｡)

図4-6-3　倉敷市玉島黒崎　醸造場位置図　平成7年

のである。いずれも後背地への出荷はなく，広域型の酒造場として栄えた地域である。

b．広島県の酒造場

[生い立ち]

(1) 江戸時代

広島県の酒造業ははじめ備後地方に栄え，その後現在のJR呉線沿岸沿いに伸びていったといわれている。即ち，福山，三原，竹原等の町方中心に栄え西へ広がったのである。しかし，毛利氏によって城下町が形成された広島がやがて最も酒造高が多くなっていくのである。

毛利氏により城下町が形成された広島は三原，尾道よりも酒の歴史は少し遅れ，広島城下の領内全体に占める割合は酒屋数では26.3%であるが，酒造米高は42.9%とほぼ半数で他の町村に比べ1軒当たりの規模が38.8石と大きい。元禄15(1702)年の藩から幕府への報告によると，

```
　　　　酒屋数　　酒造米　　1軒当たり平均
安芸国　236軒　　6,682石余　　28石3斗
備後国　129軒　　1,992石余　　15石4斗
合計　　365軒　　8,674石余　　23石8斗
```

三原は中世末から尾道と共に京阪地方などで銘酒の産地としてその名が知られている。

酒造の草分けは菊屋三郎右衛門であるが，広

表4-6-3　広島城下の酒屋軒数と酒造米高[7]

寛文11(1671)年，単位:石

酒造米高	100〜200	70〜99	50〜69	30〜49	15〜29	1〜14	合計
軒数	4	5	20	22	24	21	96

島開府後は同地へ移ったので，その後の三原の酒造家は川口屋と角屋(すみや)になった。この両家は共に御膳酒として藩の御用を勤めたという。角屋は近世後期には酒造をやめたが後に定森酒造がこの家を継いだ。元禄10(1697)年，東町と西町合わせて30軒の酒屋があって，その酒造米高は553石1斗，1軒当たり18石であった。

尾道では享保5(1720)年，酒屋数24軒(内，5軒休業)で，営業していた19軒の造り高は248石余で1軒当たり平均13石と小規模の酒屋であった。竹原では元禄10年に8軒の酒造家があって，389石余の酒造米高で，1軒当たり48.6石である。また，町方以外の郡方では17軒の酒屋が141石余の酒造米高で，1軒当たり8.3石と町方より少なかった。

```
元禄11(1698)年の福山藩の酒屋　1軒当たりの造り高
　福山35軒　3,035石　　　　86石7斗
　鞆　21軒　2,162石　　　　102石9斗
　郡中35軒　　659石　　　　18石8斗
　計　91軒　5,858石　　　　64石3斗
```

表4-6-4 明治41年度賀茂郡の主な町村別酒造家数と造石高[8]

	製造場数	醸造高	1場当たりの醸造高
西条町(現在の東広島市)	7	5,939石	848石
竹原町(現在の竹原市)	17	12,362石	727石
三津町(現在の安芸津町)	13	9,942石	764石
内海町	3	2,116石	705石
仁方町	8	6,740石	843石
阿賀町	5	1,056石	211石
その他20町村	34	15,011石	441石

　江戸時代の酒造業は地域の消費が主でその規模は小さく100石を超える規模の酒屋は少なかった。また，町方に比べると郡方の規模は数分の1である。

(2) 明治時代

　明治維新後，酒造が免許制となり，明治6〜7年頃は製造戸数も製造石高も増加したが，明治17〜18年の不況で，廃業者が続出し酒造業界は沈衰期となった。広島の酒造業が衰退したもうひとつの理由は，移出入が自由になったため，灘を中心とする先進地の酒の流入である。腐造を恐れて安全第一主義の辛口酒の生産から脱出できない地酒は「淡泊で芳香純美」と言われた上方酒にとって代わられたのは致し方のないことであった。酒質の改善なくして販路拡張はおろか現状維持さえ難しく，更に，明治20年の山陽鉄道会社の設立は上方酒の流入を促進して地方の酒の衰退に追い打ちをかけることは明らかであった。危機感を抱いた西条や三津の酒造家は酒質の改良に努めた。このことが結果として西条の酒造家に事業発展の機会を与えることとなり全国的な銘醸地になった。中でも明治30年，安芸津町の三浦仙三郎が軟水による改良醸造法に成功し，県内の酒造家に広めた功績は高く評価されている。また，日清戦争，日露戦争は酒の需要を増加させ酒造業の発展を促した。中でも西条を含む賀茂郡の酒造業発展は著しく，広島県全体に占める賀茂郡の割合は明治32年度28.1%から41年度には33%となった。

　表4-6-4は明治41(1908)年の賀茂郡内での酒造場の多い町を上から6番までを記載したものである。

　阿賀町を除く5町は，700〜850石/軒の間の醸造高で，全国平均の倍の規模である。上記5町のうち西条町を除く4町は瀬戸内海岸にある町で海運による販路が大きい支えであった。この時点ではまだ西条が突出した産地とは言えない。

(3) 大正時代

　欧州大戦の好景気により酒造業界は黄金時代を迎える。しかし，この景気も大正8年をピークにして大正13年から不況に突入することとなる。

　表4-6-5を見ると酒造場1戸当たりの製造量は順次増加している。これは小規模酒造場が減ったのである。表4-6-6の明治から大正にかけての広島県の全国順位は醸造高で見ると，明治7年には5位以内に入ってないが，大正13年には，全国造石高の4%を占め，福岡

表4-6-5 広島県の大正時代における酒造戸数と造石高[9]

単位：石

	元年	3年	6年	9年	12年	13年
醸造戸数	464	434	409	419	420	432
造石高	159,932	177,900	216,882	232,359	278,760	250,000
1戸当たり造石高	345	410	530	554	663	579

表4-6-6 県別醸造高順位

	1	2	3	4	5	
明治7年	兵庫	愛知	新潟	栃木	京都	文献17
大正13年	兵庫	福岡	広島	京都	−	文献14

（4％）と並んで京都を抜いて3位に躍進している。

広島と福岡は共に明治20年代に酒造技術の改良を自らの力で完成した土地である。広島では三浦仙三郎を中心とする人々が完成させた軟水醸造法，福岡では小林作五郎をはじめとする人々の努力による改醸法である。いずれも従来の地酒醸造法を改良するに当たり，酒造場の当主自ら酒造技術の研究をして杜氏を指導し，その土地の水質に合わせた醸造法を確立し，この技術を広く県内の同業者に公開して地域の主要産業として完成したのである。勿論，目標となった酒は灘酒であることは言うまでもない。

広島県内産業における清酒業界の地位は重工業の発達していない当時では最も高く生産金額は最大であった。これは取りもなおさず税源として大蔵省の注目の的となり税源育成の大きな対象となった。

この時期，広島酒として他府県に移出された酒は賀茂郡・呉市・三原市の酒が主で，他地域の酒は殆ど地元で消費されていたのである。

(4) 昭和時代

昭和33年，戦後復活の最盛期を迎え広島県の酒造場数は184場となったが，これをピークに酒造業界の再編が始まった。即ち，大メーカーへの生産集中と中小メーカーの淘汰が進んだのである。昭和55年には117場となり，その後も統廃合が進み平成元(1989)年度には95場，平成15(2003)年度には75場で，そのうち22場が生産をやめて銘柄のみを残している酒造場で生産をしているのは53場である。

大正13年の造石高では全国3位で京都（4位）より上位であった。昭和46年度でも全国順位は福岡を抜いて3位ではあるが造石量でみると，全国2位の京都が11.7万kℓに対し広島は5.7万kℓと京都の半分である。広島県の生産量は昭和55(1980)年度の48,223kℓから平成15年度(2003) 26,702kℓ，率にして55％に減少している。そのなかで西条町（現，東広島市）の県内生産量に対する割合は45％と上昇している。これは大メーカーの増石するものが増えた反面，中小メーカーの衰退が激しくなっていることを示しているのである。

広島県の酒の大生産地は東広島市西条町で，昭和55年度西条税務署管内の12の酒造場で広島県の35％を生産している。また，1,000kℓ規模以上の倉が5場で，賀茂泉酒造の998kℓを加えると6場で，県内の1,000kℓ以上のメーカー数の50％を占めている。町の規模は小さいが大酒造場が集中した地域(図4-6-4参照)で，このうち賀茂鶴酒造，白牡丹酒造，亀齢酒造の3社は複数の酒造蔵を有する大メーカーである。西条駅の東側の本町筋に多くの酒造場が集中したのは，酒造に適した良質の水が出る水脈がこ

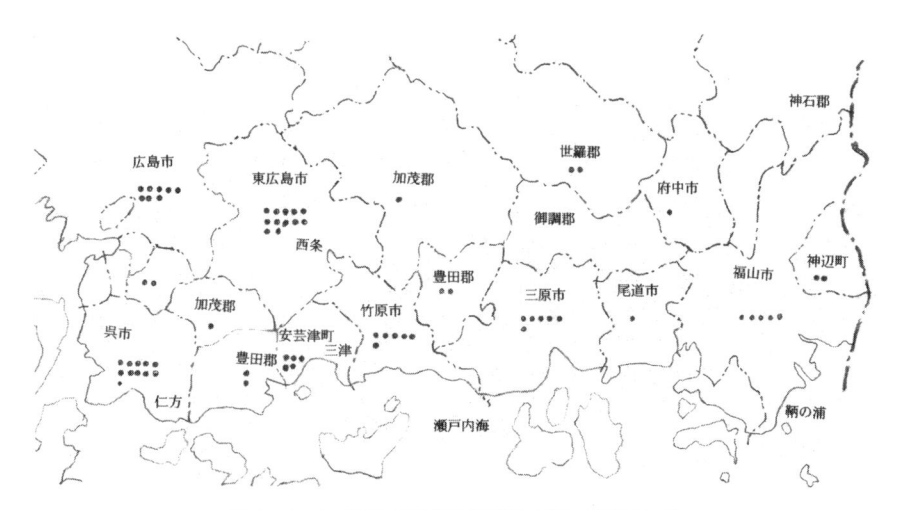

図4-6-4　広島県南部酒造場分布図　昭和55年

[各地の酒造場]

(1) 東広島市

東広島市西条町は広島県のほぼ中央に位置し，江戸時代には四日市と呼ばれ西国街道の宿駅として栄えた町である。

西条砂礫層を通して流れる地下水脈は硬度4～6度で灘の宮水の8～9度に比べると硬度が低く，灘と同じ醸造法が成立し得ない原因であった。これを解決して「灘」「伏見」と並ぶ芳醇な酒を醸造し得たのは，軟水醸造の普及に負うところ大である。一般に広島の酒は三津町の三浦仙三郎が改良した軟水醸造法がすべてのように言われているが，明治20年代の西条の酒造場で有志の人々が自らの努力で行なったとも言われている。三津町で三浦仙三郎が用いた水は硬度2度であったが，これより硬度の高い西条の場合はそれよりも改良が容易であったと思われるからである。

西条町で最も古い酒造家は延宝3(1675)年創業の白牡丹酒造で，現在も延宝3年に建てられた倉の一部が残っている。しかし，その他の建物の殆どは明治後半以後の建物である。西条町の酒造場数は明治32年から39年までは5場，明治40年からは7場である。

造石高は

	造石高	1場当たり造石高
明治32年度	4,379石	876石
明治39年度	6,041石	1,208石
明治41年度	5,939石	848石

以上の数字を見ると1場当たり造石高は850～1,200石で酒造場の規模は広島県内では最も大きい。

明治41酒造年度，西条町の主な酒造家の醸造高は[10]

木村静彦	東庫	1,321石(菱白正宗)現，賀茂鶴酒造
	西庫	1,238石(賀茂鶴)
島 博三	西庫	874石(芸陽男山)現，白牡丹酒造
石井峰吉		859石(芸陽亀齢)現，亀齢酒造

大正8～12年の平均造石高[11]は

	造石高	酒造蔵数	酒銘
賀茂鶴酒造	8,000石	5	賀茂鶴
西条酒造	4,000石	3	福美人
島 博三	3,000石	2	白牡丹
石井峰吉	2,000石	2	亀齢
武田信一	2,000石	2	賀茂桜

昭和60年・東広島市西条町 酒造場位置図

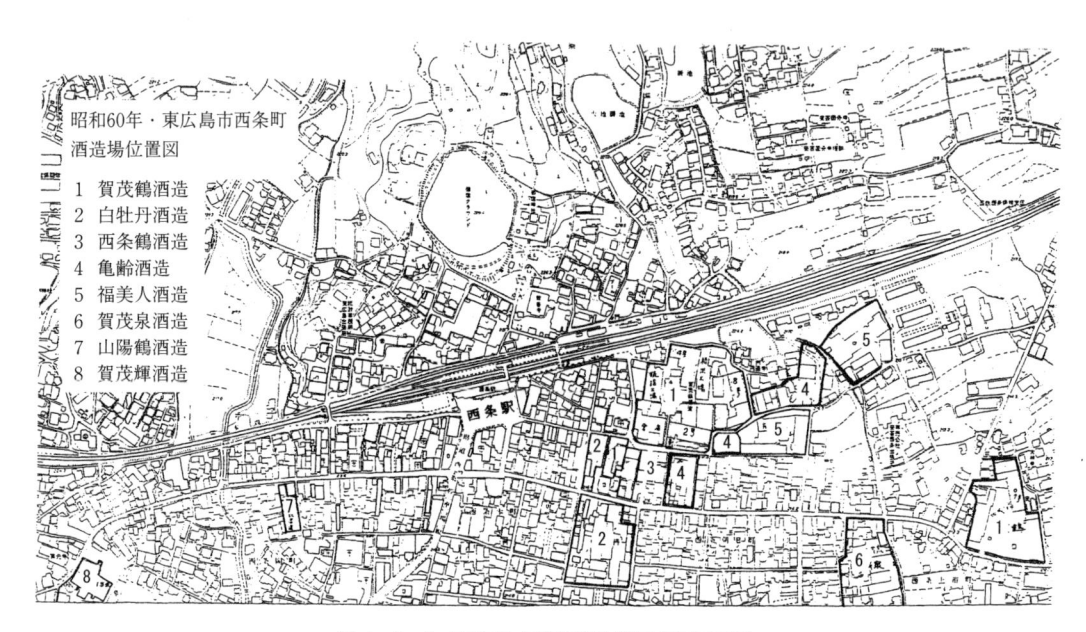

1 賀茂鶴酒造
2 白牡丹酒造
3 西条鶴酒造
4 亀齢酒造
5 福美人酒造
6 賀茂泉酒造
7 山陽鶴酒造
8 賀茂輝酒造

図4-6-5　東広島市醸造場位置図(昭和60年)

と記され1蔵当たり1,000～1,600石の大きな蔵であるが,昭和46年度実績では全国的にみると企業規模が最大の賀茂鶴でも20位と低い。

昭和55年度における1,000kℓ以上の酒造場数は5場で,最大は白牡丹の5,518kℓである。同年度,伏見は17場で最大が月桂冠の27,116kℓ,第3位が宝酒造の5,786kℓである。

酒類醸造名鑑(2003)によると平成15年度では西条で1,000kℓ以上は4場で,最大が白牡丹酒造の4,456kℓ,伏見では1,000kℓ以上が8場で最大が月桂冠の41,743kℓ,第2位の宝酒造が28,204kℓと増加しているのに対して西条ではこの間,賀茂泉が21kℓ増石した以外は全部減石している。しかし,伏見も2社以外はすべて減石しているのをみてもこの間の企業間の競争の厳しさがうかがえる。

(2) 安芸津町三津村の酒造業

安芸杜氏の中心とされる安芸津町(旧三津村)も,酒造の歴史は古く,嘉永年間1850年頃の酒造戸数は7戸で造石高2,500石(454kℓ)に達している[12]。

明治5年頃,三津村は人口3,600人で17軒の酒造家があった。三津港は西条盆地に接していて広島藩の浦辺御蔵所のあった港として発展した所である[13]。明治初年,納税が米納から銀納に改められ米は純然たる商品になった。御蔵所に納入されていた米は三津商人の手に移り三津村は米穀集積場となり,これを利用する酒造家が急激に増加した。また三津村には酒造に適する水も豊富であったことも酒造業発達の一因である。

明治4年酒株制度廃止によって免許証鑑札下附となり,酒の移出入が自由となって生産額が年と共に増加した。三津酒は明治6～7年頃から福岡・大分方面へ売り出していたが,明治10年の西南の役では戦場での需要が増加し,「金魚酒」と呼ばれるような薄い悪質の酒が出わまる中で良質の三津酒は官軍に愛用され,三津酒の味を各地に広げるもとになった。しかし,一方で移出入の自由化は交通の発達によって灘・伏見の酒の流入を促し,辛口で濃厚な地酒は「淡泊にして芳香醇美」といわれる上方酒に徐々に販路を奪われていった。このまま手をこまぬいていては対抗できないことが明らかであり,酒造家たちは酒質の改善に努めたが古い製法に固執する杜氏に頼っている態勢では改善は不可能であった。

明治10年から酒造を始めた三浦仙三郎も醸造法の改革をはかった酒造家の一人である。創業から4年間,腐造に悩まされた反省から明治14年に良質の水が得られる敷地を選び醸造場を新設し,新しい機械器具を買い入れ杜氏には新しい醸造法を受け入れてくれる人物を選んで改革に着手した。10年余りの試行錯誤の研究を重ね明治29年には灘酒に優る芳醇な酒を造ることに成功した。灘の宮水の硬度8～10に対し2度内外の三津の水を用いる醸造法を作り上げ,これを広く県内の酒造家に広めたのである。それがいわゆる「軟水醸造法」といわれるもので,仙三郎は明治31(1898)年に改革した酒造りのすべてを記した「改醸法実践録」を発刊した。明治38年,酒造講習会を開き,以後これを杜氏組合の事業として定着させ杜氏の技術向上をはかっている。

広島の杜氏組合は[14]三津流と古流に大きく分けられている。三津流とは三津町(現,安芸津町)の三浦仙三郎が,明治20～30年にかけて自ら研究を重ね試行錯誤の結果見出した「硬度の低い水による醸造法」で,灘酒に匹敵する酒質が得られる醸造法である。仙三郎はこれを積極的に広島県内の同業者に広めるとともに杜氏を養成したので,三津流に属する杜氏組合員数が299名と在来からの古流の組合員79名より圧倒的に多くなった。当時の酒造りは杜氏にすべてを任せていたので,改革は主人の意見のみによって行なうことは難しかった。こうした意味で仙三郎が杜氏養成に力を注いで広島酒の改良を進めた功績は非常に大きいといえる。

酒造倉の建物配置についてもその影響は当然現われたものと考えられる。三津流派に属する三津杜氏・西条杜氏の多い西条や安芸津では,L字型の酒造倉の配置が多く見られるのは三浦

仙三郎の酒造場がL字型の平面でありその影響を受けたものと思われる。

明治41年度三津町の醸造場数は13で，造石高は9,942石[15] 1場当たり764石，賀茂郡では第2位である。全国平均367石[16]の2倍の大きさで，伊丹市の平均771石[17]とほぼ同じ規模の酒造場であった。酒造場の数は明治32年13場で明治37年まで同数である。明治38年15，明治40年14，明治41年13となって，明治32年から10年間殆ど変わってない（竹原町ではこの間，26から17場に減っている）。

① 塚本醸造所　金泉
② 今田醸造所　富久長
③ 荒谷醸造所　此の花
④ 原田醸造所　（廃業）
⑤ 内藤酒造　　（廃業）
⑥ 重田醸造所　日の丸
⑦ 柄醸造所　　関西一
⑧ 三浦醸造所　（廃業）
⑨ 益田醸造所　（廃業）
⑩ 三河醸造所　（廃業）
⑪ 三津醸造所　（廃業）

図4-6-6　大正－昭和初期の安芸津町の酒造場

(3) 竹原市

竹原市の上市・中町・下市町付近は古い街並みの70％が保存されている全国的にみても数少ない町の一つである。上市の突き当たりには，酒造用井戸が今も保存され，昔は竹原の酒造家は皆この井戸水で仕込みをしたと伝えられている。明暦3(1657)年には16軒の酒造家がありその名前と酒造免許高が記されていて[18]，この平均造石高は37石，最高80石である。天明5(1785)年，竹原の9軒の醸造高は4,706石[19]，1軒当たり約512石の醸造石数で竹原は三原等と共に当時の酒の主産地の一つであった。竹原市にある享保3(1718)年の惣絵図には8軒の酒造家が記されている。これらの酒屋は中町・下市町に集中し，質屋または浜師（塩田）を兼業しているものが多く，その敷地も一般の町家より間口が広く奥行が深く裏通りまで達しているものもある。昭和33年頃には9軒の酒造場があったが平成元年には3軒が残っているにすぎない。しかも1980(昭和55)年当時の造り高に比べると，醸造高の少ない2軒の酒造場では生産石数が40％近く減少している。

中町にある古い豪商の1つであった吉井家も昔は酒造家で，寛永11年当時醸造高50石程度といわれているが詳しいことはわからない。酒造業は塩田事業が最大の産業であった竹原ではこれら塩田で働く人たちへ供給するために酒を造ったのが始まりであった。

(4) 三原市

三原は中世から尾道と共に京阪地方などで銘酒の産地としてその名が知られていた。三原の酒造の草分けは菊屋三郎右衛門であるが，広島開府後は同地へ移ったのでその後の三原の酒造名家は川口屋と角屋(すみや)である。この両家は共に御膳酒として藩の御用を勤めていたという。

角屋は近世後期には酒造をやめたが，後に定森酒造がこの家を継いで現在まで酒造を続けている。酒造場は城を中心として展開する城下町の東町・西町に多く，昭和33年にはそれぞれ3軒ずつあって，他地区の2軒と合わせると8軒であったが昭和55年度には東町と西町の6軒のみとなった。

平成15年度には東西合わせて酔心山根本店1軒のみになった。

(5) 呉市仁方

仁方の酒造業は天保5(1832)年大瀬戸某によって始められたという。明治8年，不二屋，北不二屋など酒屋が増え，明治23年には3,746石生産した。明治34年頃に最盛期を迎え，相原三家（相原恒三，相原格，相原巌），金子，土井，国正，米田屋，川西，三崎の9軒の醸造元があった[20]。明治41年度は8軒の酒造場で6,740石醸造し酒造場1軒当たり843石であった。同年度における賀茂郡での生産順位は竹原，三津に続いて第3位で，1軒当たりの醸造高は西条町の848石[21]には及ばないがほぼ同じで全国平均の倍である。明治32年「仁方村々勢一斑」の記録によると，製造業では酒造業が最も生産金額が高く35,585円であった。昭和7年には，生産金額283,010円，酒造家数は5戸で造石高は4,035石であった[1]。

販路は東京・関東・山口・四国・九州に及び，大正時代からは台湾に販路がひらけ仁方湾から船積みされた。昭和10年呉線開通までは仁方湾は貨物の移出入で賑わっていたのである。昭和18年の企業整備で仁方の酒造家は1軒になった。戦後復活して4軒の酒造家があったが平成15年現在生産しているのは相原酒造1軒のみである。

(6) 福山市と神辺町

広島県で最も古くから酒造業が栄えたと言われていた福山旧市内では戦災で焼失して古い酒造倉はなくなったが市の南部の鞆町に保命酒(ほうめいしゅ)の醸造蔵が残っている。現在保命酒の醸造をしている蔵元には酒倉として見るべきものはないが，江戸時代より明治中頃まで保命酒の醸造をしていた中村家の蔵と屋敷が残されている。鞆の港は江戸初期頃から福山城下町の外港と言われ，瀬戸内海航路の重要な港であった。西国大名が参勤交代にあたり，海路を大阪まで利用する時に最もよく使用された停泊港で海の本陣とも言われていた。

神辺町は山陽道の宿場として栄えた町で昭和33年には4軒の酒造場があったが平成15年には1軒だけになった。

[まとめ]

物資の流通経路が海上交通に頼る時代には、広島県でも清酒の主産地は瀬戸内海沿岸の港町各地に発達したが、中でも広島県では酒造技術の先進地に近い福山地方が最も早かった。幕藩体制のもとで酒造業は米の生産量によって醸造量が統制され、流通は藩内を主としたものが多く限られた地域内での需要に支えられていた。そのような状況のもとで、鞆町の保命酒が藩主の贈答品として販路を有していたのは特別なものといえる。

明治時代になると、酒の生産流通は自由化され各地の酒が流通することとなったが、明治20年代までは酒の輸送は主に船に頼っていた。瀬戸内海の各港町相互の交易を中心としたものが多く各港町には多くの酒屋があった。しかし、山陽本線が開通すると酒の輸送は次第に鉄道へ移り酒の産地も内陸部に移るのである。内陸部の西条町が広島酒の主産地としておどり出るのは明治30年代後半以降である。それは、山陽本線が下関まで開通して海上輸送に取って代り、しかも、明治20年代後半には灘の酒を凌ぐ良質の酒を造っていたことと西条の酒造家たちの積極的な販売努力が実った結果であった。

c．中国地方の酒造場

[平面・配置]

中国地方で調査した蔵は53蔵で岡山県が22、広島県が27、山口県1、鳥取県1、島根県1で岡山と広島がほとんどである。

創業時における酒造倉の配置は小泉酒造(93頁)、西條鶴酒造のように住居の裏に酒造場を設けた職住一体型の形である。しかし、規模拡大に伴って、住居を他に移転し、管理部門として事務所のみが酒造場に残るようになる。中国地方の蔵では、大部分の蔵は未だ職住一体のもので分離形をとっていたのは賀茂鶴酒造、白牡丹酒造、亀齢酒造の3社のみであった。しかし、西條鶴酒造では、住居部分は昔通りに残っているが、留守番のみで、主人家族も事務所も別の場所にあって、建物としては昔と同じであるが、実情は職住分離の状態で、過渡期の状態と言える。

調査した蔵のうち、岡山県では横増築型B2が9例と最も多く、次いで不揃い型Ⅰが5例であった。広島県は曲り蔵Gが10例と最も多く、次いで横増築型が5例、不揃い型Ⅰが10例と多い。不揃い型の中で山陽一酒造は創業時は曲り蔵型Gであったが、増築によって不揃い型となった。藤井酒造も初めは住居とその裏の仕込み倉と貯蔵倉で構成した曲り蔵Gであったが、後にもう一つ曲り蔵Gを増築したのである。したがってこれらの蔵を加えると曲り蔵Gは11蔵となり、全体の1/5となる。また、横増築型は岡山と併せると14蔵である。広島市は原爆で市内には酒造場がなくなり、岡山市も戦災とその後の都市化で平成6年当時市内には酒造倉はなくなっていた。

(1) 岡山県で調査したのは岡山市の東部農村地帯で6蔵、岡山市で1蔵でそのうち横増築型B2が5蔵で最も多かった。

倉敷市の南部農村地帯から海岸に至る地域では5蔵のうち横増築型が4蔵である。また、倉敷市西部及び浅口郡では7蔵調査したが特に多い型はなく、いずれも農村地域の在方型酒造場である。

明治初期の地場資本による酒造場の建物配置状況を示すものとして、菊池酒造の明治24年の家相図がある。菊池家は玉島の港地区にあって、江戸時代には庄屋をしていた旧家で、明治11年、酒造業を始めるまでは肥料商を営んでいた。道路側に小売店舗を構えその横は土蔵、続いて臼場があり、前庭をへだてて住居、裏庭をへだてて3棟の酒倉がある。広い敷地の周囲は酒倉や店などの建物の間を土塀で囲んでいる。酒造倉は仕込み倉が40坪、貯蔵倉が15坪と12坪で全部で67坪と小さく地売り型の酒造場

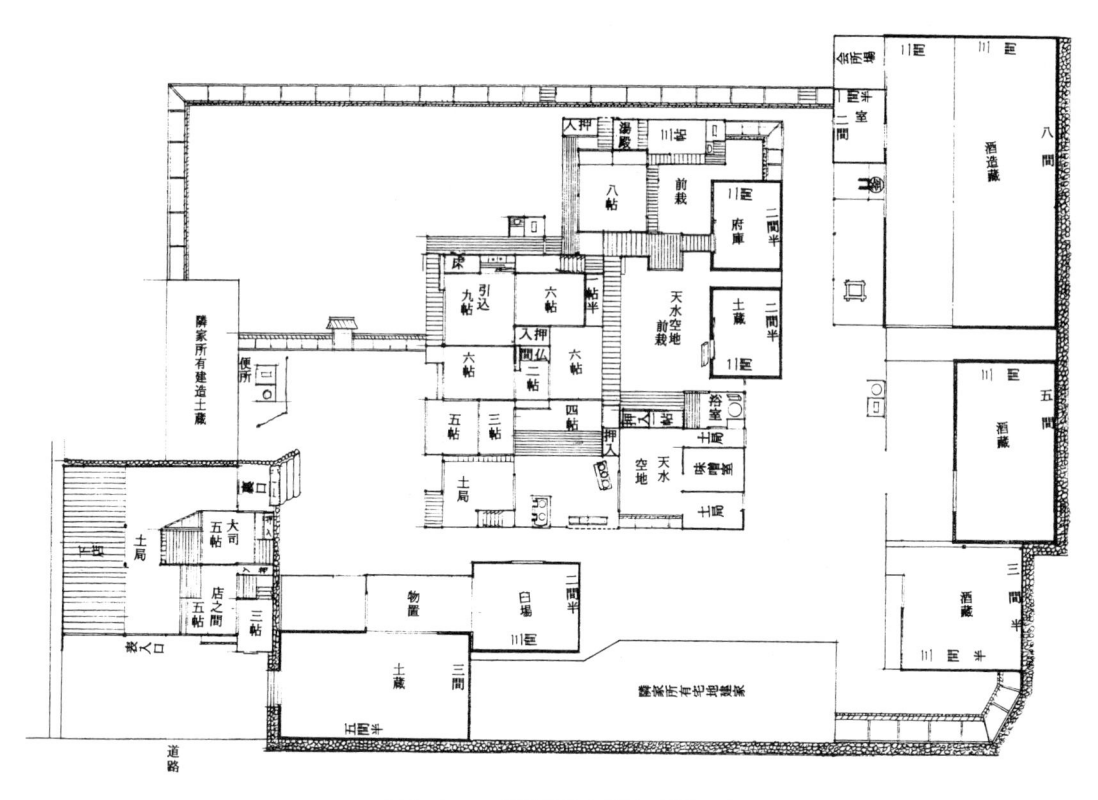

図4-6-7 菊池酒造家相図 明治24年

である。
　岡山県で調査した他の蔵も創業時には同様の規模の小さい蔵が多く，増築して大きくなり20蔵の平均で183坪程度で，住居と蔵が同一敷地内にあってそれ以上に発展した蔵はなかった。
　岡山・倉敷の市街地を除いて調査したので町家型の酒造場は少なかった。町家型酒造場は津山市の苅田酒造と岡山市の石原酒造で両者とも創業が江戸時代の老舗である。
　(2) 広島県で調査したのは，福山市から呉市までの海岸沿いの町と東広島市西条及びその近郊の合計27の酒造場，酒倉は34倉である。調査した倉で最も多かったのは，広島固有の曲り倉Gと不揃い型Iで，いずれも10例である。次いで多いのが横増築型B2が5例，作業庭型Dが4例であった。
　賀茂鶴酒造は西条町本町通り（図4-6-5，白牡丹と西條鶴の間）に面して1号庫，この西

北に本社を含む3蔵と上市の7号庫の3ヵ所の蔵がある。1号庫は創業時の蔵であったが生産をやめた後は倉庫として使用し住宅と事務所は解体された。白牡丹酒造は本町通りをはさんで南に天保蔵，北に延宝蔵と昭和蔵のあわせて3蔵を有するが，天保蔵は使用していない。
　西条町で昔の状況がよく残っているのは西條鶴酒造である（調査図236頁）。本町の通りに面して住宅と鉄骨造の貯蔵倉があって裏通りまで建物が続く。住居，通り土間，酒造用の井戸等が昔のままに残されている。鉄骨造の貯蔵倉は後日建て替えたもので，昔は木造の米搗き場であった。ほぼこれに似たものと思われるのが白牡丹酒造の天保蔵等の創業時の蔵で，通り土間には轍の幅に合わせた敷石が今も残されているが，米搗き場は他の用途に転用されて残っていない。西条町の賀茂鶴1号庫，白牡丹の天保蔵，西条鶴，山陽鶴，賀茂輝等は町家型の酒造場である。西条町にはこれ以外に山陽一酒造，志和

町には千代乃春酒造があるが，いずれも在方型の酒造場である。

　瀬戸内海沿いの町では，東から福山市，三原市，竹原市，安芸津町，呉市の酒倉を調べた。

　福山市は戦災で焼失して市街地内には酒造場は残っていない。しかし，郊外の港町，鞆には有名な保命酒の蔵元が残っている。

　三原市で調査した酒造場は東町で定森酒造，酔心山根本店，蘭菊村上酒造（図1-10(16頁)），西町では，脇酒造の4蔵である。この内，図面ができたのは酔心山根本店を除く3蔵である。定森酒造では精米所の跡は事務所に使用し，蘭菊村上と酔心山根は一部を事務所や車庫にしたが，精米所は今（昭和60年）も一部は残っている。これら東町の酒屋は間口の割合に奥行が深く，細長い敷地の奥に仕込み倉をはじめとする酒造りの建物が間口幅一杯に建っている。酒造倉から入口まで続く幅8～9尺の通り土間は倉から大八車で荷物を運搬するために造られたものである。事務室の床は土間コンクリートであるが，昔の店は板張りまたは畳敷きで囲炉裏のそばに主人や番頭が座って出入りの荷物や人々を監督していたのである。住居は道路に沿って端から客間または座敷があり続いてみせである。客間や座敷は奥にもう1室あって縁側・中庭，更にその奥に酒造倉や関連の建物が間口幅一杯に建てられて裏通りまで続いている。住居・店・通り土間・精米所等の道に面する部分は2階があって庇の上に土や漆喰で塗り篭めた「虫篭窓」がいくつかみえるのは，古い町屋によくあるスタイルである。2階部分をすぎると土間の上は天井がなく，屋根裏まで見上げることができて，太い丸太と何段にも入った小屋貫が高窓の光に浮き上って幾何模様の美しさを見せてくれる。

　通り土間に平行に物置き（米倉・会所等）があり続いて洗い場と釜場がある。蘭菊村上酒場・酔心山根本店の2軒の仕込み倉は，通り土間と平行な棟であるが，定森酒造と脇酒造では直角に棟が造られている。定森酒造の倉部分は間口より幅が5間広くなっている，これは昭和18年頃住宅の一部が軍に徴用され戦後もそのまま隣家として使用したためである。したがって本来ならば間口と倉部分は同じ幅で他の倉と同じである。

　竹原市の竹鶴酒造は平入りの町家と妻入り倉造りの建物が3棟並んで建っている。入口に向って右から2棟は精米所と米倉である。左端の一棟は通り土間と店であったが，今は天井の低い板張りの事務室になっている。明治35年の家相図によると店は7帖半の座敷であった。その頃はここに主人が座って出入りを監督していたものである。旧精米・瓶詰・仕込み倉は家相図以後に増築したもので，家相図では，現在の麹室・貯蔵が酒造庫で，続いて横向きに酒造庫が間口幅いっぱいに建ち，その先にも酒造庫がある。このような酒造庫を2棟直角に繋いで建てるのは，西条町・安芸津町に多く見られるものである。貯蔵倉Bは家相図と大きさが異なり後日に改築したものと思われる。鉄骨造の製品庫は新しく建てたものである。

　藤井酒造は住居裏の中庭を囲んで建つL字型になった大きな倉が仕込み・貯蔵倉である。この倉の南端部分に接続してもう一つのL字型の酒倉が建っているが，これは貯蔵場として用いられている。調査した竹原市の2つの倉ではL型の倉が基本型となっている。

　呉市仁方の相原本店の明治8年建築の倉は住居と道を隔てて建ち，小さな中庭を囲んで管理人の住宅，酒造倉，麹室，囲い倉がある。隣接する相原酒造も同じ平面型でL字型の要素を含んでいない。同町の小田酒造も同様である。

　図3-33(94頁)は安芸津町にあった明治14年建築の三浦酒造場の配置図である。

　道路と三津大川にはさまれた敷地に酒造倉（仕込み）貯蔵倉が逆L字型に建ち貯蔵倉に続いて住宅が道路に面して建つ。これらの建物の内側に麹室・会所場・釜場・洗い場があって中央に空地があり，ここが干し場になっている。明治33年，醸造場内一面に赤煉瓦を敷いて場内の清浄化をはかる。このように酒造倉をL字型に建てた酒造場は，安芸津町では荒谷酒造場（図2-18(66頁)）・今田酒造場・堀本酒造等多

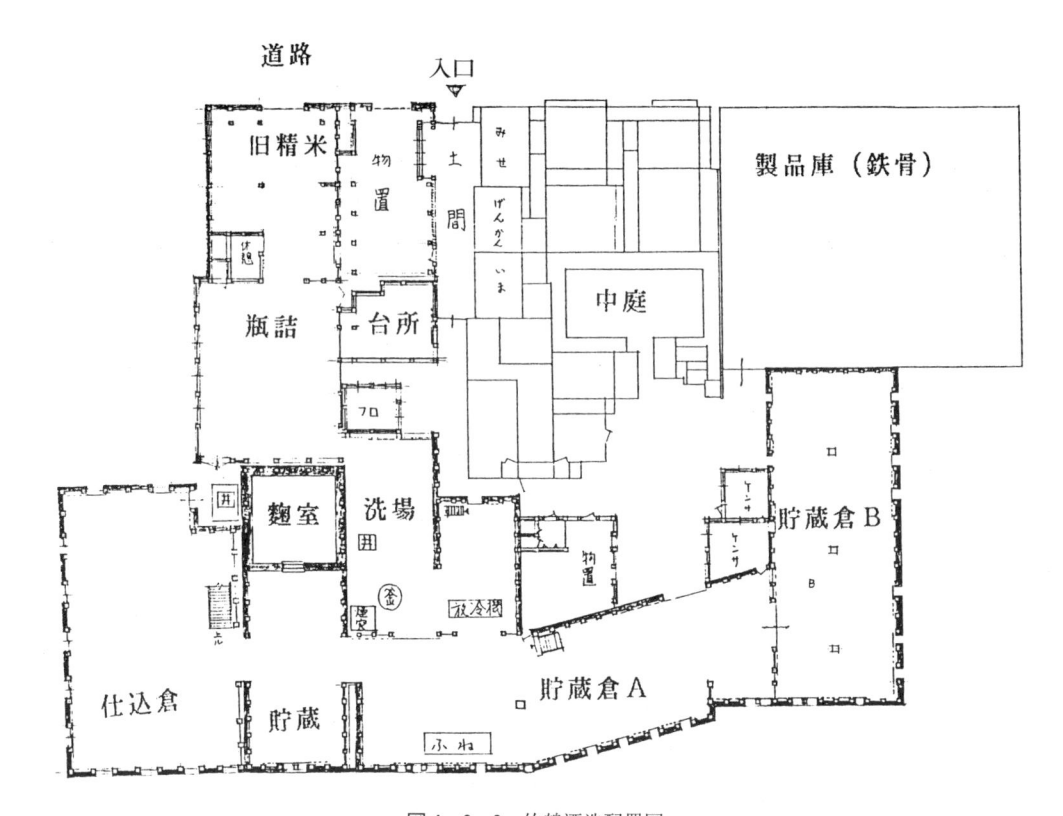

図4-6-8 竹鶴酒造配置図

図4-6-9 竹鶴酒造正面図

く見られる。三浦酒造場は大正14年に廃業し酒造倉等の建物は何も残っていないが，残された配置図面によると麹室は1階である。明治43年の記録では調査した6つの酒造場のうち5つの酒造場は岡室で，三浦酒造場のみが半岡室であった。しかし，調査した酒造場の中で荒谷酒造をはじめ多くの酒造場では2階室である。断熱材，換気装置等の発達により室の設置場所は自由に設けられるようになったのである。

図4-6-10の洗い場の床は赤煉瓦敷，外囲いは石造である。洗い場の1隅に井戸があり，流出溝には貯留部があって大きなゴミ等を取り除くようになっている。洗い場横が釜場で大釜が3つと焚口がある。当時は釜焚き用の燃料が石炭で赤煉瓦積みの高い煙突が用いられていた。しかし燃料が石油になった今は高い煙突は必要がなくなったが，酒造場の象徴的存在として今も多くの酒造場には残っている。明治26年に水路を開き酒造庫北側に水車場を作り，敷地西側の三津大川から水を引いて水車精米をはじめ

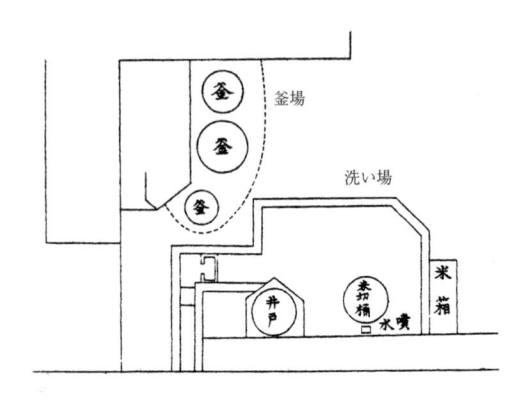

図4-6-10 三浦酒造場の釜場・洗い場[22]

た。酒造業における米搗き水車の利用は明和，安永時代（1760〜1770年）に灘で定着し，大正時代に電動精米機ができて水車にとってかわるまで続いた。灘の水車場は酒造倉から遠く離れていて，米の運搬に費用がかかるうえ管理費も多くかかるが三浦酒造の場合は敷地内の水車場であり有利な条件であった。

三浦酒造の水車精米場は三津大川から開渠を造り，直径15尺（≒4.5m），幅2尺の水車を回し，これを動力として胴搗臼18個と佐竹製米機2基（合計8臼）を運転し，職工3人が昼夜交代で精米と運搬をした（図3-35（96頁）参照）。

明治42年の「酒造法一班」によると，加茂郡の酒造場では水車精米を用いていたものが19場のうち15場に及びよく用いられていたことがわかる。

参考文献
1) 清酒業の歴史と産業組織の研究　60頁　桜井広年著　中央公論事業出版　昭和57年
2) 酒類醸造年鑑　187〜218頁　醸界タイムス社　昭和55年度
3) 酒類醸造年鑑　131〜155頁　醸界タイムス社　平成15年度
4) 岡山の酒（岡山文庫24）154頁　小山巌・西原礼之助著　日本文教出版（株）昭和63年
5) 岡山県史　29巻　983〜984頁
6) 岡山の酒　19頁
7) 広島県史　近世1
8) 広島県賀茂郡酒造法一班　3頁
9) 広島県史　近代現代資料編Ⅱ　484頁
10) 広島県賀茂郡酒造法一班　40頁　明治43年　広島　税務監督局　技手　伊藤定治
11) 広島県史，近代現代資料編Ⅱ　487頁　昭和50年
12) 広島県史　近代Ⅰ　846頁
13) 杜氏の里　安芸津　1983年　安芸津町文化活動実行委員会　24頁
14) 広島県史近代現代資料編Ⅱ　483頁
15) 広島県酒造法一班　明治43年広島税制監督局抜粋　伊藤定治　22頁
16) 伊丹市史(3)　209頁
17) 清酒業の歴史と産業組織の研究　昭57年　桜井広年　中央講談社
18) 竹原市史　289頁
19) 竹原市史　291頁
20) 仁方郷土誌　60〜61頁　昭和58年
21) 広島県賀茂郡酒造法一班　明治42年
22) 広島県酒造法調査報告書　明治43年　100頁

［倉の構造］
調査した酒造場は43で，そのうち岡山県が20場で38棟の倉，広島県が21場で30棟の倉，山口県が2場で2棟の倉であった。

(1)　2階床高さ

2階床高さは仕込み桶の大きさと深い関係がある。桶の高さと上の作業空間で必要な高さが決まる。醸造量が少ない時は小さい桶を使用するので2階床高さが低くてもよいのである。ちなみに，10石桶は直径1,570mm，高さ1,350mm，桶の敷台を加えると高さは約1,600mmで桶上の必要空間を1,500mmとすると，2階床高さは3.1m，同様に20石桶を使うと，3.6m以上となる。調査した蔵で江戸時代と明治初期とにしぼって見ると2階床高さは低いものが多い。岡山県の金剛酒造の場合，明治10年の倉は2階高さ3.3m，梁行き7.92m，昔の仕込みは枝桶を使い，10石桶を両側の壁ぎわに据えると必要幅は約7.5m程度となるから10石桶程度の大きさの桶を使用していたと言える。同じく，江戸時代の倉と思える小泉酒造(広島県)や苅田酒造(岡山県)は，それぞれ2階床高さは4.34m，4.0mで30石桶も使用できるが，倉の梁間は小泉酒造は5間，苅田酒造は4間であり，共に20石桶を使用していたと考えられる。

中国地方の平均（実際は岡山と広島の平均値）

は3.62mで近畿地方より低い。しかし，岡山と広島に分けて計算をすると岡山は3.41m，広島は3.91mと大きい差があって，岡山県の酒造場は2階床高さが低い倉が多いことが判る。

(2) 小屋組

岡山県では梁間中央に1本の中柱を立てて丑梁継手を支持し，左右から登り梁を架けるタイプの小屋組（以後，登り梁1と言う）の倉が17棟，丑梁の継手位置に和小屋を設けて丑梁を支持し，中間は丑梁に左右から登り梁を架けるもの（以後，登り梁2と言う）が7棟で，合計24棟が登り梁型である。この内，登り梁1は全て梁間が8m以下であった。その内16棟は岡山市周辺と倉敷市の東部及び南部地域の酒造場で残り1棟は津山市の倉である。

図4-6-11赤磐酒造貯蔵倉1は大正7年に移築した倉で明治中期の倉である。登り梁と柱の仕口が折置きと京呂が交じっている。中柱の位置では折置き，中間小屋組では京呂でつくられている。この倉に増築した部分は京呂であり，移築の時に中柱の位置以外は京呂になったと考えられる。金剛酒造の倉は昭和初めの創業時に移築したもので，最初に移築した瓶詰場は明治10年に建築した和気町日笠在の酒倉であった。その後順次移築した倉で貯蔵倉1及び3以外は，梁間4間で，小屋組は登り梁1で，梁の外側仕口は京呂である。同様に仕口を京呂にした倉は，大饗酒造（岡山県）の貯蔵倉2，服部酒造の倉等で，これらの倉は岡山市東部の郡部にある倉である。岡山市西部の倉敷市郊外の倉では登り梁外端仕口は折置きである。倉の建築時期はどちらも余り変わらないので倉を建てた大工の技術（あるいは流儀）の違いとみられる。

次いで和小屋が8棟，洋小屋（キングポストトラス）が8棟であった。洋小屋の場合は梁間中央に支持柱や桁を設けたものもあるがこの地域では比較的少なかった。

岡山県の酒造場では梁間長さ4間以下で登り梁型の倉が全体の71%で，酒造倉の規模は小さいものが多かった。

広島県では30棟の倉のうち，登り梁型が10棟，和小屋が14棟，洋小屋が7棟である。登り梁型のうち，登り梁1は三原市の蘭菊村上酒造の旧仕込み倉1棟のみで，登り梁2が9棟である。そのうち6棟は丑梁継手位置の小屋組は3スパンで，中柱が2本のタイプである。

洋小屋（キングポストトラス）を用いたもの7棟のうち4棟は梁間中央に桁を通し中柱を立てて支持している。図4-6-12の賀茂鶴酒造2号庫は明治30年建築，西條鶴の仕込み倉と貯蔵倉は明治39年頃，賀茂輝酒造の仕込倉は大正3年頃である。賀茂輝酒造の倉は丸太材を用いたトラス小屋であるが，陸梁中央が重ね継ぎでこの下に中引桁を通し3間置きに中柱が建っている。賀茂鶴酒造2号倉，西條鶴酒造仕込み倉及び貯蔵倉共に陸梁は一本物を使っているが梁行中央に中引桁を通し，2～3間間隔に中柱を建てている。梁行6間の洋小屋で，陸梁・合

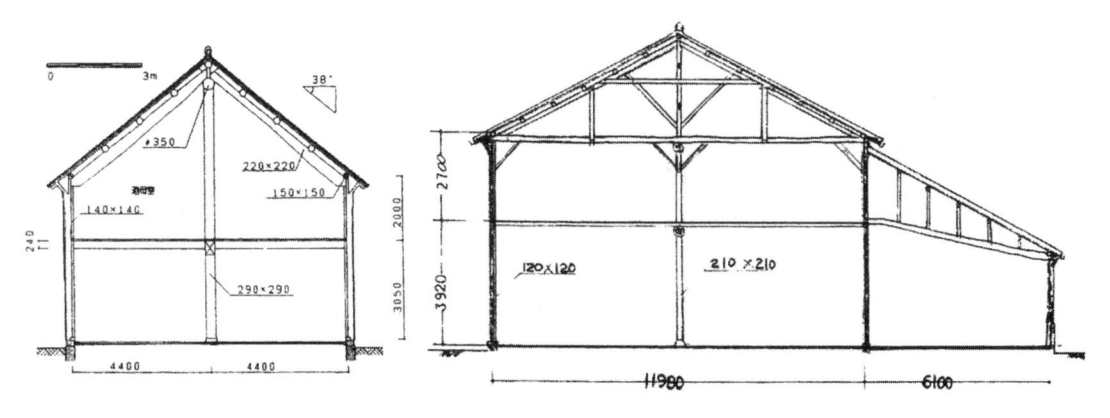

図4-6-11　赤磐酒造貯蔵倉1断面図　　　　図4-6-12　賀茂鶴酒造2号庫貯蔵倉断面図

掌に末口5～6寸の丸太を用いれば中柱を用いないでも構造上安全であるが，このように中引桁を通し余分な安全性を求めていた理由の一つには，洋小屋組について力学的な検討がなされていなかったからと考えられる。このことは大スパン建築で，洋小屋が和小屋に比べて小さい材で作れる現実を見た当時の大工が見ようみまねで大スパンの洋小屋を造ったが，自信がなくて中引桁を入れたのではあるまいか。もう一つ考えられることは，洋小屋を掛け渡した時の初期撓みによる，中央部の沈下量の推定ができなかったからかもしれない。いずれにしてもこれは洋小屋の力学的な知識がよく伝わっていない過渡期の混乱である。これに対し相原酒造の仕込み倉と蘭菊村上酒造の仕込み倉は丸太を用いたキングポストトラスの小屋組であるが，陸梁下の中引桁はなく，無論，中柱もない建築構造である。正確な年代は不明ではあるが，技術定着の流れから考えてこの2つの倉は恐らく大正時代に建てられたと考えられる。

図4-6-13は東広島市志和町の千代之春酒造の本酒蔵，登り梁2の小屋組である。梁行6間，地棟上で合掌を組み，他端は外柱上に折置きとする。地棟継手位置では中柱2本を外側から4.29mの位置に建て，この上に四重に梁を通す。梁は一本物の丸太で，梁端は外柱上に折置きとし，屋根勾配は5寸5分で雄大な屋根裏空間を形成している。江戸時代末期の建築とは聞いたが正確な年代はわからない。2階床は3.96mの高さで全面板張りである。

三原市の定森酒造の仕込み倉も正確な年代はわからないが，江戸時代末期の建築と思われる登り梁2の古い倉で，梁行中央部3間が2階建，両側に葺き下ろし下家が付いた建物で調査した倉では最も古いものの一つである。中央の2階部分の側壁は土壁がなくなっているが，昔は土壁があったのである。小屋組は中央スパンが登り梁2で両側の下家梁は2階梁に建てた管柱にほぞ差し，他端は外柱に折置きである。

図4-6-14は広島市の小泉酒造（梁行9.5m）の仕込み倉で，和小屋3スパン，梁行9.5mの大きい倉である。両外側の下家は中央部とは壁で仕切られている。左側の下家は作業場で中央部と同時に建てたが，右側は麹室と上槽場で，後日，建てられたものである。

仕込み倉は総2階，中柱は桁行き3間に立ち，高さは軒桁の高さほどで，上に中桁を通し，つかをたてて丸太梁を架け，中央に地棟を通す。外側の梁の内側は，中桁上に1間置きに建つつかにほぞ差し，他端は外柱に折置きとする。

[外壁・屋根・その他]
岡山県東部地域の7蔵のうち4蔵は上壁白漆喰塗り，腰壁板張りである。倉敷市の南から海岸に至る地域の5蔵は腰壁板張り，上壁は板張りと漆喰塗りが半々程度であった。倉敷市西部及び浅口郡の7蔵でも，ほぼ上記と同様の結果である。岡山県の山間部（勝山町）にある辻本店

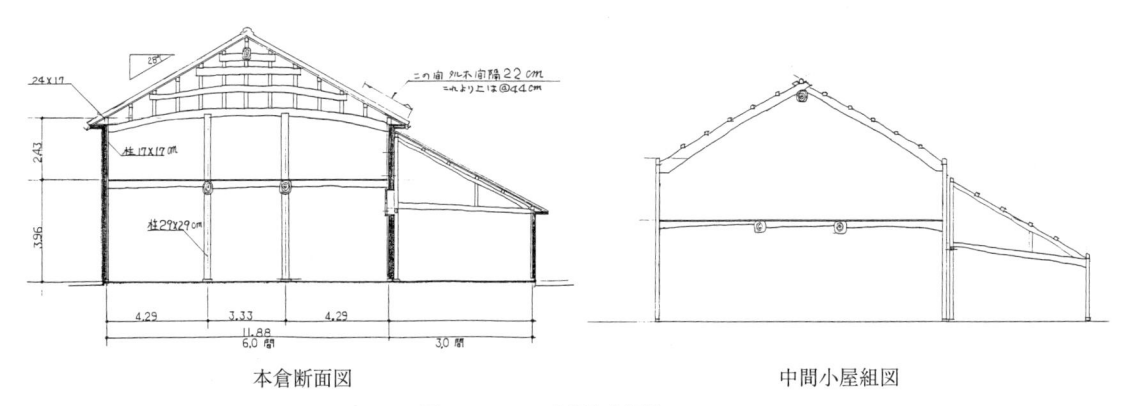

図4-6-13　千代乃春酒造

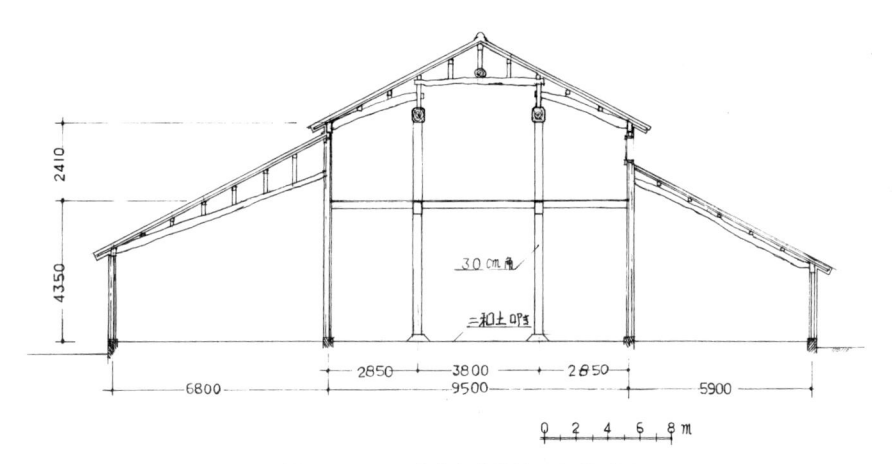

図4-6-14 小泉本店仕込み倉断面図

は道路の両側に蔵があり，腰壁を海鼠壁にし上壁は漆喰仕上げである。また，津山市の苅田酒造は古い佇まいの住居と白壁の倉で囲まれた酒造場である。この一郭は津山市の古い町並みの中心でも一際目立つ建物である。通りに面する庇は本瓦葺き，大屋根は桟瓦葺き，古い酒倉も本瓦葺きである。

三原市東町と西町は旧城下町の古い町である。東町西町それぞれ3軒の酒造場があるが，東町の3軒と西町の1軒を見ることができた。

東町の定森酒造・蘭菊村上酒造・酔心山根酒造，西町の内海酒造である。いずれも道路側の住居は平入りで，2階が低く，塗りこめの虫篭窓があり，大屋根の下に庇という型である。屋根瓦はいずれも本瓦葺きであった。

倉は土蔵壁で上壁は漆喰塗り，腰壁は板張り，屋根は一部葺き替えたものは桟瓦であるが本瓦の方が多い。

竹原市の竹鶴酒造は住宅の座敷2室が平入りで，2階が高く細格子付であるが，店と土間が入母屋で低い2階に塗りこめの虫篭窓である。同じ町の藤井酒造は土蔵造の平入りの住宅で2階は高い。竹鶴酒造はこの入母屋に並んで同じ高さの入母屋造りの物置と同じく入母屋造りで，一まわり大きい旧精米所と入母屋が3棟並んでいるのは珍しく，古い町並みを誇る竹原市でも一際目立つ存在となっている。店と土間が入母屋の妻入りとなっている例は安芸津町の荒谷酒造があるのみで他では殆どみられない。

安芸津町の今田酒造・堀本酒造・柄酒造は共に平入りで2階が低く，細い格子か虫篭窓がありその下が庇である。荒谷酒造では平入りで大屋根の下に庇があるが平屋建てである。酒造倉は三原・竹原・安芸津，共に白漆喰土蔵壁であるが，荒谷酒造のみは焼杉板張りであった。また，荒谷酒造では酒蔵と住宅に囲まれた作業庭を始め全面に赤煉瓦敷きである。同町に大正14年まであった三浦酒造場が明治32年，醸造内の清潔のために場内一面に煉瓦を敷いたとの記録があり，荒谷酒造の赤煉瓦敷きも軟水醸造の先覚者三浦仙三郎の影響によるものと考えられる。

西条町の酒造場では白牡丹・賀茂鶴・亀齢の3社と，それ以外の酒造場とは外観が違って見える。上記3社の場合も建物そのものは同時期かそれに近い時期の建物と考えられるが，3社の建物は昭和40年代前後に外壁と屋根の大修理を行ない，土蔵壁を塗り直し屋根を葺きかえて，腰壁は海鼠壁として面目を一新しているのである。とはいえ，塗りこめの虫篭窓や通り土間の煉瓦敷と車の轍の石貼りや，玄関のはね上げ戸等は昔のままである。この3社を含めて住宅は道路に面して平入りで，低い2階に塗りこめの虫篭窓，その下に庇といった，三原や竹の酒屋と同じである。また，倉の外壁仕上もほぼ同じである。西条では屋根瓦が赤茶色系の西条

瓦が殆どで，古いものは焼きむらの多い瓦があるが，新しいものは薬掛けの赤茶色の瓦で色むらは殆ど見あたらない。

　呉市仁方の相原本店酒造の住宅は入母屋造り2階建，妻入りで塗りこめの虫篭窓のある建物で広い通り土間を始め，通路，酒造倉の土間等も赤煉瓦貼りである。

　通路西側の明治8年建築の倉は仕込倉・囲倉・物置に至るまで，よろい壁と称する土蔵壁仕上げになっている。

　よろい壁とは，図4-6-15の如く稲藁を40cmほどに切り揃えて細なわで編み，昔の「みの」か「よろいの小袖」状にして，荒壁の上に塗り込んでつけたものである。風雨に弱い土蔵壁の一つの補強方法として用いたものであるが非常に珍しいものである。

　中国地方で調査した蔵のうち置き屋根の倉があったのは白蘭酒造吉舎支店の仕込み倉1のみであった。また，この倉は角物の登り梁（合掌）を地棟上で組み合せ，他端は軒桁に京呂組兜蟻とし，1尺6寸間隔に母屋を通している。外壁は荒壁であるが，内壁は白漆喰塗りとする等，他の酒造場の倉とは違った造りである。

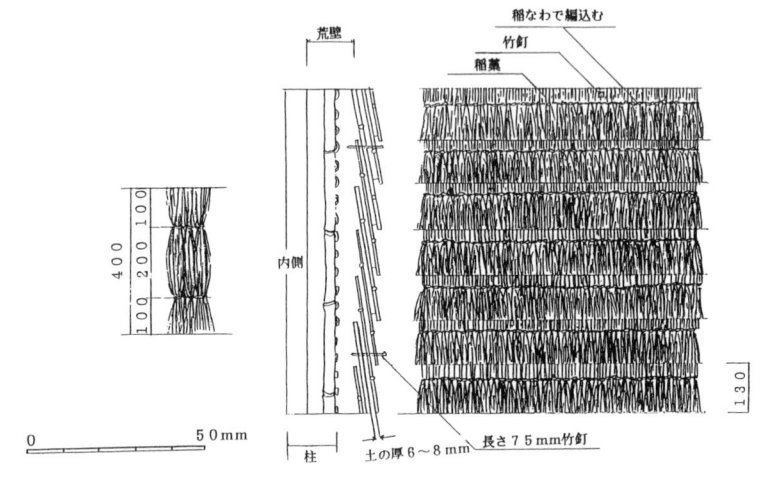

図4-6-15　よろい壁

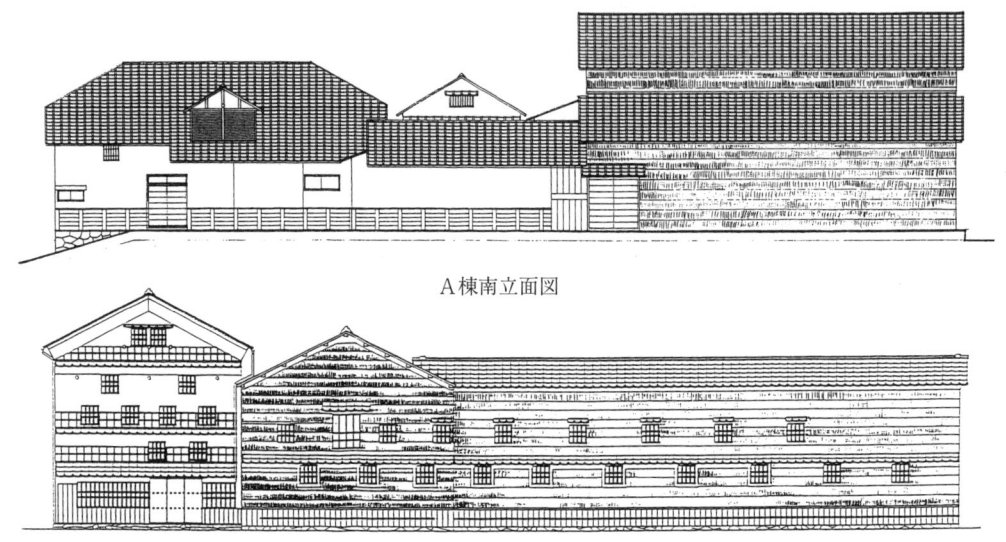

A棟南立面図

C棟西立面図

図4-6-16　相原本店　酒蔵立面図

中国地方小屋組のまとめ

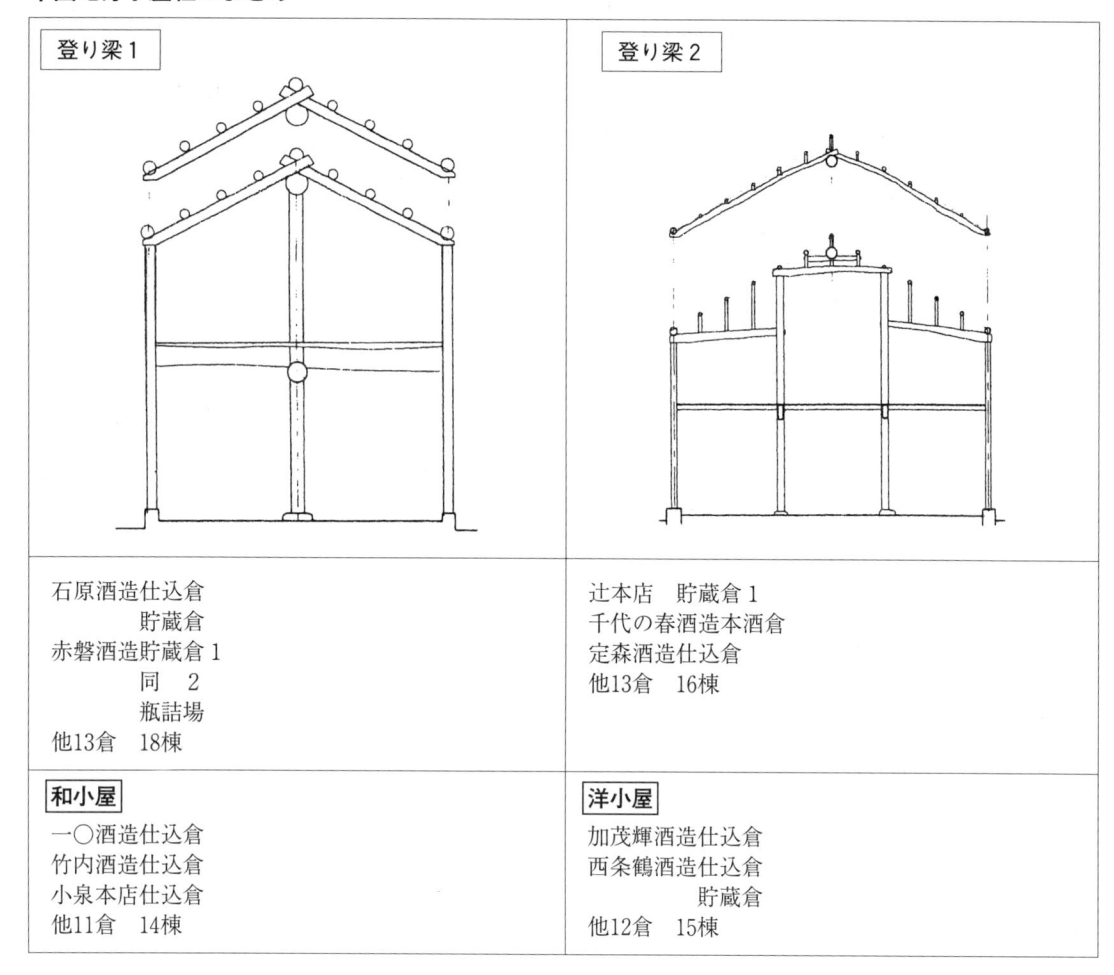

登り梁1	登り梁2
石原酒造仕込倉 　　　　貯蔵倉 赤磐酒造貯蔵倉1 　　　同　　2 　　　瓶詰場 他13倉　18棟	辻本店　貯蔵倉1 千代の春酒造本酒倉 定森酒造仕込倉 他13倉　16棟

和小屋	洋小屋
一〇酒造仕込倉 竹内酒造仕込倉 小泉本店仕込倉 他11倉　14棟	加茂輝酒造仕込倉 西条鶴酒造仕込倉 　　　　貯蔵倉 他12倉　15棟

第4章　各地の酒蔵

森田酒造(岡山県倉敷市)

森田酒造　仕込み倉2階

岡山市北部農村の酒造場

赤磐酒造(岡山県山陽町)

若林酒造(岡山市灘崎町)

写真4-6-1　中国地方の酒造場1

6. 中国地方

川上庄七本店（岡山県金光町）

千代之春（広島県東広島市）

賀茂鶴酒造4号庫（広島県東広島市）

山陽一酒造 室前（広島県東広島市）

天寶一酒造（広島県福山市）

藤岡酒造仕込み倉（広島県呉市）

写真4-6-1 （つづき）

〈事例13〉石原酒造　［おそめ］　　創業：文化2（1805）年／岡山市西大寺町

[沿革]

　岡山・西大寺はともに県南部に位置し，岡山は池田氏31万5千石の城下町として栄えた町であり，西大寺は古刹西大寺の門前町として発達した町で吉井川が児島湾に注ぐ河口の港町でもある。鎌倉末期からは商業が発達し，遠く朝鮮・中国とも交易が行なわれていたのである。吉井川は鳥取県境の三国山付近に源を発して延長136km，吉井町で吉野川を合流し，和気町で金剛川の水を集めて西大寺で児島湾に流入している大河である。

　石原酒造は西大寺の古くからの町並みの中にある町家型の酒造場である。西大寺駅から他人の土地をふまずに家まで来られるという大地主であった本家から，文化2年に分家をして酒造りを始める。瀬戸内海から吉井川を通って原料を搬入し製品の移出をする。

[建物配置]

　道路に沿って住居と製品置場があって，酒造用の建物はこの間口の中に納まっている町家型の酒造場で，住宅は昔からあった醤油蔵を改造したものである。その裏が釜場，洗い場，続いて貯蔵倉で，新に鉄骨造の貯蔵庫が増築されている。貯蔵庫に並んで仕込み倉が増築された。

　裏通りをはさんで精米所，貯蔵庫がある。貯蔵庫は戦時中（昭和19年頃）に軍が急遽，移築したもので，軍需物資を貯蔵していたとのことである。構造材からみても，住居裏の貯蔵庫よりはるかに大きい建物である。

[建物]

　貯蔵倉1階には2つの「ふね」があったが今は新しい機械に代わっている。2階は酒母室である。建物配置からみて，貯蔵倉は創業時に建てた仕込み倉で，使用材木は大きく，2階床高さも3.17mと低い。使用していた仕込み桶は10石程度のものと思われる。仕込み倉は，2階床高さが貯蔵倉より60cmほど高く，中柱や

写真4-6-2　住居

写真4-6-3　仕込み倉2階

写真4-6-4　仕込み倉1階

合掌材の寸法が貯蔵倉より小さい。こうしたことから考えると明らかに貯蔵倉が古く，仕込み倉は床高さからみて明治中期頃であると思われる。

製品庫から奥へ瓶詰，はなれと続いているが，建物配置と大きさから考えると，米倉や米搗場がこの辺りにあったものと思われる。創業時はこの貯蔵倉を中心にして付属建物が若干あったと考えられ，その後，仕込み倉が建てられたのである。煉瓦造の室は大正初期か明治の終わりのものであろう。

(平成7年7月調査)

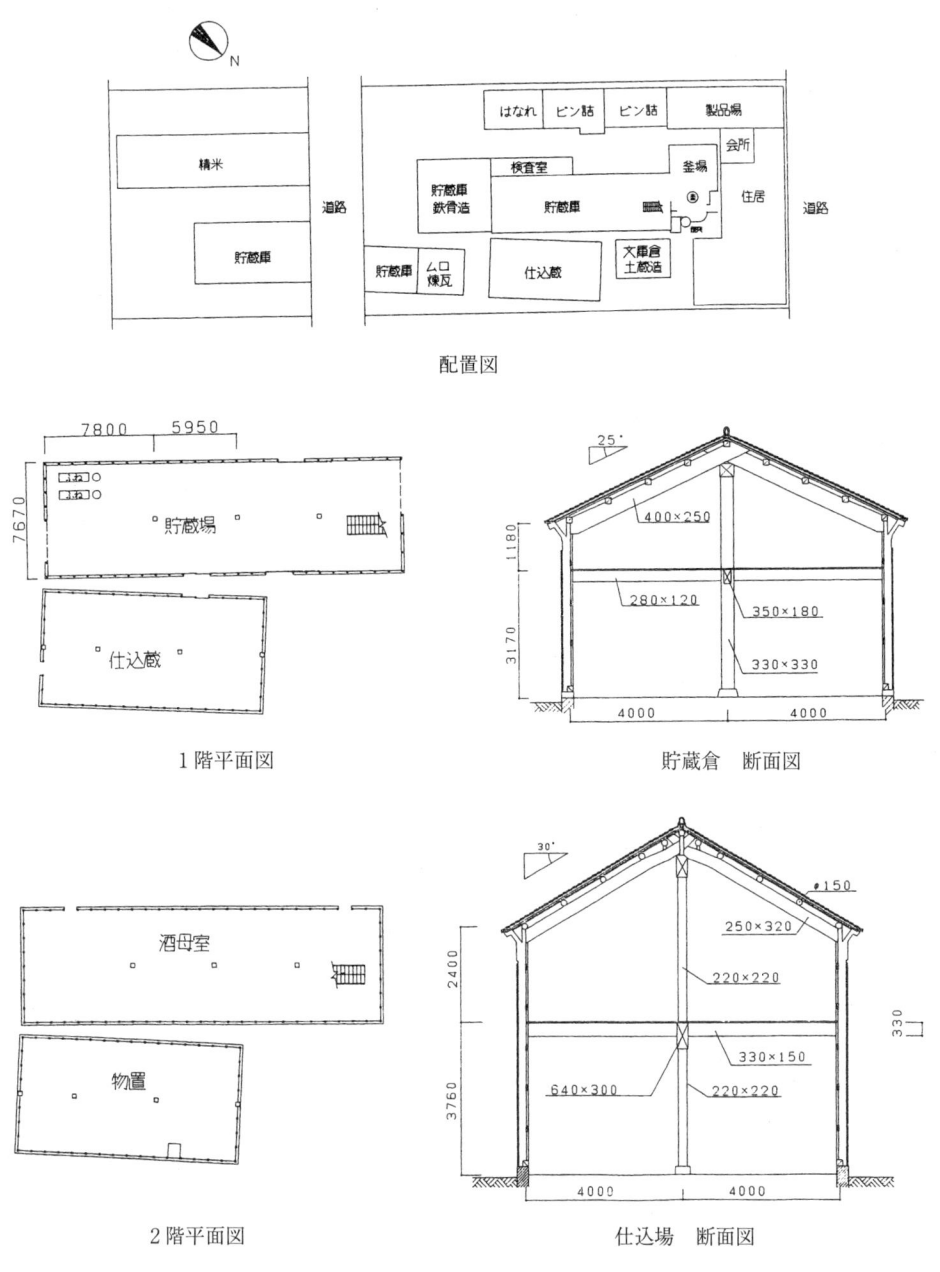

図4-6-17 石原酒造

〈事例14〉西條鶴酒蔵㈱　［西條鶴］　　　　　創業：天保年間／広島県東広島市西条町本町

[沿革]
　創業は天保年間（1837）であるが一時休業して，明治37年に賀茂鶴酒造創業者木村氏にすすめられて，10代，市松が復活して現在にいたっている。創業時に酒の町西条と，めでたい丹頂鶴を組み合せて西條鶴と命名したという。いい酒は防腐剤を使ってはならないとの信念で，社長自ら「防腐剤の入らない酒」を研究し，昭和44年春，その研究が実り成果を発表した。防腐剤とは，明治12年以来用いられていたサルチル酸[*1]のことである。昭和44年秋食品添加物追放の世論が強まり，サルチル酸追放におよんだ。当時，この要請にこたえ得る清酒は殆どなく，おおいにその名声を高め得たのである。研究熱心な社風は，更に純米吟醸酒の開発に及び，吟醸酒ブームのはしりになった。
　昭和40年代に川内町の水野酒造（翠玉）を合併して，製品の出荷販売の拠点の一つに用いている。
　酒造蔵は西条本町筋北側にあって，西隣りが賀茂鶴酒造の創業地であり，その隣りが白牡丹酒造の発祥地である延宝倉がある。表の通りをはさんで前が白牡丹天保倉，東側に亀齢酒造，裏通りの北側が賀茂鶴酒造の本社と酒造倉，福美人酒造があって，酒どころ西条の中心である。本町筋のせまい地域に酒造場が集中したのは，西条の酒造用水はこの街道を中心とするごく狭い地域のみに出るからである。入口横に天保井水の石碑があるが，これは創業時から当家に伝わる井戸のことで酒造用水として良質の水が出ることで有名である。直径1m余りの井戸は玉石で積み上げた浅井戸で，今も西条鶴の仕込み用水として用いられている。

[建物]
　間口11間，奥行36間の細長い敷地は裏通りに達していて，ここに酒造場と住宅が建つ町家型の酒蔵で，問口いっぱいにRC造の貯蔵庫と住居がある。住居は，古いはね揚げ戸のある入口を入ると右が事務所で，幅1間半の通り土間は赤煉瓦敷きで，御影石の敷石が荷車の轍幅に2筋入っている。これは事務所と次の4帖半の前までで，その奥4間が煉瓦敷きのみとなり，ここを出たところからはコンクリート土間で，中庭（作業庭）に通じている。住宅は本町通りに面する部分（事務所と4.5帖）は桟瓦葺で，その北側部分へは，昭和初期のスレートで葺いたものである。通り土間に面した一部分は3階建て，外壁の下見板は緑色のペンキ塗りで，当時のモダンな建物である。坪庭の東側は隣地に接して便所・風呂場に通じる縁があり，南側に縁側付の奥座敷，西側は茶の間である。座敷の南側が4帖の仏間，続いて6帖，本町筋に面して板張りの応接間である。土間に面して長手に5帖と2帖の畳の間があって，座敷との間は畳廊下になっていて4.5帖に入る。
　中庭北側が鉄骨造の洗い場・釜場で・その東側が鉄筋コンクリート造の粕倉で，昔はここに麹室があった。続いて下家があり，絞り機がある。下家に続いて貯蔵倉と仕込み倉が敷地幅一杯に建っていて，仕込み倉の裏は道路である。
　昔は洗い場・釜場・煙突のある場所は中庭で，木造の下家には，釜場・洗い場があり「ふね」も貯蔵倉の東端にあった。
　貯蔵倉の北側壁は土蔵壁で仕上げてあり2階の北側壁には窓がある。仕込み倉の南の壁は柱のみであることから，仕込み倉は貯蔵倉を建築した後に建てたものである。
　貯蔵倉・仕込み倉共に小屋組は丸太造りのトラス構造で，合掌尻にはボルトがなく，外柱上に陸梁を折置きとし，陸梁中央部の下には中引桁が通されている。貯蔵倉の梁間が4.5間，仕込み倉が6間の場合，陸梁として，一本物の太い丸太を用いているので，中央での支持は不要

6. 中国地方

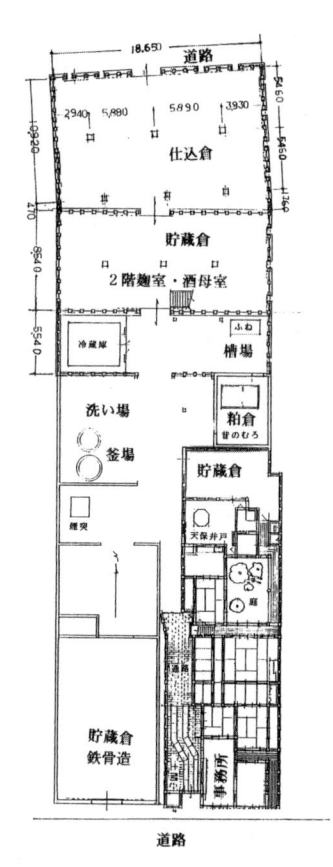

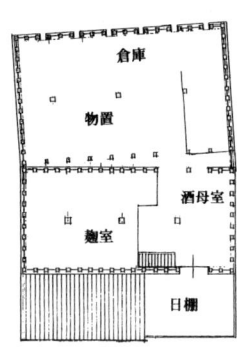

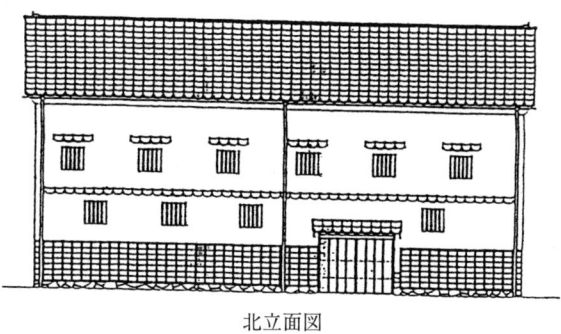

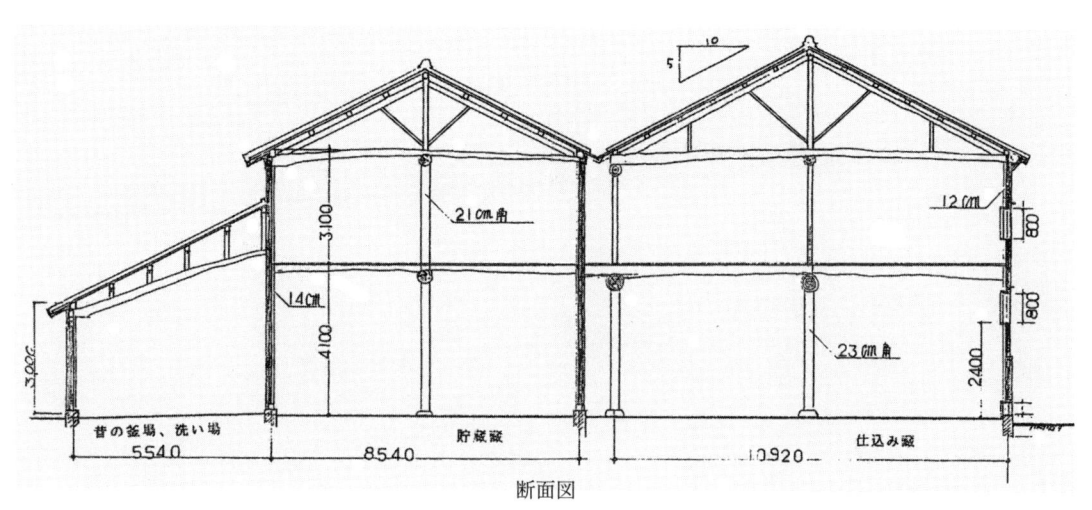

図4-6-18 西條鶴酒造

であることを考えると，トラス構造の技術が正しく定着する前のものである。西條鶴酒造の酒造再開が明治37年である。西条町の製造場数が5場から7場に増加したのが，明治40年との記録[1]があるところから推定して，明治39年の建築と考えられる。中引桁の支持柱は2階床で継いであり，福岡県の大川町の酒造場でみられたような，中央の柱を真束まで延長したものより，トラス構造に近いものであるが，力学的な必然さを理解して造られたものとは考えにくい。しかし，明治30年に造られた賀茂鶴2号庫とほぼ同じ構造であることは，酒造業再開にからむ事情から考えて当然とも言えるものである。

屋根瓦は赤褐色の塩焼瓦で貯蔵庫も同じ系統の瓦であるが色合がやや異なっている。焼き方にむらがあって，同じ時のものではない。

貯蔵庫・下家・住宅の北側の貯蔵庫と，天保井戸のある建屋の屋根は同じ瓦である。多分同じ時期の建物であろうか。

酒造再開時には，本町に面したRC造の貯蔵庫は木造の土蔵造りであった。酒造蔵の分類では，当切，原型であったが増築して横増築型B2となった。

（平成2年10月調査）

参考文献
1) 広島県賀茂郡酒造法一班　広島税務監督局技手　伊藤定治　41頁

＊1　サルチル酸は明治9(1876)年東京医科大学校教師のO.コンシェルトが，ドイツでビールの防腐剤に使って成功したことから，清酒に使用する研究を始めたことによる。明治12年政府はサルチル酸の使用を公認したが，人体に対する影響を考えて，使用期間を設けて取り締まっていた[1]。しかし，これに代わる有効な防腐剤がないので，火落ち菌対策としては，万全の効果は期待できないことを知りつつも使用していたのである。
　　日本の酒の歴史　p.272　協和発酵K.K

6．中国地方

写真 4-6-5　仕込み倉(北)

写真 4-6-6　貯蔵倉1階

写真 4-6-7　入口

写真 4-6-8　貯蔵倉2階

写真 4-6-9　住居・店

写真 4-6-10　仕込み倉1階

⟨7⟩ 四国地方

[はじめに]

(1) 江戸時代

　四国と近畿は海をへだてているが古くから繋がりが深い。四国山脈を隔てた高知の酒造場でも昔から大坂と酒造技術の交流があったことが記録にある。

　「高知県酒造史」第2集[1])の南路志巻67に，「田野，安喜，赤岡の酒造は昔より悪酒にて有ける安永年中より安喜へ大坂頭司呼下し，夫より上酒になり，其造方を見習ひ天明年中より高知の酒屋も大坂流に造る事也」とある。この記事は，安永年間(1772〜1780)に安芸の酒造業者が大阪杜氏を招き酒の品質が向上したと述べている。

　中村市は京都の一条家が応仁の乱を避けて移り住んだ町で，京都を模した都市として整備した町である。中村市史所収の「元禄九年酒屋元書帳」によると，山内氏入国以前(慶長6 (1601)年)に酒屋が6軒あったとあり，実際はもっと多くの酒屋があったと思われ酒屋が集中していた地域である。

　表4-7-1で佐川の酒屋の1戸平均造石高が一桁多いのは，土佐藩筆頭家老深尾和泉守が旧領掛川から招いた醸造家がいて，御酒屋と称して別格としたからである。しかしこの年は，この御酒屋でもわずか15石の造りであり，他の酒造家は更に小さいものであった。「中村市史」の説明によると，「天和元年の合計600石は，前年の酒造米1,200石の半分で余りにも少なく，不景気な年であったとしても疑問が残る」とあり，実際の造りはもっと多かったのである。

　宝暦9 (1759)年には，101軒あった高知城下の酒造家が80軒くらいしか酒造りをしなくなり夏には酒が不足した。それにつけこんで上方酒が密輸される恐れがあるので，城下の酒屋で上方酒を売らせてもらえば運上銀を差し出す云々の文書があり，こうした面でも上方との交流があったことがうかがえる。

　また，天明7年(1787)の古文書に酒造株171軒・休酒屋15軒の記録があり，土佐藩には186軒の酒造家があった。この時171軒の酒屋の造石高は14,329石で，1軒当たり84石(15.2 kℓ)であった。

　この頃の酒造場の建物に関する記録として次の2つの文書がある。

(1) 元禄16(1703)年「酒甫手永代ニ売渡ス添書物事」なる文書(酒造株購入に関する文書　宝暦5 (1755)年)は次に示す如く建物についての記事である。

　酒甫手酒株　居屋敷供永代譲り申書物之事
　一、酒甫手壱軒　　但酒道具品々別紙目録之通
　一、立家蔵壱軒　　但立付之畳共
　一、酒屋一軒　　　但三間ハリニ拾弐間
　一、米屋壱軒　　　但弐間ハリニ三間
　一、番屋壱軒　　　但下屋とも
　一、居屋敷地拾四代壱歩　　東　弥右屋敷限
　　　但向八間裏行三拾壱間余
　　　　　　　　　　方切西　伝左衛門屋敷限
　　〆代銀拾貫目也　　　　北　同人屋敷限
　以下省略

　この文書によると酒造倉の規模は3間×12間=36坪で天保6 (1835)年播磨国御影村の加納治郎右衛門が谷町奉行所へ提出した千石蔵の仕込み倉96坪の約3分の1の規模である。

(2) 寛政4 (1792)年の買売證文にも酒造建物の規模を示す文書がある。

　　酒甫手　酒座貨申證文之事

表4-7-1　天和元年(1681)の藩内酒屋内訳表

地　名	酒屋数	酒造許可高	1戸平均高
高知町中	101	384石0斗0升	3石0斗
中村下田浦共	17	48石7斗5升	2石8斗6升
佐　　川	3	46石8斗7升	15石6斗2升
本　　山	2	3石7斗5升	1石8斗7升
宿　　毛	3	12石5斗0升	4石1斗7升
窪　　川	2	5石7斗0升	2石8斗0升
浦　　手	53	100石0斗0升	1石8斗8升
合　　計	181	600石8斗8升	3石3斗8升

一、酒屋壱軒　赤岡本町ニ有
　　　家蔵酒道具左ニ記通
一、家土蔵　向口七間半　梁行五間余、座敷奥勘定場茶間台　所畳惣敷付ケ
一、酒蔵土蔵　三間梁之長拾四間、土戸板戸錠かきとも
一、酒桶諸道具別紙小帳之通
一、米蔵土蔵　弐間はりニ三間、土戸板戸錠かきとも
一、白米蔵土蔵　九尺はりニ弐間、土戸板戸錠かきとも
一、男部屋土蔵　九尺はりニ四間、弐夕間惣弐かい
一、雑屋土蔵　弐間はりニ七間、三仕切之へたて有
一、雪隠かわらふき弐所ニ有
　　　　　〆
（以下省略）

とあり，酒造倉の規模は3間×14間＝42坪と千石蔵の半分程度の規模である。

新讃岐酒史[2]によると，正徳年間(1711〜1715)，四国筋の酒屋数は1,201軒，造石高は39,091石で，1戸当たりでは32.5石であった。また，讃岐で一番古い酒屋は小豆島草壁の管酒造場で，元禄15年までの造高50石である。

琴平町は，全国に多くの信者を持つ金毘羅社の門前町で，江戸時代は金毘羅社領となっていて，高松藩の支配下にあったとはいえ，広範囲の自由裁量を許されて繁栄を極めていた。宝暦11(1761)年，巡見史料には家数350，人数は2,000人とあり酒造家は13軒であった。

町内酒造家の保護策として他国，他領よりの移入酒を禁じ，その反面酒造家の暴利を避けるために酒価を統一し，かつ品質保全につとめ，消費者への良品提供の目的で上酒の割水を禁じ，また一面酒造家の経済も考慮して下酒の割水を許す等の法度をつくっていた。

元禄10(1697)年金毘羅社領寒造り酒仕入米高覚帳に，「合米高二百六石，酒高合一五二石九斗，外に焼淋酎一斗，酒二十合一五二石」の記録がある。これは使用米高より生成歩合を少なくして濃厚な酒を造ったのである。

(3) 明治時代

明治28(1895)年の四国の製造規模別構成は，
　100石未満　　　　　114軒
　100石〜500石　　　904軒
　500石〜1,000石　　 85軒
　1,000石以上　　　　 12軒
　　合　計　　　　　1,115軒

生産数量310,758石(56,061kℓ)，1場当たり278.7石(50.6kℓ)で，一方近畿地方では476石／場(85.8kℓ)で58％の規模である。全国平均322.5石／場に比べても小さく小規模業者が多い[3]。この時代における地方の趣向について「新讃岐酒史」(118頁)によると，「一般地方の酒はいぜん汲水の少ない，濃厚なもので盃にべっとり，エキス分がつくものでしたが，灘酒は汲水（かみしゅ）を多くし薄いものを造っていて，これを上酒と称していましたが，まだこの時代に一般嗜好とは申せなかったらしいです」とあり，江戸時代同様濃厚な酒が好まれ，上酒が一般に流通していなかったとおもわれる。

[各県の現況]

昭和33(1958)年[4]における四国4県の酒造場総数は227軒，昭和55(1980)年[5]では167軒になり，平成15(2003)年[6]では127軒である。

酒造場数は愛媛県が最も多いが，500kℓ以上の規模の数では他の3県とほぼ同じであるが，500kℓ以下の小規模酒造場が多いのである。また，4県の合計数で200kℓ以下の割合が57％と多く，四国では小規模の酒造場が圧倒的に多いのである。

表4-7-2　四国地方規模別酒造場数　昭和55年度

	1,000kℓ以上	501〜999	500〜201	200kℓ以下	合計	昭和33年度
香川	4	3	5	11	40	40
愛媛	3	5	19	53	80	143
徳島	2	4	10	24	40	62
高知	4	1	12	7	24	32
合計	13	13	46	95	167	277

昭和33年度と比較すると，昭和55年度は約40％減少し，平成15年度は127場となり約55％減少した。しかし，平成15年の127場のうち，平成14年度に生産をしなかった酒造場が52場あったので，平成15年に生産していた酒造場は75場で，昭和33年から202場が生産をやめたことになり，減少率は約73％である。生産をやめた蔵の建物の大半はいずれなくなるものと考えられ，土蔵造りの倉の多くはその姿を消すのである。

参考文献
1）高知県酒造史第2集，1990年
2）新讃岐酒史　1967年
3）清酒産業の歴史と産業組織の研究　1982年　桜井広年著　中央公論事業出版　60〜62頁
4）日本醸造協会会員名簿　1958年　日本醸造協会
5）全国酒類製造名鑑　1982年　醸界タイムス
6）全国酒類製造名鑑　2003年　醸界タイムス

［平面・配置］

四国は海路を通じて近畿の影響が深い地域である。近畿地方，特に灘では，重ね蔵が多いことはよく知られるところである。重ね蔵は千石蔵の典型とも見られるものであるが，その多くは重ね蔵を内蔵した作業庭型である。もし，これをモデルにして小規模の酒造場を考えるならば小さな作業庭型の酒造場になるであろう。これこそ地方の酒造場が求めるモデルと言え，そうした意味で近畿の酒造場の影響が深いと言うのである。

香川県の調査例は6蔵であるが，そのうち3蔵が作業庭型D，2例が不揃型である。不揃い型Ⅰの鎌田酒造（坂出市）の場合は酢醸造の部分を含めて見ると敷地中央に大きな広場を持つ作業庭型である。琴平町は金刀比羅宮の門前町で全国から信者が集まり近畿とは関係の深い土地柄である。西野金陵酒造は創業者が藍商人であり，酒造場の建設には上方の影響があったと思われる。この蔵で1号庫と3号庫は不揃い型と作業庭型に分類したが，1号庫では昭和30年代に増築した貯蔵倉がなかった当時では重ね蔵であり，3号庫も内部改造以前は重ね蔵と分類することが可能であった。しかし，現状から見て重ね蔵とはしなかった（図1-11（16頁）参照）。

高知県の調査例は12蔵で，そのうち5蔵が作業庭型である。四国山脈を隔てた地域で近畿とは最も遠い地域であるが，海路で結ばれてい

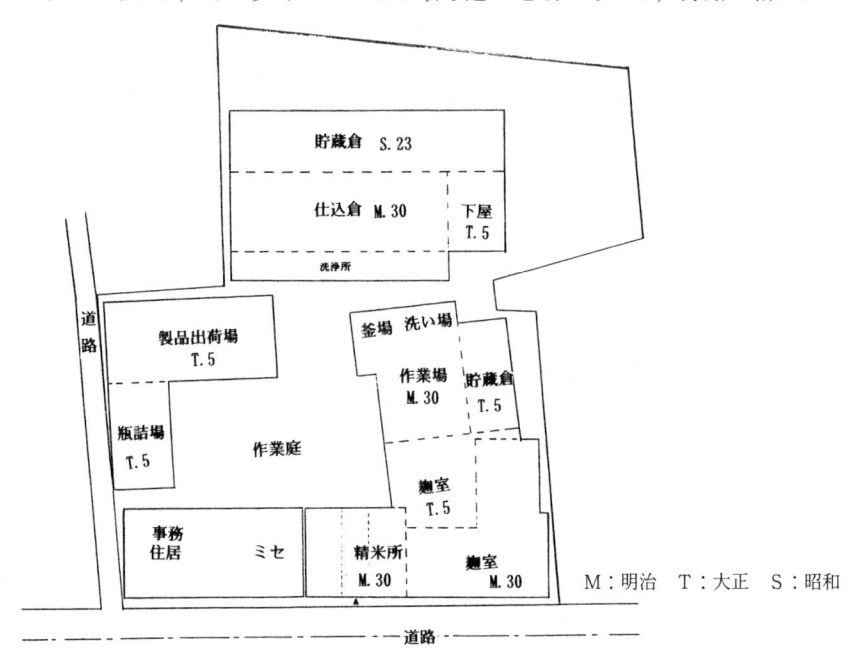

図4-7-1　石野酒造（酔鯨酒造）　昭和45年頃の復元図

て意外に近畿の影響が深いのである。慶長8 (1603)年，深尾和泉守が旧領掛川から「御酒家」を招いて酒を造らせたのが司牡丹の前身である黒金屋の始まりである。こうしたことから，司牡丹酒造は上方の影響下にあったことは明らかである。

図4-7-1は高知市の酔鯨酒造の復元図である。酔鯨酒造は明治5年創業の石野酒造を昭和45年頃に引き継いだ会社で，その当時の記録をもとにして作成したのが復元図である。その当時から残っている建物は仕込み倉・作業場・精米所のみである。明治30年建築の麹室は隣家となり，製品出荷場と瓶詰場は取り壊されて鉄骨造の事務所となった。昭和45年頃は大きい広場を有する作業庭型Dの酒造場であったが，現在はその広場も小さくなっている。

愛媛県は四国では最も酒造場の多い県で，香川，高知の3.3倍，徳島の2倍である（昭和55年）。調査数は7例でうち4蔵が原型Aである。

地理的に県北とへだてられた宇和盆地の酒造場と他地域の酒造場では平面配置が異なっている。宇和町で調査した3軒の酒造場は共に創業当初の建物配置がよくわかる酒造場である。また，卯之町の元見屋酒店は宇和町の古い商店街のなかにある町家型の酒造場で四国では珍しい存在である。

徳島県の調査例は5例でこの中には作業庭型はないが曲り蔵Gが2例ある。

四国各県では，明治の初め頃灘の造りを導入して丹波杜氏に酒造を委せた時期があったが水質の違いでことごとく失敗した。その後は軟水醸造に成功した広島杜氏が各地に進出して酒倉の建築に影響を与えている。梅美人酒造，司牡丹酒造の焼酎蔵等である。

調査結果をみると香川県と高知県では作業庭型が多く，愛媛県や徳島県では作業庭型が少なかった。

西野金陵酒造と司酒造は複数の酒造場が集まったものであるが，西野金陵酒造は一つの酒造場の業容拡大であり，司牡丹酒造の場合は別々の酒造場が合併した結果で，両者の生い立ちは全く違うものである。

[倉の構造]

調査した倉の構造はすべて木造土蔵造であった。仕込み桶の直径は20石桶で2.0m，30石桶で2.4mである。枝桶を用いて醸造していた当時の倉の梁行きは，20石桶の場合は5間，30石桶なら6間が普通である。調査した倉のうち，最も多いのは梁間4間が12棟，次に梁間6間が9棟，続いて5間が6棟であった。3.5間と3間が各2棟ずつで，4間以下を合計

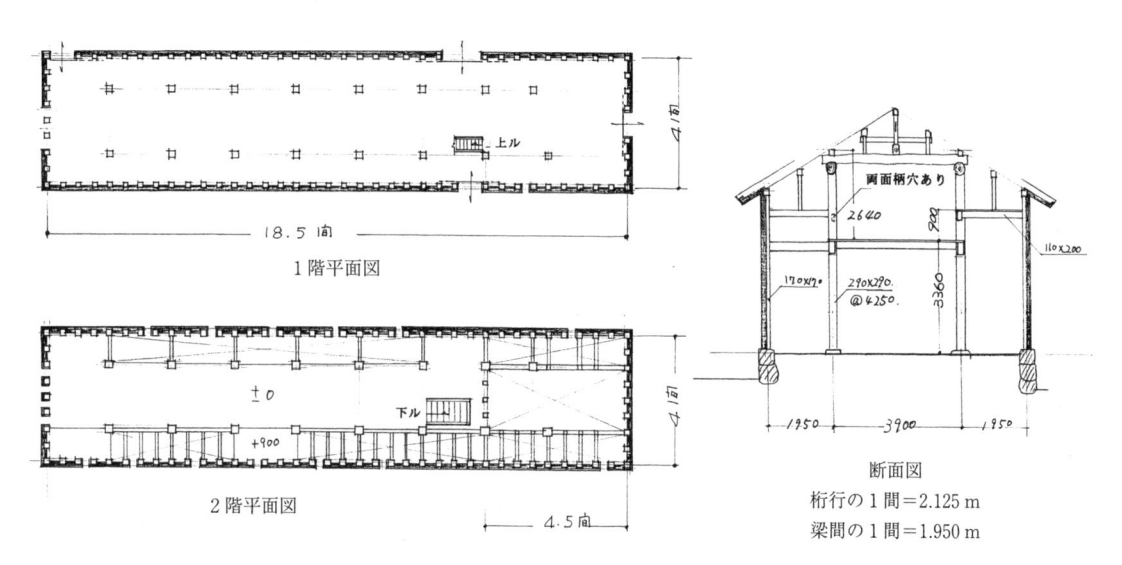

図4-7-2　宇和町元見屋酒店の酒造場　仕込み倉

桁行の1間=2.125 m
梁間の1間=1.950 m

すると16棟で約半数が小規模の酒造場である。

(1) 2階床の高さ

酒倉の2階床の高さは仕込み桶の大きさによって決まる。四国での調査結果では2階床高さの平均が3.81mであり，多くの蔵が20～30石桶を使用していたものと思われる。ただし，堀の井酒造の中倉，東倉は仕込み及び貯蔵に使用する場所が吹き抜けであったので平均値の計算からは除外した。

2階建ての倉は30棟あるが，このうち梁間中央のみに2階床を張ったものが1棟で，29棟の酒倉は総2階張りである。梁間中央のみに2階床を張ったものは両外側に仕込み桶を配置するので2階床高が3.1mと低くても仕込みには支障がないのである。また，宇和町の3つの酒造場の仕込み倉はいずれも3スパンの倉で，中央部分の2階床より両外側の床が49～110cm高く，1階床面から3.9m以上となる。仕込み桶をこの部分に配置するので仕込み作業には支障のない高さである。

総2階の倉で，2階床高が3.3mの島田酒造の仕込み倉は仕込みに20石桶を使用すると仕込み作業は窮屈で，昔は20石より小さい桶を用いていたものと思われる。

(2) 小屋組

最も多い小屋組は登り梁で合計22倉であった。登り梁（合掌を含む）には丸太や押し角，正角材を用いる。丸太の登り梁の場合は屋根面との間に空きができるので，梁の上に「つか」を立てて母屋を通すが，正角材（合掌）の場合は梁に渡り欠きをして，もやを直接のせる。

登り梁を支える架構法には2通りある。一つは2スパン（3点支持），梁間中央の地棟あるいは丑梁の上で左右の梁を組み合わせて支持し，他端は外柱上で折置きあるいは軒桁上で京呂組とするものである（登り梁型1～4）。

今一つは3スパン（登り梁型5），即ち，梁間中央とその両側の中柱上に通した桁で登り梁を中間支持する。この地棟や丑梁の支持架構は桁行き2間～3間おきに設け，その工法は種々工夫されている。

2スパンで一番単純な工法は中央に通し柱を立てたもので（登り梁型1）8棟と最も多く，このうち梁行き4間の倉が4棟で規模が小さいものが多い。松浦本家酒造の西倉は梁行きに1本の小屋梁を通し，梁に小屋つかを立てて長さ1間の二重梁を架け，中央に地棟を通し，小屋梁下中央に通し柱を建てる。

高知県では調査数14のうち，登り梁の小屋組が9，トラス小屋，和小屋を含めて1スパンが13棟であった。

堀ノ井酒造の3つの倉（登り梁型2）も中柱1本で2スパンの倉である。3つの倉は同じ構造で中柱頂部に長さ2間の梁をのせ，その上に棟持梁を桁方向に通し，これに1間間隔に登り梁（丸太）を通す。登り梁は棟持梁上で相欠きに組み合わせ，他端は外柱上で折置きである。中柱位置の登り梁は，中柱の頂部から少し下で柱にほぞ差し，外柱上で折置きとするので，前記の場合とは違って小屋つかが長くなる。これと同じ構造の倉は，瀬戸内海を挟んだ対岸の竹原市にある竹鶴酒造の貯蔵倉Bがあるのみで，他では見られない珍しい架構である。

同じく，中央のみで支持する架構の倉で，司牡丹の1号倉（登り梁型3）の場合は2階床梁に管柱を2本立てて長さ1間の天秤梁を掛け，その中央に丑梁を通して梁を掛ける。登り梁型4は2階梁上の管柱間隔が1間以上の場合で，いずれも1階は1スパンである。

3点支持架構の倉は1スパン8例，2スパン6例と併せて14例となる。このうち，有光酒造の仕込み倉は梁間8間，桁行き3.5間で，桁行きが梁間より小さく，一般の建物とは違ったものである。この例と堀の井酒造の東倉（梁間6間）を除くと残りの12例は梁行き5間以下の倉である。

登り梁型4までは3点支持の例で，中央の地棟の支持方法が違うだけである。

登り梁型5は3スパンの（5点支持）の倉で5倉ある。そのうち松浦酒造の仕込み倉は中柱を管柱にして2階梁に立て，1階は1スパン，梁行き5間である。梅美人酒造の仕込み倉の中

央スパンでは，登り梁に沿わせて中引き桁の上に梁を通し小屋つかを立てた珍しいものである。

西野金陵酒造の3つの倉は中柱が通し柱で3スパン，梁行き6間である。仕込み倉は，二重梁に丑梁を載せ，その上に地棟を通して登り梁を架けている。1号庫の仕込み倉は明治21年建築の部分と39年増築部分があって共に登り梁であるが，明治21年建築の部分は丑梁の上に地棟を通しているが，明治39年では丑梁のみである。即ち，明治21年の部分は2号庫仕込み倉と同じであり，39年の部分は貯蔵倉と同じである。

和小屋は1スパンが3例，3スパンが2例で，いずれも梁間が4.5間以下の倉である。

坂出市の鎌田酒造の仕込み倉(梁間6間)は近畿地方の倉の折衷型IIと同じである。

キングポストトラスの小屋組は6倉で，いずれも大正時代以降の倉である。

[外壁・屋根]

外壁は高知県の倉と他の3県では違っている。高知以外は，上壁は白漆喰塗，腰壁は立羽目板貼りが多く，妻壁は軒下3尺まで立羽目板貼りとして，雨による侵蝕を防いでいるものが多い。腰壁まで漆喰壁の倉は愛媛県宇和町の元見屋と高知県土佐市の亀泉の倉のみであった。

高知県の倉は桁行きの壁は3段に分割して水切り瓦を取り付けて下壁も漆喰塗りである。妻壁は軒上をさらに二分して水切り瓦を入れている。この工法は高知県では酒造倉や一般の土蔵倉でも用いられている工法であるが，他の県では殆ど見掛けないものである。

屋根は桟瓦葺きが多く，本瓦葺きが7棟であるが，他の地方に比べると本瓦葺きが多い。

野地板に竹を用いたのは2棟のみで他は板を使用しているが，これは屋根修理の時に板に替えたためと思われる。

内壁は貫が見える構造が多く1階は裏戻しの上漆喰塗が多い。2階は荒壁の裏戻し仕上げが多く，裏戻しをしていないのは1例であった。

[おわりに]

四国と言えば金毘羅とお遍路で有名である。この人の流れにのって酒造りの技術が伝わり，酒倉にも上方の影響が色濃く出たのである。平面配置では作業庭型Dが最も多く，倉の構造でも瀬戸内側の2つの倉に現れている。坂出市の鎌田酒造の仕込み倉と西条市の堀の井酒造の倉である。

人の交流は海路を通じて瀬戸内だけでなく，遠く太平洋側にも及んでいたのである。しかし，「新讃岐酒史」(118頁)には「灘から丹波杜氏を招聘して造ってみたが，腐造が相次ぎ総退陣に至った」とあり，水質の違う四国では灘流は通用しなかったのである。代わって軟水醸造に成功した広島杜氏が各地に進出し，その影響で曲り蔵G(東広島市に多い)が5倉もあった。

上方からは最も遠くにある宇和町の酒造倉は，他の地域の影響を受けることなく発達したものであろうか，住居・作業・酒造倉と直線的に配置され，構造も四国の他地域と異なるものである。

倉の構造では，四国の酒造場は梁間の小さいものが多く，2スパンの登り梁の倉が14棟で，調査例34棟の41％に達している。その構造も高知県の倉は2階梁に管柱を立て屋根荷重を2階梁が負担している。したがって2階梁には大きな材を用いるので1階は1スパンの倉が多い。

登り梁の小屋組は合計21例で，その丑梁支持架構は建築年代，地域によって千差万別であり，倉を建てる棟梁の心意気を感じさせてくれるものであった。

外部仕上げは高知を除く3県では他の地方と変わらないが，高知県では倉の外壁に水切りとして瓦を取り付けている。台風の多い土地であり，風雨による被害を少なくするための知恵である。

調査した酒造場で最近増改築した倉は全て鉄骨または鉄筋コンクリート造であり木造の倉は建てられることはない。

四国地方の小屋組のまとめ

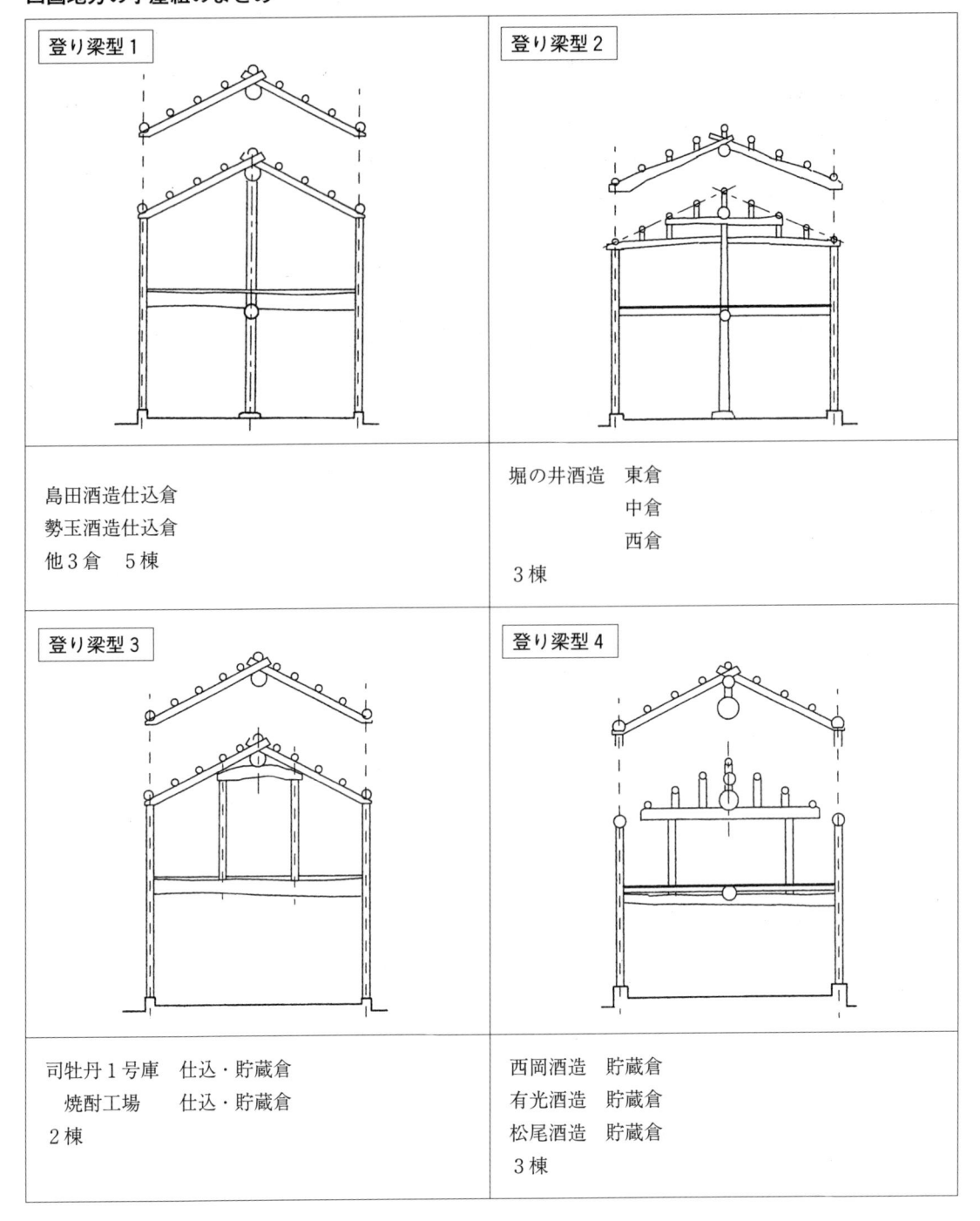

登り梁型1

島田酒造仕込倉
勢玉酒造仕込倉
他3倉　5棟

登り梁型2

堀の井酒造　東倉
　　　　　　中倉
　　　　　　西倉
3棟

登り梁型3

司牡丹1号庫　仕込・貯蔵倉
　焼酎工場　　仕込・貯蔵倉
2棟

登り梁型4

西岡酒造　貯蔵倉
有光酒造　貯蔵倉
松尾酒造　貯蔵倉
3棟

7．四国地方

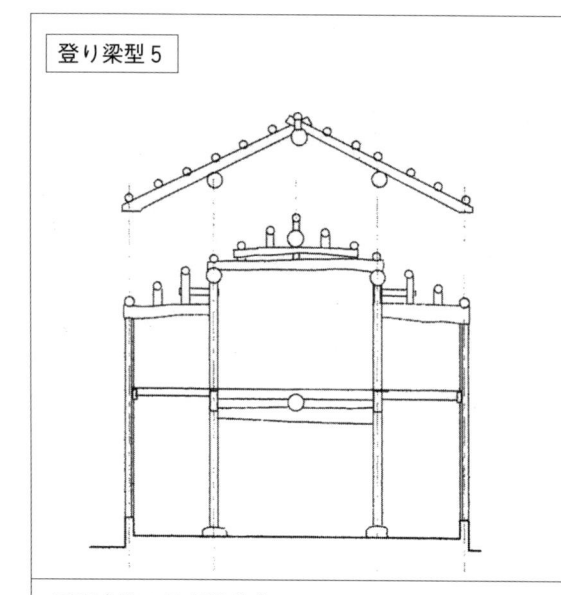

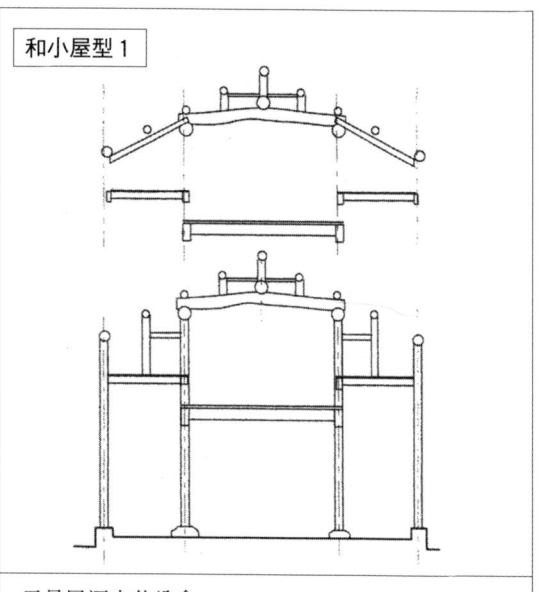

登り梁型5	和小屋型1
西野金陵2号庫貯蔵倉 　　　　1号庫仕込倉 宇都宮酒造仕込み倉 丑梁と地棟が二重である。 西野金陵2号庫仕込庫 　　　　1号庫仕込倉 可楽智酒造仕込倉 松浦本家酒造中倉 　1棟	元見屋酒店仕込倉 渡辺酒造　仕込倉 　2棟

和小屋型2
　二重梁
　　　松浦本家酒造東倉
　　　亀泉酒造仕込・貯蔵
三重梁
　　土佐酒造貯蔵倉
キングポストトラス
　丸尾本店仕込・貯蔵
　酔鯨酒造仕込倉
　浜川商店仕込倉
　丸共醸造貯蔵3

三芳菊酒造(うだつのある店)(徳島県三好市池田町) 　　元見屋酒店仕込倉(愛媛県西予市宇和町)

仙頭酒造(高知県芸西村) 　　濱川商店仕込倉(高知県田野町)

土佐鶴酒造(高知県安田町，平成4年当時) 　　西野金陵酒造(香川県琴平町)

写真4-7-1　四国地方の酒造場

〈事例15〉島田酒造　[小富士]　　創業：明治28(1895)年／愛媛県東温市志津川

[沿革]

　松山平野東部の田園地帯の中にある酒造場で，国道沿いに築地塀をめぐらした住居と酒倉は本瓦葺きで質素な感じである。国道に面した正面入口に，茶褐色の大きな酒淋が下げてあって古い酒造場であることを教えてくれる。明治28年に，この地に以前からあった酒造場を建物，酒造道具共一式を買い受けて酒造業を創めたので，酒造倉，住居等は創業時期より古く，明治初期か江戸時代末期のものと思われる。

[建物配置]

　国道沿いにある住居入口を入ると，土間の右が6帖ほどの事務室で，左が板壁で仕切られた貯蔵倉である。昔はこの板壁がなくて，幅5間の広い土間であった。事務室も畳敷きで，この広い土間の奥右にかまどがあった。

　土間を通り抜けると母屋に続いて釜場・洗場があり，大きな釜の上には湯気抜きの越し屋根がある。

　続いて総2階，一部吹き抜けの土蔵造の仕込倉があり，入口右の階段は幅は広いが，上りきった所がせまい不便な階段である。2階が酒母室，仕込み倉の左が麹室，右の下屋が貯蔵と上槽場で油圧式の絞り機がある。

　創業時からあまり変化のない建物配置で，柱・梁共に虫害がかなりある古い倉である。

[建物]

　仕込倉は梁行き一杯に2階床を貼り南端2間が吹き抜けで，昔はここに酒ふねがあって，はね木を捲き上げるあみだが今も残されている。

　梁行き中央に，33㎝角の中柱が3間間隔に建ち，地棟を支え，これに登り梁を掛ける。登り梁の外端は外柱上に折置きとし，中央側は地棟梁上で相欠きにして組み合せている。

　入口から6間までは，外柱の上，2階床面高さに台輪を入れて，管柱とした珍しい構造である。6間から奥は台輪がなく，通し柱となっている。推定ではあるが，新築した時は桁行6間の平屋建ての倉であったが，増築をした時に既存部分を2階建てに改造して，軒高を増築部分と同じにしたものであろう。

　屋根瓦は本瓦葺き，勾配は30°でかなり急である。外壁は漆喰塗りであるが，南側・西側等は，はがれて中塗りが露出している。内壁は1階・2階共に荒壁裏もどしで貫が見えている。

（昭和63年9月調査）

写真4-7-2　店

写真4-7-3　仕込み倉　　　　　　　　　写真4-7-4　仕込み倉2階

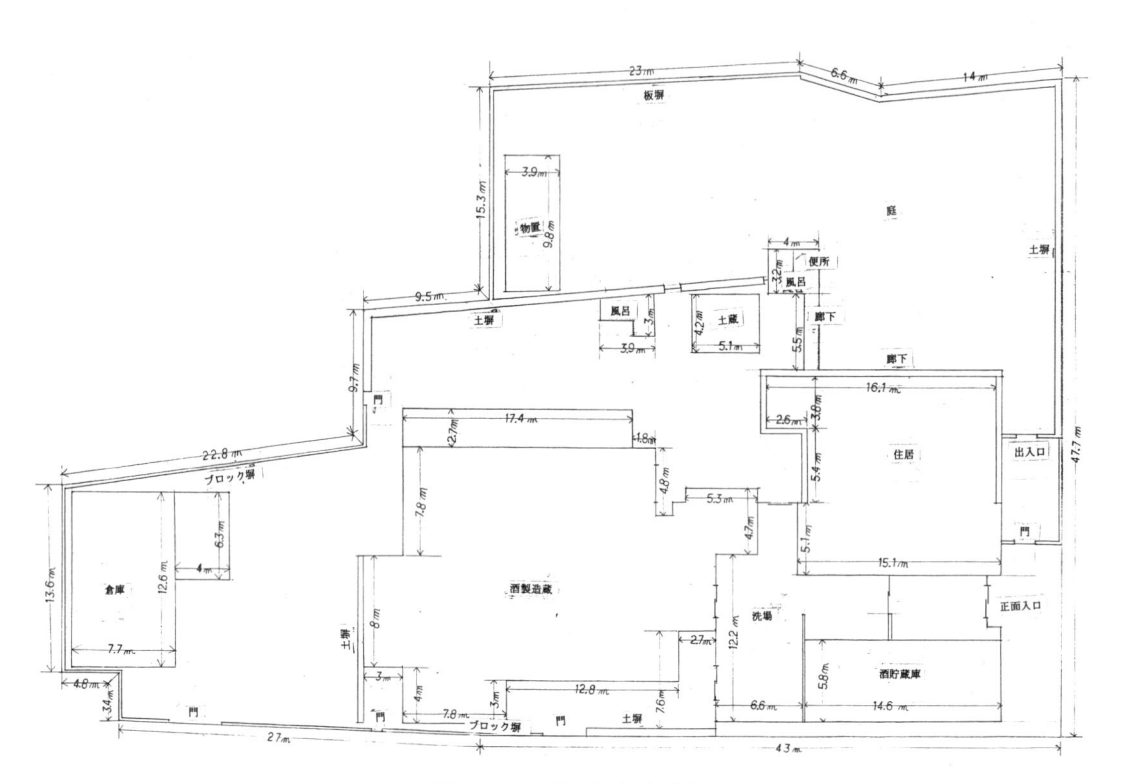

図4-7-3　島田酒造平面図

7. 四国地方

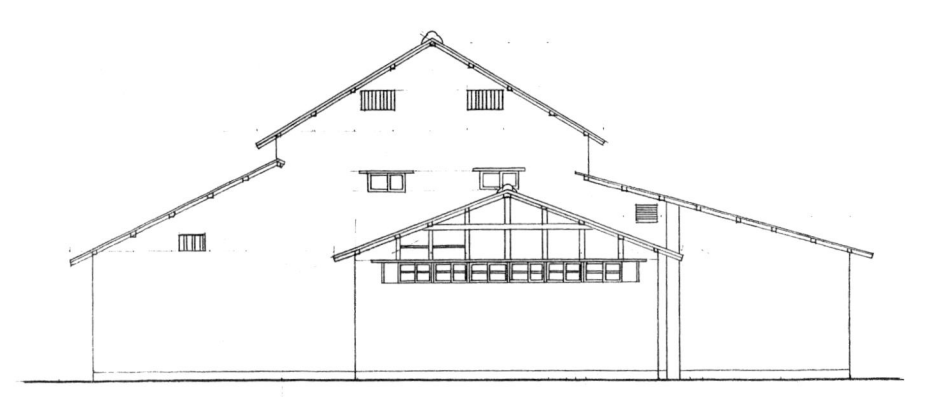

仕込み倉立面図

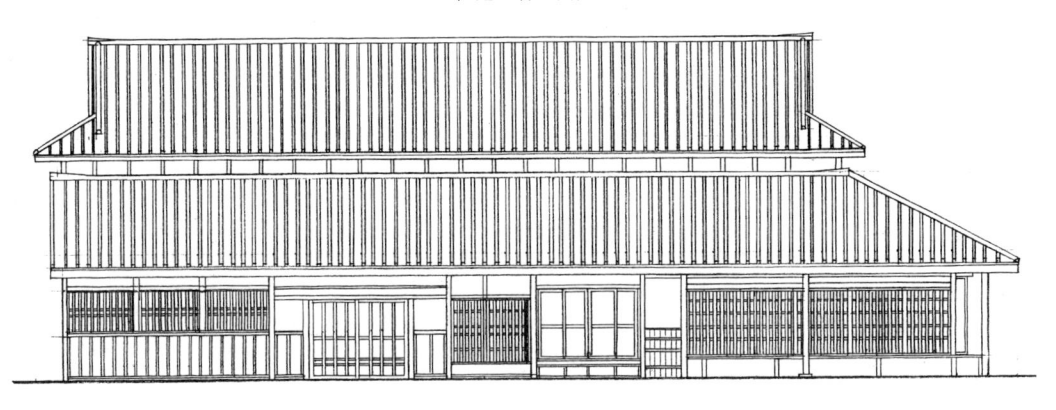

住居立面図

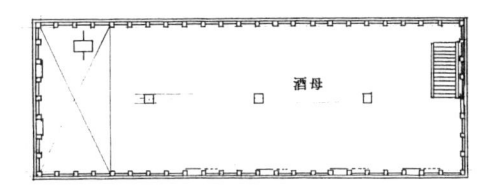

2階平面図

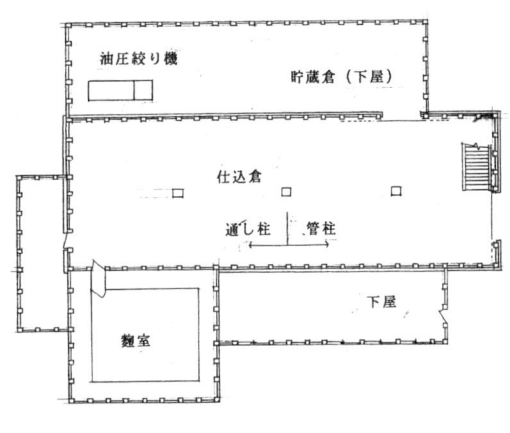

1階平面図

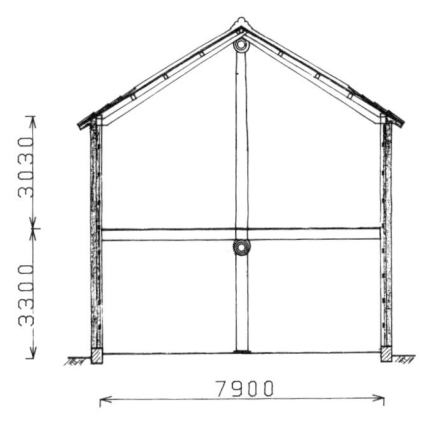

仕込み倉断面図

図4-7-3 （つづき）

⟨8⟩
九州地方

[はじめに]

日本列島の中で南に位置する九州地方は冬暖かい。中でも熊本県八代郡，宮崎県児湯(こゆ)郡より南では清酒酒造場は殆ど見当たらない。これらの地域は焼酎の生産地である。寒造りが主流となった江戸時代以後は冬の気温が高い地域の酒造りは消滅したのである。1月の月平均気温[1]は福岡で5.8℃，鹿児島で7.2℃である。ちなみに造石高の多い京都は4.0℃，神戸が4.7℃で，月平均気温の差は神戸と福岡で1.1℃，神戸と鹿児島では2.5℃で，福岡と鹿児島の中間地帯，(北緯32.5°付近)が清酒醸造の南限と思われる。

九州の酒造場は福岡県が最も多い。昭和55年度は昭和33年に比べると36%の減少であるが，その後も減少して平成3年には72場になった。内訳を見ると，200kℓ以下の数は56場で昭和55年と殆どかわっていない。しかし，200kℓ以上の酒造場は48場であったが16に減少している。県全体の生産量が減少したのである。この傾向は福岡に限らず他の県も同様である。昭和55年の九州の酒造場数は254場のうち29場が休業していた。平成14年度では182場のうち26場が休業し実際に稼働しているのは156場で，昭和33年度の36.6%になった。

[生い立ち]

江戸時代は米や酒は藩外への移出は禁じられており，醸造能力があっても定められた造石高を超えて造ることができず，販売区域も限られていた。

(1) 福岡県

元禄3(1689)年筑前国の酒家数は613軒で，当時の人口は29万余であるから人口当たりの酒家の数は非常に多い。また，元禄11(1697)年の筑後国における酒造米は4,117石，酒家数は150軒で1軒当たりの造石高は27石で小さなものである[3]。久留米藩では天保10(1839)年の造石高は18,725石で酒造家は167人，1人当たり112石でいずれも地売り型の酒造業であった[4]。

明治4年廃藩置県が実施されて酒株制度が廃止される。代って免許を受けて納税すれば営業自由となったので多くの地主が酒造業を始めた。明治10年の西南の役が勃発すると酒の需要が急増し，酒質の善悪を問わず価格が暴騰した。酒造業界は活況を呈し，三潴(みずま)郡では蔵数が倍加して約7,000石を造った。しかし，戦争が終わると酒の需要も減少し酒造家は苦況に陥った。この不況を乗り越えるために明治14年，城島(じょうじま)の酒家3名が各々自製酒を携えて東京に行くが，そこで見たものは灘や堺の清酒との酒質の違いだけではなかった。酒は美麗なる菰包みの樽に入れられ，その樽には彩色をほどこした模様入りの酒名入りの貼り紙を用い，用材は香り高き吉野杉である。3人は初めて覚醒の思いをし，酒質の改善以外に三潴清酒の生き延びる道がないことを痛感する。帰郷後有志を募り灘，伊丹，西宮に足を運び熱心に製法を研究し，彼の地の

表4-8-1 昭和55年度の九州地方の酒造場の規模別数[2]　　　単位 kℓ, ( ) 内は休業数

醸造高	1,000以上	999~500	499~200	199以下	合計	焼酎専業	昭和33年
福 岡 県	8	11	27	57	105		165
佐 賀 県	3	5	8	24	45(5)		86
長 崎 県	1	1	1	22	25	6	44
熊 本 県	2	2	7	5	16(7)	35	24
大 分 県	3	7	9	25	61(17)	8	103
鹿児島県					0	146	0
宮 崎 県				1	3(2)	73	16

8. 九州地方

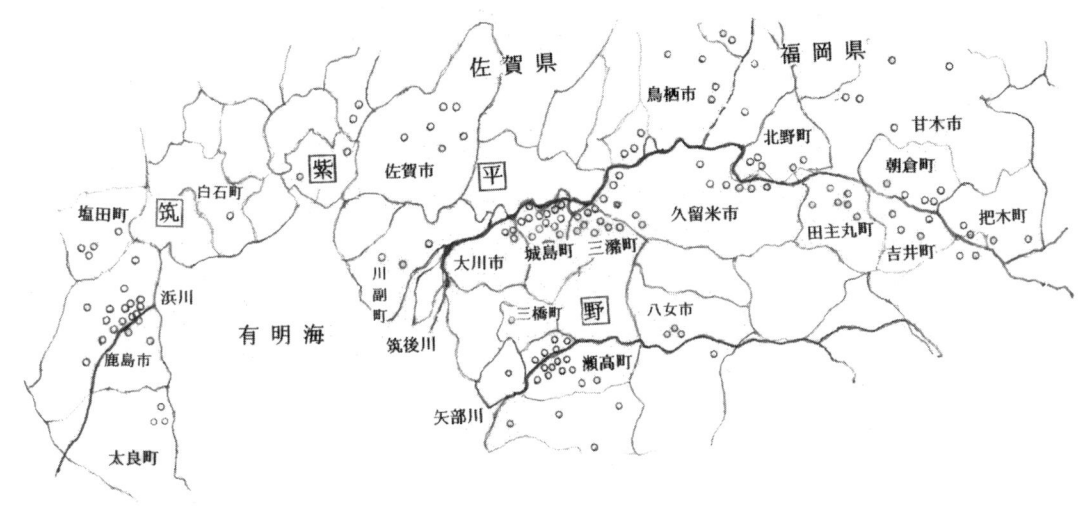

図4-8-1 筑紫平野の酒造場 昭和33年度

器具，容器を整えて醸造を試みるが失敗の連続であった。明治19年，灘より杜氏，もと廻り，麹付を招いて新醸造方に挑戦したが成功しなかった。灘の宮水は硬度7.99の硬水である。筑後川の軟水との違いに気付くまでは苦しい暗中模索が続いた。現在なら簡単な水質分析等も当時では思いもよらぬことであり，試行錯誤を続けていく以外に良策はない。醸造経過成績の優秀なものを基準として仕込み管理をしてゆく方法で，4，5年後にようやく明るさが見えるようになった。明治24年頃である[5]。軟水醸造の成功は明治27年頃で，時を同じくして粕屋郡宇美町の小林作五郎，広島県安芸津町の三浦仙三郎も軟水醸造に成功し，明治30年には完成する。しかも，これらの人々は完成した新醸造法をそれぞれの地域に広めて新しい銘醸地を創り，地域を発展させたのである。明治39年熊本税務監督局は，清酒比較審究会第2回報告の中で，福岡県酒の講評で，「其の優等の位置を占めたる十種の如きは，灘の「菊政宗」「白鹿」等に比し，決して遜色あるを認めず，寧ろある点に於いて，優秀なものあるが如き，著しき好成績を得たるは吾人の最も意を強うするに足るところなり」と結論づけた[6]。

県別醸造高（表4-6-6(216頁)）では，明治7年，上位5位に福岡県はなかったが，大正13年には1位の兵庫県に続き，2位福岡県，3位広島県となった。新醸造法の成果である。

1場当たりの造石高A/Bは福岡県が最も大きく，次いで佐賀，長崎の順で，全国平均の294石[9]より3県ともこれより高いが灘の1,108石[10]の半分である。

図4-8-1は筑紫平野の酒蔵分布図で，有明海に流入する3つの川の下流に酒造場が密集しているのが見て取れる。これらの酒造場はいずれも明治時代の後期から大正時代に大きくなった蔵で，有明海の舟運によって資材の搬入，製品の出荷をし，川の水を酒の仕込みに使っていた。筑後川，矢部川の場合は満潮時の川の水を汲んで仕込み水を使っていたという。

大正3（1914）年度の福岡県の醸造高は166,000石，筑後地域（三潴郡，山門郡，久留米市と三井郡，浮羽郡）の醸造高は113,000石，その割合は68%[11]で，福岡県の主産地であるこ

表4-8-2 明治34年の福岡，佐賀，長崎の造石高と酒屋数

（単位：石）

	造石高A	酒造場数B	1場当たりの造石高(A/B)
福岡県	253,026	491	515[7]
佐賀県	71,152	168	423[8]
長崎県	58,540	180	325[8]

とを示している。大正8年，三潴郡の酒造場数は34(うち4は生産量不明)で，そのうち

 2,000石以上 10場
 2,000～1,000石 16場
 1,000以下   4場

1,000石以上の酒造場が26場あってこの地方には規模の大きい酒造場が多いことが判る[12]。

同年度の資料がないので昭和4(1929)年度の佐賀県の資料[13]によると，酒造場数147のうち，2,000石以上3場，2,000～1,000石16場，1,000石以下128場で，1,000石以下が全体の87%であり，両者の規模の違いは驚くほど大きい。筑後地域は広域型酒造場，佐賀県は地売り型酒造場が大部分を占めているのである。

また，三潴郡の酒造りが発達したのは軟水醸造が完成した後であることは酒造場の創業した年代を調べれば分かる。明治25年前の創業が10場，それ以後が26場であった[12]。

筑後川東側の三潴町，城島町，矢部川下流の瀬高町には多くの酒造場が密集している。この両者ともに明治，大正時代には有明海を通って島原，天草，長崎等へ移出していたのである。同じような情況のもとで佐賀県鹿島市浜町も集中して酒造業が発達した。

昭和33年旧三潴郡の酒造場の合計は29，昭和55年は16，平成15年は12と減少が続いている。瀬高町，鹿島市浜町の場合も昭和33年をピークに減少し，平成15年には瀬高町は7，鹿島市浜町は6(集約3を含む)場になって往年の活況は見られない。

(2) 佐賀県

佐賀県では城島の酒造家のように自ら新しい醸造法を編み出したという記録はない。隣接する城島の酒造家は改醸法が成功すると杜氏を養成し，新しい醸造法を広く伝えたのでその技術は佐賀県内にも伝わったと思われる。明治34年佐賀県の酒造場数は168場，昭和4年147場と減少しているが，500石(約91kℓ)以下が減少し，500石以上が増加して，酒造家の規模が大きくなり造石高も増加した。なかでも1,000石以上の蔵は8場から19場になった。

鹿島市浜町の酒造場

浜町は昔から鹿島藩の中にあって商業の中心として栄え，海陸の交通の要衝で人馬，商品の往来が盛んであった。明治2年の酒冥加金は鹿島藩全体の55%を占めており，浜の酒造りは昔から盛んだったと言えるが1戸当たりの醸造高は少なくわずか50石程度であった。浜の酒屋が急激に伸びたのは明治になってからである。鹿島市史によると酒屋数は明治34年24軒，昭和6年も24軒で，その内，浜町は15軒で，生産高は呉竹の958石[13]が最も多かった。

江戸時代の浜町の酒屋は仲町の入口と，隣の八宿に集中していて，現在の白壁土蔵造の酒倉の町になったのは，この間に，明治になってから創業した酒屋が多くなってからである。昔から浜町は蒲鉾の産地でもある。明治から昭和初期にかけて，ここには15軒の醸造元と10軒の蒲鉾屋が立ち並び，活気あふれる仲町は造り酒屋と蒲鉾屋ばかりで普通の家は見当たらなかったと言われている。往還道に沿って造られた用水路には豊富な清流が流れている。生活用水として浜川の共樋から引いたもので，伏せ流水が至る所で湧き出ている。

浜町の酒造場の発展に重要な役割を果たしたのが浜川である。浜川は重要な水源で川沿いの倉は直接川水を汲み取り，周辺の倉は井戸水(伏せ流水)として利用した。米は太良米と白石米が多く使われたのは精白が容易であったからと言われている。硬くて実が締まっている山田の米は水車精米では十分な精白に手間がかかる

写真4-8-1 浜町の酒造場

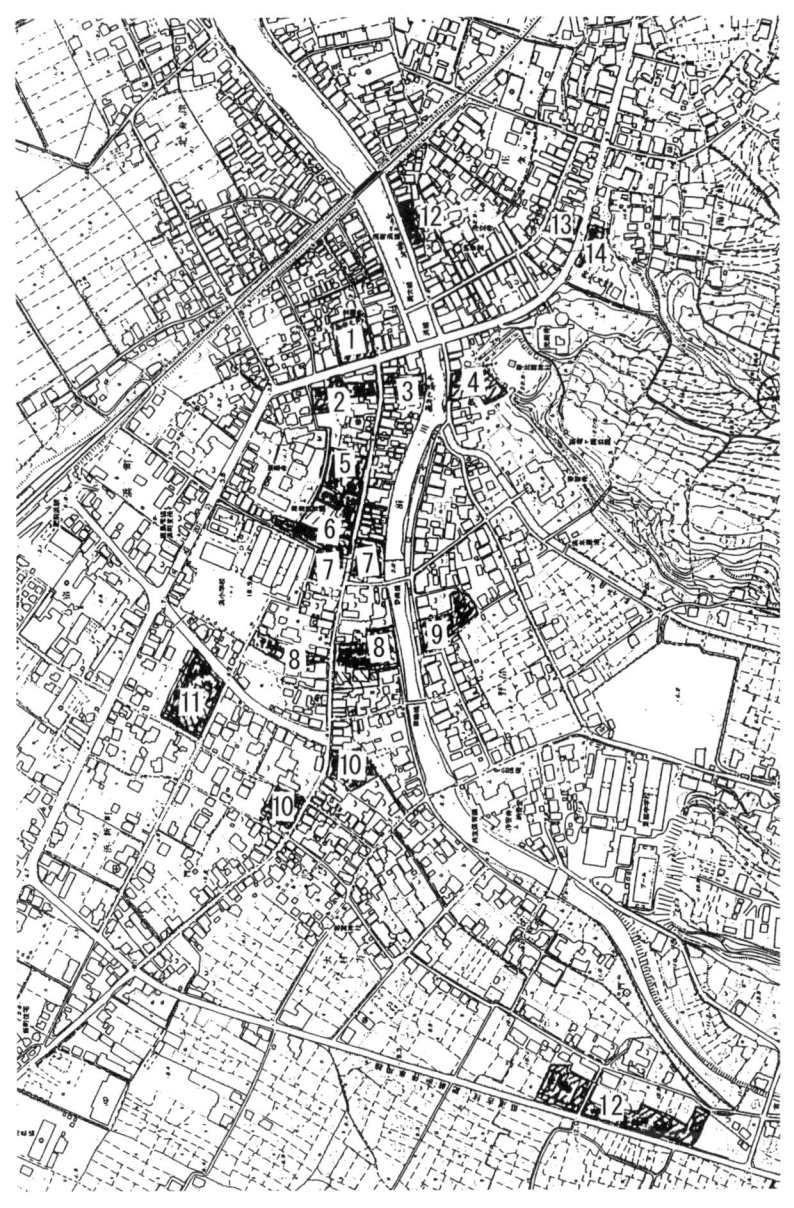

図4-8-2 浜町酒造場分布図

1	鶴鳴	西田七藏
2	菊王将	峰松栄一
3	白竜	井崎巳代治
4	米山	井崎富蔵
5	呉竹	呉竹酒造
6		水頭 碧
7	金波	光武酒造
8	君恩	中島酒造場
9	万寿亀	水頭正平
10	乾盃	飯盛酒造
11	富久千代	富久千代酒造
12	幸姫	幸姫酒造
13	降魔	岩永新七
14	海静	浜酒造

ので柔らかい白石米，太良米が使われた。そしてできた酒は太良や白石で売られていた。また，蒲鉾の原料は長崎の魚が使われることが多く，有明海を渡って船で運ばれ，船の帰り荷として酒が運ばれた。

長崎本線が開通するのは昭和7(1932)年で，それまでは陸路よりも海路で多くの商品は有明海の船便で運ばれていたのである。浜川下流の浜舟津から，遠くは長崎，天草，島原，近くは太良，白石等へ運ばれた。

戦時中は企業整備で3つの醸造元になったが，昭和33年頃には10場まで復活した。しかしその後は自由競争で経営が難しくなって減少し，平成7年度では3場となった。

使われなくなった倉は傷むのが速い。かつての醸造元の土蔵の白壁があちこちで剥げ落ちて時の流れを感じさせられる。

川沿いに酒屋が栄えた地域は全国では多数あるが，浜町のように川沿いの通りに軒を連ねて酒屋が栄えたところは珍しい。

戦後，昭和33年頃をピークにして酒造場が減少し，鹿島市内の酒造場は昭和48年12場，醸造高2,673kℓ，昭和63年酒造場は10場，醸造高1,290kℓとなり15年間で約半分になったのである。

(3) 大分県

昭和55年度の分布を見ると，県内全般にわたって酒造場はあるが，県北の海沿いの地域と東部・中部の大野川流域及び内陸部筑後川流域に酒造場が集中している。明治，大正時代に県北部では，瀬戸内海航路を利用した販売が酒造業の立地条件の一つであった。

宇佐市長洲町は漁港として栄えた町で，昭和20年以前は10軒の酒造場があった。昭和33年には人口約5,000人の町に9軒の酒造場がありその数は殆ど変わっていない。その理由は長洲町の場合，創業時の資本が商業資本であったために，農地解放の影響がなかったことと，消費地に販売店をつくり，兄弟，親族で経営し，販路を確保していたことがあげられる。

国東町でも江戸末期から明治にかけて海岸沿いの各地に海運業が栄え酒造業を兼ねる者が多かった。当時は陸上交通が不便なため，これらの地域ではもっぱら海上交通に頼っていたので港がある河口付近に商家は集まっていた。北から来浦の浜地区，塩屋，富来，田深，鶴川といった港ではそれぞれに海運業を兼ねた酒造業が2～3軒はあって[14]，これらの海運業者の中には，瀬戸内海沿岸だけでなく，日本海を経て北海道まで航海して交易していた者もあった。

大野川流域は阿蘇外輪山の湧水地帯を上流に持ち，豊富な良水に支えられて酒造業が発達した。

内陸部では，日田市と玖珠郡はともに筑後川上流にあって豊かな水に恵まれた地域である。徳川時代には幕府直轄の天領に編入され，中でも日田は代官所の所在地となり，九州統治の重要な地位を占めていた。日田代官が支配する地域は15万石に及び，この産米が全て日田に集まったので米の売買や金銭調度を請け負う町人が興った。このように公金の出納を司る町人を掛屋[15]と言い，日田には5人の掛屋があり，千原幸右衛門もその一人である。初めは油，醤油の販売をしていたが，元禄15年から酒造業をも始め，日田有数の商人に発展し，掛屋を営み，丸屋と称した。元治元(1864)年の日田市豆田町絵図によると，川端町と室町の角地に御掛屋，御用達，並びに酢，醤油，味噌，生蝋商売仕候，五人組頭，丸屋幸右衛門とあり，この敷地の奥に幸右衛門，と記されている。また，同絵図の住吉町角地に組頭桝屋丈右衛門，醸造兼酢醤油麹商売仕候とあり，同敷地内に丈右衛門土蔵と記されており，いずれも，大きな土蔵造りの倉が建っていたと思われる。

さらに同絵図では平野町に油屋貞五郎，大超寺道に中島屋善助と記され，共に酒造兼酢醤油とある。4軒の酒造家は共に酒造以外に兼業をしている。油屋貞五郎と中島屋善助の2軒は一

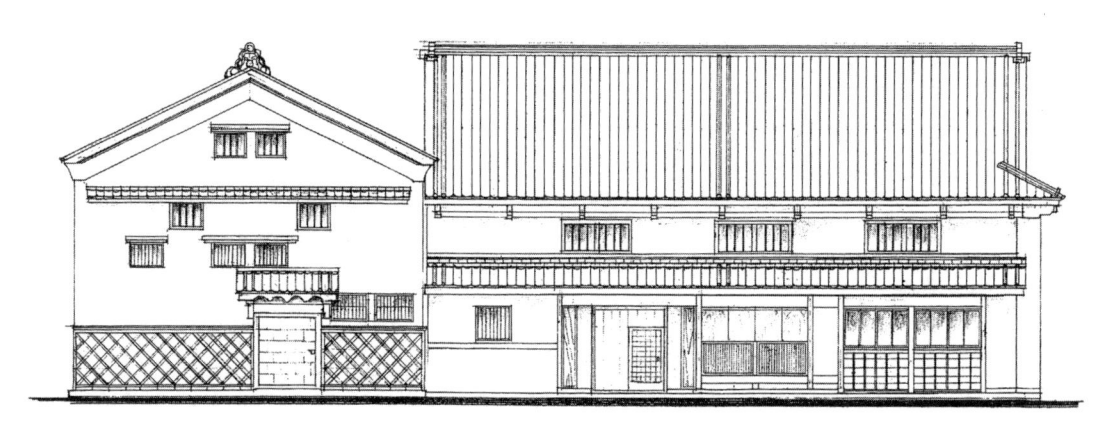

図4-8-3　大分県臼杵市の小手川酒造

般の町家と同じ間口で，広さも同程度である。丸屋，桝屋に比べるとかなり規模が小さい。現在，昔の酒造倉が残っているのは千原家の倉のみである。昭和7年，久留米市の富安酒造が土地建物酒造道具一式を買収し現在はクンチョウ酒造となっている。

また，南の臼杵市等も海運業が盛んなところで，醸造業も多く栄えた。臼杵川河口沿いに並ぶ商家は，家の裏の臼杵川に船を着けて商品の積出をしていた。陸上交通が不便な時代の酒造業は，地域の需要を満たす程度の小規模のものが殆どであるが，地域需要を超えて生産した酒の大半は海運によって消費地へ積み出されていた。

[配置・平面]

調査した蔵数は82蔵で福岡36，長崎4，佐賀18，大分17，熊本7である。最も多いのが横増築型B2で22，次いで作業庭型Dの20で，この両者で半数以上である。続いて不揃い型15，並列増築型B3の10，縦増築型B1の7，原型Aの4，重ね蔵Fの3，曲がり蔵Gの1である。長崎を除いて各県とも横増築型が最も多く，次いで多い作業庭型は佐賀では少ない。

横増築型は増築前は作業庭型であることが多い。鹿毛酒造(図2-11)の場合では創業時から大正7年に貯蔵倉を増築するまでは作業庭型であった。日田の老松酒造や本松(名)酒造の家相図も同様である。本松(名)の場合は，明治43年の家相図では作業庭型から発展した横増築型であった。その後更に増築をして，不揃い型となっている。このことから酒造場が発展するにしたがって作業庭型が減少し，横増築や不揃い型が増加することが分かる。即ち，多くの酒造場が増築した明治末期以前の状態を調査すれば作業庭型が最も多かったと考えられる。

老松酒造(図4-8-4)は江戸時代に創業した老舗である。創業時は住居と庭を挟んで建つ製

表4-8-3 配置分類型の調査結果

	福岡県	長崎県	佐賀県	大分県	熊本県	合計
縦増築型B1	3		3	1		7
横増築型B2	9		6	6	1	22
並列増築型B3	2		5	2	1	10
作業庭型D	8	4	2	5	1	20
不揃い型	8		2	3	2	15
その他	6			2		8
合計	36	4	18	17	7	82

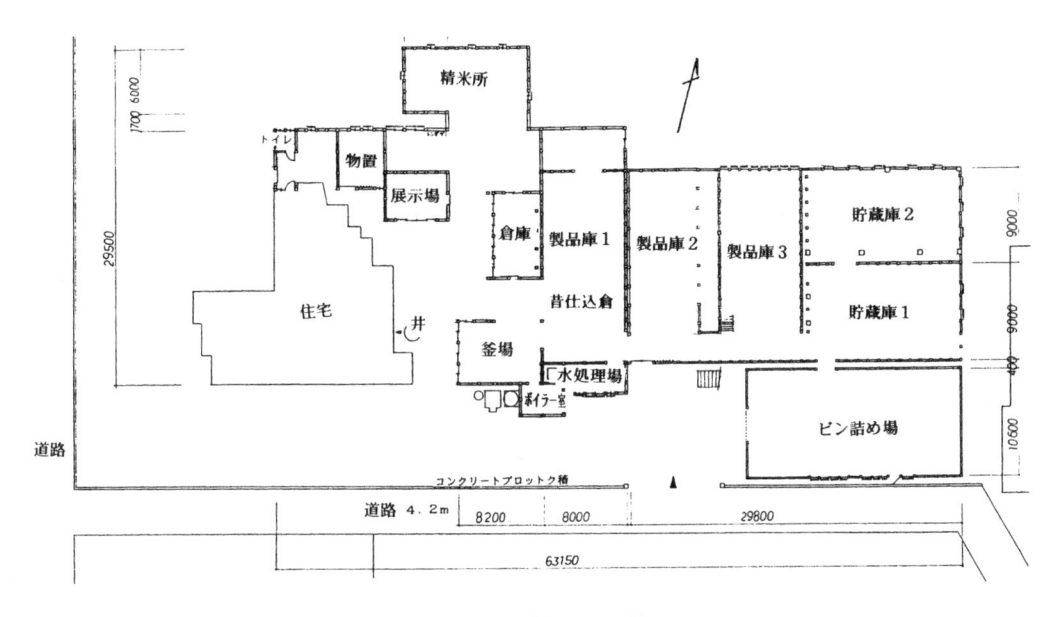

図4-8-4 老松酒造配置図

品倉庫1，南側の釜場・洗い場，入口左に精米室，麹室，北側の物置(図の精米所は明治以後である)等で中庭を囲んだ作業庭型であった。製品庫2は下家で，製品庫1の壁際に柱が建っていることからみて，製品庫1より後の建物である。また，製品庫3はトラス小屋であることから明治末期或いは大正時代と考えられ，その後に貯蔵庫1及び2が建てられて横増築型になったのである。

作業場の換気について。作業場では蒸し米の時に発生する水蒸気を排出するために越し屋根を設けるが，冬期気候の温暖な近畿以西では中庭に面した外壁をつけない場合があるが，九州では作業庭型の酒造場22(DからB2になったものを含む)のうち16場がつけてない。

[倉の構造]

調査対称とした倉の多くは木造土蔵造であるが，明治末期以降の倉には真壁の倉が多くなる。これらの倉は軒下3尺まで板張りとするものや軒下まで板張りである。

大正から昭和初期に流行した煉瓦造は麹室等で見られたが酒倉には殆どなく，目野酒造の仕込み倉の外壁の一部に見られたのみである。しかし，この場合も構造は木造真壁で外装の板の代りに使用したものである。

(1) 2階床高さについて

2階床高さの平均値は3.73mで近畿地方の3.79mより低いが，20石桶を使用するには十分な高さである。

梁間9m以下で1スパンの倉は41倉で調査数の半数に近い。このうち2階床の高さ3.3m以下の倉が8倉あるが，仕込み倉として建てられたものは5倉でいずれも明治初期の建築である。2階床高さ3.6m以上の倉の数は64あり，3.6m以下は26で多くの倉は20石桶の使用ができる。2スパンは15棟でその内2階床高さが3.6m以下は3棟，3スパンの倉は39棟で3.6m以下は4棟で，いずれも明治30年以前の建物あるいは貯蔵倉として建てたものである。

(2) 小屋組

調査した倉は98棟で，和小屋，登り梁型，洋小屋(キングポストトラス)のそれぞれを1～3スパンに分けてみた。

小屋組別では和小屋が44棟と最も多く，登り梁32棟，洋小屋は18棟であった。

1スパンの小屋組では登り梁(合掌も含む)が

	1スパン	2スパン	3スパン	合 計
和小屋	13	7	24	44
登り梁	17	5	10	32
洋小屋	9	6	3	18
折衷型			4	4
計	39	18	41	98

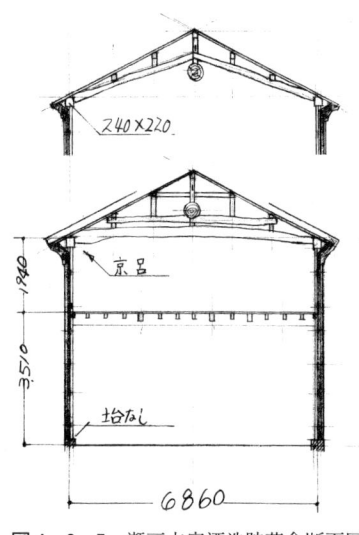

図4-8-5 瀬戸本家酒造貯蔵倉断面図

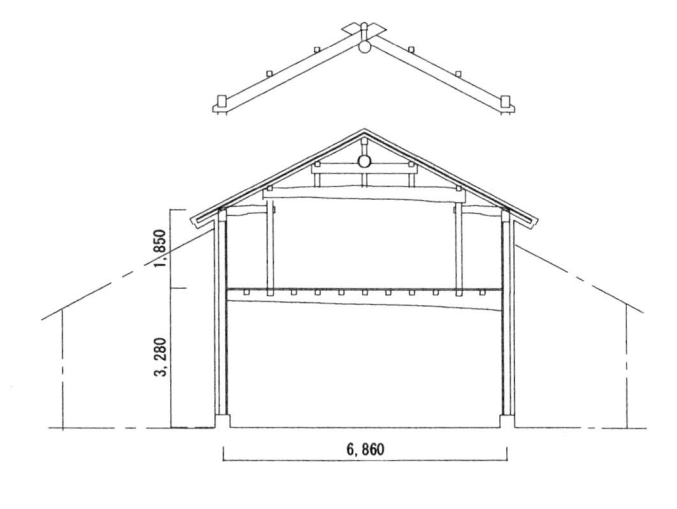

図4-8-6 清力酒造第一工場仕込み倉断面図

8．九州地方

最も多く17棟で，図4-8-5と同型は6棟，図4-8-6型は11棟である。

図4-8-6は梁間一杯に大きい2階床梁を通し，外側の柱から1～2m内側に管柱を立て，上に丸太梁を乗せかけて小屋組を造る。外柱と管柱の間は繋ぎ梁を入れ，内側の梁は二重または三重とし，中央に丑梁を通し，中間小屋組の登り梁あるいは合掌を支える。この小屋組は2間置きで，中間小屋組は登り梁，または合掌である。このタイプには多くの変形があるが合計11棟である。変形例として玉の井酒造の旧仕込み倉の場合は管柱を内側に寄せて天秤梁とし，支持機能を丑梁の支持のみに限定し，ここにも合掌を入れている。あるいは外側の繋ぎ梁を天秤梁に乗せかけるものもある。

2スパンは中柱が中央にない変形を加えて18棟である。梁間長さは最も小さいのが目野酒造の精米倉で8m，これ以外の酒倉では12～15mである。

中柱は最下段の梁下にあるものから棟木下までであるものまであるが，図4-8-7は2段目の梁下の例である。これとよく似た型の小屋組として清力酒造の仕込み倉（西蔵）がある。2スパン13.1m，梁間中央に柱を建てて両側の梁をほぞ差しとし，上に合掌を入れている。一見，トラス構造と考えられる形をした小屋組であるが和小屋の手法である。

中柱の頂上に桁を通し，小屋梁を乗せかけたもの7例のうち，図4-8-8の大里酒造貯蔵倉のように中柱を中央から左右どちらかにずらしたもは4例であった。

潜竜酒造（図4-8-9）は元禄年間に平戸藩主の命を受けて創められた酒造場で，創業して100年後，天保2（1831）年に本陣の建物と共に天保倉も建てられた。同時に住居等も増改築し，創業時から残っている「もと倉」とあわせて2倉となる。もと倉は5×7間で，中央に1本の中柱がある寄せ棟の倉である。天保倉はこの倉と同じ構造であるが，中柱は2本で切妻である。右側の下家に面する壁は漆喰塗りであり，建築当時は下家はなかった。2階床高さは3.62mで20石桶で仕込みをしていたと思われる。中柱40cm角，外柱は22cmと17cmが交互に用いられ，登り梁と柱の仕口は軒桁の下に受け胴差しを入れた丈夫な造りである。このような造りは少なく，秋田県の両関酒造の倉等一部に見られるのみである。3スパンの倉は梁行き8～20mまであり，図4-8-10のように中央スパンがキングポストトラスのもの，図4-8-11のように軒高に揃えて桁を通し，上に梁を入れ，小屋つかを立てて上に三重梁を架けるもの等，合わせて41例である。瀬戸本家の仕込み倉では，3つのスパンを同じにし，中央梁の上に床を張って3階にしているものもある。

調査した倉でキングポストトラスは18倉あったが，その内，力学的に見て疑問があるものが

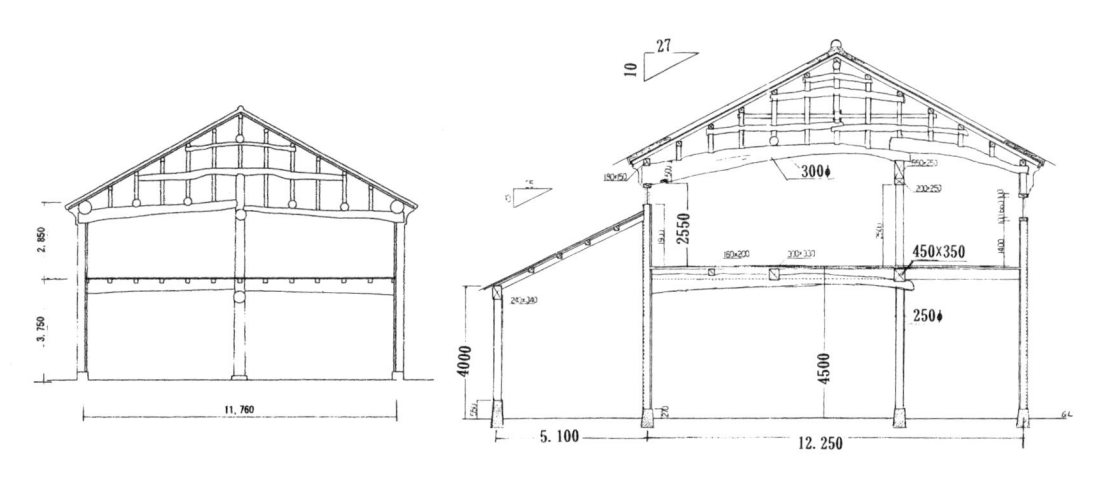

図4-8-7　比翼鶴酒造貯蔵倉2断面図

図4-8-8　大里酒造貯蔵倉断面図

池田屋酒造仕込倉，有薫第三工場仕込み倉（明治44年）等である。いずれも明治時代の終わり頃の建築である。有薫第三工場仕込み倉では中柱が棟下まで通り，陸梁が中柱にほぞ差しで，池田屋の仕込み倉は中柱頂部に桁を通し，その上で両側の梁を重ね継ぎとする。中柱は2間置きで，中間の小屋組は陸梁を桁の上で組む。いずれもトラス小屋として計算をして建築したとは思えない。当時の大工が見様見真似で造ったと考えられる。

梁行きの最も大きいのは清力酒造の東倉（図4-8-14）で，5スパン28.6mである。この倉は明治39年建築で，中央の3スパンがそれぞれ6mのキングポストトラスで，これを組み合わせた風変わりな構造である。1階は5スパンであるが，両外側は葺き下ろし下家で利用価値がなく，2階は実質，中央の3スパンと考えられる。また，明治後期から大正時代の酒倉では，小屋組にこのようなトラス構造を用いた倉は各地にあった。

平屋建ての倉は6棟で，多くは貯蔵倉で仕込み倉は丸山酒造のみであった。

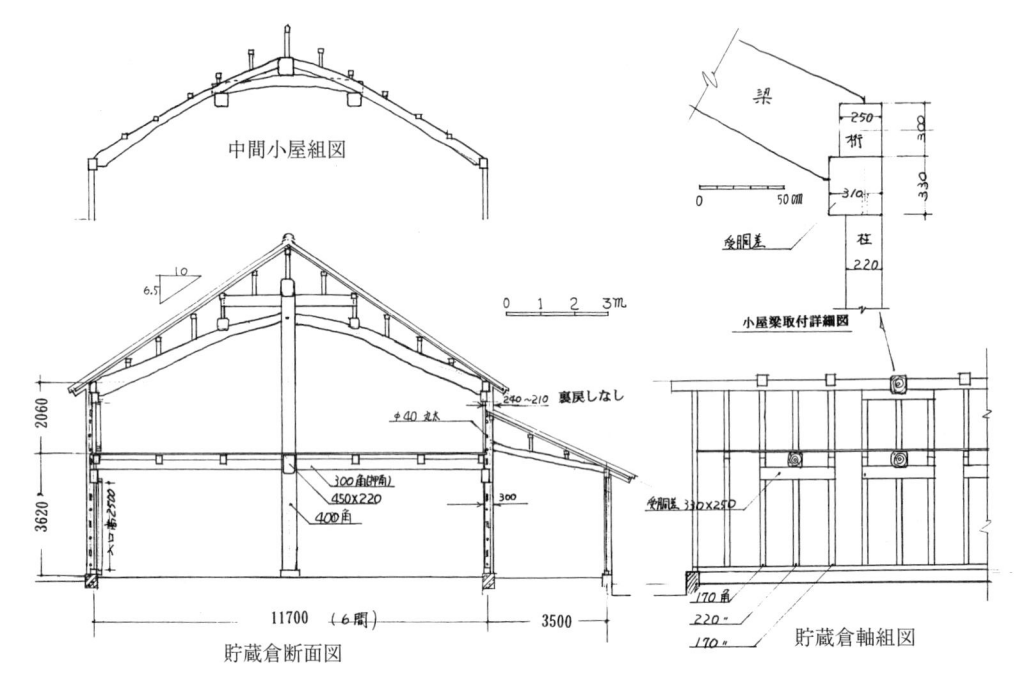

図4-8-9　潜竜酒造天保倉

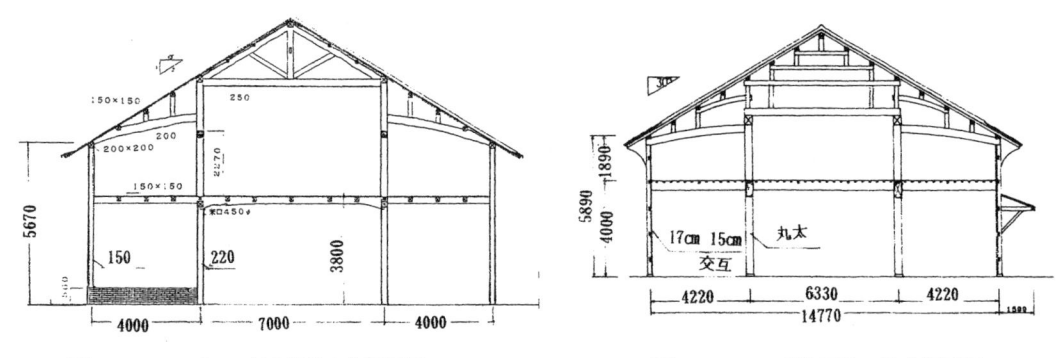

図4-8-10　山口（合）仕込み倉断面図

図4-8-11　呉竹酒造二番倉断面図

[おわりに]

　鉄道が発達する以前の物流は主に海運であった。瀬戸内海沿岸の港町や有明海沿岸の大きな河川の下流には多くの酒造場があった。明治30年代に醸造法を改良した筑後川流域の酒造場は鉄道の発達と共に発展し，規模の大きい酒倉を建てて成長する。年と共にこの流れは有明海沿岸の各地に波及していった。筑後川沿いの清力酒造は明治8年に創業し，第一工場を建て，明治35年に第三工場を建てた。第一工場の仕込み倉は梁間6.8mであるが，第三工場西蔵は梁間13.1m，東蔵は28.6mと大きくなる。佐賀平野の天山酒造，瀬戸本家酒造も創業時の倉に続いて増築している。これに対し瀬戸内海沿岸地域の酒造場は大きく発展することがなかった。

　冬の気温が略6～8℃[16]の九州では酒倉の入口戸は東北に比べると簡素な造りが多い。また，中庭に面している洗い場・釜場は中庭側の外壁や建具がなく開放的になっている蔵も多い。図4-8-4の老松酒造の釜場も入口の建具が付いていない。凍結することが少なく，湿気を効率よく除けるからである。

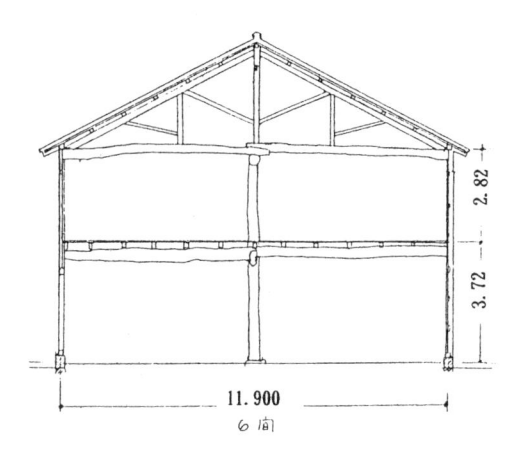

図4-8-12　池田酒造仕込み倉

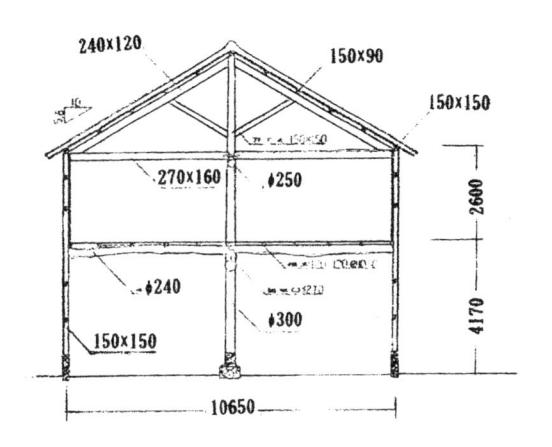

図4-8-13　有薫第三工場仕込み倉

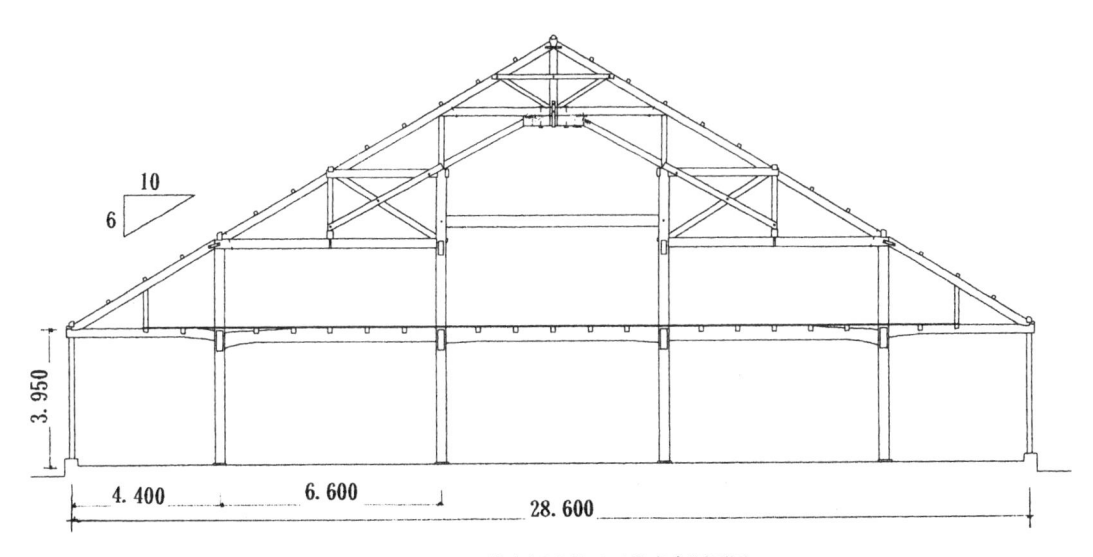

図4-8-14　清力酒造第三工場東倉断面図

参考文献

1) 理科年表　平成12年　203頁
2) 酒類醸造名鑑　1982年　醸界タイムス社
3) 福岡県酒造組合沿革史　4頁　福岡県酒造組合　昭和32年
4) 福岡県史3上　380頁
5) 三瀦酒造の沿革　首藤謙　昭和28年
6) 福岡県酒造組合沿革史　100頁　福岡県酒造組合　昭和32年
7) 同上　613頁
8) 佐賀県酒造史　49～54頁　佐賀県酒造組合　昭和42年
9) 清酒業の歴史と産業組織の研究　桜井広年　62頁　中央公論出版　昭和57年
10) 灘酒　14～15頁　灘酒研究会
11) SEIRIKI　79頁　清力酒造　大正8年
12) 三瀦郡誌　539～545頁　昭和48年
13) 佐賀県酒造史　152～156頁　佐賀県酒造組合　昭和42年
14) 国東町史　474～489頁　昭和48年
15) 大分県の歴史　渡辺澄夫　177頁　昭和52年　山川出版
16) 理科年表　1983年　199頁　丸善

8．九州地方

伊豆本店　仕込み倉西側（福岡県宗像市）

伊豆本店　仕込み倉西側

九州菊（林平作）（福岡県みやこ町犀川町）

本松酒造　米倉と住居（福岡県うきは市吉井町）

萬年亀酒造（福岡県久留米市三潴町）

有薫酒造　第2工場（福岡県久留米市城島町）

写真4-8-1　九州地方の酒造場

第4章　各地の酒蔵

山口合名　仕込み倉（福岡県久留米市北野町）

菊美人酒造　店と住居（福岡県みやま市瀬高町）

喜多屋　店（福岡県八女市）

喜多屋　酒倉

清力酒造　事務所（大川市立清力美術館）（福岡県大川市）

東木屋酒造場（佐賀県唐津市）

写真4-8-1　（つづき）

8. 九州地方

藤生酒造(佐賀県唐津市)

藤永酒造(佐賀県嬉野市塩田町)

瀬戸本家酒造(佐賀県)

老松酒造北側(大分県日田市)

大分県狭間町の酒造場

加藤酒造(長崎県有明町)

写真4-8-1 (つづき)

〈事例16〉千代雀酒造　［千代雀］　　　　　　　　　　創業：明治時代／佐賀県小城市三日月町

[沿革]

　佐賀平野中央にある農村の酒蔵で，明治時代に酒造りを始めた。戦前は大地主で小作米を使って醸造していたので，年によっては2年分の造りをしたこともあると言う。敷地は嘉瀬川に近く豊富な水に恵まれた酒造に適した所である。

[配置]

　広い農地の中に赤煉瓦積みの高い煙突と白壁の倉はなつかしい風景である。入口の左が住居で水路の右に酒蔵がある。蔵と住居のあいだは農作業用を兼ねた広場で，用水路の広場側に幅2間の上屋のある洗い場を設けている。

[建物]

　釜場・洗場の北側がふな場で隣の貯蔵倉との間仕切り壁はない。ふな場は平屋建て，小屋組はキングポストトラスである。

　仕込み倉・貯蔵倉は2階達てでL字型の平面をし，小屋組は和小屋である。3スパンで，中柱の桁行き間隔は3間で，中柱の2階床上3mほどに桁をほぞ差し，梁間には繋ぎ梁を入れ，頂部に二重梁を架ける。桁行き中間は一間置きに桁につかを立てて二重梁を架けて中央に地棟を通す。外側は登り梁で，内側は中柱あるいは桁上のつかにほぞ差し，他端は外柱に折置きとする。仕込み倉の棟木下に大正11年上棟の札がある。

　この倉の西側に平行に建てた貯蔵倉は仕込み・貯蔵倉より少し遅れて建てた建物であろう。共に腰壁は赤煉瓦を積んであり小屋組もほぼ同じである。

　　　　　　　　　　　　　　　（昭和56年10月調査）

配置図

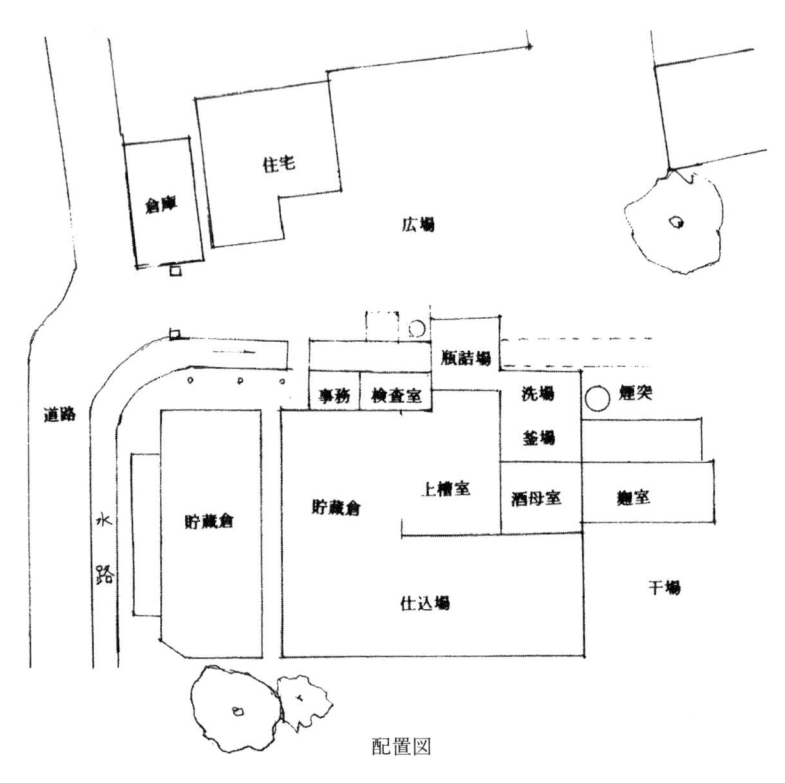

図4-8-15　千代雀酒造

8. 九州地方

写真4-8-2 仕込み倉

写真4-8-3 酒倉全景

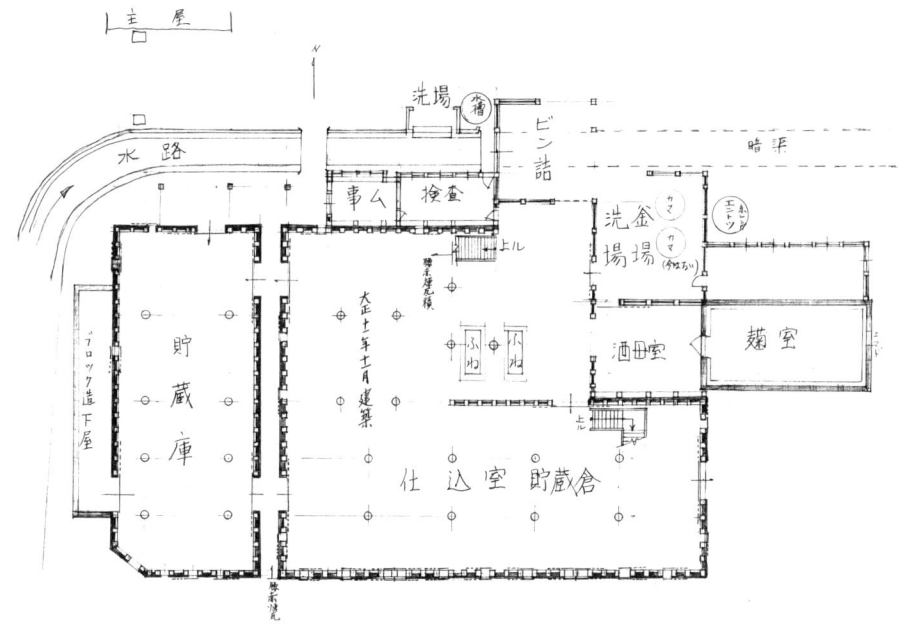

1階平面図

2階床伏図

小屋伏図

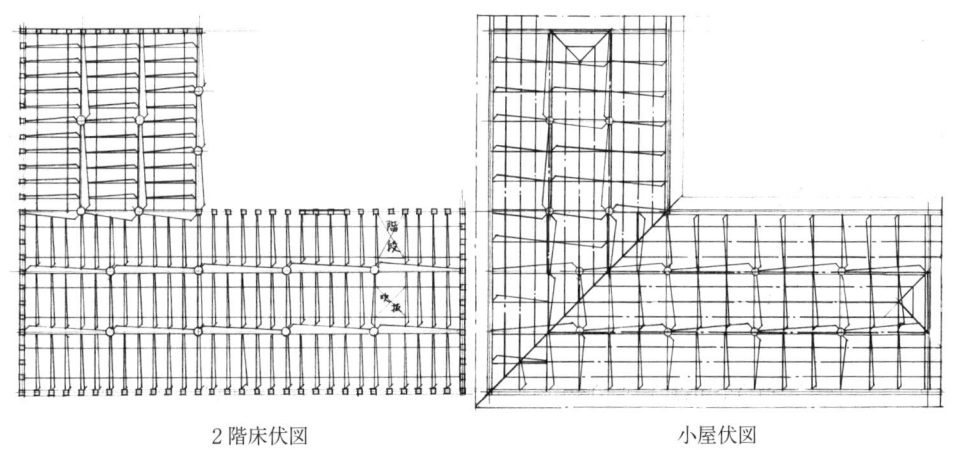

図4-8-15 （つづき）

第4章　各地の酒蔵

写真4-8-4　仕込み倉2階 　　　　　写真4-8-5　仕込み倉1階

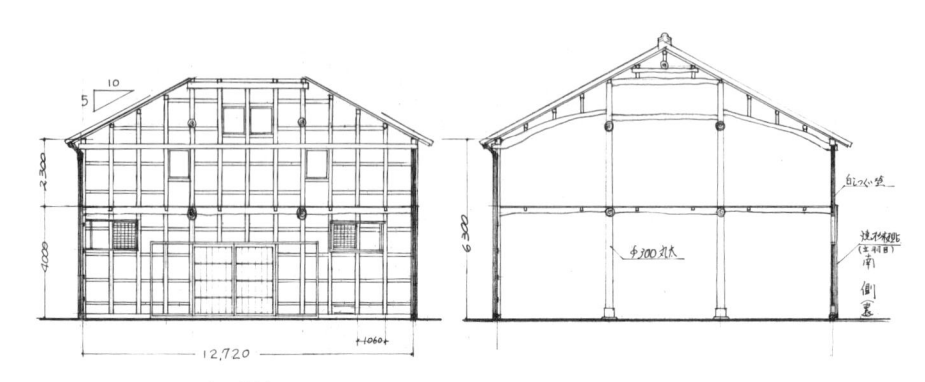

妻面軸組図　　　　　軸組図

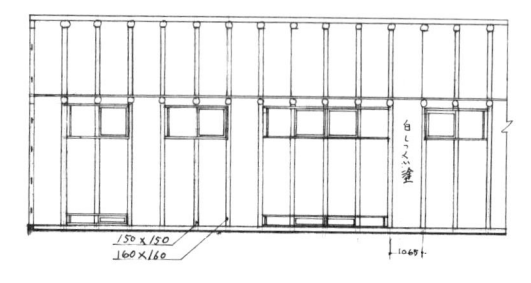

南側展開図 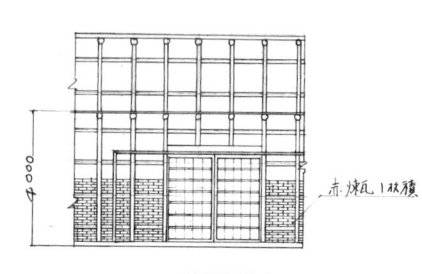　　　　　西側展開図

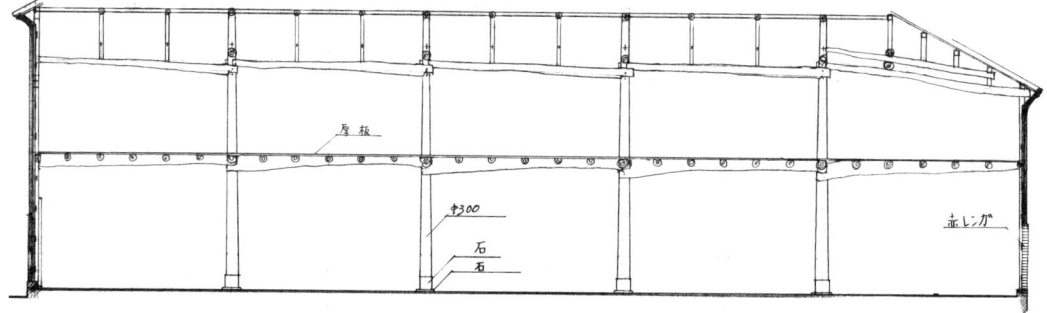

仕込み倉　軸組図

図4-8-15　（つづき）

資　料

1．屋根の形
2．小屋組
3．建築関係用語の説明
4．醸造関係用語の説明

1. 屋根の形

切妻造り　中央に棟を立てて両側に屋根を葺き下ろす。
寄棟造り　中央に棟を立てて四方に屋根を葺き下ろす。
半切妻（兵庫妻）　切妻屋根の両端に小さく屋根を葺き下ろす。灘の酒倉に多い。

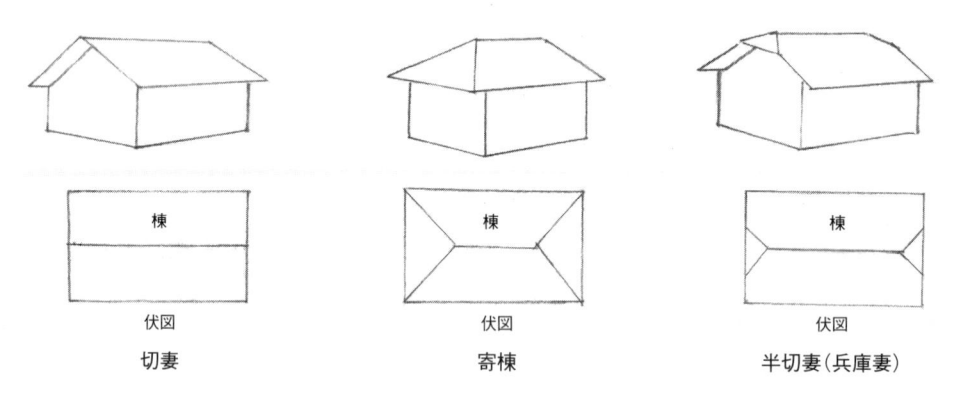

屋根構造

酒倉に使用する瓦は和風建築に使用するものと同じで、本瓦（ほんかわら）葺きと桟瓦（さんかわら）葺きの２種類がある。本瓦葺きは古い形式で明治初期以前の建物には多く使われている。平瓦を並べ、その継目の上に土を置いてこれに丸瓦を伏せる。

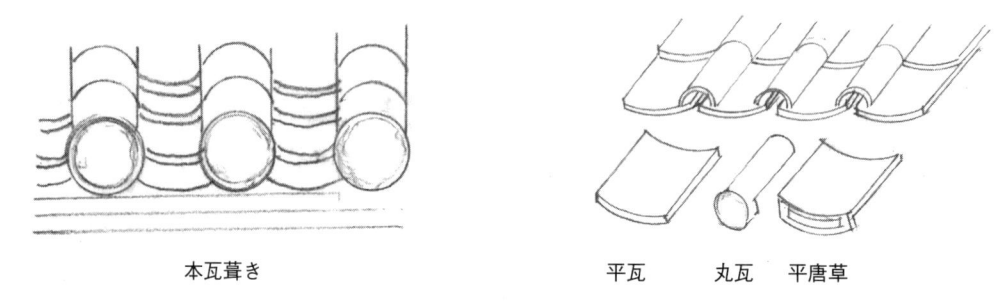

桟瓦葺きは江戸時代にできた略式とも言うべきもので、瓦の継目に丸瓦を使わないように工夫されていて多くの建物に使われている。葺き土の下は土居葺きで、瓦から浸み透る少量の水分を防止する。土居葺きは柿板（こけらいた）で野地板の上に葺く。柿板は杉、椹、檜等を薄く剥いだもので、長さ８寸～２尺、幅２～４寸、を葺き足１寸５分に葺く。同じ目的で杉皮葺きを用いる場合もある。土居葺きの上に３寸幅の貫（土留め）を打ち付けて葺き土がずり下がるのを防ぐ。野地板の下が「たるき」である。

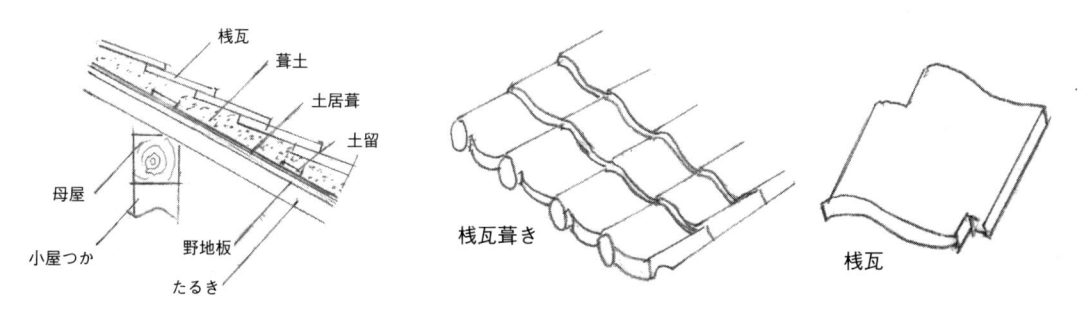

2．小屋組

屋根を構成する骨組みで，昔から伝えられている工法で造られたものを和小屋といい，明治時代以降に西洋から伝わった工法で造られたものを洋小屋という。

① 和小屋は小屋梁を柱または敷桁（軒桁）の上に架けて造る簡単な工法で，梁の持ちはなし長さは2～3間程度でこれ以上になると梁を継ぎ足し，継手の下には桁を通し柱を立てる。梁の上に「小屋つか」を立て，「小屋つか」を貫で固めて小屋組を造る。したがって，和小屋とは和風建築の小屋組の総称で，「登り梁型」，「たるき造り」等も和小屋に含まれる。

一般に小屋梁は桁行き1間おきに入れるが，中柱は2～3間おきに立てるので，中柱位置での小屋組と中間では形が違う場合がある。例えば，中柱位置での小屋組が和小屋型で中間小屋組が登り梁型の場合は「登り梁型」とした。また折衷型は中央スパンが和小屋型，両外側が登り梁型の小屋組である。

「たるき造り」は軒桁から棟木に寸法の大きい「たるき」を45～90cm間隔に架けた小屋組で，梁や母屋は使わない。

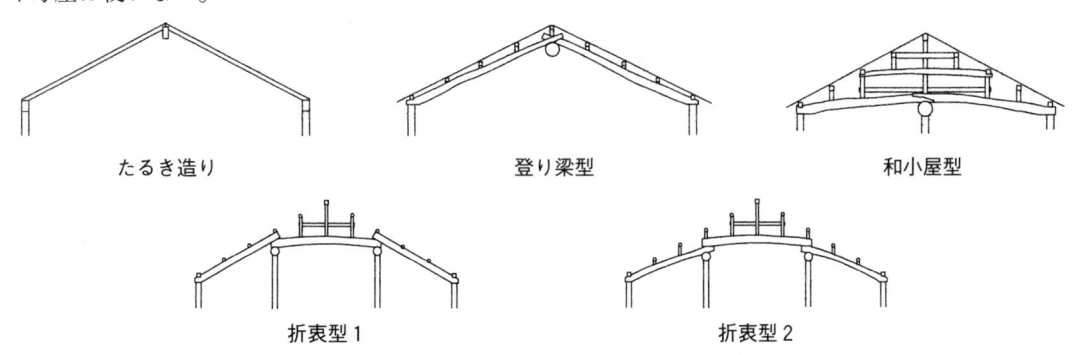

たるき造り　　　　登り梁型　　　　和小屋型

折衷型1　　　　折衷型2

② 洋小屋はトラス構造で造られた小屋組で，比較的小さな材料を使って大スパンの小屋組ができる。材の接合部はピン接合である。例えば，鉄骨で四角形の構造物を造った場合，鉄骨の接合部を溶接とボルトで比較すると，溶接の場合は接合部が全く動かないが，ボルトの場合はゆるく締めると接合部が回転して変形する。しかし，この四角形に「すじかい」を入れて2つの三角形にすると接合部は回転可能であるが変形しない。このような構造物をトラス構造という。

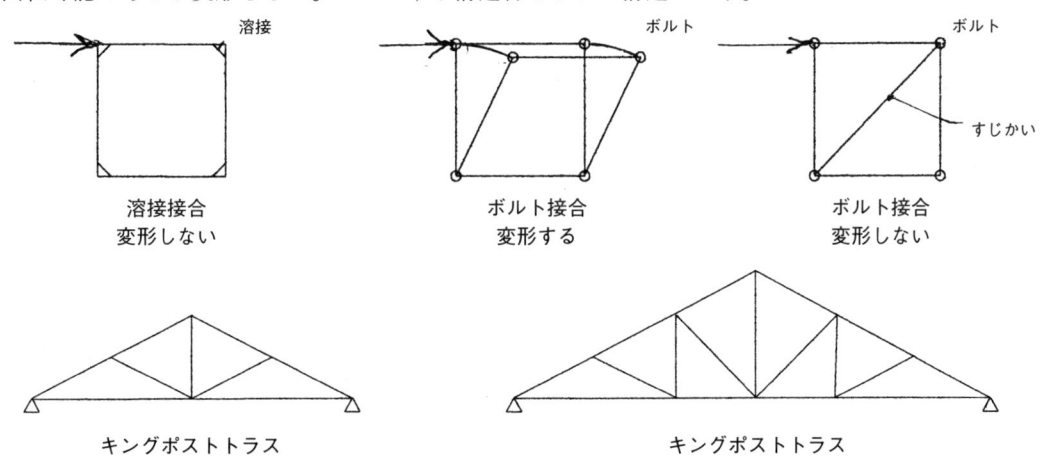

溶接接合
変形しない

ボルト接合
変形する

ボルト接合
変形しない

キングポストトラス　　　　キングポストトラス

3．建築関係用語の説明

押角　角に円みが残る角材。

桁置き組　小屋梁を直接柱に架ける工法。

合掌　2つの材を山形に組み合せたものの総称。ここでは屋根勾配と同じ勾配に左右対称に入れた梁で，内側は地棟（丑梁）の上で組み合せ，「母屋」は直接合掌の上に通したもの。

京呂組　小屋梁を軒桁の上に架ける工法。軒桁と小屋梁の接合方法には2つの工法がある。

管柱　2階以上の木造建築の柱で，桁や梁で遮断された1階分の長さの柱。

桁行き　梁に直角方向の建物の長さ。

小舞　柱の間に30 cm 間隔に入れた間渡し竹（女竹または割り竹）に，女竹または割竹を縦横4 cm 間隔に細縄で掻き揚げる。

こみせ　秋田・青森県地方の町家の表通り正面に設けた深い庇で，積雪時に人の通行に用いる。

小屋つか　梁の上に立て「母屋」を受ける材。

敷桁　梁の下に渡した桁。

真壁　柱や梁を露出した壁で，柱と柱の間に小舞を掻き上げ，これに厚さ3 cm ほどの土を塗り，乾燥後裏側からも土を塗り上げる。乾燥後に中塗り，上塗りをする。

スパン　柱と柱の間。本書では梁間方向の柱と柱の間として用いた。例えば梁間中間に柱が1本ある場合は2スパン，2本の場合は3スパンである。

妻入り　建物の棟に直角の側面に入口がある場合をいう。

天秤梁　梁間中央に立つ2本の柱の上に掛けた梁で，他の梁とは繋がっていない。

通し柱　1階から2階や3階に継目なく通す柱。

土蔵壁　柱の小舞欠きに，3 cm 程の小舞（丸竹）を入れ，柱に釘うちで止める。小舞は径3 cm 以上の丸竹を縦横10〜12 cm 間隔に組み，棕櫚縄で掻き付ける。下げ縄を30 cm 間隔で千鳥に結びつけ，壁土を柱面から15〜18 cm の厚さに塗り上げる。土蔵壁の外側に板壁を付ける場合は，長折釘を柱に打ち込み胴縁を取り付けて施工する。

貫　厚さ1.5〜3 cm，幅9〜15cm の板材で，柱や小屋つかに貫通して固定する材。

登り梁　屋根裏の空間を広くとるために一方を軒桁または柱に架け，他方を地棟や中引き桁あるいは中柱にのせた梁で内側が高くなっている。

梁間　①棟と直角方向。②棟と直角方向の建物の幅。

平入り　建物の棟に平行な側面に入口がある場合をいう。

母屋　小屋つかの上に通す材で，この上が「たるき」である。

陸梁　水平に架けた梁。

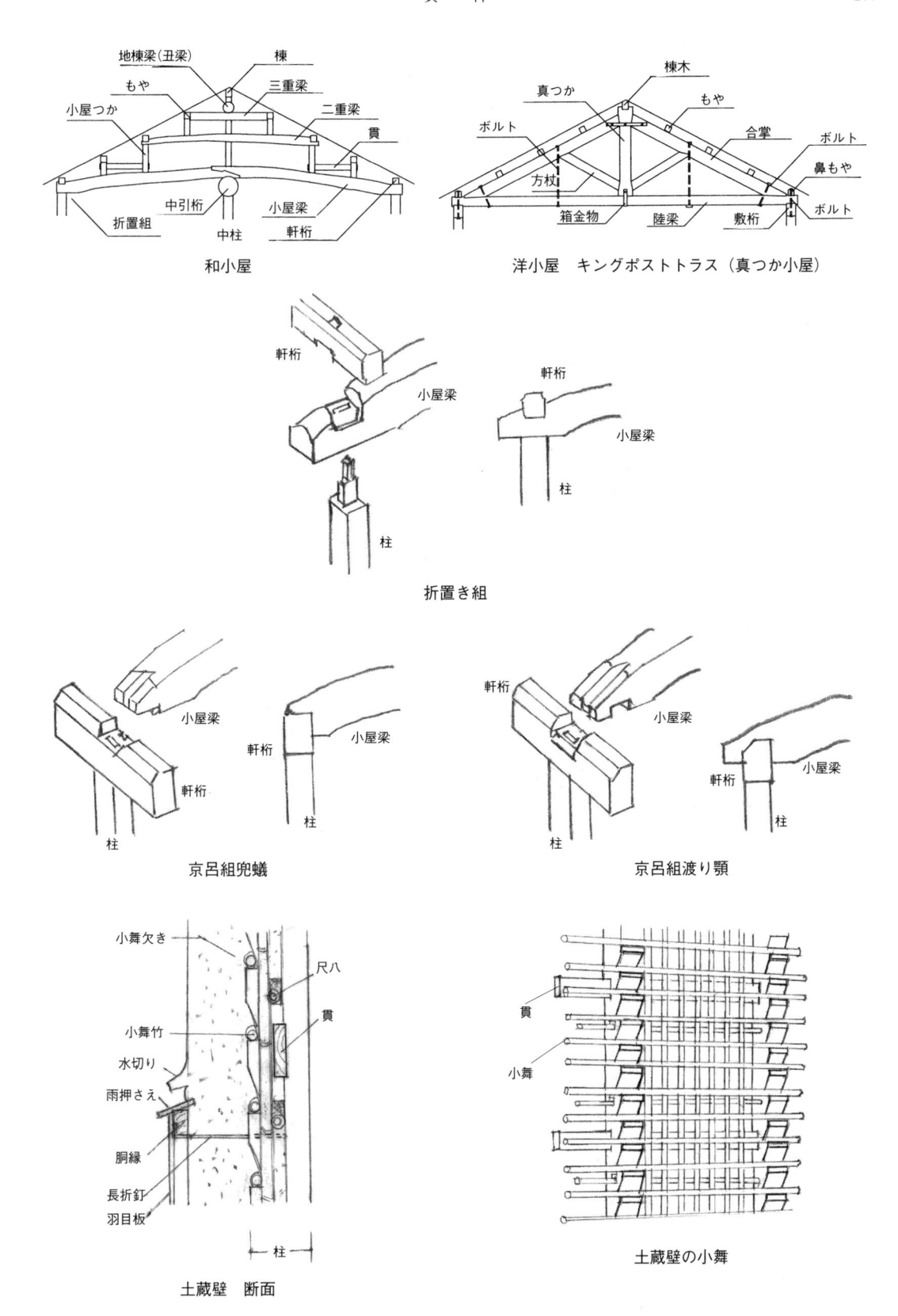

資料

和小屋
- 地棟梁（丑梁）
- 棟
- もや
- 三重梁
- 小屋つか
- 二重梁
- 貫
- 折置組
- 中引桁
- 中柱
- 小屋梁
- 軒桁

洋小屋　キングポストトラス（真つか小屋）
- 真つか
- 棟木
- もや
- ボルト
- 合掌
- ボルト
- 方杖
- 鼻もや
- 箱金物
- 陸梁
- 敷桁
- ボルト

折置き組
- 軒桁
- 小屋梁
- 柱

京呂組兜蟻
- 小屋梁
- 軒桁
- 柱

京呂組渡り顎
- 軒桁
- 小屋梁
- 柱

土蔵壁　断面
- 小舞欠き
- 尺八
- 小舞竹
- 貫
- 水切り
- 雨押さえ
- 胴縁
- 長折釘
- 羽目板
- 柱

土蔵壁の小舞
- 貫
- 小舞

4. 醸造関係用語の説明

あみだ　酒倉に設ける木製の巻上げ機。

滓引き（おりびき）　絞った清酒を桶に入れて濁りを沈殿させること。

仕舞（しまい）　灘で昔から用いられた仕込み量を表す言葉で，例えば10石一つ半仕舞いとは1日で15石の米を仕込む場合を言う。

酒造年度（しゅぞうねんど）　7月1日から翌年の6月30日までの1年間。

火入れ（ひいれ）　清酒の品質を保つために加熱殺菌させること。

腐蔵（ふぞう）　醸造途中に雑菌が繁殖して，もろみが腐ること。

ふね　熟成したもろみを絞る装置。昔は梃子を利用したもので，「揚げふね」「責めふね」がある。現在は油圧あるいは水圧を使用する機械である。ふねを置く場所が「舟場（ふなば）」。

もと（酒母）　清酒醸造の最初の工程で作るもので，もろみを正常に発酵させるために酵母を培養したもの。次の条件が必要である。きもと，山廃（やまはい）もと，速醸もと等がある。
　　①優良な酵母を培養したもの。
　　②多量の乳酸を含有するもの。

諸白酒（もろはくしゅ）　麹米と掛け米に精白した米を使った酒。最初に記録に出るのは「多門院日記」巻21（1576年）である。

もろみ　清酒の醸造工程の中心で，「もと」に蒸し米，麹，水を加えるもので，初添え，中添え，留め添えの三段仕込みをする。

参考文献

日本の酒の歴史　加藤辯三郎編　協和醱酵株式会社　昭和51年
日本酒の歴史　柚木学著　雄山閣　昭和50年
灘の酒用語集　灘酒研究会編　灘酒研究会　昭和54年
日本の酒5000年　加藤百一著　技法堂出版　昭和54年
清酒工業　山田正一編　光琳書院　昭和41年
杜氏醸造要訣　江田鎌次郎著　明文堂　大正14年
酒造要訣　小穴富司雄著　丸善　昭和29年
清酒業の歴史と産業組織の研究　桜井広年著　中央公論　昭和54年
酒造りの歴史　柚木学著　雄山閣　昭和62年
日本の酒（岩波新書）　坂口謹一郎著　岩波書店　昭和64年
伏見の酒造用具　京都市文化観光局文化財保護課　昭和62年
江州商人　江頭恒治著　至文堂　昭和40年
灘の酒造り　灘酒酒造用具調査団編集　西宮市教育委員会　平成4年
灘五郷　季刊大林　No.37　㈱大林組公報室　平成5年
灘五郷歴史散歩　春木一男著　栃木県酒造組合　昭和36年
宮城県酒造史　早坂芳雄編　宮城県酒造組合　昭和33年
群馬県酒造誌　群馬県酒造組合編　群馬県酒造協同組合　平成10年
佐賀県酒造史　佐賀県酒造組合　昭和44年
秋田県酒造史　資料編　半田市太郎編　秋田県酒造組合　昭和45年
高知県酒造史　第一集　広谷喜十郎編　高知県酒造組合連合会　昭和56年
福岡県酒造組合史　橋詰武雄編　福岡県酒造組合　昭和32年
月桂冠350年の歩み　月桂冠㈱社史編集委員会　昭和62年
月桂冠360年史　月桂冠㈱社史編集委員会　平成11年
三浦仙三郎の生と生涯　阪田泰正著　昭和59年
広島県酒造法調査報告書　醸造試験所　明治42年
木曽奈良井町並調査報告　奈良文化財研究所　昭和51年
東灘・灘酒造地区伝統的建物群調査報告書　神戸市　昭和56年
黒石の町並　伝統的建造物群保存調査報告書　黒石市教育委員会　昭和59年
酒造りの匠たち　菅田誠之助著　柴田書店　昭和62年
醸造試験所沿革史　昭和5年
醸造試験所70年史　昭和48年
東京駅と煉瓦　東日本旅客鉄道　昭和63年
日本建築（下巻）　渋谷五郎・長尾勝馬著　学芸出版社　昭和47年
換気設計　建築学会設計計画パンフレット18　彰国社　昭和45年
空気調和衛生工学便覧（上）　空気調和衛生工学会　昭和39年
建築設備ハンドブック　渡辺要・柳町政之助著　朝倉書店　昭和37年
理科年表　丸善　昭和58年
種類製造年鑑　醸界タイムス社

あとがき

　土蔵造の酒造倉はすぐれて熱性能の良い建物であると共に防火性能も優れている。2階建ての倉は2階床を境にして1階の気温は5～6℃は低くなり、殆ど変動がなく一定である。また、麹室は外気温が0℃以下になっても内部温度を30℃以上に保つように造られた。江戸時代、経験と勘によってこのような優れたものを造り上げた人々の功績は記録に残さなければならない。しかし、生産設備である酒造場は改革の連続で、稲藁や籾殻を使った室は酒造資料館の一郭に存在するのみであり、土蔵造の酒造倉も新築されることはなく減少の一途をたどっている。

　本書は大きく分けて第1～3章と第4章よりなる。第1は建物の生い立ちから発展過程及び建物配置と各建物平面計画・構造・仕上げ等について、全国的な視野のもとで述べた。第2は北海道から九州までの各地方別の調査結果に基づいて、それぞれの建物配置・構造等について述べた。

　第1章5「在方型と町屋型酒造場」は日本建築学会九州支部研究報告（1997年，1998年）に発表したものを修正したものである。第1章6「江州店酒造場について」は同学会支部研究報告1999年に発表したものである。

　第1章7「醸造試験所酒類醸造工場」は近畿大学九州工学部研究報告（理工学偏）18，1989年に掲載したものである。

　第2章3で、昭和55年度には全国に2,700の酒造場があったが、調査して資料ができたのは368でその割合は13％である。更に調査は地域的には偏ったものであり、これを基にして整理分類を試みたので誤差は当然あるものと考えられるが、全国的にみてある程度の結果が得られたと思う。今後の調査研究で修正されることを願う。

　第3章1の仕込み倉の広さ、2階床の高さ等は試算の一つである。木桶が使われなくなって50年をこす歳月がたった調査当時では、実際に木桶を使用して仕込み作業を経験した蔵人に出会うことができなかった。試算にあたり、木桶寸法や想定した2階床高さ等は実測値を使用し、建築設計の手法を用いて作成した。仕込み倉の温度測定データをとった倉は普通程度の管理を想定しており、もっと厳しい管理をした断熱性能の良い倉であれば1階の室温は更に低くなるだろうと思われる。

　図3-23「たるき造り」の多い地域は限られた資料によるもので、誤差や例外はあるものと思われるが一つの提案として掲載した。今後の研究により正確なものができれば幸いである。

　第4章は8つの地方に分けて述べたが、調査したデータ数は県別で大きく差があって、その地方の情況を示しているか疑問に思える場合もあった。しかし、あえて地方別にしたのは酒造場の違いは地域を大きく分けないと違いが判らないのと、県別では距離が近く数が多くなる点を考えて地方別に決めた。中国地方を例にとると、岡山，広島は調査例が多いが山口，島根，鳥取は1～2例と少ない。本来なら山陽地方と山陰地方といった分け方が適当と考えられるが、一人で行なう調査には限界があってできなかったので、止むを得ず中国地方に纏めたのである。

　酒倉は生産設備とはいえ、日本人にとっては古き良き時代の思い出のような親しみがある。戦前の酒造家はその地域の資産家であり、旧家で名士である場合が多い。新築する酒倉は、規模は小さくても柱は大きく良材を使用し丁寧な工事である。また、住居も付近の家に比べると大きくて立派であり、住居にも注意が注がれ、酒倉の調査には必要でないが、いつとはなく調査資料にも住居を含めたものが多くなった。後日、調査資料集をも刊行する予定である。

　終わりに、日本酒造史学会を知るきっかけは、昭和58年、伏見の蔵元「月の桂」の増田徳兵衛氏

を訪ねて日本酒にまつわる話をお聞きしたときに，関西学院大学の柚木学教授にお会いすることを薦められた．翌年，柚木先生を訪問した時に日本酒造史学会の話を聞き入会する．それ以来，先生には懇切丁寧な御指導と多くの資料を頂いた．厚く感謝の意を表し，先生の御冥福をお祈り致します．

また，酒史学会の方々，とりわけ，なにかと御指導頂いた加藤百一先生には厚くお礼申し上げます．

調査に協力してくださった，酒造組合の方々と酒造家の方々，中でも多くの資料を提供くださった月桂冠の栗山先生，辰馬本家酒造の吉村博臣氏には深くお礼申し上げます．

さらに，本書の出版に際して御支援下さった土田充義先生，佐藤正彦先生に深く感謝の意を表します．

　2009年1月

著者しるす

著者紹介

山口昭三（やまぐち・しょうぞう）

昭和23(1948)年　鹿児島工業専門学校建築学科卒業。
　　　　　　　　鹿島市役所，兵庫県庁勤務を経て，
昭和40(1965)年　京都大学助手（工学部建築学科）。
昭和43(1968)年　近畿大学九州工学部建築学科助教授。
平成11(1999)年　退職。

日本の酒蔵（にほん　さかぐら）

2009年3月10日　初版発行

著者　山口　昭三

発行者　五十川　直行

発行所　（財）九州大学出版会
　　　　〒812-0053　福岡市東区箱崎7-1-146
　　　　　　　　　　九州大学構内
　　　　　　電話　092-641-0515(直通)
　　　　　　振替　01710-6-3677
　　　　　　印刷　城島印刷㈱／製本　篠原製本㈱

Ⓒ2009 Printed in Japan　　ISBN 978-4-87378-983-5